U0677004

高等教育土建类专业规划教材**卓越工程师系列**

材料力学

CAILIAO LIXUE

主　编　韩志型　　杨　震　　彭　芸
副主编　李　朗　　朱国权　　罗小惠
主　审　陈国平

重庆大学出版社

内容提要

本书为高等教育土建类专业规划教材·卓越工程师系列之一。本书包括11章和附录I、附录II。内容主要包括：绪论，轴向拉伸与压缩，剪切、挤压和扭转，弯曲内力，弯曲应力，弯曲变形，简单超静定问题，应力状态与强度理论，组合变形，压杆稳定，能量法，平面图形的几何性质，型钢表。本书可作为高等学校土木工程、机械工程、交通工程等专业的教材和教学参考书，并可供工程技术人员参考。

图书在版编目(CIP)数据

材料力学 / 韩志型,杨震,彭芸主编. -- 重庆：
重庆大学出版社,2017.8(2022.1 重印)
高等教育土建类专业规划教材.卓越工程师系列
ISBN 978-7-5689-0562-6

I.①材… II.①韩… ②杨… ③彭… III.①材料力
学—高等学校—教材 IV.①TB301

中国版本图书馆 CIP 数据核字(2017)第 120258 号

高等教育土建类专业规划教材·卓越工程师系列
材料力学
主 编 韩志型 杨 震 彭 芸
副主编 李 朗 朱国权 罗小惠
主 审 陈国平
策划编辑:王 婷

责任编辑:文 鹏 版式设计:王 婷
责任校对:关德强 责任印制:赵 晟

*

重庆大学出版社出版发行
出版人:饶帮华
社址:重庆市沙坪坝区大学城西路 21 号
邮编:401331
电话:(023)88617190 88617185(中小学)
传真:(023)88617186 88617166
网址:http://www.cqup.com.cn
邮箱:fxk@cqup.com.cn(营销中心)
全国新华书店经销
重庆华林天美印务有限公司印刷

*

开本:787mm×1092mm 1/16 印张:17.75 字数:421 千
2017 年 8 月第 1 版 2022 年 1 月第 3 次印刷
印数:5 001—8 000
ISBN 978-7-5689-0562-6 定价:45.00 元

前　言

　　本书依据教育部高等学校力学教学指导委员会力学基础课程教学指导分委员会制定的《高等学校理工科非力学专业力学基础课程教学基本要求》(2012版)对材料力学课程教学的基本要求编写。书中对重要概念作了阐述,对重要公式进行了推导。为帮助学生理解和掌握各章的知识点,每章的开头附有本章导读,除第1章绪论外,其余各章都列举了一定数量的例题、思考题和习题。

　　本书共分11章和附录,内容主要包括:绪论,轴向拉伸与压缩,剪切、挤压和扭转,弯曲内力,弯曲应力,弯曲变形,简单超静定问题,应力状态与强度理论,组合变形,压杆稳定,能量法,平面图形的几何性质,型钢表。本书力求内容翔实,概念清晰,深入浅出,通俗易懂,注重理论联系实际。所选例题主要围绕土木工程和机械制造工程,通过典型例题分析,帮助学生理解和掌握材料力学的基本理论和分析方法,培养学生分析和解决实际工程中相关力学问题的能力。

　　本书由西南科技大学土木工程与建筑学院工程力学系材料力学教学团队的部分老师承担并完成编写工作。韩志型、杨震、彭芸担任主编,李朗、朱国权、罗小惠担任副主编。具体分工为:朱国权编写第1章、第2章;罗小惠编写第3章和附录I;李朗编写第4章、第5章;彭芸编写第6章,杨震编写第7章、第11章;韩志型和富裕共同编写第8章、第9章、第10章和附录II。全书由韩志型统稿,由力学系主任陈国平教授担任主审。本书在编写过程中得到了土建学院领导和力学系全体老师的大力支持,尤其是赵明波老师提出了许多宝贵的意见和建议,同时还参考了大量的国内同类优秀教材,选用了某些图表和习题,在此一并表示衷心的感谢。

　　由于编者水平有限,书中难免有不当和错误之处,恳请读者批评指正。

编　者

2017年2月

目　录

1

绪 论

[本章导读]

　　材料力学是研究构件承载能力的一门学科。构件要有足够的承载能力,必须满足强度、刚度和稳定性要求。本章介绍了强度、刚度、稳定性、内力、应力、应变等材料力学涉及的一些基本概念,重点阐述了材料力学的任务和研究对象、变形固体应满足的连续性、均匀性和各向同性基本假设条件以及小变形条件,较为详细地介绍了外力及其分类、内力、应力、应变以及杆件轴向拉压、剪切、扭转、弯曲4种基本变形形式,并对用截面法求内力的方法和步骤作了详细介绍。

1.1 材料力学的任务

　　土木工程和机械设备中,承受和传递载荷并起骨架作用的部分称为**结构**。结构的各个组成部分统称为**构件**。例如,建筑物结构由基础、柱子、梁、楼板、屋盖等构件组成;钻床结构由立柱和横臂等构件组成。结构能否正常工作取决于每一构件在载荷作用下是否能够正常地工作。

　　材料力学就是研究构件承载能力的一门学科。构件要有足够的承载能力,才能够正常工作,因此必须满足强度、刚度和稳定性要求。

1)强度要求

　　强度要求是指构件在载荷的作用下具有足够的抵抗破坏的能力。所谓破坏,是指构件产生了断裂或产生了不可恢复的变形。例如起重机的钢索不可断裂,储气罐不可爆裂等。

2）刚度要求

刚度要求是指构件在载荷的作用下具有足够的抵抗弹性变形的能力。例如,机床主轴如果变形过大,其加工精度和使用寿命都将受到影响。

3）稳定性要求

稳定性要求是指构件在载荷的作用下应具有足够的保持其原有平衡状态的能力。细长的受压直杆在压力超过某一值时会突然弯曲,致使其丧失承载能力。这种从直线平衡状态变为曲线平衡状态的现象称为丧失稳定或简称失稳,这种失效形式即为稳定失效。例如千斤顶、活塞连杆、厂房的柱子等都不允许失稳。

工程中的构件若不能满足以上要求,则很容易出现工程事故,造成不可挽回的损失。如2007年8月13日,位于湖南省凤凰县在建的沱江大桥发生坍塌事故,造成64人遇难。坍塌原因之一可能是因砂浆或者混凝土龄期强度没达到规范要求就拆卸支架,从而导致砌体因强度不够而破坏,受连拱效应影响,整个大桥迅速坍塌。

再如2013年3月21日,安徽省桐城市盛源广场工程在浇筑主楼中庭5层屋面梁柱混凝土过程中,模板支撑系统失稳坍塌,造成8人死亡,6人受伤。

又如2013年4月27日,江苏省江阴市海港大道工程发生事故,原因是主墩之间在进行现浇箱梁支架的堆载预压作业时发生了坍塌,造成3人死亡,3人受伤。

材料力学的任务之一就是研究处于平衡状态的工程构件的内力、变形和失效规律,即研究构件的强度、刚度和稳定性的失效规律,从而提出保证构件具有足够的强度、刚度和稳定性的设计方法和设计准则。在研究的时候,需要了解构件在外力作用下表现出来的变形和破坏等方面的性能,即构件的力学性能。因此,材料力学的任务之二就是研究材料的力学性能。材料的力学性能需要由试验来测定,实验分析和理论研究是材料力学解决问题的基本方法。将材料力学的理论和方法应用于工程,即可对杆类构件或零件进行常规的强度、刚度和稳定性设计。

设计的构件不但要满足强度、刚度和稳定性要求,还必须选用合理的材料,并尽可能降低材料的消耗量,以节约资金和减轻构件自重。若构件横截面尺寸过小,或形状不合理,或材料选择不恰当,则满足不了强度、刚度和稳定性要求。如果一味追求优质材料,增加横截面的面积,虽然可以大大提高构件的强度、刚度和稳定性,但是必然会增加构件的成本,造成不必要的浪费。因此,材料力学的任务之三,就是要在满足强度、刚度和稳定性的前提下,以最小的成本,为构件确定合理的截面形状和尺寸,选择合适的材料,为设计构件提供必要的理论基础和计算方法。

1.2 变形固体的基本假设

材料力学研究的对象是构件,而构件都是由固体材料制成,并且在力的作用下都要产生变形。工程中的变形固体,其物质结构是各不相同的。例如,金属具有晶体结构,塑料由长链分子组成,玻璃、陶瓷由按某种规律排列的硅原子和氧原子组成。不同材料的物质结构具有不同程度的空隙,并存在气孔、裂纹、杂质等缺陷。但是这种空隙的大小和构件的尺寸相比显得极其微小,因此可以认为物质的结构是紧密的。

在研究构件的强度、刚度和稳定性时,为了抽象出力学模型,掌握与问题有关的主要属性,略去一些次要因素,对变形固体作下列假设:

1)连续性假设

该假设认为组成变形固体的物质不留空隙地充满了固体的整个空间。根据这一假设,在对构件进行分析时,内部各点力学量,如内力、应力、应变和位移等可以考虑为连续函数,进而可以借助数学方法进行计算。并且在正常工作条件下,变形后的固体仍应满足连续性假设,即变形要协调一致,不产生空隙,也不产生重叠现象。

2)均匀性假设

该假设认为在变形固体内任意两点都具有完全相同的力学性能。由于材料力学考察的物体几何尺寸都足够大,并且考察物体上的点都是宏观尺度上的点,所以可以假设物体内任意一点的力学性能都能代表整个物体的力学性能。

3)各向同性假设

该假设认为变形固体内任意一点,无论沿何种方向,其力学性能都是相同的。就金属来说,其单一晶体,在不同方向上的力学性能并不一样。但金属构件内包含数量极多的晶体,且排列杂乱无章,这样从宏观上来看,表现出来的力学性能差别甚小,因此认为是各向同性材料,各个方向具有完全相同的力学性能。但对于木材、胶合板来说,其整体的力学性能具有明显的方向性,属于各向异性材料。

另外,在对构件进行分析时,还作了**小变形假设**,即假设构件在外力作用下所产生的变形与其本身的几何尺寸相比是极其微小的。根据这一假设,在考察构件的平衡问题时,一般可以略去变形的影响,直接用构件的原始尺寸和几何形状进行求解。小变形假设在今后分析变形几何关系等问题方面,将使问题大大简化。

变形固体在外力作用下,其形状或几何尺寸会发生变化,这种变化称为**变形**。物体在外力作用下发生变形,在外力去掉后若能够完全恢复为原来的尺寸和形状,这种变形称为**弹性变形**;若只能部分恢复而残留一部分变形,这种残留的变形称为**塑性变形**或**残余变形**。材料力学研究的变形固体,发生的变形在大多数场合下局限于弹性变形范围内。也就是说,假设变形固体在卸载后,能够完全恢复其原有形状和几何尺寸,没有残余变形,且力与变形成正比关系。该假设称为**完全弹性和线弹性假设**。

总之,材料力学是将实际材料看作连续、均匀、各向同性的可变形体,在线弹性、小变形条件下进行研究。

1.3 构件的分类及杆件变形的基本形式

▶1.3.1 构件的分类

工程或机械里实际使用的构件有不同的形状和尺寸,根据形状和尺寸的不同可以将构件分为块体、板壳和杆件三类。

三维(长、宽、高)尺寸相差不多的构件称为块体,如图 1.1(a)所示。某两个方向上的尺寸远大于另一个方向上的尺寸的构件,中面为平面者称为板,中面为曲面者称为壳,如图1.1(b)所示。某个方向的尺寸远大于其他两个方向的尺寸的构件称为**杆件**,如图1.1(c)所示。杆件的几何要素是横截面和轴线。横截面是指沿垂直于杆长度方向的截面。轴线是各横截面形心的连线。轴线是直线的杆件称为**直杆**;轴线为折线的杆件称为**折杆**;轴线为曲线的杆件称为**曲杆**。横截面不变的直杆称为等截面直杆,简称**等直杆**;横截面变化的直杆称为**变截面直杆**。

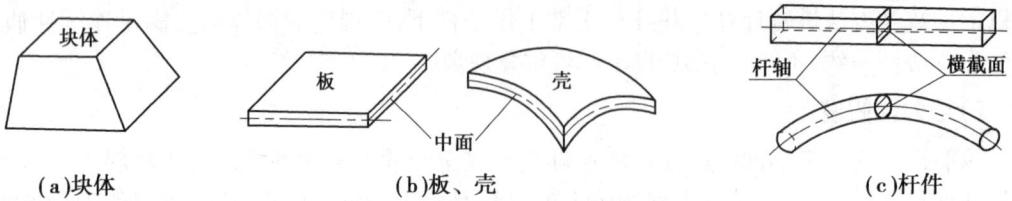

图1.1　构件的分类

▶1.3.2　杆件变形的基本形式

材料力学研究的主要对象从几何上抽象为杆件,如连杆、传动轴、立柱、丝杆等。杆件在不同的外力作用下,其产生的变形形式各不相同。杆件变形的基本形式有以下4种。

1)轴向拉伸(或压缩)

在一对大小相等、方向相反、作用线与杆件轴线相重合的轴向外力作用下,杆件在长度方向发生伸长变形的,称为**轴向拉伸**;长度方向发生缩短变形的,称为**轴向压缩**。如图1.2所示,托架的拉杆和压杆所产生的变形就是轴向拉伸和轴向压缩变形。

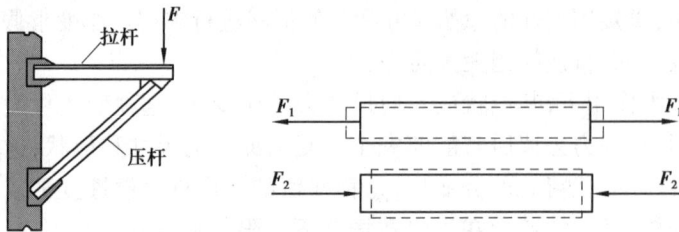

图1.2　拉(压)杆的轴向变形

2)剪切

在一对大小相等、方向相反、作用线相距很近的横向力作用下,杆件的横截面沿外力作用方向发生相对错动,这种变形称为**剪切变形**。如图1.3所示的连接件中的螺栓受力后发生的变形,就属于剪切变形。

3)扭转

在一对大小相等、方向相反、位于垂直于杆件轴线的两平面内的力偶作用下,杆件的任意两横截面发生绕轴线的相对转动,杆件表面的纵向线将变成螺旋线,这种形式的变形称为**扭转**。如图1.4所示,机器的传动轴受力后发生扭转变形。

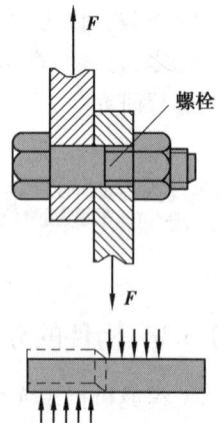

图1.3　剪切变形

4)弯曲

在一对大小相等、转向相反、位于杆件纵向平面内的力偶作用下,或者在垂直于杆件轴线的横向外力作用下,杆件的任意两横截面发生相对转动,此时杆件的轴线由直线变为曲线,这种形式的变形称为**弯曲**。如图 1.5 所示的吊车梁就主要发生弯曲变形。

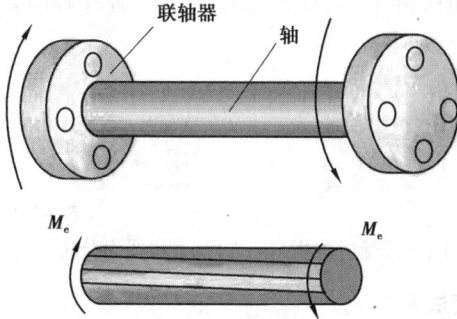

图 1.4 扭转变形   图 1.5 弯曲变形

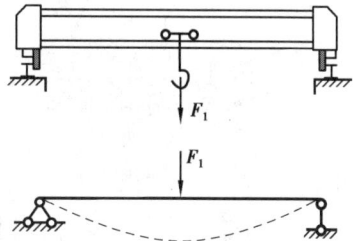

工程中杆件在不同载荷作用下的变形情况比较复杂,但大多为上述 4 种基本变形形式的组合。如钻床立柱同时发生拉伸和弯曲组合变形;在啮合力作用下的传动轴发生扭转和弯曲组合变形。本书首先分别讨论各种基本变形形式,然后讨论组合变形。

1.4 外力、内力和应力的概念

▶1.4.1 外力

当研究某一物体时,常常取出该物体分析其受力情况。来自物体外部的力称为**外力**。外力包括主动力和约束力,主动力通常称为**载荷**。外力按作用区域的大小可分为**集中力**和**分布力**两类。集中力的分布面积远小于物体表面积,可视为作用在一个点上。分布力连续作用在物体的某个区域内,又可分为体积力和表面力。体积力作用于物体内部的各个质点上,如重力;表面力作用于物体表面,如风的压力。分布力的分布强度可以用单位体积内、单位面积或单位长度内所受力的大小来度量,称为**载荷集度**,常用单位为 kN/m^3、kN/m^2 和 kN/m 等。

按载荷随时间变化的情况,载荷可分为静载荷和动载荷。静载荷是缓慢地施加于物体上,由零缓慢增加至某一确定的值并不再改变的力。如将铁锤轻放在玻璃表面上,此时施加的力就是静载荷。若载荷随着时间发生显著的变化,则为动载荷。如钉锤钉钉子时,施加的力在短时间内从零快速增加至最大值,该力属于动载荷中的冲击载荷;又如内燃机中的连杆因活塞往复运动而受到的力,其大小和方向随时间作周期性改变,并多次重复地作用在物体上,这种力属于动载荷中的交变载荷。

▶1.4.2 内力和截面法

物体在外力作用下将发生变形,与此同时,杆件内部各部分之间因相对位置发生变化将产生附加的相互作用力,这种由于外力作用而引起的附加相互作用力称为**内力**。内力随着外力的变化而变化。一般来说,外力消失之后,内力也跟着消失。

杆件的强度、刚度、稳定性等问题均与内力密切有关,当内力增加到一定程度时,杆件就会发生破坏或产生塑性变形。在分析这些问题时,常常需要知道杆件在外力作用下某一横截面上的内力值。求杆件任一横截面上的内力,通常采用截面法。

如图 1.6(a)所示,设某一构件受外力作用而保持平衡,在外力作用下,构件内部将会产生内力。现采用截面法来计算 m—m 横截面上的内力。

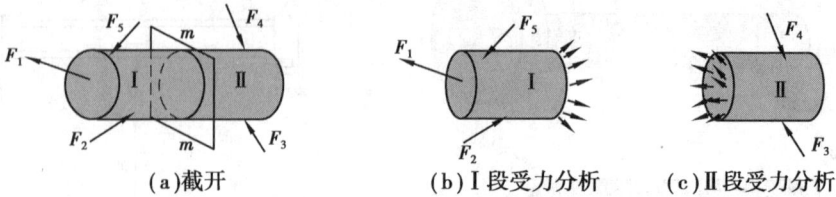

(a)截开   (b)Ⅰ段受力分析   (c)Ⅱ段受力分析

图 1.6　截面法求内力

截面法求解过程可归纳为截、留、代、平 4 个步骤。

①截:欲求某一横截面的内力,沿该截面将构件假想地截成两部分。如图 1.6(b)、(c)所示,将构件沿 m—m 横截面截成Ⅰ、Ⅱ两部分。

②留:对截开的两部分构件,留下其中任意一部分作为研究对象,而另一部分舍去。如保留图 1.6(b)中的第Ⅰ部分或图 1.6(c)中的第Ⅱ部分。

③代:舍去部分对留下部分的作用力,用作用于截面上相应的内力来代替,画出受力图。在图 1.6(b)中,舍去的第Ⅱ部分对第Ⅰ部分的作用力用相应的内力表示出来。

④平:对留下部分建立平衡条件,通过静力平衡方程求解未知的内力。

需要说明的是,如果变形体在外力作用下保持平衡,则从其上截取的任一部分也是平衡的。这个任一部分可以是截开的两部分中的任一部分,也可以是无限接近的两个截面所截出的一微段,还可以是围绕某一点截取的微元或微元的局部等。截开后的两部分之间相互作用总是大小相等、方向相反的,因此留下其中任一部分进行分析即可。从平衡分析的角度来看,一般选择受力简单的部分。至于截面上的内力,是一个分布于截面上的分布力系,该分布力系可以向某一点(通常为形心)简化得到主矢和主矩,该主矢和主矩就是截面上的内力。

▶1.4.3 应力的概念

用截面法可以计算出横截面上内力的大小,但是不知道内力在横截面上的分布情况。为了解决构件的强度问题,不仅要知道当外力达到一定值时构件可能沿哪个截面破坏,而且还要知道该截面上哪个点首先开始破坏。因此仅仅知道构件截面上内力系的合力是不够的,还需要进一步研究截面上内力的分布情况,从而引入应力的概念。**应力**就是构件截面上分布内力的集度。

如图 1.7 所示,考察某受力杆截面 m—m 上 M 点处的应力。

在 M 点周围取一微小面积 ΔA,设 ΔA 面积上分布内力的合力为 ΔF,则面积 ΔA 上内力 ΔF 的平均集度为

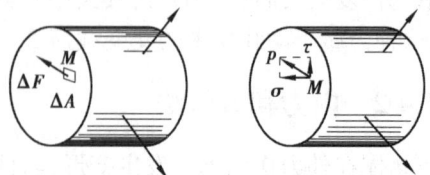

图 1.7　一点的应力

$$p_M = \frac{\Delta F}{\Delta A} \tag{1.1}$$

式中 p_M 称为面积 ΔA 上的**平均应力**。当微小面积 ΔA 趋近于零时,就得到截面上 M 点处的**总应力**,即

$$p = \lim_{\Delta A \to 0} \frac{\Delta F}{\Delta A} = \frac{dF}{dA} \tag{1.2}$$

由于力 F 是矢量,故 p 也是矢量,其方向一般不与截面垂直或平行,常常分解成与截面垂直的法向分量和与截面相切的切向分量。法向分量称为**正应力**,用 σ 表示;切向分量称为**切应力**,也称**剪应力**,用 τ 表示。应力的国际单位为 Pa(帕斯卡),1 Pa = 1 N/m²。工程中常用 MPa、GPa 作为应力的单位,它们之间的关系为:1 MPa = 10^6 Pa,1 GPa = 10^9 Pa = 10^3 MPa。

1.5 位移、变形和应变的概念

研究变形,一方面是为了研究构件的刚度问题,另一方面还因为由外力引起的变形与内力的分布相关。

物体在外力作用下,其形状和大小要发生变化,即产生变形。变形前后物体内一点或一线段位置的变化称为**位移**。位移又分为线位移和角位移。**线位移**是指物体内一点位置移动的直线距离。**角位移**是指物体内一线段(或截面)方位改变的角度。在图 1.8 中,悬臂梁在集中力 F 的作用下,产生弯曲变形。受力之前,在悬臂梁上过 C 点沿水平方向和竖

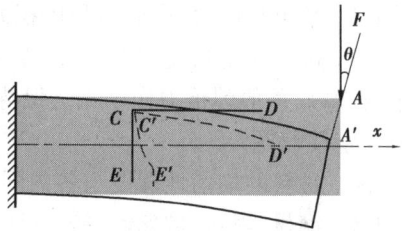

图 1.8 位移、变形与应变的概念

直方向作相互垂直的线段 CD 和 CE。集中力 F 作用在 A 点,产生弯曲变形后,点 C、D、E 的位置发生了变化,分别移动到 C'、D'、E',即产生线位移;直线段 CD 和 CE 均变成了相应的曲线 $C'D'$ 和 $C'E'$,并且它们在 C' 处不再垂直,产生了角位移;同时 A 点移动到 A' 的位置,自由端面转过了角度 θ,也产生了角位移。

设变形前 CD 线段的长度为 Δx,变形后曲线 $C'D'$ 的长度为 $\Delta x + \Delta s$。线段 CD 因变形改变为曲线 $C'D'$,其长度的变化量 $(\Delta x + \Delta s) - \Delta x$ 称为**线变形**。角度 CDE 变化为角度 $D'C'E'$,其角度的改变量 $\angle DCE - \angle D'C'E'$ 称为**角变形**。

比值

$$\varepsilon_{CD} = \frac{(\Delta x + \Delta s) - \Delta x}{\Delta x} = \frac{\Delta s}{\Delta x} \tag{1.3}$$

表示线段 CD 每单位长度的平均伸长或缩短,称为**平均线应变**。逐渐缩小 D 点和 C 点的距离,使 CD 的长度趋近于零,则 ε_{CD} 的极限为

$$\varepsilon = \lim_{D \to C} \frac{(\Delta x + \Delta s) - \Delta x}{\Delta x} = \lim_{\Delta x \to 0} \frac{\Delta s}{\Delta x} \tag{1.4}$$

ε 称为 C 点沿 x 方向的**线应变**,也称为**正应变**,简称应变。如线段 CD 内各点沿 x 方向的变形程度是均匀的,则平均应变就是 C 点的应变;若 CD 段内各点的变形程度并不相同,则只

有按式(1.4)定义的应变才能表示 C 点沿 x 方向变化的程度。

按式(1.3)、式(1.4)的定义可知,在应变的计算中,分子、分母的量纲都是长度,因此,线应变是无量纲的量。

$\angle DCE$ 变形前是直角,变形后为 $\angle D'C'E'$,则变形前后角度的变化量为 $\left(\dfrac{\pi}{2}-\angle D'C'E'\right)$。

当 D 和 E 都无限趋近于 C 点时,上述角度变化的极限值

$$\gamma = \lim_{\substack{D \to C \\ E \to C}}\left(\frac{\pi}{2} - \angle D'C'E'\right) \tag{1.5}$$

称为 C 点在平面内的**切应变**,也称为**角应变**。

切应变表示角度的变化量,是一个无量纲的量。

线应变 ε 和切应变 γ 是度量一点处变形程度的两个基本物理量。

思考题

1.1 材料力学与理论力学的研究对象有什么区别与联系? 为什么?

1.2 举出集中力、表面力和体积力的工程实例。

1.3 拉出一定长度的钢卷尺,卷尺凹形向上时,能保持水平位置,若把卷尺倒过来,凹形向下时,卷尺一般因重力作用无法保持在水平位置而向下弯折,这主要是强度问题、刚度问题还是稳定性问题?

1.4 材料的均匀性假设与各向同性假设的区别在哪里?

1.5 钢材、岩石、玻璃钢、铸铁、陶瓷、木材中,哪些属于各向同性材料? 哪些属于各向异性材料?

1.6 在外力作用下,构件会产生哪些基本变形,其各自的受力特点和变形特点是什么?

1.7 位移、变形和应变有什么区别与联系?

1.8 构件的内力与应力有什么区别和联系?

1.9 用截面法求内力时,有哪些基本步骤? 需要注意哪些方面?

1.10 角位移、角变形和切应变的区别是什么?

2

轴向拉伸与压缩

[本章导读]

　　轴向拉伸与压缩是杆件的基本变形形式之一。本章介绍了轴向拉伸与压缩的概念,拉压杆的受力特点和变形特点,截面法计算拉压杆的内力——轴力的方法和步骤;重点讨论了拉压杆横截面上应力的分布规律和计算公式、胡克定律和拉压杆的变形计算公式,以及拉压杆的强度设计准则;并通过低碳钢和铸铁试件的拉伸和压缩试验,分析了塑性材料和脆性材料的力学性能;最后简单介绍了应力集中现象。

2.1　轴向拉伸与压缩的概念

　　承受轴向拉伸和压缩的等直杆在实际工程中比较常见,如图 2.1(a)所示房屋屋架桁架中的二力杆,图 2.1(b)所示桥梁中的钢索,图 2.1(c)所示汽车式起重机的支腿,图 2.1(d)所示起重设备中的吊索等。

(a)屋架桁架　　　　(b)桥梁钢索　　　(c)汽车式起重机支腿　　(d)起重设备吊索

图 2.1　拉压杆实例

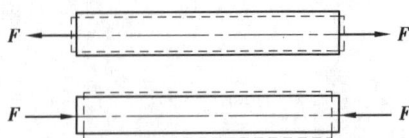

图2.2 轴向拉压杆的变形

作用在杆件上的载荷,如果其合力作用线与杆件的轴线重合,则该载荷称为**轴向载荷**。在轴向载荷的作用下,杆件的变形主要表现为沿轴线方向的伸长或者缩短,如图2.2所示。这种变形称为**轴向拉伸**或**轴向压缩**。

通过观察可以发现,杆件在拉伸时,沿轴线伸长,横截面减小;在压缩时,沿轴线缩短,横截面增大。

2.2 轴力与轴力图

▶2.2.1 轴力

拉(压)杆在轴向外力的作用下,其内部必然产生相应的附加内力。由于外力作用线与杆件轴线重合,根据平衡条件,其横截面上内力系的合力作用线也必然与杆件的轴线重合。这种作用线与轴线重合的内力称为**轴力**,用F_N表示。习惯上,轴力为拉力,则规定为正;轴力为压力则规定为负。

为了分析横截面上的内力,以图2.3(a)所示的等直杆为例。杆件在其两端受轴向拉力F的作用下保持平衡,用截面法计算横截面m—m上的内力。用假想的截面沿横截面m—m将杆件截分为Ⅰ、Ⅱ两部分,任取其中一部分作为研究对象。第Ⅰ部分只受外力F的作用,要保持平衡,则横截面上必然有分布内力的作用。通常将横截面上的分布内力用位于截面形心处的合力F_N来代替,如图2.3(b)所示,F_N即为横截面m—m上的轴力。

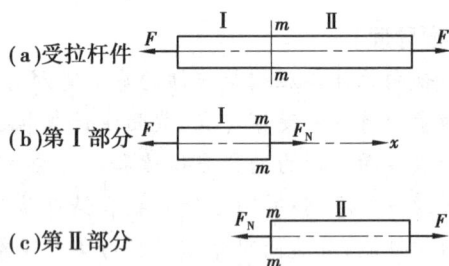

图2.3 受拉直杆的内力

由平衡条件

$$\sum F_x = 0, \quad F_N - F = 0$$

得

$$F_N = F$$

同样的,如果分析第Ⅱ部分,也会得到相同的结果,如图2.3(c)所示。根据作用力与反作用力原理可知,第Ⅱ部分横截面上的轴力应与第Ⅰ部分横截面上的轴力大小相等、方向相反、作用线在同一条直线上。

▶2.2.2 轴力图

轴力随横截面位置变化关系的图线称为**轴力图**。当杆件受到多个轴向外力作用时,在杆件的不同横截面上的轴力将各不相同,轴力图能直观地反映出轴力沿截面位置的变化关系,据此便可确定某段是受拉还是受压,以及整个杆件上最大轴力的数值及其所在横截面的位置。

【例2.1】一等直杆及其受力情况如图2.4(a)所示,已知$F_1 = 20$ kN,$F_2 = 40$ kN,$F_3 = 70$ kN,$F_4 = 50$ kN,试作杆的轴力图。

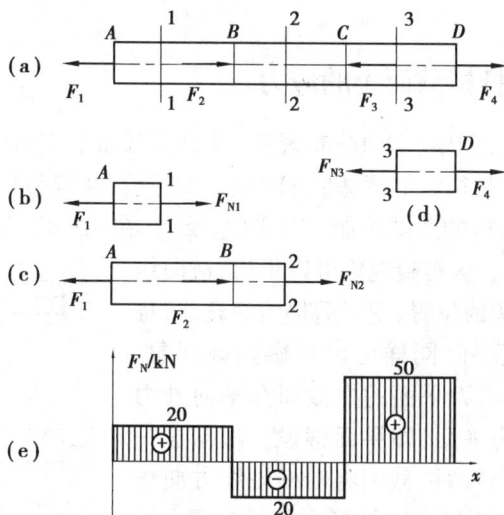

图 2.4 例 2.1 图

【解】①根据受力情况将杆件分段。

从杆件所受外力分析可知,以集中载荷作用点为分段点,4 个外力将杆件分为 AB、BC 和 CD 三段。在每一段中,由于外力无变化,其轴力也没有变化,都是相同的;在不同的段,由于外力不同,其轴力一般也不相同。也就是说,每相邻两个外力之间的一段,轴力是一样的,只需计算其中任意一个横截面的轴力即可。

②计算各段的轴力。

对 AB 段,用假想平面从 1—1 横截面处截开,取左部分来分析,并假设横截面上轴力 F_{N1} 为正,如图 2.5(b)所示,由平衡方程

$$\sum F_x = 0, \quad F_{N1} - F_1 = 0$$

得

$$F_{N1} = F_1 = 20 \text{ kN}$$

计算结果为正,说明轴力的实际方向和假设的正方向一致,即轴力 F_{N1} 为拉力。

同理,可计算 BC 段内任一横截面 2—2 上的轴力 F_{N2},如图 2.5(c)所示。

$$F_{N2} = F_1 - F_2 = -20 \text{ kN}$$

计算结果为负,说明轴力的实际方向和假设的方向相反,即 BC 段内的轴力为压力。

为了计算 CD 段内任一横截面上的轴力,此时取右部分分析更简单,如图 2.5(d)所示。

$$F_{N3} = F_4 = 50 \text{ kN}$$

③画轴力图。

以横坐标表示横截面所在的位置,纵坐标表示相应横截面上的轴力,建立坐标系。根据计算结果,将各段的轴力绘制在该坐标系上,便得到杆件的轴力图,如图 2.5(e)所示。从轴力图中可以看出,AB 段和 CD 段受拉,BC 段受压,并且最大轴力发生在 CD 段内的任一横截面上,其值为 50 kN。

2.3　轴向拉(压)杆的应力

▶2.3.1　轴向拉(压)杆横截面上的应力

　　为了分析拉压杆横截面上应力的分布规律,导出横截面上应力的计算公式,需要通过变形实验来了解杆件的变形规律。如图2.5(a)所示,加载前,在等直杆侧面作两条垂直于轴线的横向线 ab 和 cd,然后在杆的两端施加一对等值、反向、在同一直线上的轴向拉力 $\boldsymbol{F}$ 使杆产生变形,如图2.5(b)所示。从实验现象可以得出,横向线 ab 和 cd 移动到 $a'b'$ 和 $c'd'$ 的位置,变形后仍然为直线,且仍然垂直于轴线。对于压杆,同样可以观察到该现象。根据这一现象,可以假设原为平面的横截面在轴向外力作用下变形后仍然保持为平面,即**平面假设**。根据这一假设,轴向拉(压)杆变形后两横截面将沿杆轴线方向作相对平行移动,也就是说,轴向拉(压)杆在其任意两个横截面之间纵向线段的伸长变形是均匀的。由于材料是均匀的,所有各纵向线段的力学性能相同,由此可以推测横截面上各点的正应力 σ 相等,即横截面上的正应力 σ 均匀分布,为常量,如图2.5(c),(d)所示。由于横向线 ab 和 cd 变形前后均与轴线垂直,表明横截面上无切应力。

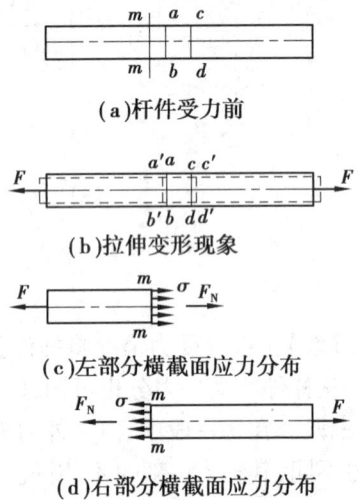

(a)杆件受力前

(b)拉伸变形现象

(c)左部分横截面应力分布

(d)右部分横截面应力分布

图2.5　拉压杆横截面上的应力

　　用静力学的方法求合力,可得轴力

$$F_{\mathrm{N}} = \int_A \sigma \mathrm{d}A = \sigma \int_A \mathrm{d}A = \sigma A$$

由此得到轴向拉(压)杆横截面上正应力 σ 的计算公式

$$\sigma = \frac{F_{\mathrm{N}}}{A} \tag{2.1}$$

式中　F_{N}——轴力,当 F_{N} 为拉力时,σ 为拉应力;当 F_{N} 为压力时,σ 为压应力。σ 的正负号与 F_{N} 的正负号一致;

　　　　A——轴向拉(压)杆的横截面面积。

　　式(2.1)是根据杆横截面上应力均匀分布的结论导出的。需要说明一点的是,该公式不适用于集中力作用点附近的区域。因为在集中力作用点附近,其应力的分布是复杂的。但理论和实践研究表明:不同的加力方式,只对力作用点附近区域的应力分布有显著影响,而在距力作用点稍远处,应力都趋于均匀分布。这就是著名的**圣维南原理**(Saint-Venant)。按照圣维南原理,在实际计算中可以不考虑杆端的实际受力情况,用与它静力等效的合力来代替。这样处理后的计算结果是符合杆件绝大部分区域的实际情况的。至于杆端小部分区域,由于应力的不均匀性所带来的强度问题,一般是在构造上加强处理以保证其强度安全。故在轴向拉(压)杆的应力计算中,都以式(2.1)进行计算。

　　若轴力沿轴线变化,则 $F_{\mathrm{N}} = F_{\mathrm{N}}(x)$,也可以用式(2.1)进行计算。对变截面杆,当截面变化

缓慢时,外力合力与轴线重合,横截面上的正应力也近似为均匀分布,同样可以用式(2.1)进行计算。这时把它写成

$$\sigma(x) = \frac{F_N(x)}{A(x)}$$

【例 2.2】 某钢制直杆,受力及尺寸如图 2.6(a)所示。各段横截面面积分别为 $A_1 = 300$ mm^2,$A_2 = 200$ mm^2,$A_3 = 300$ mm^2。试作轴力图并计算各段横截面上的正应力。

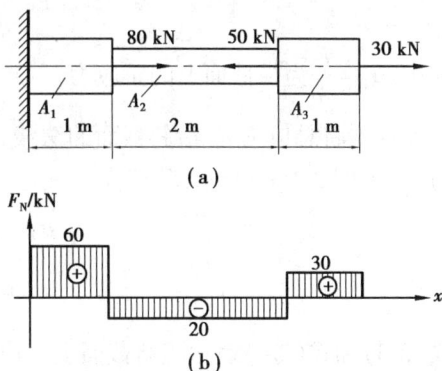

【解】 ①用截面法计算出各段的轴力,分别为

$F_{N1} = 60$ kN,$F_{N2} = -20$ kN,$F_{N3} = 30$ kN

根据各段轴力作出轴力图如图 2.6(b)所示。

②各段应力计算。

根据公式(2.1)计算各段的应力,分别为

$$\sigma_{1-1} = \frac{F_{N1}}{A_1} = \frac{60 \times 10^3 \text{ N}}{300 \times 10^{-6} \text{ m}^2} = 200 \times 10^6 \text{ Pa} = 200 \text{ MPa}$$

$$\sigma_{2-2} = \frac{F_{N2}}{A_2} = \frac{-20 \times 10^3 \text{ N}}{200 \times 10^{-6} \text{ m}^2} = -100 \text{ MPa}$$

$$\sigma_{3-3} = \frac{F_{N3}}{A_3} = \frac{30 \times 10^3 \text{ N}}{300 \times 10^{-6} \text{ m}^2} = 100 \text{ MPa}$$

其中 σ_{2-2} 计算出为负值,表示为压应力。

▶2.3.2 轴向拉(压)杆斜截面上的应力

前面分析了轴向拉(压)杆横截面上的应力分布情况,现在来研究其斜截面上的应力分布情况。

如图 2.7(a)所示,在等直拉杆中,欲分析与横截面成 α 角度的斜截面 m—m 上的应力,可以用一假想的斜截面沿着 m—m 将杆截分为左、右两部分,考虑左段的平衡,如图 2.7(b)所示。

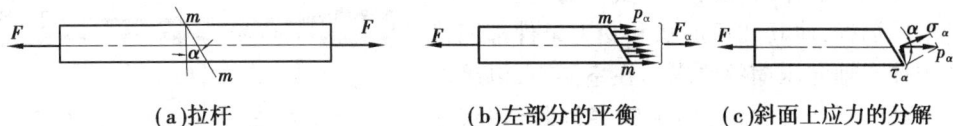

(a)拉杆　　　　　(b)左部分的平衡　　　　　(c)斜面上应力的分解

图 2.7　拉压杆斜截面上的应力

可以计算出斜截面上的轴力为

$$F_\alpha = F \tag{a}$$

同计算横截面上正应力的分析方法一样,可以得到斜截面上各点处的总应力 p_α

$$p_\alpha = \frac{F_\alpha}{A_\alpha} \tag{b}$$

式中 A_α 是斜截面的面积,设横截面的面积为 A,则 $A_\alpha = \dfrac{A}{\cos \alpha}$,代入式(b),并利用式(a),即得

$$p_\alpha = \frac{F}{A}\cos \alpha = \sigma_0 \cos \alpha \qquad (2.2)$$

式中, $\sigma_0 = \dfrac{F}{A}$ 为横截面上的正应力。

通常将总应力 p_α 沿斜截面的法线方向和切线方向进行分解,得到法向应力 σ_α 和切向应力 τ_α,如图 2.7(c)所示,其值为

$$\sigma_\alpha = p_\alpha \cos \alpha = \sigma_0 \cos^2\alpha \qquad (2.3)$$

$$\tau_\alpha = p_\alpha \sin \alpha = \frac{\sigma_0}{2}\sin 2\alpha \qquad (2.4)$$

式(2.3)和式(2.4)表达了斜截面上正应力和切应力的变化规律。由式(2.3)和式(2.4)可知:

当 $\alpha = 0$ 时, $(\sigma_\alpha)_{max} = \sigma_0$,是 σ_α 中的最大值;

当 $\alpha = \pm 45°$时, $\tau_\alpha = \pm \dfrac{\sigma_0}{2}$, $|\tau_\alpha|_{max} = \dfrac{\sigma_0}{2}$,是 τ_α 中的最大值。

这表明:杆件在轴向拉(压)时,最大正应力发生在横截面上,而绝对值最大的切应力发生在与横截面成 $\pm 45°$ 的斜截面上,且其数值等于横截面上正应力值的一半。

对于角度 α 的正负作如下规定:若横截面外法线逆时针转到斜截面的外法线方向 α 为正,反之为负。

2.4 材料在轴向拉伸和压缩时的力学性能

▶2.4.1 材料轴向拉伸时的力学性能

材料的力学性能是指材料在外力作用下表现出来的变形、破坏等方面的特性。在分析构件的强度、刚度和稳定性时涉及反映材料力学性能的参数,如比例极限、强度极限、屈服极限、弹性模量、泊松比等,都要通过材料的拉伸和压缩试验来确定。下面以低碳钢和铸铁为代表分别介绍两类材料在轴向拉伸和轴向压缩时的力学性能。

在进行轴向拉伸或轴向压缩实验时,应将材料做成标准的试样,使其几何形状和受力条件都能符合轴向拉伸或轴向压缩的要求。在室温下,以缓慢平稳的加载方式进行试验,称为**常温静载试验**,它是测定材料力学性能的基本试验。

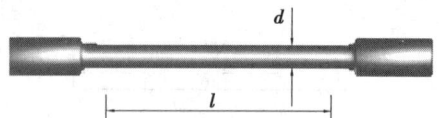

图 2.8　拉伸试件

按国家标准,对于拉伸试验,通常将试样做成圆截面试样。如图 2.8 所示,在试样中间测量变形部分的长度 l 称为标距。标距 l 与直径 d 有两种比例,即 $l = 5d$ 和 $l = 10d$ 。

1)低碳钢拉伸时的力学性能

低碳钢是指含碳量在 0.3% 以下的碳素钢。这类钢材在工程中使用较广,在拉伸试验中表现出的力学性能也最为典型。

如图 2.9 所示,将试样装在试验机上,并施加缓慢增加的拉力。在轴向拉力的作用下,试样将产生变形,利用试验机的自动绘图装置,可以得到试件的**拉伸图**。拉伸图表示的是试件

在试验过程中标距为 l 段的伸长量 Δl 和拉力 F 之间的关系曲线。低碳钢轴向拉伸试验时的拉伸图,也称 $F\text{-}\Delta l$ 曲线,如图 2.10 所示。

图 2.9　拉压试验机

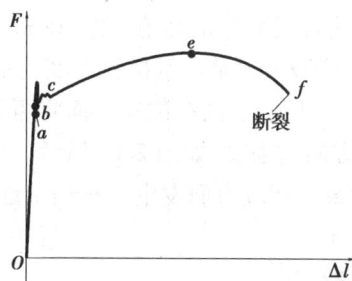

图 2.10　低碳钢拉伸 $F\text{-}\Delta l$ 曲线

从拉伸图(图 2.10)上可以看出试件所受的拉力 F 与变形量 Δl 之间的曲线关系。试件最后在 f 处发生断裂。

$F\text{-}\Delta l$ 曲线与试样的尺寸有关。为了消除试样几何尺寸的影响,把轴向拉力 F 除以试件横截面的原始面积 A,得到横截面的正应力为 $\sigma = \dfrac{F}{A}$;同时把伸长量 Δl 除以标距的原始长度 l,得到应变为 $\varepsilon = \dfrac{\Delta l}{l}$。以 σ 为纵坐标,ε 为横坐标,表示 σ 与 ε 变化关系的曲线,称为**应力-应变图**或 $\sigma\text{-}\varepsilon$ 曲线(图 2.11)。

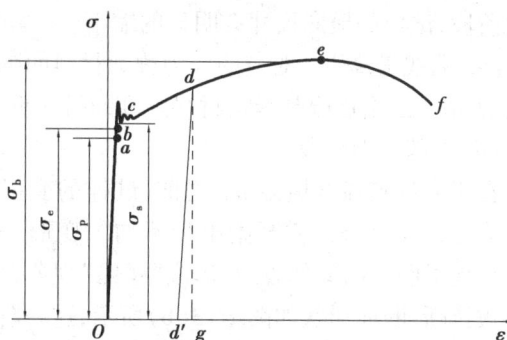

图 2.11　低碳钢拉伸 $\sigma\text{-}\varepsilon$ 曲线

从 $\sigma\text{-}\varepsilon$ 曲线可以看出,低碳钢拉伸时的力学性能主要表现在以下 4 个方面:

(1)弹性阶段

如图 2.11 中的 Ob 段,在此阶段内,材料发生的是弹性变形。若缓慢地卸去载荷 F 后,试样的变形将全部消失,b 点对应的应力 σ_e 称为材料的**弹性极限**。

在弹性阶段内,Oa 段为直线,a 点对应的应力 σ_p 称为**比例极限**。低碳钢 Q235 的比例极限 $\sigma_p \approx 200$ MPa。在此阶段,正应力 σ 和线应变 ε 成正比例关系,满足**胡克定律**,即

$$\sigma = E\varepsilon \tag{2.5}$$

式(2.5)中的比例系数 E 为直线 Oa 的斜率,称为材料的**弹性模量**,它反映了材料抵抗弹性变形的能力,常用单位为 MPa。式(2.5)反映了 σ 与 ε 之间的正比例关系,只在 $\sigma \le \sigma_p$ 时才成立。

ab 段是一段微弯的曲线,由于 a、b 两点非常接近,比例极限 σ_p 与弹性极限 σ_e 近似相等,所以 ob 这一阶段通常称为弹性阶段或线弹性阶段。

（2）屈服阶段

当应力超过弹性极限 σ_e 后，应变增加很快，而应力先是下降，然后做微小的波动，在 σ-ε 曲线上出现接近水平线的小锯齿形线段（图2.11 中的 bc 段）。此时应力基本上不增加而应变继续增大的现象称为屈服现象。在屈服阶段内的最高应力和最低应力分别称为上屈服极限和下屈服极限。上屈服极限的数值与试样形状、加载速度等因素有关，一般是不稳定的。下屈服极限则有比较稳定的数值，能反映材料的性能，因此通常把下屈服极限称为**屈服极限**，用 σ_s 来表示。屈服极限是衡量材料强度的重要指标。

若试样经过抛光，则在试样表面将可看到大约与轴线成45°方向的条纹，如图2.12 所示。这是由于材料沿试样的最大切应力面发生滑移而引起的，称为滑移线。

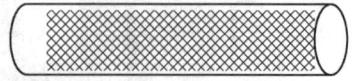

图 2.12　低碳钢拉伸时的滑移线

（3）强化阶段

经过屈服阶段后，材料又恢复了抵抗变形的能力，要使它继续变形必须增加拉力，这种现象称为材料的**强化**，σ-ε 曲线继续上升直到 e 点，这一阶段（图2.11 中的 ce 段）称为强化阶段，试样的横向尺寸有明显的缩小。

σ-ε 曲线最高点 e 对应的应力称为材料的**强度极限**，用 σ_b 来表示。强度极限是衡量材料强度的另一重要指标。

（4）局部变形阶段

在应力达到强度极限 σ_b 之前，试样的变形是均匀的。当应力达到 σ_b 时，试样开始出现不均匀变形，试样的某个

（a）局部颈缩　　（b）断面形状

图 2.13　局部颈缩及断面形状

截面出现了明显的局部收缩，形成"颈缩"现象，如图2.13（a）所示。曲线开始下降，至 f 点时，试样被拉断，断面形状如图2.13（b）所示，这一阶段称为局部变形阶段，如图2.11 中的 ef 段。

试样被拉断后，由于保留了塑性变形，试样长度由原来的 l 变为 l_1，用百分比表示的比值

$$\delta = \frac{l_1 - l}{l} \times 100\% \tag{2.6}$$

称为**伸长率**或**延伸率**。试样的塑性变形 $l_1 - l$ 越大，δ 也就越大。因此，伸长率是衡量材料塑性变形程度的重要指标。

试样的原始横截面面积为 A，被拉断后颈缩处的最小截面面积变为 A_1，用百分比表示的比值

$$\psi = \frac{A - A_1}{A} \times 100\% \tag{2.7}$$

称为**断面收缩率**。断面收缩率也是衡量材料塑性变形程度的另一重要指标。

工程上通常按伸长率的大小把材料分为两大类，$\delta \geq 5\%$ 的材料称为**塑性材料**，如低碳钢、黄铜等；$\delta < 5\%$ 的材料称为**脆性材料**，如铸铁、玻璃等。

如图2.11 所示，在 σ-ε 曲线中，如把试样拉伸到超过屈服极限的 d 点，然后逐渐缓慢卸去拉力，应力和应变关系将沿斜直线 dd' 回到 d' 点。斜直线 dd' 近似平行于 Oa。这说明：在卸载过程中，应力和应变近似按直线规律变化，这就是**卸载定律**。拉力完全卸除后，σ-ε 图中，$d'g$ 表示消失了的弹性变形，而 Od' 表示残留的塑性变形。

如果卸载后又重新加载,则应力和应变大致上沿卸载时的斜直线 $d'd$ 变化。直到 d 点后,又沿 def 变化。可见在再次加载时,直到 d 点以前材料的变形是弹性的,经过 d 点后才开始出现塑性变形。比较图 2.15 中的 $Oabcdef$ 和 $d'def$ 两条曲线,可见在第二次加载时,在弹性阶段的比例极限得到了提高,但塑性变形和伸长率却有所降低。这种现象称为**冷作硬化**。冷作硬化现象经退火后又可消除。工程中常利用冷作硬化来提高材料在弹性范围内所能承受的最大载荷。

2)其他塑性材料拉伸时的力学性能

工程中常用的塑性材料,除了低碳钢外,还有中碳钢、高碳钢和合金钢、铝合金、青铜、黄铜等。其中有些材料,如 Q345 钢,和低碳钢一样,有明显的弹性阶段、屈服阶段、强化阶段和局部变形阶段。有些材料,如黄铜 H62,没有明显的屈服阶段,但其他三阶段却很明显。还有些材料,如高碳钢 T10A,没有明显的屈服阶段和局部变形阶段,只有弹性阶段和强化阶段,σ-ε 关系如图 2.14 所示。

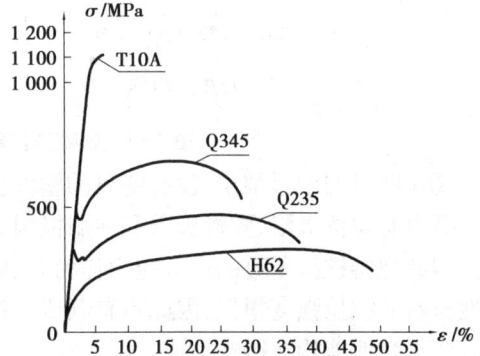

图 2.14　其他材料拉伸时 σ-ε 曲线

对于没有明显屈服阶段的塑性材料,工程中通常将产生 0.2% 塑性应变时的应力作为其屈服指标,称为**名义屈服极限**,并用 $\sigma_{0.2}$ 来表示,如图 2.15 所示。

对于没有直线段变形的材料,其弹性模量用**割线弹性模量**表示。工程中常取总应变为 0.1% 时 σ-ε 曲线的割线(图 2.16 中的虚线)斜率来确定割线弹性模量。

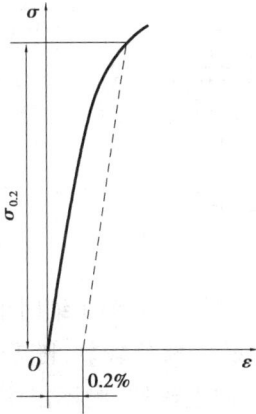

图 2.15　名义屈服极限应力　　　图 2.16　割线弹性模量

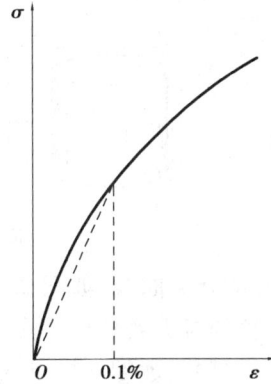

3)铸铁拉伸时的力学性能

铸铁是典型的脆性材料,其拉伸时的 σ-ε 曲线如图 2.17(a)所示,拉断时断面形状如图 2.17(b)所示。

与低碳钢相比,其特点为:

①σ-ε 曲线为一微弯线段,没有明显的阶段性。

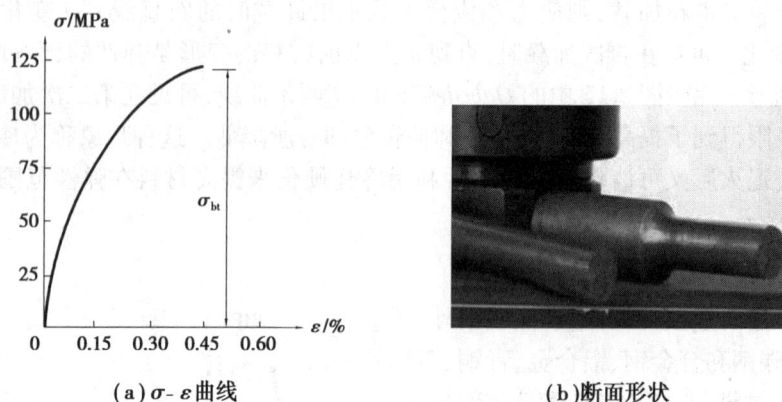

图 2.17　铸铁拉伸时的 σ-ε 曲线和断面形状

②拉断时的变形很小,没有明显的塑性变形。

③没有比例极限、弹性极限和屈服极限,只有强度极限 σ_b,且其值较低。

因此把铸铁拉断时的最大应力作为其强度极限,是衡量其强度的唯一指标。由于铸铁等脆性材料的抗拉强度很低,因此不宜制成受拉构件,其他脆性材料(如砖、石、混凝土等),其拉伸时的力学性能均与铸铁类似。

▶2.4.2　材料压缩时的力学性能

压缩试样通常用圆截面或正方形截面的短柱体,以免被压弯。金属材料通常用圆柱体试件,其高度和直径比值为 $\dfrac{l}{d}=1.5\sim3$,混凝土、石料等用方形试件,其高宽比为 $\dfrac{l}{b}=1\sim3$,如图 2.18 所示。

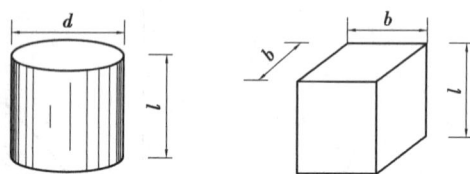

图 2.18　压缩试件

低碳钢压缩时的 σ-ε 曲线,如图 2.19 所示。试验表明:低碳钢压缩时的弹性模量 E 和屈服极限 σ_s 都与拉伸时大致相同。屈服以后,由于低碳钢材质较软,随着压力的增大,试样越压越扁,最后呈鼓状,如图 2.20 所示。而曲线一直向上延伸,测不出明显的强度极限。工程中,取轴向拉伸时的强度极限值作为轴向压缩时的强度极限,即认为拉、压强度指标相同。

铸铁压缩时的 σ-ε 曲线,如图 2.21 所示。与铸铁轴向拉伸时的曲线相比,其强度极限远大于轴向拉伸时的强度极限。这表明铸铁材料的抗压性能远大于抗拉性能。超过强度极限后,试样将沿与轴线大致成 $45°\sim55°$ 倾角的斜截面发生错动而破坏,如图 2.22 所示。

以上介绍的两类材料的力学性能,都是在常温、静载荷下的力学性能。实际上,材料的力学性能还受到其他一些因素,如温度、加载速度、载荷的长时间作用、受力状态等的影响。另外,材料的塑性与脆性不是绝对的,例如低碳钢在常温下表现出塑性材料的性质,但在低温下却表现出脆性材料的性质。

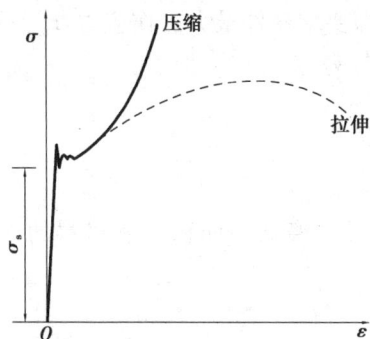

图 2.19 低碳钢压缩 $\sigma\text{-}\varepsilon$ 曲线

图 2.20 低碳钢压缩成鼓状

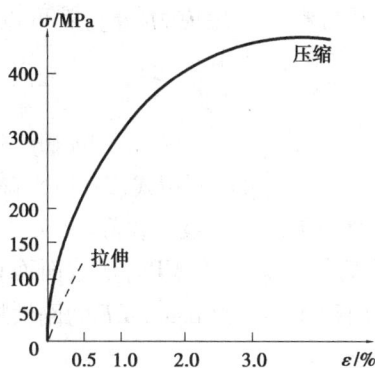

图 2.21 铸铁压缩 $\sigma\text{-}\varepsilon$ 曲线

图 2.22 铸铁压缩破坏形态

2.5 轴向拉(压)杆的强度条件及其应用

由脆性材料制成的杆件,在拉力作用下,当应力达到 σ_b 时就发生断裂,且断裂前的变形非常小;由塑性材料制成的杆件,当应力达到 σ_s 就出现了明显的塑性变形,不能再保持原有的形状和尺寸,已不能正常工作。通常把脆性材料出现脆性断裂和塑性材料出现塑性变形统称为材料的**强度失效**或**破坏**。材料的两个强度指标 σ_b 和 σ_s 都是杆件强度失效时的**极限应力**,统一用 σ_u 表示。为保证杆件有足够的强度,在静载荷作用下杆件的工作应力 σ 应低于极限应力。同时考虑一定的安全储备,将材料的极限应力 σ_u 除以大于 1 的**安全因数** n,并将其结果用 $[\sigma]$ 表示,$[\sigma]$ 称为材料的**许用应力**。即

$$[\sigma] = \frac{\sigma_u}{n} \tag{2.8}$$

许用应力 $[\sigma]$ 与安全因数 n 的选取有直接的关系,因此,安全因数 n 应根据有关规定查阅国家相关规范或设计手册来确定。在静载荷设计中,安全因数 n 的取值通常为塑性材料取

$n = 1.5 \sim 2.0$,脆性材料取 $n = 2.5 \sim 3.0$。

安全因数的选取原则充分体现了工程上处理安全与经济一对矛盾的原则,是复杂、审慎的事情。

把许用应力 $[\sigma]$ 作为杆件工作应力的最高限度,即要求杆件最大工作应力 σ_{max} 不超过许用应力 $[\sigma]$,于是得到杆件在轴向拉(压)时的强度条件为

$$\sigma_{max} = \frac{F_N}{A} \leqslant [\sigma] \qquad (2.9)$$

根据上面的强度条件,工程中通常有以下三方面的应用:

①强度校核。已知作用在杆件上的轴力 F_N,杆件的横截面面积 A 和材料的许用应力 $[\sigma]$,判断式(2.9)是否成立,即进行强度校核。

②截面设计。由式(2.9)可得

$$A \geqslant \frac{F_N}{[\sigma]} \qquad (2.10)$$

若已知作用在轴向拉(压)杆件上的轴力 F_N,以及材料的许用应力 $[\sigma]$,就可以利用式(2.10)计算杆件满足强度条件的最小截面面积 A。

③载荷设计。由式(2.9)可得

$$F_N \leqslant [\sigma]A \qquad (2.11)$$

若已知杆件的横截面面积 A,以及材料的许用应力 $[\sigma]$,就可以利用式(2.11)来确定杆件所能允许的最大轴力 F_N,从而根据平衡方程计算出杆件所能承受的最大载荷。

【例 2.3】如图 2.23(a)所示结构,AB 杆的许用应力 $[\sigma]_{AB} = 260$ MPa,横截面面积 $A_{AB} = 300$ mm²;CD 杆的许用应力 $[\sigma]_{CD} = 160$ MPa,横截面面积 $A_{CD} = 200$ mm²,EF 为刚性杆,所有杆的自重不计,若载荷 $F = 90$ kN,试对结构进行强度校核。

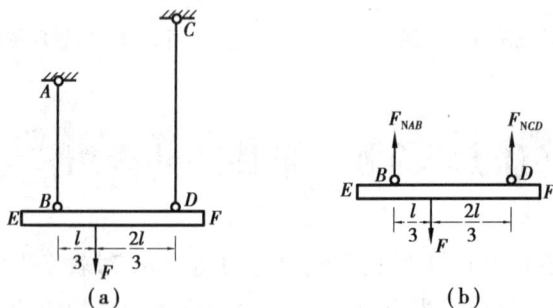

图 2.23 例 2.3 图

【解】①计算各杆的轴力。

取刚性杆 EF 为研究对象,受力图如图 2.23(b)所示。

根据平衡条件,列平衡方程:

$$\sum M_D = 0, \qquad -F_{NAB} \times l + F \times \frac{2l}{3} = 0$$

$$\sum F_y = 0, \qquad F_{NAB} + F_{NCD} - F = 0$$

联立解得

$$F_{NAB} = \frac{2}{3}F = 60 \text{ kN}, \qquad F_{NCD} = \frac{1}{3}F = 30 \text{ kN}$$

②计算各杆横截面上的正应力。

AB 杆横截面上的正应力为

$$\sigma_{AB} = \frac{F_{NAB}}{A_{AB}} = \frac{60 \times 10^3 \text{N}}{300 \times 10^{-6} \text{m}^2} = 200 \times 10^6 \text{ Pa} = 200 \text{ MPa}$$

CD 杆横截面上的正应力为

$$\sigma_{CD} = \frac{F_{NCD}}{A_{CD}} = \frac{30 \times 10^3 \text{N}}{200 \times 10^{-6} \text{m}^2} = 150 \times 10^6 \text{Pa} = 150 \text{ MPa}$$

③强度校核。

因 $\sigma_{AB} = 200$ MPa$< [\sigma]_{AB} = 260$ MPa,故 AB 杆的强度足够。

因 $\sigma_{CD} = 150$ MPa$< [\sigma]_{CD} = 160$ MPa,故 CD 杆的强度足够。

因此,整个结构的强度足够。

【例 2.4】如图 2.24(a)所示结构中,钢索 BC 由一组直径为 $d = 4$ mm 的钢丝组成。若钢丝的许用应力 $[\sigma] = 160$ MPa,AC 梁的自重 $W = 6$ kN,小车承载 $F = 18$ kN,可以在梁 AC 上左右移动,求钢索 BC 至少需要几根钢丝组成?

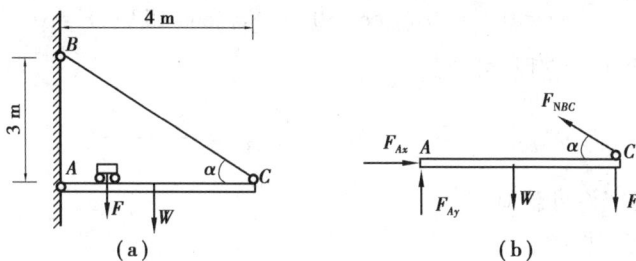

图 2.24 例 2.4 图

【解】①计算钢索 BC 的轴力。

当小车移动到 C 点时,钢索 BC 所受的拉力最大。取 AC 梁进行分析,受力图如图 2.24(b)所示。

由平衡方程

$$\sum M_A = 0, \qquad F_{NBC} \times \sin \alpha \times 4 - W \times 2 - F \times 4 = 0$$

得

$$F_{NBC} = 35 \text{ kN}$$

②截面设计。

钢索要满足强度条件,则钢索的横截面面积由式(2.10)求得。

$$A \geq \frac{F_N}{[\sigma]} = \frac{F_{NBC}}{[\sigma]} = \frac{35 \times 10^3 \text{N}}{160 \times 10^6 \text{Pa}} = 218.75 \times 10^{-6} \text{ m}^2 = 218.75 \text{ mm}^2$$

③确定钢丝的数量。

设需要 n 根钢丝组成钢索,则所有钢丝的横截面面积之和应大于等于钢索的横截面面积。

$$n \times \frac{1}{4} \times \pi \times (4 \text{ mm})^2 \geq 218.75 \text{ mm}^2$$

故

$$n \geqslant 17.42$$

至少需要钢丝 18 根。

【**例 2.5**】如图 2.25(a)所示杆系结构,已知杆 BC、BD 材料相同,许用应力 $[\sigma] = 160$ MPa, BC 杆横截面面积为 $A_1 = 700$ mm^2,BD 杆横截面面积为 $A_2 = 314$ mm^2,试确定此结构的许可载荷。

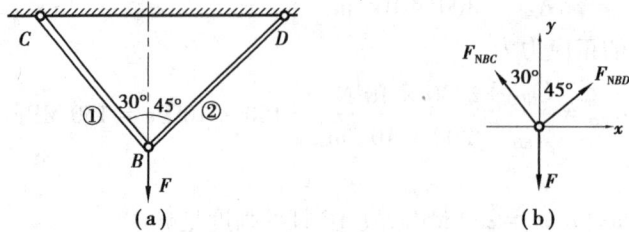

图 2.25 例 2.5 图

【**解**】①计算各杆轴力。

如图 2.25(b)所示,取铰 B 进行受力分析,由平衡方程得:

$$\sum F_x = 0, \qquad -F_{NBC}\sin 30° + F_{NBD}\sin 45° = 0$$

$$\sum F_y = 0, \qquad F_{NBC}\cos 30° + F_{NBD}\cos 45° - F = 0$$

联立解上面两个平衡方程,可得到

$$F_{NBC} = (\sqrt{3} - 1)F, \qquad F_{NBD} = \frac{\sqrt{6} - \sqrt{2}}{2}F$$

②根据 BC 杆确定许可载荷。

由式(2.9)强度条件,得

$$\sigma_{BC} = \frac{F_{NBC}}{A_1} \leqslant [\sigma]$$

$$\frac{(\sqrt{3} - 1)F}{700 \times 10^{-6}\ \text{m}^2} \leqslant 160 \times 10^6 \text{Pa}$$

解得

$$F \leqslant 152.99 \times 10^3\ \text{N} = 152.99\ \text{kN}$$

③根据 BD 杆确定许可载荷。

由式(2.9)强度条件得

$$\sigma_{BD} = \frac{F_{NBD}}{A_2} \leqslant [\sigma]$$

即

$$\frac{(\sqrt{6} - \sqrt{2})F}{2 \times (314 \times 10^{-6})\ \text{m}^2} \leqslant 160 \times 10^6\ \text{Pa}$$

解得

$$F \leqslant 97.06 \times 10^3\ \text{N} = 97.06\ \text{kN}$$

④确定整个结构的许可载荷。

考虑到 BC 杆和 BD 杆同时都要满足强度条件,故许可载荷为:

$$F = 97.06 \text{ kN}$$

2.6 轴向拉(压)杆的变形

▶2.6.1 轴向变形

直杆在轴向拉力的作用下,轴向尺寸将增大,横向尺寸将缩短。反之,在轴向压力的作用下,轴向尺寸将缩短,横向尺寸将增大。如图 2.26 所示,设等直杆的原长为 l,横截面面积为 A。在轴向力 F 作用下,长度由 l 变为 l_1。杆件在轴线方向的伸长量为 Δl,即轴向变形为 $\Delta l = l_1 - l$,因此,拉伸时 Δl 为正,压缩时 Δl 为负。

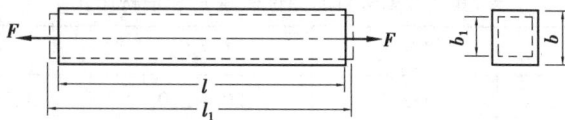

图 2.26 受拉杆件的变形

由于轴向拉(压)时杆件的伸长是均匀的,因此在轴线方向的线应变为:

$$\varepsilon = \frac{\Delta l}{l} \tag{2.12}$$

由 2.4 节的试验得知,当应力不超过比例极限时,横截面上的正应力 σ 和相应的线应变 ε 之间存在着正比例的关系,即满足胡克定律

$$\sigma = E\varepsilon \tag{a}$$

而根据式(2.1)知横截面上的正应力为

$$\sigma = \frac{F_N}{A} \tag{b}$$

将式(2.12)和式(b)代入式(a),化简后可得

$$\Delta l = \frac{F_N l}{EA} \tag{2.13}$$

即轴向变形 Δl 与轴力 F_N 及杆长 l 成正比,与杆件的横截面面积 A、材料的弹性模量 E 成反比。

式(2.13)就是计算轴向变形的公式,该式也称为**胡克定律**。从式(2.13)可以看出,Δl 与 EA 成反比,即 EA 越大,相应的变形就越小;EA 越小,相应的变形就越大。EA 称为杆件的**抗拉(压)刚度**,它表示杆件抵抗轴向拉伸(压缩)变形的能力。

胡克定律是材料力学中的重要定律,今后许多公式的推导,都是建立在此基础上的。

▶2.6.2 横向变形·泊松比

图 2.26 所示的轴向拉杆,其变形前的横向尺寸为 b,变形后为 b_1,横向尺寸的改变量 Δb 为

$$\Delta b = b_1 - b$$

在均匀变形情况下,拉杆的横向线应变为

$$\varepsilon' = \frac{\Delta b}{b} \tag{2.14}$$

ε' 称为**横向线应变**,对于轴向拉杆,Δb 显然为负,即横向线应变与其轴向线应变的正负号正好相反。

由试验得知,在弹性范围内,ε' 与 ε 的比值为一常量,即

$$\mu = \left| \frac{\varepsilon'}{\varepsilon} \right| \tag{2.15}$$

μ 是无量纲的量,称为**泊松比**,也称为**横向变形系数**,是材料的弹性常数,通过试验测定。

由于 ε' 与 ε 的正负号总是相反,故式(2.15)又可写成

$$\varepsilon' = -\mu\varepsilon \tag{2.16}$$

常见材料的弹性模量 E 和泊松比 μ,见表 2.1。

表 2.1　常见材料的弹性模量 E 和泊松比 μ

材料名称	牌　号	E/GPa	μ
低碳钢	Q235	$200 \sim 210$	$0.24 \sim 0.28$
中碳钢	45	205	
低合金钢	16Mn	200	$0.25 \sim 0.30$
合金钢	40CrNiMoA	210	
灰口铸铁		$60 \sim 162$	$0.23 \sim 0.27$
球墨铸铁		$150 \sim 180$	
铝合金	LY12	71	0.33
硬质合金		380	
混凝土		$15.2 \sim 36$	$0.16 \sim 0.18$
木材(顺纹)		$9 \sim 12$	

【例 2.6】如图 2.27(a)所示,承受轴向载荷的直杆 $ABCD$,抗拉刚度 $EA = 8 \times 10^4$ kN,试求该杆的轴向变形及截面 A、B、C 的位移。

【解】①计算杆件各段轴力,画轴力图。

分别计算 AB、BC、CD 三段的轴力,可得

$F_{NAB} = 20$ kN,$F_{NBC} = -20$ kN,$F_{NCD} = 30$ kN

轴力图如图 2.27(b)所示。

②计算各段的轴向变形。

根据式(2.13)得

$$\Delta l_{AB} = \frac{F_{NAB} l_{AB}}{2EA} = \frac{(20 \times 10^3)\mathrm{N} \times 1\ \mathrm{m}}{2 \times (8 \times 10^4 \times 10^3)\ \mathrm{N}} = 0.125\ \mathrm{mm}$$

$$\Delta l_{BC} = \frac{F_{NBC} l_{BC}}{EA} = \frac{(-20 \times 10^3)\mathrm{N} \times 2\ \mathrm{m}}{8 \times 10^4 \times 10^3\ \mathrm{N}} = -0.5\ \mathrm{mm}$$

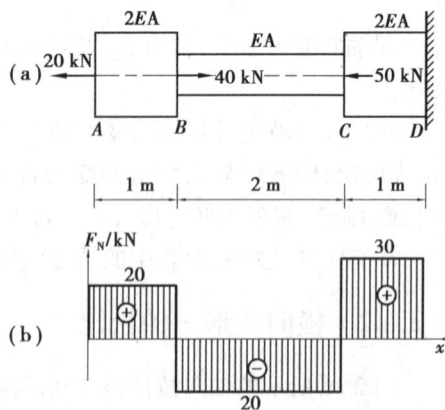

图 2.27　例 2.6 图

$$\Delta l_{CD} = \frac{F_{NCD} \, l_{CD}}{2EA} = \frac{(30 \times 10^3)\,\text{N} \times 1\,\text{m}}{2 \times (8 \times 10^4 \times 10^3)\,\text{N}} = 0.187\,5\,\text{mm}$$

③计算杆件的总的轴向变形。

该杆总的轴向变形等于 AB、BC 和 CD 三段杆轴向变形的代数和,即

$$\Delta l = \Delta l_{AB} + \Delta l_{BC} + \Delta l_{CD} = -0.187\,5\,\text{mm}(\text{压缩})$$

④计算各截面的位移。

由于固定端在右端 D 处,所以假设向左位移为正,向右位移为负,有

$$u_C = \Delta l_{CD} = 0.187\,5\,\text{mm}(\leftarrow)$$

$$u_B = \Delta l_{BC} + \Delta l_{CD} = -0.312\,5\,\text{mm}(\rightarrow)$$

$$u_A = \Delta l = -0.187\,5\,\text{mm}(\rightarrow)$$

【例2.7】如图2.28(a)所示托架结构,BC 杆为8号槽钢,横截面积 $A_2 = 1\,025\,\text{mm}^2$,$BD$ 杆为直径 $d = 30\,\text{mm}$ 的圆钢,已知 $E = 200\,\text{GPa}$,$F = 50\,\text{kN}$,求结点 B 的位移。

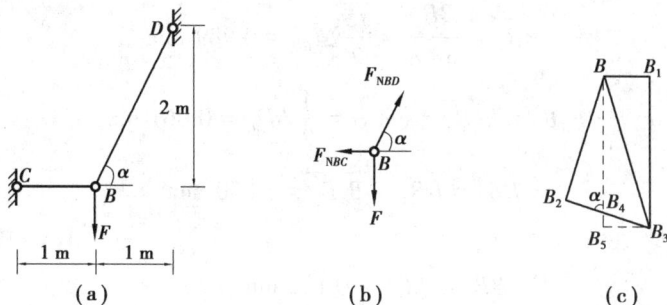

图 2.28 例 2.7 图

【解】①计算各杆轴力。

取结点 B 分析,受力情况如图2.28(b)所示。列平衡方程

$$\sum F_x = 0, \qquad -F_{NBC} + F_{NBD}\cos\alpha = 0 \qquad (\text{c})$$

$$\sum F_y = 0, \qquad F_{NBD}\sin\alpha - F = 0 \qquad (\text{d})$$

由图中可知 $\cos\alpha = \frac{1}{\sqrt{5}}$,$\sin\alpha = \frac{2}{\sqrt{5}}$,联立(c)、(d)求解得

$$F_{NBC} = \frac{1}{2}F = 25\,\text{kN}(\text{拉力})$$

$$F_{NBD} = \frac{\sqrt{5}}{2}F = 25\sqrt{5}\,\text{kN}(\text{拉力})$$

②计算各杆的变形。

由式(2.13)计算 CB 杆、BD 杆的变形。

CB 杆的伸长变形:

$$\Delta l_{BC} = \frac{F_{NBC}\,l_{BC}}{E\,A_{BC}} = \frac{(25 \times 10^3)\,\text{N} \times 1\,\text{m}}{200 \times 10^9\,\text{Pa} \times 1\,025 \times 10^{-6}\,\text{m}^2} = 0.122 \times 10^{-3}\,\text{m} = 0.122\,\text{mm}$$

由图得 BD 杆的长度为 $l_{BD} = \sqrt{5}\,\text{m}$,$BD$ 杆的伸长变形为

$$\Delta l_{BD} = \frac{F_{NBD} \, l_{BD}}{E \, A_{BD}} = \frac{(25\sqrt{5} \times 10^3)\,\text{N} \times \sqrt{5}\,\text{m}}{(200 \times 10^9)\,\text{Pa} \times \left(\dfrac{\pi}{4} \times 30^2 \times 10^{-6}\right)\,\text{m}^2} = 0.884 \times 10^{-3}\,\text{m} = 0.884\,\text{mm}$$

③确定结构变形后 B 点的位置。

根据前面的计算结果可知 CB 杆、BD 杆均为伸长变形,如图 2.28(c)所示。假想将托架在结点 B 拆开,CB 杆变形后变为 CB_1,DB 杆伸长变形后变为 DB_2。分别以 C 点、D 点为圆心,$\overline{CB_1}$ 和 $\overline{DB_2}$ 为半径,作圆弧相交于 B_3,B_3 点即为托架变形后 B 点的位置。由于是小变形,$B_1 B_3$ 和 $B_2 B_3$ 是两段极其微小的短圆弧线,因而可用分别垂直于 CB 和 DB 的直线线段 $B_1 B_3$ 和 $B_2 B_3$ 来代替,这两段直线的交点即为 B_3,$\overline{BB_3}$ 即为 B 点的位移。

④确定 B 点的位移。

用几何法来求位移 $\overline{BB_3}$,作图 2.28(c)所示辅助线 $\overline{BB_5}$、$\overline{B_3 B_5}$,则

$$\overline{BB_4} = \frac{\overline{BB_2}}{\sin \alpha} = \frac{\sqrt{5}}{2}\Delta l_{BD} = 0.989\,\text{mm}$$

$$\overline{B_4 B_5} = \overline{B_3 B_5} \times \cot \alpha = \frac{1}{2}\Delta l_{BC} = 0.061\,\text{mm}$$

$$\overline{BB_5} = \overline{BB_4} + \overline{B_4 B_5} = 1.050\,\text{mm}$$

B 点的水平位移

$$\overline{BB_1} = \Delta l_{BC} = 0.122\,\text{mm}(\rightarrow)$$

B 点的竖直位移

$$\overline{BB_5} = 1.050\,\text{mm}(\downarrow)$$

B 点的位移

$$\overline{BB_3} = \sqrt{(\overline{BB_1})^2 + (\overline{BB_5})^2} = 1.057\,\text{mm}。$$

2.7　应力集中现象

在前面提到的轴向拉伸和轴向压缩时的正应力计算公式(2.1),只有在杆件沿轴线方向的变形均匀时,横截面上的正应力均匀分布才是正确的。但在工程实际中,由于结构或工艺

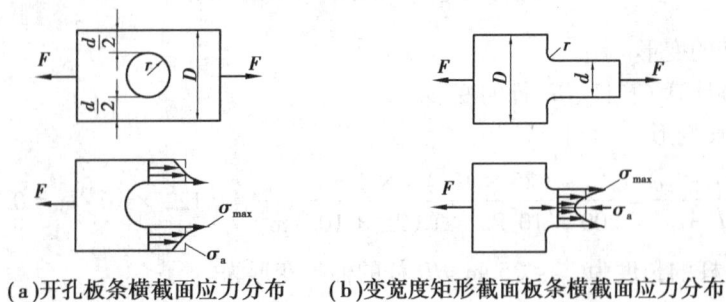

(a)开孔板条横截面应力分布　　(b)变宽度矩形截面板条横截面应力分布

图 2.29　应力集中现象

上的要求,经常会遇到一些截面有骤然变化的杆件,如具有螺栓孔的钢板,带有螺纹的拉杆等。由试验得知,当杆件截面尺寸有局部突然变化时,在突变附近横截面上的正应力将不再呈均匀分布。例如图 2.29(a)所示为开孔板条承受轴向载荷时,通过孔中心截面上的应力分布情况。图 2.29(b)所示为轴向加载的变宽度矩形截面板条,在宽度突变处截面上的应力分布情况。这种几何形状不连续处应力局部增大的现象,称为**应力集中**。

应力集中的程度用应力集中因数描述。应力集中处横截面上的最大应力值 σ_{max} 与不考虑应力集中时的应力值 σ(名义应力,轴向拉(压)时为该截面的平均应力)之比,称为**应力集中因数**,用 K 表示:

$$K = \frac{\sigma_{max}}{\sigma} \tag{2.17}$$

值得注意的是,应力集中并不是单纯由截面积的减小所引起的,杆件外形的骤然变化是造成应力集中的主要原因。一般地说,杆件外形的骤然变化越剧烈,应力集中的程度就越严重。同时,应力集中是一种局部的应力骤然增加现象。而且,应力集中处不仅最大应力急剧增大,其应力状态与无应力集中时也不同。

由塑性材料制成的杆件受静载荷作用时,当峰值应力 σ_{max} 达到屈服极限 σ_s 时,该处材料的变形可以继续增大,而应力却不再加大。如外力继续增加,增加的力就由截面上尚未屈服的材料来承担,使截面上其他点的应力继续增大到屈服极限。这就使得截面上的应力逐渐趋于平均,降低了应力不均匀程度,直至整个截面上各点处的应力都达到屈服极限时,杆件才因屈服而丧失正常的工作能力。因此,由塑性材料制成的杆件,在静载荷作用下通常可不考虑应力集中的影响。在静载荷作用下,对于脆性材料,由于没有屈服阶段,当载荷增加时,峰值应力 σ_{max} 一直领先,首先达到强度极限 σ_b,该处将产生裂纹。所以应力集中对脆性材料的危害很大。对于脆性材料制成的杆件,应按局部的最大应力来进行强度计算。但是,像灰铸铁等这类脆性材料,由于其内部组织很不均匀,本身存在气孔、杂质等引起应力集中的因素,因此在外形骤变引起的应力集中的影响反而很不明显,就可以不考虑应力集中的影响。但是在动载荷作用下,不论是塑性材料还是脆性材料制成的杆件,都应考虑应力集中的影响。

思考题

2.1 杆长和横截面面积均相同而截面形状和材料均不同的两个直杆,在相同的轴向外力作用下,二杆横截面上的正应力是否相同? 二杆的轴向变形是否相同? 从而可得出什么结论?

2.2 从胡克定律 $\Delta l = \dfrac{F_N l}{EA}$ 可以看出,轴向拉(压)杆的变形与轴力和杆长成正比,由该式可得 $E = \dfrac{F_N l}{\Delta l A}$,能否说弹性模量 E 与杆所受到的轴力成正比?

2.3 低碳钢的比例极限和弹性极限是否相同? 材料的弹性范围和胡克定律成立的条件各是以哪一个极限应力为界限的?

2.4 等截面直杆在轴向拉力 F 作用下,测得轴向线应变 $\varepsilon = 0.0015$,已知材料的弹性模量 $E = 2 \times 10^5$ MPa、比例极限 $\sigma_p = 200$ MPa,按胡克定律

$$\sigma = E\varepsilon = 2 \times 10^5 \times 0.001\,5\ \text{MPa} = 300\ \text{MPa}$$

算得该杆横截面上的正应力为 300 MPa,此结果是否正确?为什么?

2.5 若在受力物体内某点处,已测得 x 和 y 两方向均有线应变,试问在 x 和 y 两方向是否都必定有正应力?若测得仅 x 方向有线应变,则 y 方向是否必无正应力?若测得 x 和 y 方向均无线应变,则 x 和 y 方向是否都必无正应力?

2.6 现有低碳钢及铸铁两种材料,如图 2.30 所示结构中,杆 1 和杆 2 分别用哪种材料比较合理?为什么?

2.7 试问在低碳钢试样的拉伸图上,试样被拉断时的应力为什么反而比强度极限低?

2.8 由脆性材料制成的承受轴向拉伸的矩形截面杆,若有平行于轴线方向的裂纹,试问杆的强度是否会降低?若裂纹的方向与杆的轴向相垂直,杆的强度是否受到影响?

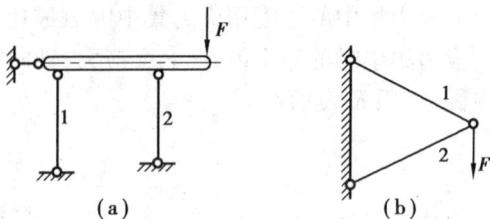

图 2.30 思考题 2.8 图

习　题

2.1 试求图 2.31 中各杆 1—1 和 2—2 横截面上的轴力,并作杆件的轴力图。

2.2 试求图 2.32 等直杆横截面 1—1,2—2 和 3—3 上的轴力,并作轴力图。若横截面面积 $A = 400\ \text{mm}^2$,试求各横截面上的应力。

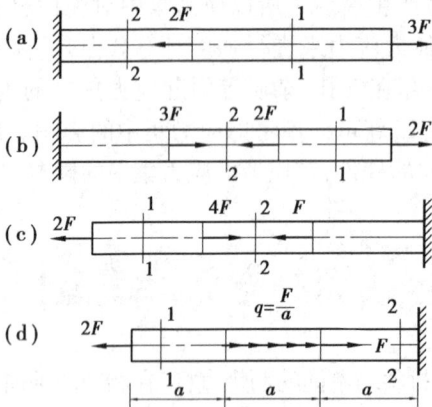

图 2.31　题 2.1 图

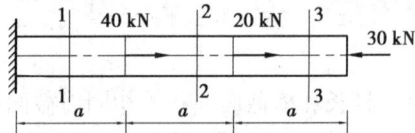

图 2.32　题 2.2 图

2.3 如图 2.33 所示阶梯柱,从上至下横截面面积依次为 $A_1 = 200\ \text{mm}^2$,$A_2 = 300\ \text{mm}^2$,$A_3 = 400\ \text{mm}^2$,作轴力图,并求各段内的正应力。

2.4 如图 2.34 所示为一旋臂吊车的计算简图,AC 杆为刚性杆,斜杆 AB 为直径 $d = 20$ mm 的钢杆,起吊的载荷 $W = 20\ \text{kN}$,小车可以在梁 AC 上左右移动。当小车移到何处时,斜杆 AB 横截面上的应力最大?等于多少?

2.5 直径为 10 mm 的圆杆,在轴向拉力 $F = 10\ \text{kN}$ 的作用下,试求最大切应力,并求与横截面的夹角为 $\alpha = 30°$ 的斜截面上的正应力及切应力。

2.6 如图 2.35 所示试样,厚度 $\delta = 2$ mm,试验段板宽 $b = 20$ mm,标距 $l = 100$ mm。在轴向拉力 $F = 6$ kN 的作用下,测得试验段伸长 $\Delta l = 0.15$ mm,板宽缩短 $\Delta b = 0.015$ mm。试确定该材料的弹性模量 E 和泊松比 μ。

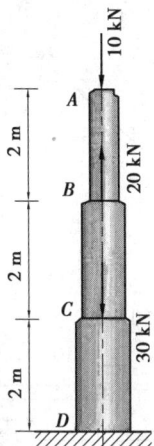

图 2.33 题 2.3 图

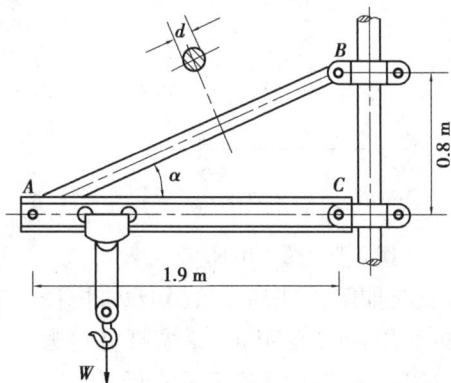

图 2.34 题 2.4 图

2.7 某种材料的试样,直径 $d = 10$ mm,标距 $l_0 = 100$ mm,由拉伸试验测得其拉伸曲线如图 2.36 所示,其中 d 为断裂点。试求:①此材料的延伸率约为多少? ②由此材料制成的构件,承受拉力 $F = 40$ kN,若取安全系数 $n = 2$,求构件所需的横截面面积。

图 2.35 题 2.6 图

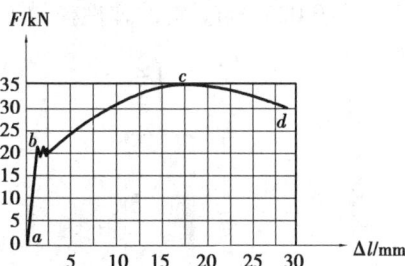

图 2.36 题 2.7 图

2.8 等截面直杆受力情况和各段长度如图 2.37 所示,杆件截面积 $A = 400$ mm^2,$F_1 = 60$ kN,$F_2 = 20$ kN,$F_3 = 20$ kN,材料的 $[\sigma] = 200$ MPa,试校核杆件的强度。

2.9 如图 2.38 所示铰接正方形结构,各杆的横截面面积都等于 30 cm^2,材料均为铸铁,其许用拉应力 $[\sigma_t] = 35$ MPa,许用压应力 $[\sigma_c] = 150$ MPa,试求结构的许可载荷。

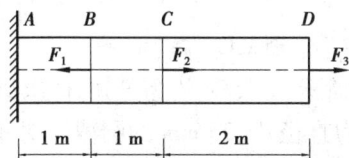

图 2.37 题 2.8 图

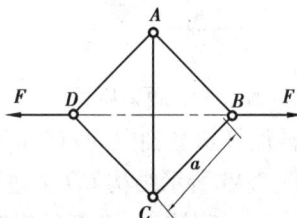

图 2.38 题 2.9 图

2.10 如图 2.39 所示结构,BC 和 BD 均为边长 $a = 60$ mm 的正方形截面木杆,CD 为直径

$d = 10$ mm 的圆形截面钢杆,已知 $F = 8$ kN、木材的许用应力 $[\sigma_木] = 10$ MPa、钢材的许用应力 $[\sigma_钢] = 160$ MPa,试分别校核木杆和钢杆的强度。

2.11 如图 2.40 所示结构中 BC 和 BD 都是圆截面直杆,直径均为 $d = 25$ mm,材料都是 Q235 钢,其许用应力 $[\sigma] = 160$ MPa。试求该结构的许可载荷。

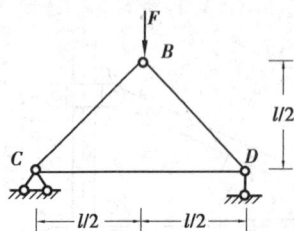

图 2.39 题 2.10 图

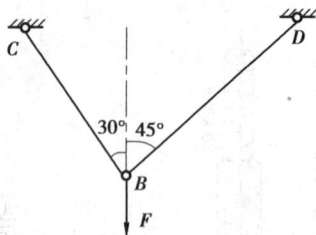

图 2.40 题 2.11 图

2.12 气动夹具如图 2.41 所示,已知汽缸内径 $D = 164$ mm,缸内气压 $p = 0.8$ MPa。活塞杆材料为 20 钢,$[\sigma] = 80$ MPa。试设计活塞杆的直径 d。

2.13 变截面直杆如图 2.42 所示,已知:$A_1 = 400$ mm²,$A_2 = 800$ mm²,$E = 200$ GPa,求各段变形及杆的总变形。

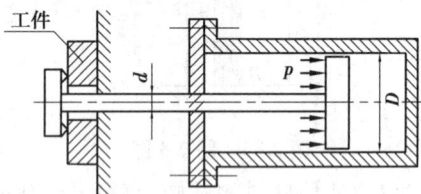

图 2.41 题 2.12 图

2.14 图 2.43 中的 M12 螺栓内径 $d_1 = 10.1$ mm,拧紧后在计算长度 $l = 80$ mm 内产生的总伸长为 $\Delta l = 0.025$ mm。钢的弹性模量 $E = 210$ GPa,试计算螺栓内的应力和螺栓的预紧力。

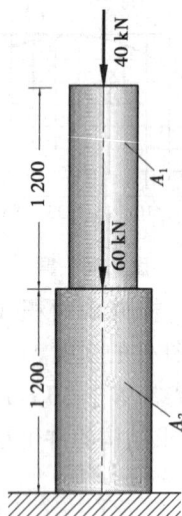

图 2.42 题 2.13 图

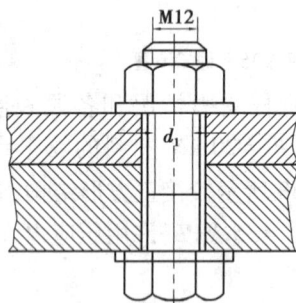

图 2.43 题 2.14 图

2.15 等截面杆承受轴向均布载荷如图 2.44 所示,q、l、EA 均为已知,试求该杆的伸长量。

2.16 如图 2.45 所示结构 CD 为刚性杆,AB 为直径 $d = 25$ mm 的圆截面钢杆,其弹性模量 $E = 210$ GPa,$a = 1$ m,现测得 AB 杆的纵向线应变 $\varepsilon = 8 \times 10^{-4}$,求此时载荷 F 的大小及 D 点的竖向位移。

2.17 如图 2.46 所示结构,在结点 B 处承受集中载荷 F 的作用,试按以下两种情况求结

点 B 的水平位移和竖直位移。

①BC 是刚性杆,BD 的抗拉刚度为 EA;

②BD 是刚性杆,BC 的抗拉刚度为 EA。

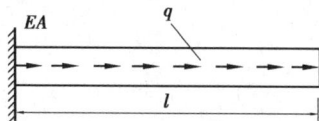

图 2.44 题 2.15 图

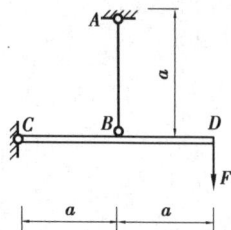

图 2.45 题 2.16 图

2.18　如图 2.47 所示结构,AB 为一刚性杆,CD 为钢制斜拉杆。已知 CD 的横截面面积为 $A = 200 \text{ mm}^2$,弹性模量 $E = 200 \text{ GPa}$,$F = 10 \text{ kN}$,求 CD 杆的伸长量和 A 点的垂直位移。

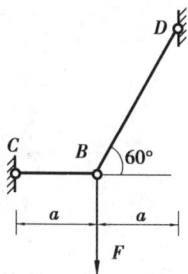

图 2.46 题 2.17 图

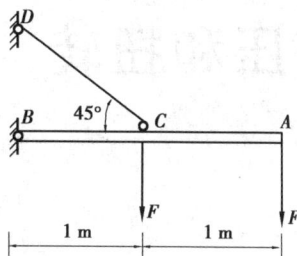

图 2.47 题 2.18 图

2.19　如图 2.48 所示,设 CG 为刚体,BC 为铜杆,DG 为钢杆,两杆的横截面面积分别为 A_1 和 A_2,弹性模量分别为 E_1 和 E_2。如要求 G 处的位移是 C 处的两倍,试求 x。

2.20　图 2.49 所示结构中,设 BD 和 BC 分别为直径是 30 mm 和 20 mm 的圆截面杆,$E = 200 \text{ GPa}$,$F = 10 \text{ kN}$,试求 B 点的垂直位移。

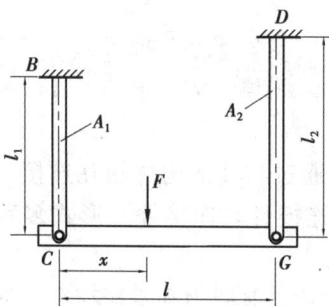

图 2.48 题 2.19 图

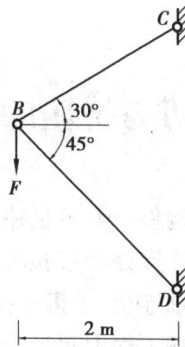

图 2.49 题 2.20 图

3

剪切、挤压和扭转

[本章导读]

工程中构件与构件之间的连接和约束通常由连接件来实现,这些连接件在工作过程中受到剪切和挤压的作用。当剪切和挤压超过材料的极限值时,连接件将失效破坏,由此引起约束和连接不能再起作用,从而影响整体结构的安全。工程中构件在受到与杆轴线垂直面上的力偶作用的时候,杆件产生扭转变形。本章主要通过剪切、挤压和扭转的工程实例,介绍了连接件的各种破坏形式,连接件剪切、挤压的实用计算方法,重点介绍了轴扭转时的内力、应力和变形计算方法以及强度、刚度设计准则。

3.1 剪切与挤压的概念

实际的工程构件一般不是独立工作的,而是通过与其他构件相互连接、支撑等形式构成的。这些在构件连接处起连接作用的部件称为**连接件**。连接件的形式多种多样,如铆钉连接、螺栓连接、销轴连接、平键连接,如图 3.1 所示。

这些连接件在工程中起着传递载荷的重要作用。其受力和变形存在以下特征:

连接件两侧作用有垂直于连接件轴线的横向外力,它们大小相等、方向相反,作用线很近,仅相差一个工作平面,如图 3.2(a)所示;在该两力作用下,使得两力间的各截面沿力的方向产生相对错动或有相对错动的趋势,即产生**剪切变形**,如图 3.2(b)所示。剪切面上的内力称为**剪力**,用 F_s 表示,剪力的方向与剪切面相切,如图 3.2(c)所示,可用截面法求得。剪力在剪切面上的分布集度即为切应力。

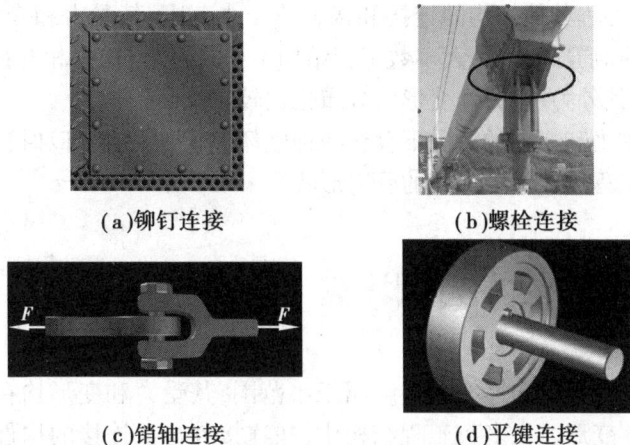

（a)铆钉连接　　　　　　　（b)螺栓连接

（c)销轴连接　　　　　　　（d)平键连接

图 3.1　连接件实例

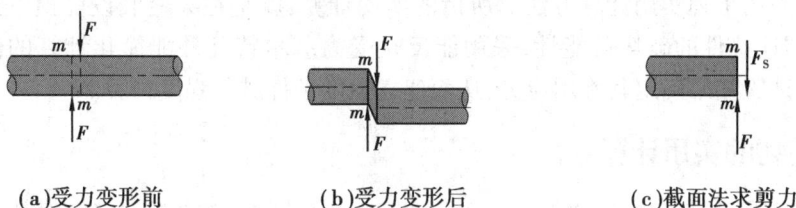

（a)受力变形前　　　　　（b)受力变形后　　　　　（c)截面法求剪力

图 3.2　连接件受力及变形

构件发生剪切变形的同时,往往随之伴随有挤压作用。连接件与被连接的构件在接触面上相互压紧,这种现象称为**挤压**。如图 3.3 所示铆钉孔被铆钉压成长圆孔。挤压变形是两构件在相互机械作用的接触面上,由于局部受较大的压力,而出现压陷或起皱的现象。构件发生挤压变形的接触面称为挤压面 A_s,挤压应力在挤压面上的分布较复杂,如图 3.3(b)所示。由于挤压面在受力挤压过程中有变形,常采用**有效挤压面**作为挤压面。所谓有效挤压面,是指挤压面面积在垂直于挤压力方向的平面上的投影面积。对于接触面为平面的挤压面,其有效挤压面面积为实际挤压面面积;对于接触面为圆柱面的挤压面,其有效挤压面面积为上述投影面积。直径为 d、长度为 2δ 的铆钉,如图 3.3(c)所示,有效挤压面面积 $A_{bs}=\delta d$。

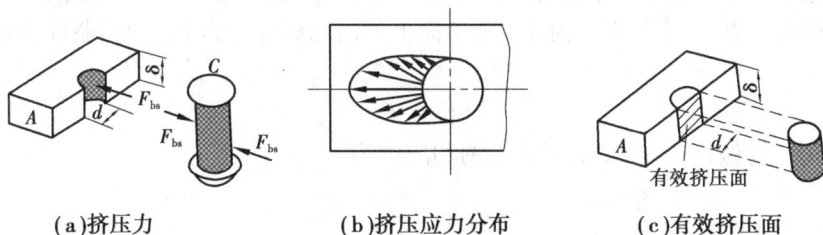

（a)挤压力　　　　　　（b)挤压应力分布　　　　　（c)有效挤压面

图 3.3　挤压及挤压面积

在挤压接触面上的压力称为**挤压力**,挤压力在有效挤压面上的分布集度称为**挤压应力**。在挤压过大的情况下,可能产生塑性变形,甚至压碎,造成挤压破坏。

特别注意的是:挤压和压缩不同,挤压发生在两个构件相互接触的局部区域内,而压缩发生在整个构件内部。

另外,连接件与工程其他结构的连接和接触属于小范围,其受力和变形均在相互接触的部位,属于局部应力和局部变形。大多数工程结构中,连接件与构件相互接触的部位,其工艺和结构都比较复杂,其外力、内力和变形的分布也比较复杂。

连接件在这些受力和变形的情况下存在两种破坏形式:剪切破坏和挤压破坏。

剪切和挤压是工程连接件中常见的受力形式。

3.2 剪切和挤压的实用计算

连接件与工程其他结构的连接和接触属于小范围,其受力和变形均在相互接触的部位,属于局部应力和局部变形。大多数工程结构中,在连接件与被连接的构件相互接触的部位,工艺和结构都比较复杂,其外力、内力和变形的分布也比较复杂。因此,在工程设计中,为简化计算,通常采用工程实用计算方法。所谓的实用计算,就是在某些假设前提下进行的简化计算。即按照连接件的破坏可能性,采用能反映受力基本特征并能简化计算的假设计算应力,然后根据试验结果确定其许用应力,从而建立强度条件进行强度计算。

▶3.2.1 剪切的实用计算

剪切实用计算就是假定切应力在整个剪切面上均匀分布,等于剪切面上的平均应力。按照这样的假设条件计算得到的结果能够满足实际工程的要求。下面以图3.4所示的铆钉连接为例,说明剪切实用计算方法。

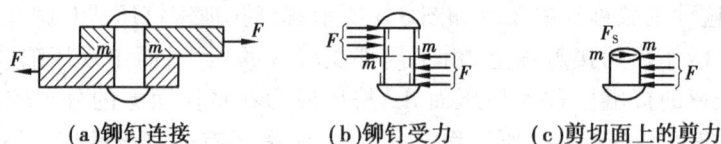

(a)铆钉连接   (b)铆钉受力   (c)剪切面上的剪力

图3.4 铆钉受力

设两块板用铆钉连接后承受拉力 F,如图3.4(a)所示,铆钉在两侧面上分别受到大小相等、方向相反、作用线平行且靠得很近的合力为 F 的两个横向力系作用,如图3.4(b)所示。铆钉在这两组力作用下,将沿着它们之间的截面,即图3.4(b)中的 m—m 截面发生相对错动,m—m 截面即为剪切面,设其面积为 A。剪切面上的内力即为剪力 F_S,应用截面法由平衡方程可得剪力

$$F_S = F$$

根据实用计算假设条件,则剪切面上的切应力为

$$\tau = \frac{F_S}{A} \tag{3.1}$$

由于剪切面上实际切应力分布并非均匀分布的,故又称为名义切应力。

当外力 F 达到极限值 F_u 时,剪切面上所受的切应力为极限切应力,记为 τ_u。将该极限切应力除以安全因数 n,可得许用切应力值

$$[\tau] = \frac{\tau_u}{n}$$

由此可得剪切实用计算的强度条件为

$$\tau = \frac{F_S}{A} \leqslant [\tau] \tag{3.2}$$

其中,τ_u 通过试验测定。

【例 3.1】图 3.5 所示冲床的最大冲压力为 $F = 400$ kN,被冲剪钢板的剪切极限应力 $\tau_u = 300$ MPa,试求此冲床所能冲剪钢板的最大厚度 t,已知 $d = 34$ mm。

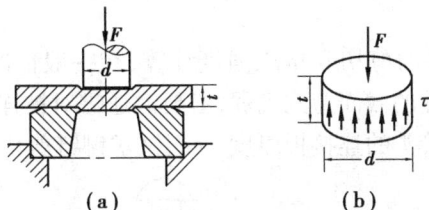

图 3.5 例 3.1 图

【解】剪切面是钢板内被冲头冲出的圆柱体的侧面,其面积为 $A = \pi dt$,冲孔所需要的剪力 $F \geqslant A\tau_u$。

故

$$A \leqslant \frac{F}{\tau_u} = \frac{400 \times 10^3 \text{N}}{300 \text{ MPa}} = 1.33 \times 10^3 \text{ mm}^2$$

$$t \leqslant \frac{A}{\pi d} = \frac{1.33 \times 10^3 \text{ mm}^2}{\pi \times 34 \text{ mm}} = 12.46 \text{ mm}$$

▶3.2.2 挤压的实用计算

在图 3.4(a)所示的铆钉连接中,铆钉与拉板在相互接触的侧面上产生挤压,铆钉或拉板都有可能因挤压而产生严重的塑性变形,因此,也需要进行挤压强度计算。由于挤压面上的应力分布很复杂,在工程计算中,通常采用简化方法来计算,称为挤压实用计算。即假定挤压应力在有效挤压面上均匀分布,于是挤压应力 σ_{bs} 为

$$\sigma_{bs} = \frac{F_{bs}}{A_{bs}}$$

式中 A_{bs}——有效挤压面面积;
F_{bs}——作用在有效挤压面上的挤压力。

当挤压力过大,连接件会在接触面的局部出现塑性变形,从而导致连接件失效。为了保证连接件具有足够的抵抗挤压破坏的能力,必须将挤压应力限制在一定的范围内,即连接件必须满足挤压强度条件。

与解决剪切实用计算的方法类同,按构件的名义挤压应力建立挤压强度条件

$$\sigma_{bs} = \frac{F_{bs}}{A_{bs}} \leqslant [\sigma_{bs}] \tag{3.3}$$

式中 σ_{bs}——挤压应力;
$[\sigma_{bs}]$——许用挤压应力。

许用应力值通常可根据材料、连接方式和载荷情况等实际工作条件在有关设计规范中查得。一般地,许用切应力 $[\tau]$ 要比同样材料的许用拉应力 $[\sigma]$ 小,而许用挤压应力则比

$[\sigma]$大。

对于塑性材料 $[\tau] = (0.5 \sim 0.6)[\sigma]$

$[\sigma_{bs}] = (1.5 \sim 2.5)[\sigma]$

对于脆性材料 $[\tau] = (0.8 \sim 1.0)[\sigma]$

$[\sigma_{bs}] = (0.9 \sim 1.5)[\sigma]$

如果被连接构件的许用挤压应力低于连接件的许用挤压应力时,则还需用式(3.3)对被连接构件进行校核。

以上分别讨论了连接件的剪切和挤压强度计算,在一般情况下,这些计算都是必要的。此外,由于被连接件在连接处的截面遭到削弱,必要时还需对被连接件进行强度校核。

【例 3.2】图 3.6 所示铆接头的连接板厚度 $t = d$,试求铆钉剪切应力和挤压应力。

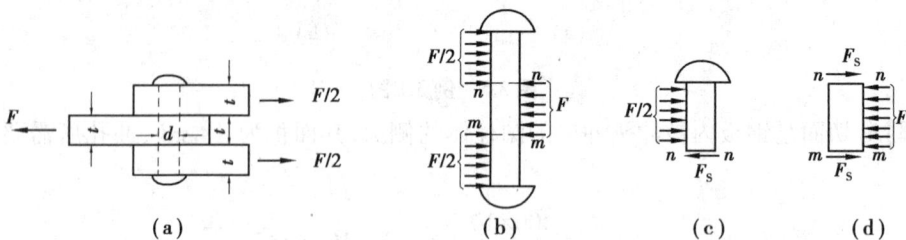

图 3.6 例 3.2 图

【解】①计算铆钉的剪切应力。

铆钉的受力图如图 3.6(b)所示,铆钉剪切面为左右两组力的交界面,即铆钉的横截面 n—n 和 m—m 面。剪切面面积为

$$A = \frac{\pi d^2}{4}$$

利用截面法,从 n—n 截面将铆钉截开,取上部分分析,其受力图如图 3.6(c)所示。利用平衡方程

$$\sum F_x = 0, \qquad F_S - \frac{F}{2} = 0$$

可求得该截面上的剪力为

$$F_S = \frac{F}{2}$$

同理,利用截面法将铆钉从 n—n 和 m—m 处截开,取中间部分作为研究对象,其受力图如图 3.6(d)所示。根据平衡条件,可知 m—m 截面上的剪力也为 $\frac{F}{2}$。显然,这两个剪切面上的切应力数值相同,均为

$$\tau = \frac{F_S}{A} = \frac{F}{2} \times \frac{4}{\pi d^2} = \frac{2P}{\pi d^2}$$

②计算铆钉的挤压应力。

挤压面为铆钉与被连接件的接触面,由铆钉受力图 3.6(b)可知,铆钉挤压面有 3 个,这 3 个挤压面面积相同,均为 $A_{bs} = td = d^2$,但挤压力不同。由平衡条件知,上下两个挤压面的挤压

力为 $F_{bs} = \dfrac{F}{2}$，中间挤压面上的挤压力为 F。因此，应分别计算它们的挤压应力。

上、下挤压面上的挤压应力为

$$\sigma_{bs} = \frac{F_{bs}}{A_{bs}} = \frac{F}{2td} = \frac{F}{2d^2}$$

中间挤压面上的挤压应力为

$$\sigma_{bs} = \frac{F_{bs}}{A_{bs}} = \frac{F}{td} = \frac{F}{d^2}$$

【例3.3】图3.7(a)所示的齿轮用平键与轴连接。已知轴的直径 $d = 70$ mm，键的尺寸 $b \times h \times l = 20$ mm$\times 12$ mm$\times 100$ mm^3，如图3.7(b)所示。传递的扭矩 $M_e = 2$ kN·m，键的许用切应力 $[\tau] = 60$ MPa，许用挤压应力 $[\sigma_{bs}] = 100$ MPa，试校核键的强度。

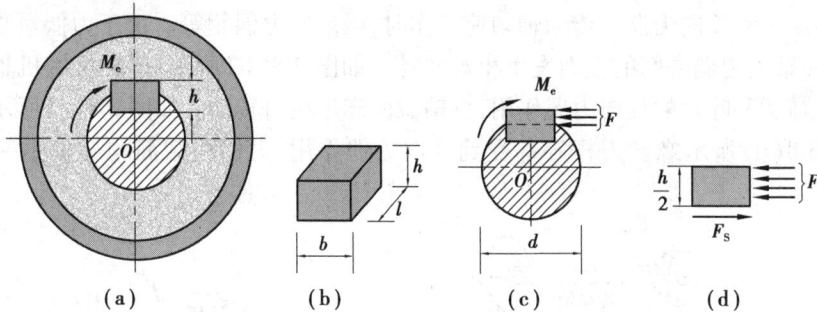

图3.7 例3.3图

【解】①计算键所受力的大小。

取键和轴作为研究对象，其受力图如图3.7(c)所示。由平衡条件

$$\sum M_0 = 0, \qquad F \times \frac{d}{2} - M_e = 0$$

$$F = \frac{2M_e}{d}$$

②校核键的剪切强度。

图3.7(c)中虚线所在截面即为键的剪切面，其面积 $A = bl$。利用截面法，沿虚线假想的将键切开成两部分，取上部分作为研究对象，其受力图如图3.7(d)所示。由平衡方程可求得剪切面上的剪力 F_s 为

$$F_s = F = \frac{2M_e}{d}$$

由剪切强度条件：

$$\tau = \frac{F_s}{A} = \frac{2M_e}{bld} = \frac{2 \times 2 \times 10^6 \text{N·mm}}{20 \text{ mm} \times 100 \text{ mm} \times 70 \text{ mm}} = 28.6 \text{ MPa}$$

$$= 28.6 \text{ MPa} < [\tau]$$

故平键满足剪切强度条件。

③校核键的挤压强度。

由图3.7(c)可知,键受到的挤压力为F,挤压面积$A_{bs}=\dfrac{hl}{2}$,由挤压强度条件

$$\sigma_{bs}=\frac{F}{A_{bs}}=\frac{4M_e}{dhl}=\frac{4\times2\times10^6\text{N}\cdot\text{mm}}{70\text{ mm}\times12\text{ mm}\times100\text{ mm}}=95.3\text{ MPa}<\left[\sigma_{bs}\right]$$

平键也满足挤压强度条件。可见,平键满足强度要求。

3.3　扭转的概念

实际工程中有许多扭转的实例,如各种机械中的传动轴、发动机主轴、汽车转向盘、石油钻机的钻杆等。如图3.8(a)所示电动机的传动轴,来自电动机的主动力偶矩与来自转轮的工作力偶矩形成一对反向力偶。传动轴匀速工作时,两反向力偶相等。由于力偶对物体具有转动效应,会使轴上力偶之间的截面发生相对转动。如图3.8(b)所示,搅拌机的机轴工作时同样受到来自马达和叶片的反向力偶作用,机轴截面产生相对转动。如图3.8(c)所示的汽车转向轴,如图3.8(d)所示螺丝刀杆等都受到反向力偶作用,力偶间截面均会发生一定的相对转动。

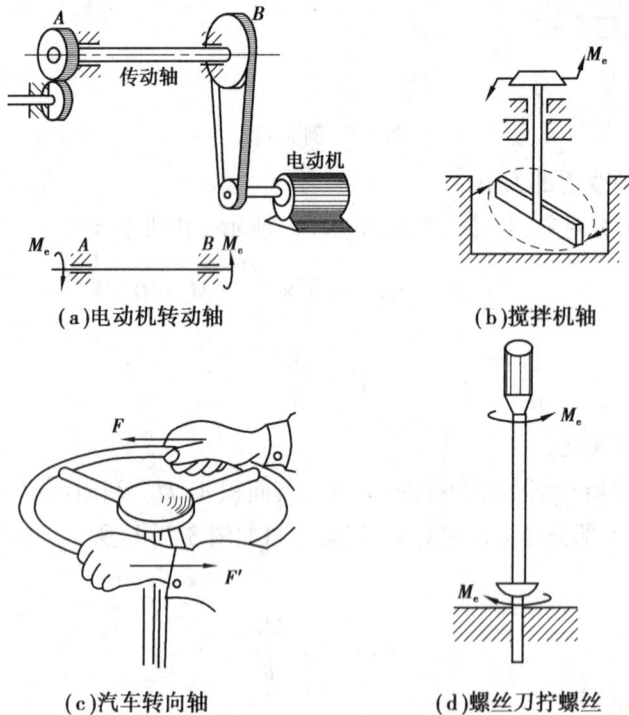

(a)电动机转动轴　　　　　　　(b)搅拌机轴

(c)汽车转向轴　　　　　　　(d)螺丝刀拧螺丝

图3.8　扭转工程实例

这些构件主要是以传递机械动力或运动为其主要功能的轴,如发动机的曲轴,发电机、电动机、汽轮机、水轮机的主轴,变速箱齿轮轴、皮带轮轴,钻井用的钻杆等。另外还有一类构件主要是以其弹性变形进行工作的,如各类螺旋弹簧、扭簧等。

如图 3.9 所示丝锥,作用在扳手一对方向相反的切向力 F 构成一力偶,其力偶矩为 $M_e=Fh$。式中,h 为力偶臂。根据平衡条件可知,在轴的下端必存在一反作用力偶,其力偶矩 $M'_e=M_e$。在上述力偶作用下,各横截面绕轴线作相对旋转。

该类受扭构件的力学模型可简化为图 3.10。可以看出,杆件扭转具有如下特点:

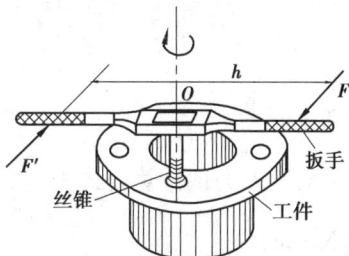

图 3.9　丝锥攻锥时丝锥受扭变形　　图 3.10　受扭圆轴力学模型

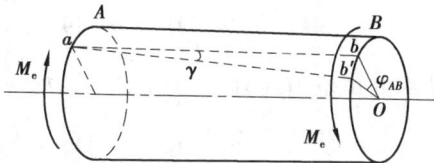

①受力特点:在杆件两端垂直于杆轴线的平面内作用一对大小相等、转向相反的外力偶。

②变形特点:各横截面形状大小未变,只是绕轴线发生相对转动,即产生扭转变形。

扭转是杆件变形的基本形式,在工程实际中有许多主要承受扭转变形的杆件,通常称为轴。受扭圆轴在外力偶矩作用下产生扭转变形的程度用横截面间相对角位移(即**扭转角**)来衡量,通常用 φ 来表示,该物理量可以用来衡量扭转变形的程度。

对于传递动力的轴,工程师们主要关心其强度问题,即不发生破坏的条件下能传递的扭矩,因而需要了解轴内的应力分布及其计算;对于传递运动的轴,如凸轮轴、机床主轴等,由于轴的变形会影响运动控制或加工的精度,其刚度要求则是首先必须考虑的;对于各类弹簧,工程师们主要关心的是其刚度,如扭簧的扭矩与其扭转角的关系,螺旋弹簧的轴向力与轴向伸长(缩短)量的关系,因而需要了解其扭转时产生的变形及其计算。在工程中应用最广泛的是圆截面轴。圆截面杆形状简单,具有轴对称性,在受到扭转外力偶作用时的变形几何关系简单,其分析计算也就比较容易。本章主要介绍圆轴扭转的应力和变形分析及其强度、刚度计算。

3.4　外力偶矩的计算、扭矩与扭矩图

▶3.4.1　外力偶矩的计算

为了研究扭转时轴横截面上的内力、应力和变形,需要先知道作用于轴上的外力偶矩。

通常情况下,使杆件产生扭转变形的载荷最简单的形式是直接作用一对大小相等、转向相反的集中力偶,其作用面与杆轴线垂直。偏离杆轴线的横向力,向轴线上一点平移时也将产生使杆轴扭转的外力偶矩。工程上很多受扭构件的所受外力偶矩并非直接给定的,在传动轴计算中,通常给出传递的功率 P(单位为 kW)和轴的转速 n(单位为 r/min)。

假定 dt 时间内轴转动的角度为 $d\varphi$,外力偶矩 M_e 在 dt 时间内做的功为

$$dW = M_e d\varphi$$

由功率的定义可得

$$P = \frac{\mathrm{d}W}{\mathrm{d}t} = \frac{M_e \mathrm{d}\varphi}{\mathrm{d}t} = M_e \omega$$

又因为转速和角速度之间存在如下关系

$$\omega = \frac{2\pi n}{60}$$

可得,外力偶矩的计算公式为

$$M_e = 9\ 549 \times \frac{P}{n} \qquad (\text{N} \cdot \text{m}) \tag{3.4}$$

如果功率的单位用马力,因为 1 马力 = 735.5 N·m/s,则外力偶计算公式为

$$M_e = 7\ 024 \times \frac{P}{n} \qquad (\text{N} \cdot \text{m}) \tag{3.5}$$

外力偶矩的方向用右手螺旋法则确定,大拇指所指方向为其矢量方向。

▶3.4.2 扭矩及扭矩图

在外力偶矩都已知的情况下,可通过截面法求解受扭圆轴各截面上的内力。如图 3.11(a)所示,在截面 1—1 上将截面截开,以左段为研究对象,则右段对左段的作用用内力代替。根据平衡条件,截面 1—1 上的内力必定也为力偶,将该力偶矩称为**扭矩**,用 T 表示,如图 3.11(b)所示。根据平衡条件,可列出方程

$$T - M_e = 0$$

于是可计算出该截面的扭矩 T 为

$$T = M_e$$

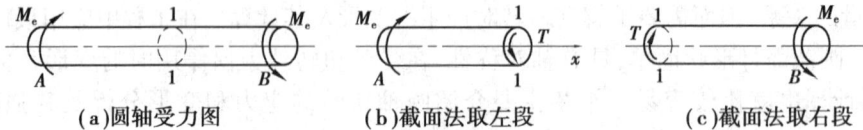

(a)圆轴受力图   (b)截面法取左段   (c)截面法取右段

图 3.11 截面法计算扭矩

扭矩 T 是扭转变形杆件在截面上相互作用的分布内力系的合力偶矩。

如果以右段为研究对象,同样可得出 $T = M_e$,如图 3.11(c)所示。由左段和右段所得出的扭矩数值相等,但是转向相反。为使两段杆所求得的同一截面上的扭矩在正负号上一致,按照杆的变形情况,规定扭矩正负按右手螺旋法则用力偶矢来表示,如图 3.12 所示,并规定力偶矢的指向背离截面时扭矩为正,反之为负。按上述规定,1—1 横截面上的扭矩为正。

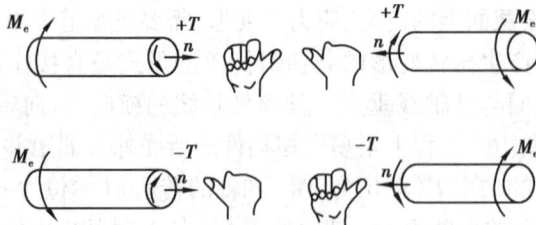

图 3.12 右手螺旋法则

在求扭矩时,不管外力偶矩的转向怎样,扭矩一般按正方向假定。根据上述扭矩的符号规定,考虑圆轴平衡时外力偶矩的方向与扭矩方向恰好相反,由此可总结出直接利用外力偶矩计算扭矩的规律。

通常情况下作用于受扭圆轴上的外力偶往往有多个,不同段上的扭矩也各不相同。可用截面法分段来计算各段截面上的扭矩。为了表明沿杆轴线各截面上的扭矩的变化情况,从而确定最大扭矩及其横截面的位置,可仿照第 2 章轴力图的作法绘制出扭矩图。扭矩图的横坐标表示各横截面,纵坐标表示各横截面对应的扭矩。扭矩图可形象直观地表示出各截面上扭矩的大小,在以后的强度计算中能比较直观地确定出危险截面的位置。

【例 3.4】一传动轴的计算简图如图 3.13(a)所示,作用于其上的外力偶矩的大小分别为:$M_{eA} = 3 \text{ kN} \cdot \text{m}, M_{eB} = 5 \text{ kN} \cdot \text{m}, M_{eC} = 1 \text{ kN} \cdot \text{m}, M_{eD} = 1 \text{ kN} \cdot \text{m}$。试作该传动轴的扭矩图。

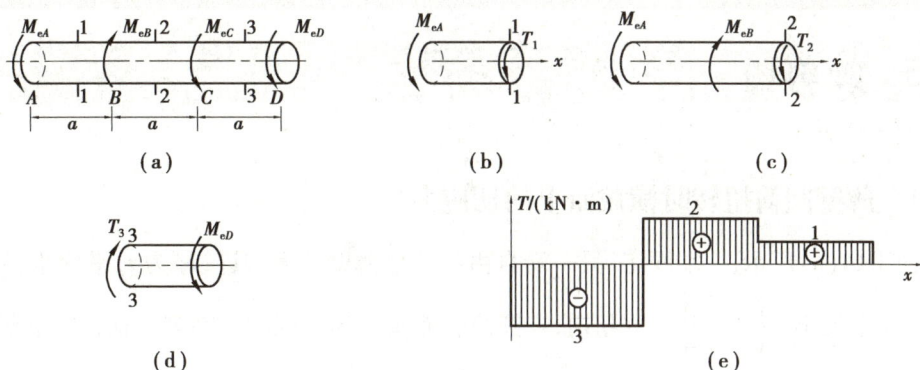

图 3.13　例 3.4 图

【解】①确定控制截面。

集中力偶导致作用截面两侧扭矩发生变化,使得不同段的扭矩⋯⋯不同,因此 A、B、C、D 4 点为分段点,所在截面为控制截面。分别⋯⋯截面上的扭矩。

②求 1—1 截面的扭矩。

在 AB 段任意处用 1—1 横截面将轴截分为左右两段,⋯⋯为⋯⋯对象,截开横截面的未知扭矩 T_1 先设为正,其受力图如图 3.13(b)所示。

根据平衡方程

$$\sum M_x(F) = 0, \quad T_1 + M_{eA} = 0$$

得

$$T_1 = -M_{eA} = -3 \text{ kN} \cdot \text{m}$$

上述负号表示扭矩的转向与假设相反,实际的扭矩是负扭矩。

③求 2—2 截面的扭矩。

假想在 2—2 截面处将轴切成两段,以左段为研究对象,受力如图 3.13(c)所示。

假定截面上扭矩为正,根据平衡方程

$$\sum M_x(F) = 0, \quad T_2 + M_{eA} - M_{eB} = 0$$

得

$$T_2 = M_{eB} - M_{eA} = 5 - 3 = 2 \text{ kN} \cdot \text{m}$$

④求 3—3 截面的扭矩。

假想在 3—3 截面处将轴切开成两段,以右段为研究对象,受力如图 3.13(d)所示。

假定截面上的扭矩为正。根据平衡方程

$$\sum M_x(F) = 0, \qquad T_3 - M_{eD} = 0$$

得

$$T_3 = M_{eD} = 1 \text{ kN} \cdot \text{m}$$

⑤画扭矩图。

建立 T—x 坐标,以沿杆轴线的横坐标 x 表示横截面的位置,以纵坐标表示扭矩。扭矩图如图 3.13(e)所示,由扭矩图可以清楚直观地看出各横截面上扭矩值的大小和正负号。在该题中,$|T_{\max}| = 3 \text{ kN} \cdot \text{m}$,在 AB 段所在横截面上。

3.5 纯剪切

▶3.5.1 薄壁圆筒扭转时横截面上的切应力

如图 3.14(a)所示,一端固定、另一端自由的等厚薄壁圆筒,其壁厚为 t,平均半径为 R_0,且 t 远小于平均半径 $\left(t \leqslant \dfrac{R_0}{10}\right)$。受扭前,在圆筒表面画上等间距的一系列的横向线和纵向线,然后在自由端施加扭转力偶矩 M_e,圆筒产生扭转变形,如图 3.14(b)所示。

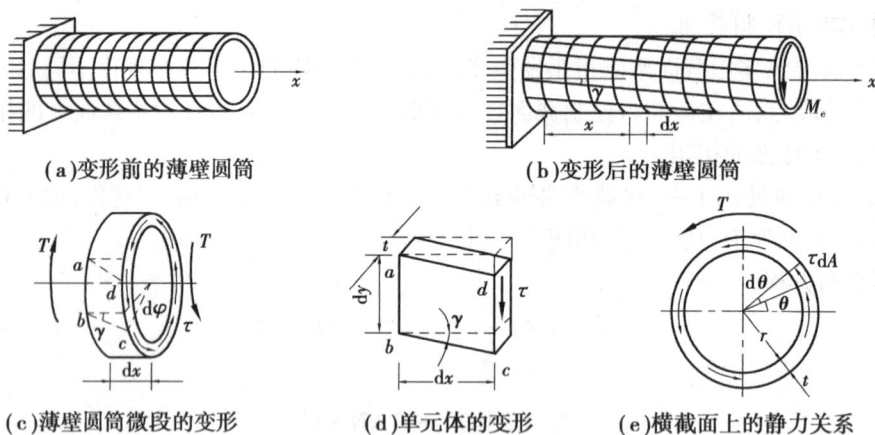

(a)变形前的薄壁圆筒　　　　　　　(b)变形后的薄壁圆筒

(c)薄壁圆筒微段的变形　　(d)单元体的变形　　(e)横截面上的静力关系

图 3.14　薄壁圆筒扭转变形

通过观察可以发现该薄壁圆筒扭转变形有如下现象:

①薄壁圆筒横截面绕轴线转动了一个角度,圆周线的大小、形状和间距不变,表明横界面上只有切应力无正应力存在。

②各纵向线均变为螺旋线,在小变形条件下可将其视为斜直线,且各纵向线倾斜相同角度,由变形前的矩形变成了平行四边形。每个直角都改变了相同的角度 γ,这种直角的改变量即为切应变。这种切应变是由切应力引起的。横截面的圆周上各点的切应力相等。又由于

$t \ll R_0$,所以又可假设切应力沿厚度方向均匀分布。因此,薄壁圆筒的横截面上各点的切应力均相等,且切应变 γ 是两截面的错动,发生在垂直半径的平面内,所以切应力的方向垂直于半径,如图 3.14(e)所示,即沿该点的切线方向。

根据上述分析,由横截面上内力与应力间的静力关系,在薄壁圆筒横截面上取一微面 $dA = tR_0 d\theta$,作用在微面上的内力大小为 $\tau\, dA$,如图 3.14(e)所示,该微内力对 x 轴之矩为 $dT = \tau\, dA \cdot R_0$。由静力学可知,在整个截面上的这些微内力对 x 轴之矩的代数和等于该截面上的扭矩 T,即

$$T = \int_A \tau\, dA \cdot R_0 = \int_0^{2\pi} \tau\, tR_0^2 d\theta = 2\pi R_0^2 t\, \tau$$

即等厚度薄壁圆筒受扭时,横截面上切应力为

$$\tau = \frac{T}{2\pi R_0^2 t} \tag{3.6}$$

▶3.5.2 切应力互等定理

如图 3.15(a)所示,用相距很近的一对横截面、一对纵截面从薄壁圆筒上截取出一微元,如图 3.15(b)所示,其边长分别为 dx、dy、$dz = t$。该微元体称为单元体。

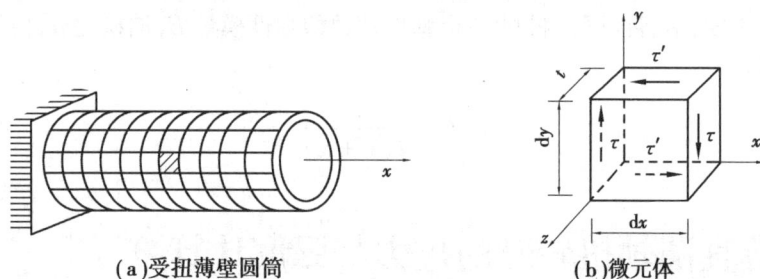

(a)受扭薄壁圆筒　　　　(b)微元体

图 3.15　单元体上的应力分析

由前面的分析可知,受扭薄壁圆筒横截面上只有切应力没有正应力,因此,该单元体左右两侧面上只有切应力 τ。由于薄壁圆筒整体平衡,其单元体必定也平衡。因此,在左右两侧面上切应力的合力应满足平衡条件 $\sum F_y = 0$,由于这两个截面的面积相同,因而其上的切应力 τ 必然大小相等、方向相反,其合力组成了一个力偶,力偶矩为 $(\tau dyt)dx$。显然,要保持单元体的平衡,在单元体的底面和顶面也必然存在大小相等、方向相反的切应力 τ',其合力应满足 $\sum F_x = 0$,也将组成一力偶矩为 $(\tau'dxt)dy$ 的力偶与上述力偶平衡。因此有

$$(\tau\, dyt)dx = (\tau'dxt)dy$$

于是得到

$$\tau = \tau' \tag{3.7}$$

式(3.7)表明:在相互垂直的两个面上,切应力必定成对出现,且数值相等;两者都垂直于两个平面的交线,方向共同指向或共同背离该交线。该规律称为**切应力互等定理**。

特别要注意的是,切应力互等定理的前提条件是两个相互垂直的面上存在切应力,那么它们必定互等,且方向同时背离或指向这两个相互垂直截面的交线,而不是只要两个面相互

垂直就存在互等的切应力。薄壁圆筒受扭横截面
和纵截面上切应力如图 3.16 所示。

上述单元体在其两对相互垂直的平面上只有
切应力而无正应力的这种状态称为**纯剪切应力状
态**,即通常所说的**纯剪切**。虽然切应力互等定理是
由纯剪切应力状态推导而得,但进一步的研究表明
该定理存在普遍的意义,在同时有正应力的情况下
同样成立,即对任意的应力状态下均适用。

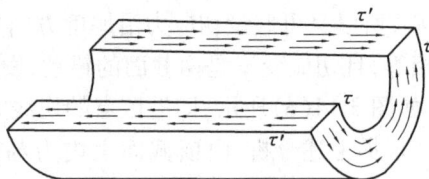

图 3.16　薄壁圆筒横截面和
纵向截面上的切应力方向

▶3.5.3　剪切胡克定理

由纯剪切试验可知,当切应力小于材料的剪切比例极限 τ_p 时,切应力与切应变成正比,即
满足如下关系:

$$\tau = G\gamma \tag{3.8}$$

式(3.8)即为**剪切胡克定律**。式中 G 为切变模量,其单位与切应力单位相同。一般情况
下,各种钢的切变模量约为 80 GPa;至于剪切比例极限,则随钢的种类而异;如 Q235 钢,$\tau_p \approx$
120 MPa。

理论分析表明,对各向同性材料,3 个弹性常数即弹性模量 E,泊松比 μ,剪切模量 G 之间
存在如下关系:

$$G = \frac{E}{2(1 + \mu)} \tag{3.9}$$

3.6　等直圆轴扭转时的应力与强度计算

▶3.6.1　圆轴扭转时横截面上的切应力

与薄壁圆筒类似,在小变形情况下,等直实心圆杆和非薄壁的空心圆截面杆只有扭变形
时,其横截面上也只有切应力,没有正应力。那么这两种受扭圆杆横截面上的切应力分布是
否与薄壁圆杆受扭一样是均匀分布的呢?下面就对实心圆轴受扭变形时的应力进行分析。
根据静力平衡条件,只能求出横截面上的扭矩,不可能求出应力的分布规律,因此,所研究的
问题属于超静定问题,还需要从变形几何关系方面和物理关系方面进行分析。具体的方法和
步骤如下:

①观察变形,提出变形假设,导出应变与变形的关系;

②由材料本身的性质即应力应变关系,根据应变规律得出应力分布规律;

③由应力-内力关系得到由内力表达的应力公式。

为了观察实心受扭圆轴横截面上任意点的变形情况,首先观察受扭圆轴表面的变形。加
载前在等直圆轴外表面上画一系列的纵向线和圆周线,然后在杆端施加外力偶矩 M_e,使圆轴
产生扭转,如图 3.17(a)所示,观察其变形现象。

观察发现实心圆轴的扭转与薄壁圆筒具有相同的变形现象:

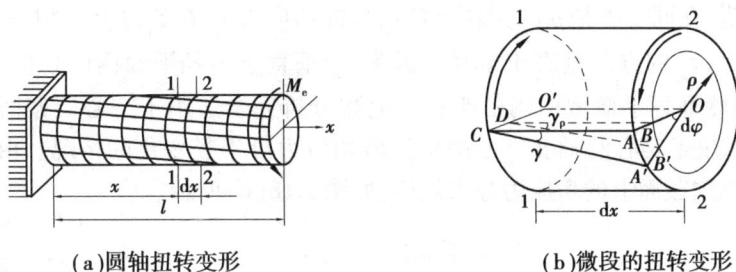

(a)圆轴扭转变形   (b)微段的扭转变形

图 3.17   实心圆轴受扭变形

①各圆周线绕轴线相对转动一微小转角,但大小、形状和位置不变;

②在小变形条件下,各纵向线平行地倾斜一个微小角度,变成斜直线。

根据表层现象可以作出关于内部变形的假设。根据实验现象可假设圆轴扭转时,横截面保持为平面,并且只在原地绕轴线发生"刚性"转动,即**平面假设**。特别强调的是:在杆扭转变形后只有等直圆杆的圆周线才仍在垂直于杆轴线的平面内,因此该平面假设只适用于等直圆杆。根据平面假设和变形现象,可以得出如下推论:

①横截面上无正应力。由于在变形过程中横截面位置、形状和尺寸都无变化,表明轴向无伸缩,则横截面上无正应力。

②横截面上有切应力,且圆周上各点的切应力大小相等,方向沿圆周切线。由于变形过程中圆轴表面各纵向线平行地倾斜一个微小角度,表明圆周上各点都产生了相同的切应变,因而它们的切应力也相同。圆周大小形状无变化,表明切应力沿圆周切线方向。

下面,综合考虑变形、物理和静力学这三方面来建立受扭圆轴的切应力和变形公式。

1)变形几何关系

为了确定横截面上任一点处应变的变化规律,在受扭圆轴中截取长为 dx 的 1—1 截面和 2—2 截面杆段进行分析,如图 3.17(b)所示。截面 2—2 相对于截面 1—1 的扭转角为 $d\varphi$,根据平面假设,截面 2—2 上的任意一半径 OA 转动到 OA',且保持直线。如将圆轴看成由无数个同心薄壁圆筒组成,则在这一微段中,组成圆轴的所有薄壁圆筒的扭转角均为 $d\varphi$,不同的是各点处半径不同,因此各点的应变不同。其中 A,B 两处的半径分别为 R,ρ。

距离圆心为 ρ 的 B 处的切应变为

$$\gamma_\rho \approx \tan\gamma_\rho = \frac{BB'}{dx} = \rho\frac{d\varphi}{dx} \tag{3.10}$$

式中,$\dfrac{d\varphi}{dx}$ 为相对扭转角沿杆长度的变化率,对于给定的横截面是一个常量。式(3.10)表明等直圆截面杆任一点处的切应变随该点在横截面上的位置变化的规律,即受扭等直圆截面杆横截面上各点的切应变 γ_ρ 与其到圆心的距离 ρ 成正比,且垂直于半径平面。

2)物理关系

由剪切胡可定律可知,在切应力小于材料的剪切比例极限,切应力与切应变成正比,即 $\tau = G\gamma$。将式(3.10)代入式(3.8),并令距离圆心为 ρ 处的切应力为 τ_ρ,可得横截面上任一点处切应力的变化规律为

$$\tau_\rho = G\gamma_\rho = G\rho\frac{d\varphi}{dx} \tag{3.11}$$

式(3.11)表明:在同一半径 ρ 的圆轴上各点处的切应力 τ_ρ 在数值上均相等,其值与到圆心的距离 ρ 成正比,τ_ρ 的方向垂直于半径。因为 γ_ρ 垂直于半径平面内的切应变,根据公式(3.11),切应力仍然垂直于横截面内的半径。上述分析完全适用于空心圆截面杆。图 3.18 (a)、(b)分别表示出了实心圆轴和空心圆轴扭转切应力沿半径变化的情况。由切应力互等定理还可知轴的纵向截面上的切应力分布规律,如图 3.18(c)所示。

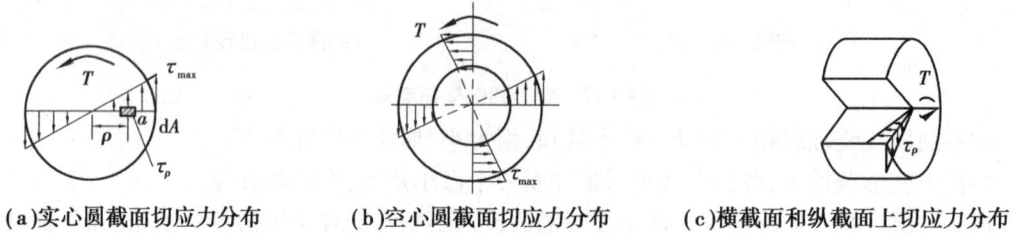

(a)实心圆截面切应力分布 (b)空心圆截面切应力分布 (c)横截面和纵截面上切应力分布

图 3.18 受扭圆轴切应力分布

从切应力分布情况来看,切应力在横截面上的分布是不均匀的,沿半径的方向上切应力成线性分布。对于实心圆截面,轴心点处的应力最小(为零),横截面最外边缘上的点应力最大,且方向垂直于半径。

3)静力学关系

式(3.11)中的 $\dfrac{\mathrm{d}\varphi}{\mathrm{d}x}$ 虽然对于指定的某截面来说是一个常量,但还是个待定的参数,需要用到静力学的内容来求解。对于横截面上任一点,如图 3.18(a)所示,距离圆心 ρ 处的切应力为 τ_ρ。在 ρ 处取一微元面 $\mathrm{d}A$,该微元面上的内力大小为 $\tau_\rho \mathrm{d}A$,该微内力对于圆心的矩为 $\rho\,\tau_\rho \mathrm{d}A$。根据扭矩的定义,该内力系对圆心之矩就是横截面上的扭矩,即有

$$T = \int_A \rho\,\tau_\rho \mathrm{d}A$$

将式(3.11)代入上式得

$$T = \int_A G \frac{\mathrm{d}\varphi}{\mathrm{d}x}\rho^2 \mathrm{d}A$$

由于 G 为剪切模量,是个常数,$\dfrac{\mathrm{d}\varphi}{\mathrm{d}x}$ 对于给定横截面也为一常数,因此上式可变为

$$T = G \frac{\mathrm{d}\varphi}{\mathrm{d}x}\int_A \rho^2 \mathrm{d}A \qquad (3.12)$$

式(3.12)中,$\displaystyle\int_A \rho^2 \mathrm{d}A$ 只与横截面的几何参数有关,称为横截面的极惯性矩,用 I_p 来表示。即

$$I_\mathrm{p} = \int_A \rho^2 \mathrm{d}A \qquad (3.13)$$

极惯性矩 I_p 的单位为 m^4 或 mm^4,量纲为长度的 4 次方。

将式(3.13)代入式(3.12),则

$$T = GI_\mathrm{p} \frac{\mathrm{d}\varphi}{\mathrm{d}x}$$

所以

$$\frac{\mathrm{d}\varphi}{\mathrm{d}x} = \frac{T}{GI_\mathrm{p}} \tag{3.14}$$

将式(3.14)代入式(3.11),得横截面上任一点处切应力的计算公式

$$\tau_\mathrm{p} = \frac{T\rho}{I_\mathrm{p}} \tag{3.15}$$

式中 τ_p——横截面上任一点 a 的切应力;

T——横截面上的扭矩;

ρ——a 点到圆心的距离;

I_p——横截面的极惯性矩。

由式(3.15)可知,对于扭矩为 T 的任意横截面,当 ρ 等于横截面的半径 R 时,即横截面最外边缘上的各点处,切应力将达到最大值 $\tau_{\max}$,该值为

$$\tau_{\max} = \frac{TR}{I_\mathrm{p}} \tag{3.16}$$

在式(3.16)中,令 $\dfrac{I_\mathrm{p}}{R} = W_\mathrm{t}$,则有

$$\tau_{\max} = \frac{T}{W_\mathrm{t}} \tag{3.17}$$

式中 W_t——抗扭截面系数,单位为 m³ 或 mm³,量纲为长度的 3 次方。

特别要注意的是,上述推导过程是基于平面假设,且材料符合胡克定理,即切应力和切应变成正比。只有横截面为圆截面时,扭转变形横截面才保持为平面。因此公式(3.17)仅适用于在线弹性范围内的等直圆杆,对截面变化比较缓慢的圆截面直杆近似成立。由于平面假设同样适用于空心圆截面受扭杆,因此上述切应力公式同样适用于空心圆截面杆。

在推导公式(3.15)和式(3.17)时,引入了截面极惯性矩 I_p 和抗扭截面系数 W_t,下面给出实心圆截面和空心圆截面 I_p 和 W_t 的计算公式,其计算过程见附录Ⅰ相关内容。

实心圆截面

$$I_\mathrm{p} = \frac{\pi D^4}{32}, \qquad W_\mathrm{t} = \frac{\pi D^3}{16} \tag{3.18}$$

空心圆截面

$$I_\mathrm{p} = \frac{\pi D^4}{32}(1-\alpha^4), \qquad W_\mathrm{t} = \frac{\pi D^3}{16}(1-\alpha^4) \tag{3.19}$$

其中,D 为实心圆直径和空心圆外直径;$\alpha = \dfrac{d}{D}$,为空心圆的内直径 d 和外直径 D 的比值。

【例3.5】如图 3.19 所示,圆轴的 AC 段为实心圆截面,CB 段为空心圆截面,外径 $D = 30$ mm,空心段内径 $d = 20$ mm,外力偶矩 $M_\mathrm{e} = 200$ N·m,试计算 AC 段和 CB 段横截面外边缘的切应力,以及 CB 段内边缘处的切应力。

【解】①计算 AC 段和 CB 段横截面外边缘上的切应力。

根据 AB 圆轴的受力情况,可知 AC,CB 段的扭矩相同,为

$$T = M_\mathrm{e} = 200 \text{ N·m}$$

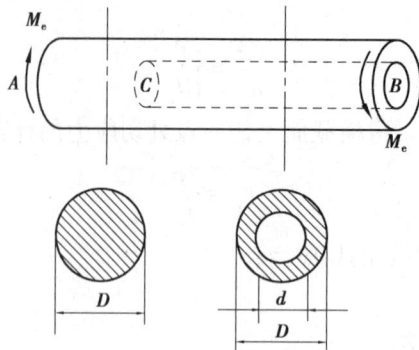

图 3.19 例 3.5 图

两段外边缘上切应力分别为各段截面上切应力的最大值。由式(3.17)有:

AC 段

$$\tau_{max,AC} = \frac{T}{W_{tAC}} = \frac{16T}{\pi D^3} = \frac{16 \times 200 \times 10^3 \text{N} \cdot \text{mm}}{\pi \times (30 \text{ mm})^3} = 37.74 \text{ MPa}$$

CB 段

$$\tau_{max,CB} = \frac{T}{W_{tCB}} = \frac{16T}{\pi D^3 (1 - \alpha^4)} = \frac{16 \times 200 \times 10^3 \text{N} \cdot \text{mm}}{\pi \times (30 \text{ mm})^3 \times \left[1 - \left(\frac{2}{3}\right)^4\right]} = 47.04 \text{ MPa}$$

②计算 CB 段内边缘处的切应力。

取 $\rho = \frac{d}{2} = 10 \text{ mm}$，代入切应力计算公式 $\tau_\rho = \frac{T\rho}{I_p}$，得

$$\tau_{CB} = \frac{T\rho}{I_p} = \frac{32T\rho}{\pi D^4 (1 - \alpha^4)} = \frac{32 \times (200 \times 10^3 \text{N} \cdot \text{mm}) \times 10 \text{ mm}}{\pi \times (30 \text{ mm})^4 \times \left[1 - \left(\frac{2}{3}\right)^4\right]} = 33.41 \text{ MPa}$$

▶3.6.2 圆轴扭转时的强度条件

圆轴扭转时内部各点均处于纯剪切应力状态,但各点处应力各不相同。整个轴中危险点为切应力最大的点,其强度条件为最大工作应力 τ_{max} 不超过材料的许用切应力 $[\tau]$,即

$$\tau_{max} = \frac{T}{W_t} \leq [\tau] \tag{3.20}$$

结合轴的轴力图和横截面的尺寸可以确定危险点的位置。对于等直圆轴来说,危险点在最大扭矩 T_{max} 所在横截面的边缘处,因此受扭圆轴强度条件可以改写为

$$\tau_{max} = \frac{T_{max}}{W_t} \leq [\tau] \tag{3.21}$$

对于变截面直杆,则要综合考虑扭矩和抗扭截面系数两个因素,也就是需要取 T/W_t 的极限值来确定最大的切应力。对于阶梯轴,式(3.21)分段成立。

在静载荷作用下,同一种材料在纯剪切应力状态下的强度与单向拉伸应力状态下的强度之间存在着一定的关系,因而许用切应力 $[\tau]$ 的值与许用拉应力 $[\sigma]$ 的值之间也存在着一定的关系,例如塑性材料: $[\tau] = (0.5 \sim 0.6)[\sigma]$;脆性材料: $[\tau] = (0.8 \sim 1.0)[\sigma]$。

轴类零件由于考虑到振动、冲击等因素,所取许用切应力一般比静载荷下的许用切应力还要低。

应用圆轴的强度条件可解决圆轴扭转时的三类强度计算问题。

①强度校核。已知轴的横截面尺寸(I_p,W_t)、轴上载荷(T_{max})和材料的许用切应力$[\tau]$,校核轴的强度条件是否得到满足:$\tau_{max} = \dfrac{T_{max}}{W_t} \leq [\tau]$。

②选择截面。已知轴受的外力偶矩(T_{max})和材料的许用切应力$[\tau]$,计算所需的抗扭截面系数,即满足$W_t \geq \dfrac{T_{max}}{[\tau]}$,从而根据所求解的抗扭截面系数来确定截面的具体尺寸。

③确定许可载荷。已知圆轴的截面尺寸(I_p,W_t)和许用切应力($[\tau]$),确定圆轴所能承受的最大扭矩:$T_{max} \leq W_t[\tau]$,根据所求得的扭矩来确定轴所能承受的最大载荷。

【例3.6】发电量为15 000 kW的水轮机主轴如图3.20所示。已知该轴的外径$D = 550$ mm,内径$d = 300$ mm,正常转速$n = 250$ r/min。材料的许用切应力$[\tau] = 50$ MPa。试校核水轮机主轴的强度。

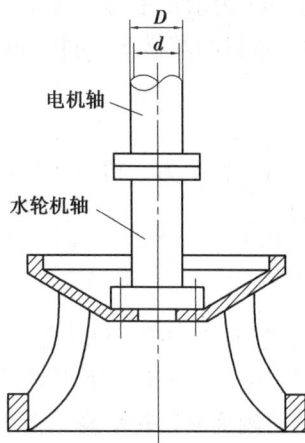

图3.20 例3.6图

【解】①计算外力偶矩。

由式(3.4)得

$$M_e = 9\ 549 \times \frac{P}{n} = 9\ 549 \times \frac{15\ 000\ kW}{250\ r/min} = 572\ 940\ N \cdot m$$

②计算轴横截面上的扭矩T。

$$T = M_e = 572\ 940\ N \cdot m$$

③计算轴的最大切应力。

由式(3.20)得

$$\tau_{max} = \frac{T}{W_t} = \frac{16T}{\pi D^3(1 - \alpha^4)} = \frac{16 \times 572\ 940\ N \cdot m}{3.14 \times (550 \times 10^{-3}m)^3 \times \left[1 - \left(\dfrac{300}{550}\right)^4\right]}$$

$$= 19.25 \times 10^6 Pa = 19.25\ MPa \leq [\tau]$$

可见,轴的强度满足要求。

3.7 等直圆轴扭转时的变形与刚度计算

对于工程中受扭的构件,除应满足强度条件之外,还不能有过大的扭转变形。如车床丝杠扭转角度过大,会影响车刀的进给量,降低加工精度;磨床和镗床的传动轴扭转角过大,会引起振动,影响工件的精度和光洁度。对于某些机械构件来说,刚度要求比强度要求更重要。本节将介绍圆轴扭转变形计算和刚度设计两大类问题。

▶3.7.1 圆轴扭转时的变形

等直圆轴的扭转变形,是用横截面间的相对扭转角 φ 来度量的。在上一节中,在推导圆轴扭转时横截面上切应力公式时,已得出圆轴扭转时变形公式(3.14),即

$$\frac{\mathrm{d}\varphi}{\mathrm{d}x} = \frac{T}{GI_\mathrm{p}}$$

上式可以表示为

$$\mathrm{d}\varphi = \frac{T}{GI_\mathrm{p}}\mathrm{d}x \tag{3.22}$$

其中,$\mathrm{d}\varphi$ 表示相距为 $\mathrm{d}x$ 的两个横截面之间的相对扭转角。将上式沿杆长度积分可得长度为 l 的一段杆两端横截面间的相对扭转角 φ 的计算公式

$$\varphi = \int_0^l \frac{T}{GI_\mathrm{p}}\mathrm{d}x \tag{3.23}$$

对于长度为 l、扭矩 T 为常数的用一种材料制成的等直圆轴,GI_p 也为常数,上述公式可改写为

$$\varphi = \frac{Tl}{GI_\mathrm{p}} \tag{3.24}$$

式(3.24)表明,扭转角 φ 与扭矩 T 和轴的长度 l 成正比,与截面极惯性矩 I_p 成反比。G 是材料的切变模量,GI_p 值越大,φ 越小。GI_p 反映了圆轴抵抗扭转变形的能力,称为等直圆轴的**抗扭刚度**或**扭转刚度**。在扭转试验中,该式可以用来确定材料的切变模量 G,式中扭转角 φ 用弧度表示。

对于刚度变化的阶梯轴或扭矩 T 沿轴线方向分段变化的等截面圆轴,应分段计算各段的扭转角,然后代数叠加,便可得整个轴长度方向上扭转角。即

$$\varphi = \sum_{i=1}^n \frac{T_i l_i}{GI_{\mathrm{p}i}} \tag{3.25}$$

对于扭矩或截面尺寸沿轴线连续变化的圆轴,其扭转角按式(3.23)进行计算。

▶3.7.2 等直圆轴扭转时的刚度计算

扭转角的大小与横截面之间距离 l 有关。为了消除杆件长度的影响,工程上用另外一个物理量——单位长度的扭转角 φ' 来衡量构件的扭转变形程度,$\varphi' = \dfrac{\mathrm{d}\varphi}{\mathrm{d}x}$,表示扭转角 φ 对 x 的变化率,单位为 $\mathrm{rad/m}$。式(3.14)也可表示为

$$\varphi' = \frac{T}{GI_\mathrm{p}} \tag{3.26}$$

扭转的刚度条件就是限定最大单位长度扭转角 $\varphi'_{\max}$ 不得超过规定的许用值 $[\varphi']$。因此,等直圆轴扭转刚度条件可用公式表示为

$$\varphi'_{\max} = \frac{T_{\max}}{GI_\mathrm{p}} \leqslant [\varphi'] \qquad (\mathrm{rad/m}) \tag{3.27}$$

工程上,在进行轴的刚度计算时,习惯用(°/m)来表示许用单位长度扭转角 $[\varphi']$,上述刚

度条件又可改写为

$$\varphi'_{max} = \frac{T_{max}}{GI_p} \times \frac{180°}{\pi} \leqslant [\varphi'] \qquad (°/m) \tag{3.28}$$

根据受扭构件的功能要求和工作条件的不同,$[\varphi']$取值不同,可从有关规范和手册中查取。如精密机械的轴,要求$[\varphi']=0.25\sim0.50°/m$;一般的传动轴,要求 $[\varphi']=0.50\sim1.0°/m$。

刚度计算跟强度计算一样,可以解决轴的扭转刚度校核、截面设计、确定许可载荷等三方面的问题。

①刚度校核。已知轴的横截面尺寸(I_p,W_t)、轴上载荷(T_{max})和所用材料的许用扭转角$[\varphi']$,校核轴的刚度条件是否得到满足:$\varphi'_{max}=\frac{T_{max}}{GI_p}\leqslant[\varphi']$。

②选择截面。已知轴受的外力偶矩(T_{max})和材料的许用扭转角$[\varphi']$,计算所需的抗扭刚度,即$GI_p\geqslant\frac{T_{max}}{[\varphi']}$,从而根据所求解的抗扭刚度来确定截面的最小尺寸。

③确定许可载荷。已知圆轴的截面尺寸(I_p,W_t)和许用扭转角$([\varphi'])$,确定圆轴所能承受的最大扭矩:$T_{max}\leqslant GI_p[\varphi']$,根据所求得的扭矩利用平衡条件来确定轴所能承受的最大载荷,即许可载荷。

【例3.7】图3.21(a)所示阶梯轴,直径分别为$d_1=40$ mm,$d_2=55$ mm,已知C轮输入扭转力偶矩$M_{eC}=1\ 432.5$ N·m,A轮输出扭转力偶矩$M_{eA}=620.8$ N·m,轴材料的许用切应力$[\tau]=60$ MPa,许用单位长度扭转角$[\varphi']=2°/m$,切变模量$G=80$ GPa,试校核该轴的强度和刚度。

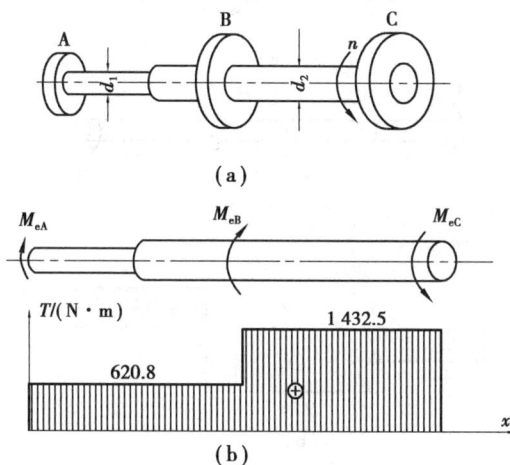

图3.21 例3.7图

【解】①作出轴的受力简图及扭矩图,如3.24(b)所示。

最大扭矩T_{max}在BC段上,但AB段较细。因此,危险截面可能是AB段中直径为d_1的截面,也可能是BC段的截面。

②强度校核。

由于受扭圆轴沿杆轴线方向上截面尺寸不同,在确定最大切应力τ_{max}时需同时考虑扭矩和抗扭截面系数。

AB 段最大切应力：$\tau_1 = \dfrac{T_1}{W_{t1}} = \dfrac{16 \times 620.8 \times 10^3 \text{ N} \cdot \text{mm}}{3.14 \times (40 \text{ mm})^3} = 49.43 \text{ MPa}$

BC 段最大切应力：$\tau_2 = \dfrac{T_2}{W_{t2}} = \dfrac{16 \times 1\,432.5 \times 10^3 \text{ N} \cdot \text{mm}}{3.14 \times (55 \text{ mm})^3} = 43.87 \text{ MPa}$

因此，该轴 $\tau_{\max} = 48.5 \text{ MPa} < [\tau]$，轴的强度满足要求。

③刚度校核。

AB 段：$\varphi'_1 = \dfrac{T_1}{GI_{p1}} \times \dfrac{180°}{\pi} = \dfrac{32 \times (620.8 \text{ N} \cdot \text{m}) \times 180°}{(80 \times 10^9 \text{Pa}) \times 3.14^2 \times (40 \times 10^{-3} \text{m})^4} = 1.737°/\text{m}$

BC 段：$\varphi'_2 = \dfrac{T_2}{GI_{P2}} \times \dfrac{180°}{\pi} = \dfrac{32 \times (1\,432.5 \text{ N} \cdot \text{m}) \times 180°}{(80 \times 10^9 \text{Pa}) \times 3.14^2 \times (55 \times 10^{-3} \text{m})^4} = 1.121°/\text{m}$

$$\varphi'_{\max} = \varphi'_1 = 1.737°/\text{m} < [\varphi']$$

轴的刚度满足要求。

【例 3.8】传动轴如图 3.22(a) 所示，其转速 $n = 300$ r/min，主动轮 A 输入的功率 $P_1 = 500$ kW；若不计轴承摩擦所耗的功率，三个从动轮 B, C, D 输出的功率分别为 $P_2 = 150$ kW，$P_3 = 150$ kW，$P_4 = 200$ kW。该轴是用 45 号钢制成的空心圆截面杆，其内外直径比 $\alpha = 1/2$。材料的许用切应力 $[\tau] = 40$ MPa，其切变模量 $G = 80$ GPa。杆的单位长度许用扭转角 $[\varphi'] = 0.3°/\text{m}$。试作轴的扭矩图，并按强度条件和刚度条件选择轴的直径。

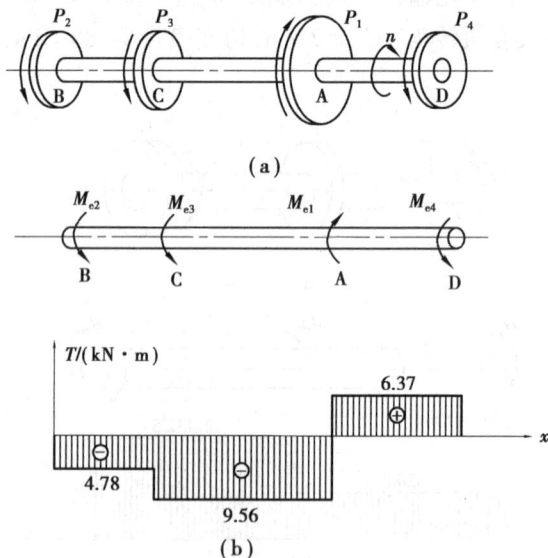

(a)

(b)

图 3.22 例 3.8 图

【解】①计算外力偶矩。

按式(3.4)计算外力偶矩。

$$M_{e1} = 9\,549 \times \frac{500 \text{ kW}}{300 \text{ r/min}} = 15\,900 \text{ N} \cdot \text{m} = 15.93 \text{ kN} \cdot \text{m}$$

$$M_{e2} = M_{e3} = 9\,549 \times \frac{150 \text{ kW}}{300 \text{ r/min}} = 4\,780 \text{ N} \cdot \text{m} = 4.78 \text{ kN} \cdot \text{m}$$

$$M_{e4} = 9\ 549 \times \frac{200\ \text{kW}}{300\ \text{r/min}} = 6\ 370\ \text{N} \cdot \text{m} = 6.37\ \text{kN} \cdot \text{m}$$

②作出轴的受力图和扭矩图，判断危险截面。

轴的受力图和扭矩图如图 3.22(b)所示。由图可知，最大扭矩发生在 CA 段内，其最大值为 $T_{\max} = 9.56\ \text{kN} \cdot \text{m}$。

③按强度条件确定轴的直径。

由式(3.21)强度条件得

$$W_t \geqslant \frac{T_{\max}}{[\tau]}$$

对于空心圆轴

$$W_t = \frac{\pi D^3}{16}(1 - \alpha^4)$$

则

$$D \geqslant \left(\frac{16 T_{\max}}{\pi(1 - \alpha^4)[\tau]}\right)^{\frac{1}{3}} = \left(\frac{16 \times 9.56 \times 10^6 \text{N} \cdot \text{mm}}{\pi(1 - 0.5^4) \times 40 \times 10^6 \text{Pa}}\right)^{\frac{1}{3}} = 109\ \text{mm}$$

④按刚度条件确定轴的直径。

由式(3.28)刚度条件 $\varphi'_{\max} = \dfrac{T_{\max}}{GI_p} \times \dfrac{180}{\pi} \leqslant [\varphi']$

空心轴 $\quad I_p = \dfrac{\pi D^4}{32}\left[1 - \left(\dfrac{1}{2}\right)^4\right]$

将 I_p 的表达式代入刚度条件，得

$$D \geqslant \left(\frac{32 T_{\max} \times 180}{G\pi^2[\varphi'](1 - \alpha^4)}\right)^{\frac{1}{4}} = \left(\frac{32 \times 9.56 \times 10^6 \text{N} \cdot \text{mm} \times 180}{80 \times 10^9 \text{Pa} \times \pi^2 \times 0.3 \times (1 - 0.5^4)}\right)^{\frac{1}{4}} = 126\ \text{mm}$$

因此，空心圆轴的外直径 D 应取 126 mm 或略大，内直径 $d = D/2 = 63$ mm 或略小。

在此例中，控制横截面尺寸的是刚度条件。

【例 3.9】已知钢制空心圆轴的外径 $D = 100$ mm，内径 $d = 50$ mm，材料的切变模量 $G = 80.4$ GPa。若要求轴在 2 m 长度内的最大相对扭转角不超过 1.5°，试求：①该轴所能承受的最大扭矩；②此时轴内最大切应力。

【解】①确定轴所能承受的最大扭矩。

空心圆轴的极惯性矩 I_p 为

$$I_p = \frac{\pi D^4}{32}(1 - \alpha^4), \qquad \alpha = \frac{d}{D} = 0.5 \tag{a}$$

由式(3.27)刚度条件得

$$T \leqslant [\varphi']GI_p \tag{b}$$

又根据已知条件，可得单位长度上的许用相对扭转角为

$$[\varphi'] = \frac{1.5°}{2\ \text{m}} = \frac{1.5}{2\ \text{m}} \times \frac{\pi}{180}\ \text{rad} = 0.013\ \text{rad/m} \tag{c}$$

将式(a)、(c)代入式(b)可得圆轴能承受的最大扭矩为

$$T \leq [\varphi']GI_p = [\varphi']G \times \frac{\pi D^4}{32}(1-\alpha^4)$$

$$= (0.013 \text{ rad/m}) \times 80.4 \times 10^9 \text{Pa} \times \frac{\pi \times (100 \times 10^{-3}\text{m})^4 \times (1-0.5^4)}{32}$$

$$= 9.69 \times 10^3 \text{N} \cdot \text{m}$$

因此,最大扭矩应为 $T_{max} = 9.69$ kN·m。

②确定扭矩最大时轴内的最大切应力。

将空心圆轴的抗扭截面系数 $W_t = \frac{\pi D^3}{16}(1-\alpha^4)$ 代入最大切应力计算公式(3.17),可求得圆轴在承受最大扭矩时轴内最大切应力,为

$$\tau_{max} = \frac{T_{max}}{W_t} = \frac{16 \times (9.69 \times 10^3 \text{N} \cdot \text{m})}{\pi \times (100 \times 10^{-3}\text{m})^3 \times (1-0.5^4)} = 52.66 \times 10^6 \text{Pa} = 52.66 \text{ MPa}$$

3.8 非圆截面杆自由扭转时的应力和变形

工程上,受扭转杆件除常见的圆轴外,还有其他形状的截面,如矩形截面、工字形截面等。这些非圆截面杆受到扭转力偶作用发生变形,变形后的截面将不再保持为平面,而是发生了"翘曲",如图 3.23所示。平面假设对非圆截面杆件的扭转已经不适用。

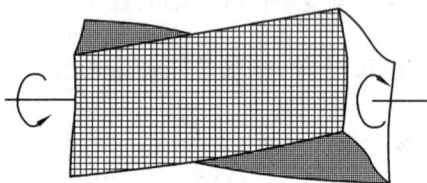

图 3.23　矩形截面翘曲

非圆截面杆件的扭转可分为自由扭转和非自由扭转。扭转时,若各横截面翘曲是自由的,不受约束的,此时相邻横截面的翘曲处处相同,杆件轴向纤维的长度无变化,因此横截面上只有切应力没有正应力,这种扭转称为**自由扭转**,如图 3.24(a)所示。在实际工程结构中,受扭构件某些横截面的翘曲要受到约束(如支撑处、加载面处等),由于约束条件或受力条件的限制,杆件各横截面的翘曲程度不同,这样将引起相邻两横截面间纵向纤维长度发生变化,使得横截面上不仅有切应力,还有正应力,这种扭转变形称为**非自由扭转**,如图 3.24(b)所示,也称为**约束扭转**。但对于横截面为矩形或椭圆形的实体杆件,因约束扭转而引起的正应力很小,与自由扭转并无太大差别,可以近似作为自由扭转处理。

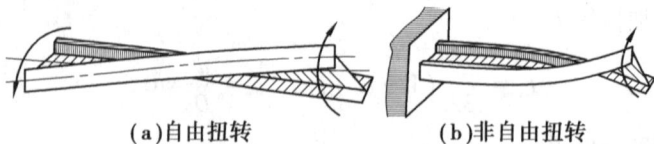

(a)自由扭转　　　　(b)非自由扭转

图 3.24　非圆截面扭转变形

根据弹性力学中自由扭转的相关理论,对于一般矩形截面等直杆件自由扭转时,横截面上切应力的分布如图 3.25 所示。横截面上切应力在应力不超过比例极限的情况下,满足如下几点:

①横截面周边各点的切应力与周边相切,沿周边形成与扭矩同向的顺流。

②4 个角点处切应力等于零。

③最大切应力发生在横截面长边的中点上。

其中,长边中点处最大切应力计算公式为

$$\tau_{max} = \frac{T}{W_t} = \frac{T}{\alpha h b^2} \qquad (3.29)$$

式中,$W_t = \alpha h b^2$,称为扭转截面系数。

短边中点处切应力计算公式为

$$\tau = v\tau_{max} \qquad (3.30)$$

杆件两端相对扭转角 φ 的计算公式为

$$\varphi = \frac{Tl}{GI_t} \qquad (3.31)$$

式中,$I_t = \beta h b^3$,GI_t 称为杆件的抗扭刚度。上述公式中的 α, v, β 都是与截面边长比值 $\frac{h}{b}$ 相关的因数(见表3.1)。

当矩形截面边长比值 $\frac{h}{b} > 10$ 时,称为狭长矩形截面。其截面上切应力分布如图3.26所示。这时 $\alpha = \beta \approx \frac{1}{3}$。如果以 $b = \delta$ 表示狭长矩形的短边长度,则狭长矩形截面扭转时,其横截面上切应力满足如下规律:

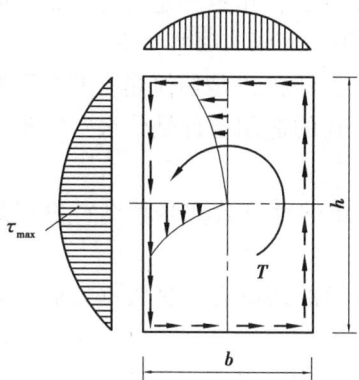

图3.25　矩形截面杆扭转切应力分布　　图3.26　狭长矩形截面杆扭转切应力分布

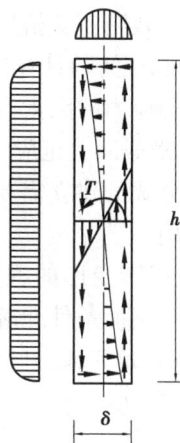

①最大切应力发生在长边中点处,且沿长边各点的切应力除靠角点附近外,均接近相等;

②离短边稍远处,可认为切应力沿厚度 δ 按直线规律变化。其最大切应力和杆件两端相对扭转角 φ 的计算公式分别为

$$\tau_{max} = \frac{T}{W_t} \qquad (3.32)$$

$$\varphi = \frac{Tl}{GI_t} \qquad (3.33)$$

其中，$W_t = \dfrac{1}{3}h\delta^2$，$I_t = \dfrac{1}{3}h\delta^3$。

表 3.1　矩形截面杆扭转时的因数 α,β,v

h/b	1.0	1.2	1.5	2.0	2.5	3.0	4.0	6.0	8.0	10.0	∞
α	0.208	0.219	0.231	0.246	0.258	0.267	0.282	0.299	0.307	0.316	0.333
β	0.141	0.166	0.196	0.229	0.249	0.263	0.281	0.299	0.307	0.313	0.333
v	1.000	0.930	0.858	0.796	0.767	0.753	0.745	0.743	0.743	0.743	0.743

思考题

3.1　什么是剪切变形？什么是挤压变形？试举例说明工程中受剪切和挤压的连接件有哪些,剪切面与外力的关系是什么,挤压面与外力的关系是什么,剪切受力及变形的特点分别是什么。

3.2　挤压应力与压缩应力是否相同？分别作用在构件哪个部位？什么是有效挤压面？挤压实用计算中对挤压应力有什么样的假设？

3.3　连接件破坏的形式有哪些？连接件与被连接件的挤压作用一定会导致连接件产生过大的局部变形而失效吗？就挤压作用而言,怎样才能保证连接不会产生松动而失效？

3.4　外力偶矩和扭矩的计算以及扭矩的正负号规定是什么？扭矩的定义是什么？影响受扭圆轴横截面上切应力的因素有哪些？影响受扭圆轴变形的因素有哪些？

3.5　薄壁圆筒横截面上正应力公式的适用条件是什么？该公式是如何建立的？受扭圆轴横截面上切应力公式的建立需要哪些方面的内容？该公式的适用条件是什么？对于变截面轴该公式是否适用？

3.6　受扭圆轴扭转变形的程度用什么来衡量？扭转角的计算公式是什么？单位是什么？扭转强度条件和刚度条件能解决哪些力学问题？

3.7　图 3.27 所示单元体,已知右侧上有与 y 方向成 θ 角的切应力 τ,试根据切应力互等定理,画出其他面上的切应力。

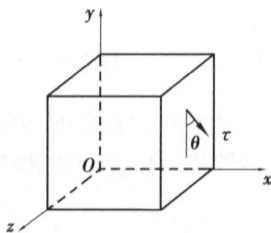

图 3.27　思考题 3.7 图

3.8　材料常数 G,E,μ 之间满足 $G = \dfrac{E}{2(1+\mu)}$ 的前提条件是什么？

习 题

3.1   试指出如图 3.28 所示构件的剪切面和挤压面。

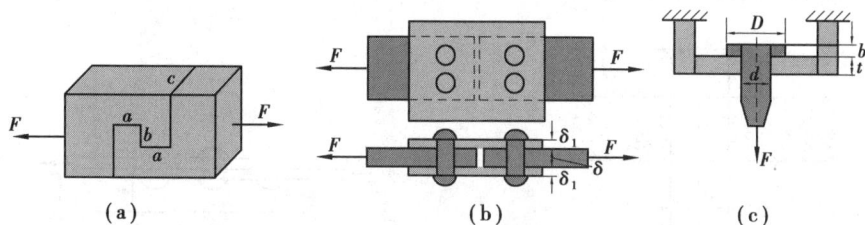

图 3.28   习题 3.1 图

3.2   冲床冲压钢板如图 3.29 所示。已知钢板厚度 $t=8$ mm,冲头直径 $d=20$ mm,冲头的许用挤压应力 $[\sigma_{bs}]=1\ 440$ MPa。若钢板材料的极限抗剪强度 $\tau_b=300$ MPa,试求所需的冲压力 F,并校核冲头的挤压强度。

3.3   如图 3.30 所示轴的直径 $d=80$ mm,键的尺寸 $b=24$ mm,$h=14$ mm。键的许用切应力 $[\tau]=40$ MPa,许用挤压应力 $[\sigma_{bs}]=90$ MPa。若由轴通过键所传递的扭转力偶矩 $M_e=3.2$ kN·m,试求所需键的长度 l。

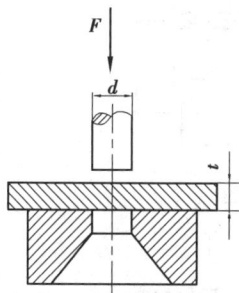

图 3.29   习题 3.2 图

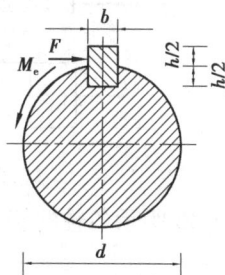

图 3.30   习题 3.3 图

3.4   木榫接头如图 3.31 所示。$a=b=120$ mm,$h=350$ mm,$c=45$ mm,$F=40$ kN。试求接头的剪切应力和挤压应力。

3.5   如图 3.32 所示凸缘联轴节传递的扭矩 $T=3$ kN·m。4 个直径 $d=12$ mm 的螺栓均匀地分布在 $D=150$ mm 的圆周上。材料的许用切应力 $[\tau]=90$ MPa,试校核螺栓的抗剪强度。

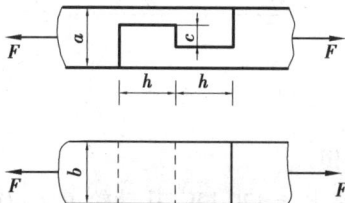

图 3.31   习题 3.4 图

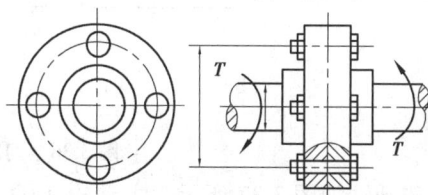

图 3.32   习题 3.5 图

3.6 如图 3.33 所示螺钉受拉力 F 作用。已知材料的许用切应力 $[\tau]$ 和许用正应力 $[\sigma]$ 之间的关系为 $[\tau]=0.6[\sigma]$。试求螺钉直径 d 与钉头高度 h 的合理比值。

3.7 两块钢板用 7 个铆钉连接如图 3.34 所示。已知钢板厚度 $t=6$ mm,宽度 $b=200$ mm,铆钉直径 $d=18$ mm。材料的许用应力 $[\sigma]=160$ MPa,$[\tau]=100$ MPa,$[\sigma_{bs}]=240$ MPa。载荷 $F=150$ kN,试校核此接头的强度。

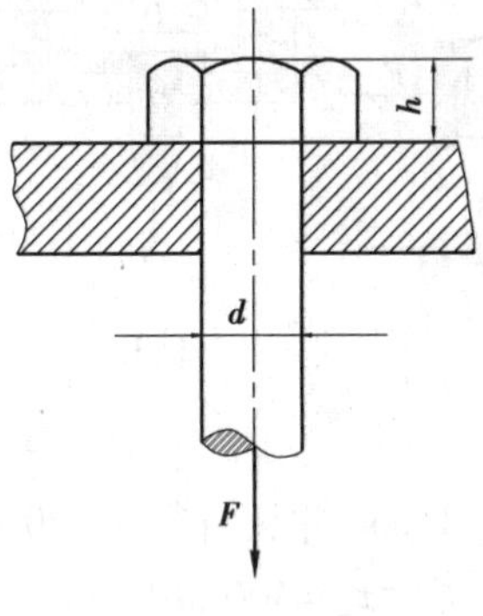

图 3.33 习题 3.6 图

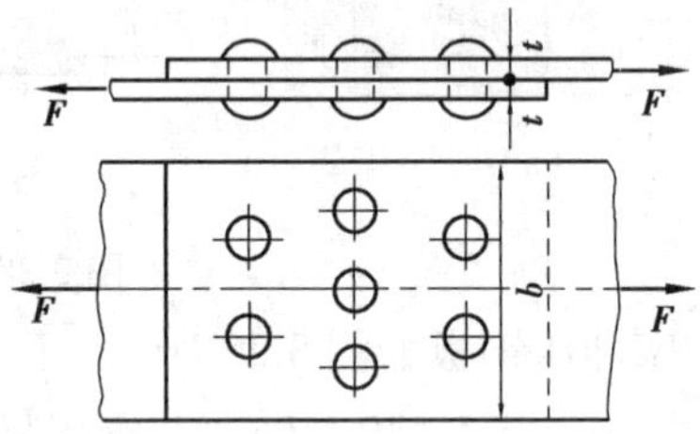

图 3.34 习题 3.7 图

3.8 铆钉连接如图 3.35 所示,已知钢板厚度 $t=10$ mm,铆钉直径 $d=15$ mm,铆钉的许用切应力 $[\tau]=120$ MPa,许用挤压应力 $[\sigma_{bs}]=200$ MPa,$F=20$ kN,试校核铆钉的强度。

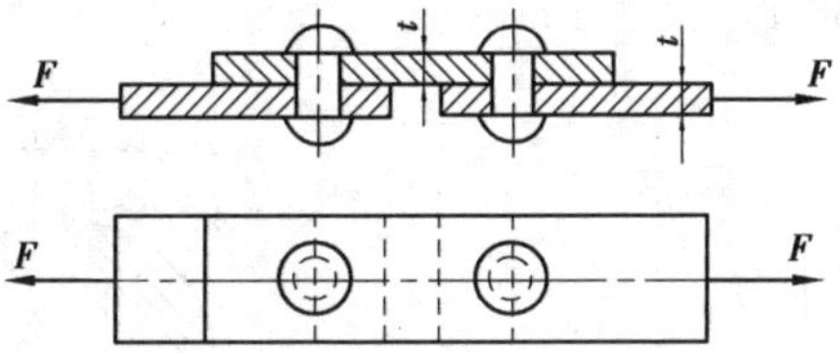

图 3.35 习题 3.8 图

3.9 画出如图 3.36 所示各轴的扭矩图。

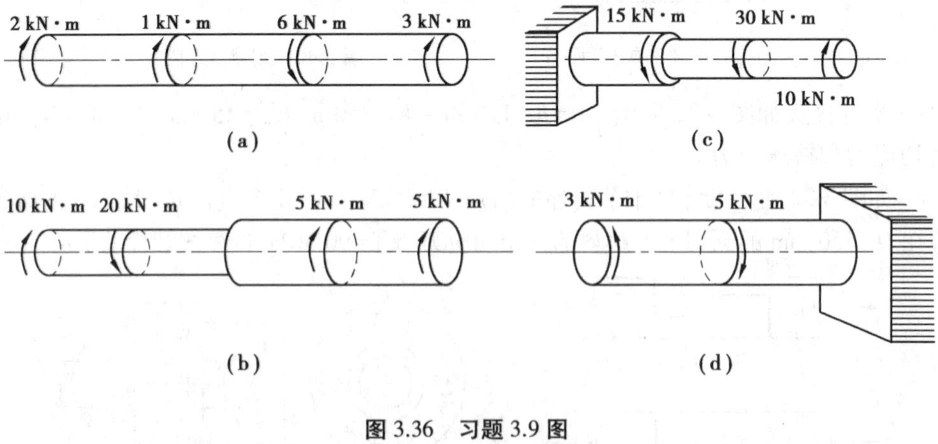

图 3.36 习题 3.9 图

3.10 传动轴如图 3.37 所示。主动轮 A 输入功率 $P_A=420$ kW,从动轮 B,C,D 输出功率分别为 $P_B=P_C=120$ kW、$P_D=180$ kW,轴的转速 $n=300$ r/min。试绘制该轴的扭矩图。

3.11 薄壁圆管扭转切应力公式为 $\tau=\dfrac{T}{2\pi R_0^2 t}$（$R_0$ 为圆管的平均半径，t 为壁厚）。试证明：$R_0 \geqslant 10\delta$ 时，该公式的最大误差不超过 4.53%。

3.12 如图 3.38 所示，已知变截面钢轴上的外力偶矩 $M_{eB}=1.8$ kN·m，$M_{eC}=1.2$ kN·m，试求该轴的最大切应力和最大相对扭转角。已知 $G=80$ GPa。

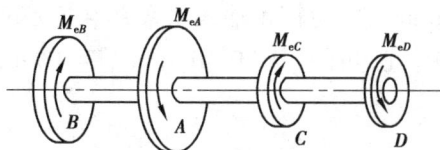

图 3.37 习题 3.10 图

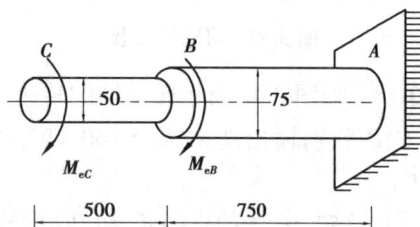

图 3.38 习题 3.12 图

3.13 材料及长度相同的两根圆轴，一根为实心圆轴，直径为 d，一根为空心圆轴，内外径比值为 $\alpha=0.8$，外径为 D，求它们受扭时具有相同强度时的质量比及刚度比。

3.14 如图 3.39 所示，手摇绞车由两人同时操作，若每人加在手柄上的作用力 $F=200$ N，已知轴的许用切应力 $[\tau]=40$ MPa。试根据强度条件设计 AB 轴的直径，并确定最大起重量 W。图中尺寸单位：mm。

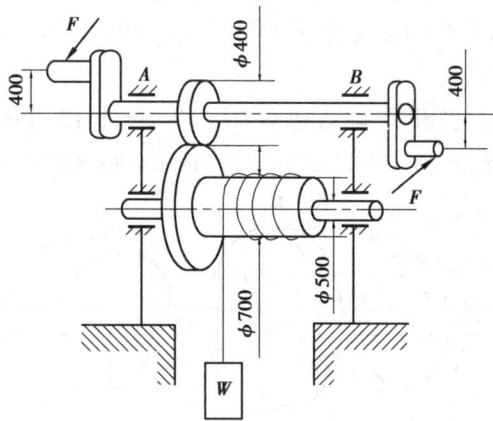

图 3.39 习题 3.14 图

3.15 如图 3.40 所示等截面圆轴，已知 $d=100$ mm，$l=500$ mm，$M_{e1}=8$ kN·m，$M_{e2}=3$ kN·m，$G=82$ GPa。求：①最大切应力；②A、C 两截面间的相对扭转角；③若 BC 段为空心轴，其单位长度扭转角与 AB 段相等，则 BC 段的内径 d_1 应为多大？

3.16 一直径 $d=40$ mm 的实心圆轴所传递的功率为 30 kW，转速 $n=1\,400$ r/min。该轴由 45 号钢制成，许用切应力 $[\tau]=40$ MPa，切变模量 $G=80$ GPa，单位长度杆的许用扭转角 $[\varphi']=1°/$m。试校核此轴的强度和刚度。

3.17 如图 3.41 所示阶梯圆轴 AE 段为空心，外径 $D=140$ mm，内径 $d=100$ mm；BC 段为实心，$d=100$ mm。外力偶 $M_{eA}=18$ kN·m，$M_{eB}=32$ kN·m，$M_{eC}=14$ kN·m，已知 $[\tau]=80$ MPa，$[\varphi']=1.2°/$m，$G=80$ GPa。试校核该轴的强度和刚度。

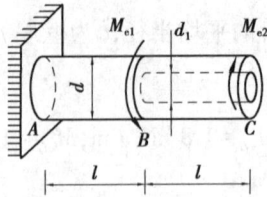

图 3.40 习题 3.15 图   图 3.41 习题 3.17 图

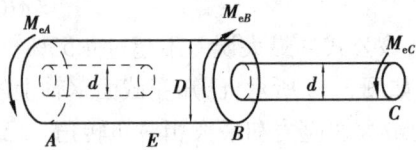

3.18 如图 3.42 所示传动轴的转速为 $n=500$ r/min,主动轮 A 输入功率 $P_1=400$ kW,从动轮 C,B 分别输出功率 $P_2=160$ kW, $P_3=240$ kW。已知 $[\tau]=70$ MPa, $[\varphi']=1°/m$, $G=80$ GPa。

①试确定 AC 段的直径 d_1 和 BC 段的直径 d_2;

②若 AC 和 BC 两段选同一直径,试确定直径 d;

③主动轮和从动轮应如何安排才比较合理?

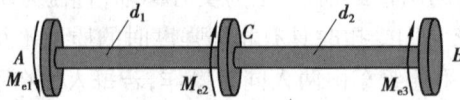

图 3.42 习题 3.18 图

3.19 由 45 号钢制成的某空心圆轴,内外直径之比 $\alpha=0.5$。已知材料的许用切应力 $[\tau]=40$ MPa,切变模量 $G=80$ GPa,轴的最大扭矩 $T_{max}=9.56$ kN·m,轴的许用扭转角 $[\varphi']=0.3°/m$,试选择轴的直径。

3.20 如图 3.43 所示,已知圆轴输入功率 $P_A=50$ kW,输出功率 $P_C=30$ kW, $P_B=20$ kW。轴的转速 $n=100$ r/min, $[\tau]=40$ MPa, $[\varphi']=0.5°/m$, $G=8.0×10^4$ MPa。设计轴的直径 d。

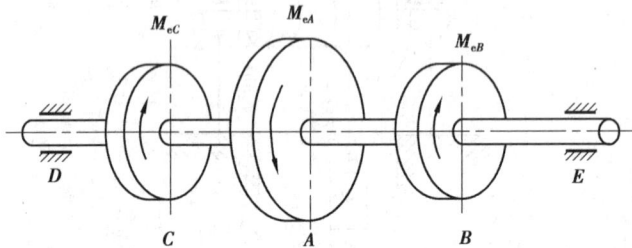

图 3.43 习题 3.20 图

4

弯曲内力

[本章导读]

在工程实际中,梁是以弯曲变形为主的构件。在外力作用下,梁的横截面一般将产生剪力和弯矩两种内力分量。梁的内力分析及绘制内力图是计算梁的强度和刚度的首要条件。本章介绍了平面弯曲、剪力与弯矩的概念;着重介绍了剪力和弯矩的计算方法,以及用剪力方程和弯矩方程绘制剪力图和弯矩图;分析了剪力、弯矩和载荷集度之间的微分关系,重点阐述了利用这种微分关系绘制剪力图和弯矩图的方法和步骤;同时还介绍了用叠加法绘制弯矩图;最后简要介绍绘制平面刚架内力图的方法。

4.1 平面弯曲的概念和实例

杆件受垂直于轴线的外力或位于其轴线所在平面内的外力偶作用时,轴线将弯曲成一条曲线,这种变形称为**弯曲变形**。弯曲变形是工程构件中最常见的一种基本变形,工程上将以弯曲变形为主的杆件称为**梁**,梁是土木、机械、船舶、航空等各类工程结构中最常见的构件之一。图4.1列出了若干弯曲变形的实例及其计算简图。弯曲变形时如果梁的轴线所在平面与外力作用平面重合或平行,则称为**平面弯曲**。

工程中绝大部分梁的横截面都至少有一根对称轴,对称轴和梁轴线所组成的平面称为**纵向对称平面**。常见梁的截面形式如图4.2所示。若梁具有纵向对称平面,所有的横向外力或外力合力以及外力偶矩都作用在纵向对称平面内,那么梁变形后的轴线必定是一条位于该纵

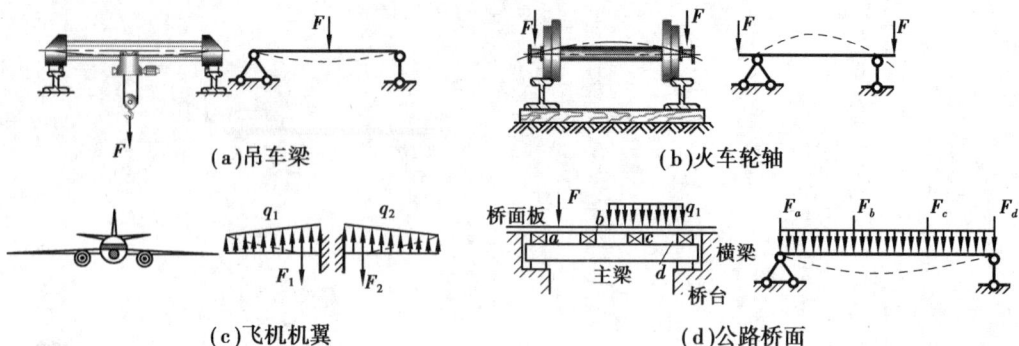

(a)吊车梁　　　　　　　　　　(b)火车轮轴

(c)飞机机翼　　　　　　　　　(d)公路桥面

图 4.1　弯曲变形的工程实例

向对称面内的平面曲线(图 4.3),这种平面弯曲也称为**对称弯曲**。若梁不具有纵向对称面,或者梁虽具有纵向对称面但外力并不作用在纵向对称面内,这种弯曲称为**非对称弯曲**。平面弯曲是工程中最简单、最常见的情况,也是最基本的弯曲问题。本章重点讨论平面弯曲梁的内力,为后面两章讨论弯曲应力和弯曲变形作准备。

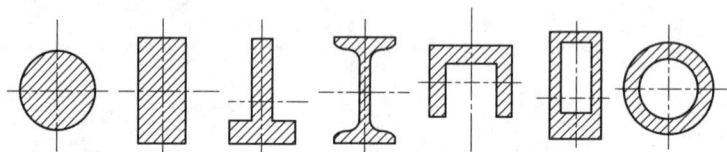

图 4.2　常见梁的截面形式

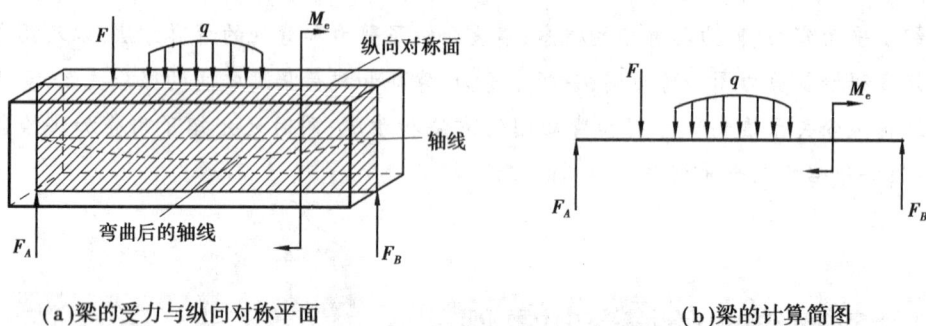

(a)梁的受力与纵向对称平面　　　　　　(b)梁的计算简图

图 4.3　梁的平面弯曲

4.2　梁的计算简图

由于梁的截面形态有不同的形式,梁支承条件与载荷情况一般都比较复杂,并且发生对称弯曲的梁所受外力是作用在纵向对称平面内的平面力系。因此,为了便于分析计算,将实际的梁结构用梁的轴线表示,同时将作用在梁上的载荷及支座进行必要简化,以形成计算简图。

▶4.2.1 载荷和支座的简化

作用在梁上的外力,包括载荷和支座反力,可以简化为集中载荷、分布载荷、集中力偶,如图 4.3(b)所示。

梁的支座按其对梁在载荷平面内的约束情况可以简化为以下 3 种典型支座:

1)可动铰支座

可动铰支座也称链杆铰支座,如图 4.4(a)所示。它允许梁绕铰 A 转动和沿支承平面方向移动,但不能沿垂直于支承面的方向移动。这种支座反力将通过铰 A 的中心并与支承面垂直,支座反力可用 F_A 来表示。

2)固定铰支座

固定铰支座常简称铰支座,如图 4.4(b)所示。它允许梁绕铰 A 转动,但不能沿任何方向移动。其支座反力将通过铰 A 的中心,通常可用水平反力 F_{Ax} 和竖向反力 F_{Ay} 来表示。

3)固定端支座

如图 4.4(c)所示,这种支座不允许梁在支承 A 处发生任何方向的移动和转动,其支座反力通常用水平反力 F_{Ax}、竖向反力 F_{Ay} 和反力偶 M_A 表示。

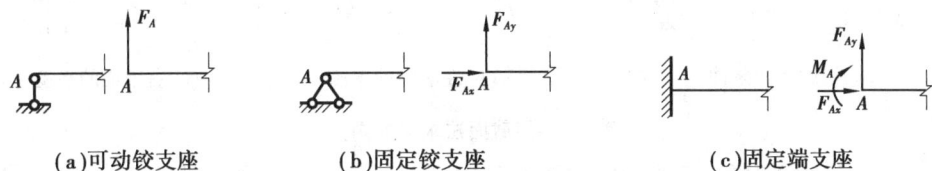

(a)可动铰支座　　　(b)固定铰支座　　　(c)固定端支座

图 4.4 常见梁的支座形式

▶4.2.2 梁的计算简图及静定梁分类

经过对载荷和支座的简化,便可得到梁的计算简图。如图 4.1(a)所示的吊车梁,可简化为一端为固定铰支座,另一端为可动铰支座的梁,这种梁称为**简支梁**。图 4.1(b)所示的火车轮轴,两条钢轨对车轮的约束,其中一条可以视为固定铰支座,另一条则视为可动铰支座,轮轴可简化为两端都伸出支座外的梁。这种两端伸出支座外或一端伸出支座外的梁称为**外伸梁**。图 4.1(c)所示的飞机,机翼和机身之间不允许有任何的相对移动和相对转动,机身对机翼的约束可视为固定端约束,机翼的另一端则是自由的。机翼则可视为一端为固定端约束、另一端自由的**悬臂梁**。如果梁的支座反力均可由静力平衡方程求出,这类梁称为**静定梁**。如果梁的支座反力仅凭静力平衡方程不能完全确定,这类梁称为**超静定梁**。上述的简支梁、外伸梁、悬臂梁的支座反力都可根据梁上载荷由静力平衡方程求出,是静定梁的 3 种基本形式。简支梁和外伸梁的两支座间距离称为梁的**跨度**,悬臂梁的跨度是固定端到自由端的距离。

4.3 梁的内力——剪力和弯矩

为了计算梁的应力和变形,必须首先了解梁在外力作用下任一横截面上的内力情况。下面对梁的内力及内力图作详细讨论。

▶4.3.1 梁横截面上的内力——剪力和弯矩

根据对称弯曲的对称性,横截面上的内力系一定可以简化为纵向对称面内的一个平面力系。进一步把该力系向形心简化,将得到一个主矢和一个主矩。当作用在梁上的外力为已知时,任一横截面上的内力可利用**截面法**来确定。

下面以如图 4.5(a)所示的简支梁为例分析梁横截面上的内力。首先利用平衡方程求出支座反力 F_A 和 F_B。取 A 为坐标轴 x 的原点,根据截面法,可计算任一横截面 m—m 上的内力。

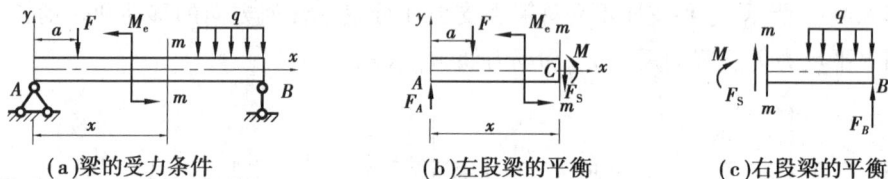

(a)梁的受力条件　　　　　　　　(b)左段梁的平衡　　　　　　　　(c)右段梁的平衡

图 4.5　用截面法求梁的内力

取左段梁为研究对象,其受力图如图 4.5(b)所示。梁上有一向上的约束力 F_A、向下的集中力 F 和逆时针的集中力偶 M_e 作用。若要保持左段梁在垂直方向的平衡,在 m—m 截面上必然存在一个竖向内力 F_S,由平衡方程

$$\sum F_y = 0, \quad F_A - F - F_S = 0$$

可得

$$F_S = F_A - F$$

内力 F_S 使横截面发生相对错动即剪切变形,故称为**剪力**,它实际上是梁横截面上切向分布内力系的合力。

由于左段梁上各外力对截面形心 C 之矩一般不能相互抵消,为保持该段梁不发生转动,在 m—m 截面上必然还存在一个位于纵向对称平面内的内力偶矩 M,由平衡方程

$$\sum M_C = 0, \quad -F_A x + F(x - a) + M_e + M = 0$$

可得

$$M = F_A x - F(x - a) - M_e$$

内力偶矩 M 使梁发生弯曲变形,故称为**弯矩**,它实际上是梁横截面上法向分布内力系的合力偶矩。

也可以取右段梁为研究对象,同样可求得 m—m 截面的剪力 F_S 和弯矩 M,如图 4.5(c)所

示。由作用力与反作用力原理可知,右段梁在 m—m 截面上的剪力 F_S 和弯矩 M 与左段梁在 m—m 截面上的剪力 F_S 和弯矩 M 数值相等,方向相反。

▶4.3.2 剪力和弯矩的符号规定

为了使左、右两段梁上得到同一截面上的剪力 F_S 和弯矩 M 不仅在数值上相等,而且正负号也相同,把剪力和弯矩的正负号规则与梁的变形联系起来,作如下规定:

1)剪力正负号的规定

在横截面 m—m 处,从梁中取出长为 dx 的微段,使微段梁两横截面间发生左上右下错动(或使微段梁发生顺时针方向转动)的剪力为正,反之为负,如图 4.6(a)所示。

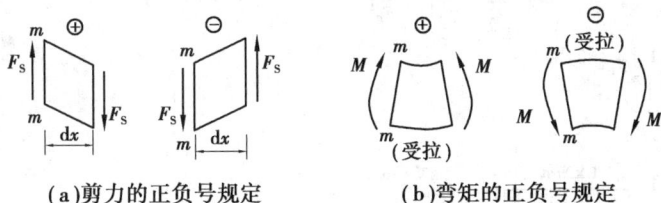

（a)剪力的正负号规定　　　（b)弯矩的正负号规定

图 4.6　剪力与弯矩的符号规定

2)弯矩正负号的规定

在横截面 m—m 处,从梁中取出长为 dx 的微段,使微段梁发生下凸上凹的弯曲变形(或使微段梁下侧纤维受拉)的弯矩为正,反之为负,如图 4.6(b)所示。

按上述符号规定,计算梁某截面内力时,无论取左段或右段,所得结果的数值与符号都是一样的。一般在计算时通常将剪力和弯矩假设成正方向,它的实际方向根据最后计算结果的正负号来确定。如果计算结果为正,说明内力的实际方向与假设方向一致,否则,说明内力的实际方向与假设方向相反。

▶4.3.3 用截面法求指定截面上的剪力和弯矩

梁指定截面上的剪力和弯矩,可用截面法求得,现举例说明如下:

【例 4.1】如图 4.7(a)所示简支梁,试计算 1—1、2—2 截面上的剪力和弯矩。

【解】①求支座反力。

设支座反力分别为 F_A、F_B,受力如图 4.7(b)所示。由平衡方程

$$\sum M_A = 0, \quad F_B \times 6\ \text{m} - 2\ \text{kN·m} - 1\ \text{kN/m} \times 2\ \text{m} \times 3\ \text{m} - 2\ \text{kN} \times 1\ \text{m} = 0$$

$$\sum F_y = 0, \quad F_A + F_B - 2\ \text{kN} - 1\ \text{kN/m} \times 2\ \text{m} = 0$$

解得　　　　　　　　　$F_A = 2.33\ \text{kN}(\uparrow), \quad F_B = 1.67\ \text{kN}(\uparrow)$。

F_A、F_B 均为正值,表明所设支座反力 F_A、F_B 的方向与实际方向一致。

②求指定截面上的剪力和弯矩。

a.1—1 截面。假想将梁在 1—1 截面处截成左、右两段,取左段梁为研究对象,设剪力

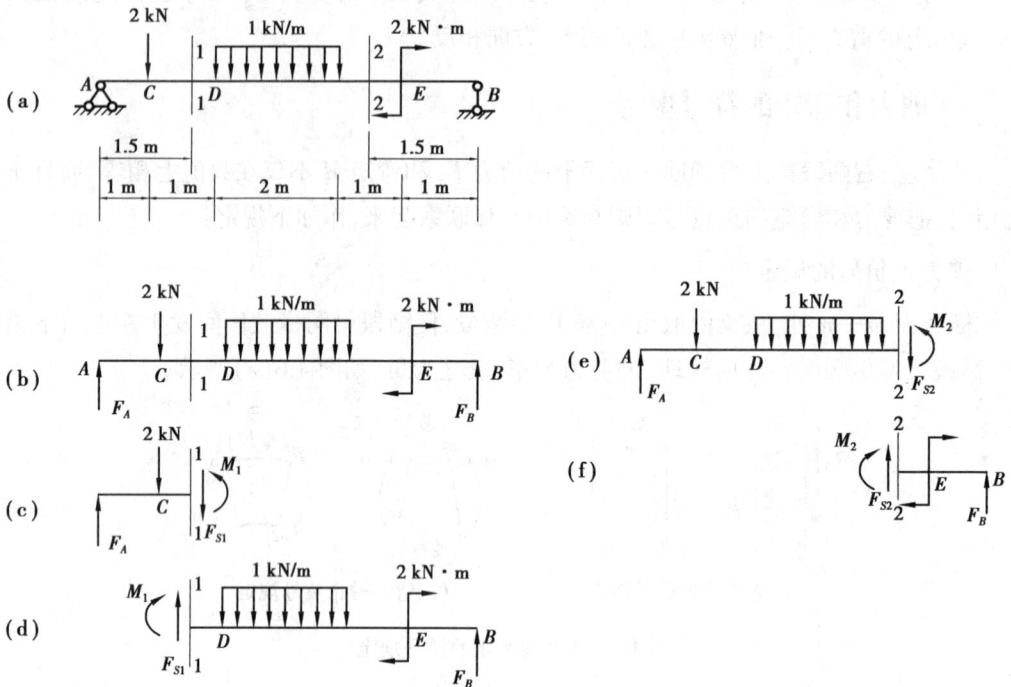

图 4.7 例 4.1 图

F_{S1}、弯矩 M_1 皆为正。由于整个梁处于平衡状态，左段也应保持平衡，作用于这段梁上的外力有集中力 2 kN 和支座反力 F_A，受力如图 4.7(c)所示。由平衡方程

$$\sum F_y = 0, \qquad F_A - 2\ \text{kN} - F_{S1} = 0$$

$$\sum M_{C1} = 0, \qquad -F_A \times 1.5\ \text{m} + 2\ \text{kN} \times 0.5\ \text{m} + M_1 = 0$$

解得

$$F_{S1} = 0.33\ \text{kN}, \qquad M_1 = 2.5\ \text{kN·m}$$

F_{S1}、M_1 均为正值，表明所设的剪力 F_{S1}、弯矩 M_1 的方向与实际方向一致。也可取右段梁计算，如图 4.7(d)所示所得结果相同。

b.2—2 截面。假想将梁在 2—2 截面处截成左、右两段，由于右段梁上受力较简单，故取右段梁为研究对象。设剪力 F_{S2}、弯矩 M_2 皆为正，受力如图 4.7(f)所示，由平衡方程

$$\sum F_y = 0, \qquad F_B + F_{S2} = 0$$

$$\sum M_{C2} = 0, \qquad F_B \times 1.5\ \text{m} - 2\ \text{kN·m} - M_2 = 0$$

解得

$$F_{S2} = -1.67\ \text{kN}, \qquad M_2 = 0.5\ \text{kN·m}$$

剪力 F_{S2} 为负值，表明所设的剪力 F_{S2} 的方向与实际方向相反。若取左段梁计算如图 4.7(e)所示，可得出相同的结果。

从上面例题的计算过程，可以总结出求梁某截面的剪力和弯矩的计算规律。

①梁内任一横截面上的剪力 F_S，在数值上等于该截面左侧（或右侧）梁上所有外力在垂直轴线方向上投影的代数和。

②梁内任一横截面上的弯矩 M，在数值上等于该截面左侧（或右侧）梁上所有外力（包括外力偶）对该截面形心的力矩的代数和。

采用上述规律计算截面内力时，外力方向与内力正负符号存在如下关系：

①确定剪力时，外力绕该截面顺时针转向取正，逆时针转向取负。即截面左侧梁段上向上的外力或右侧梁段向下的外力（即"左上右下"的外力）引起正的剪力；反之，引起负的剪力。

②确定弯矩时，截面左侧梁段上的外力（包括外力偶）对截面形心取矩为顺时针转向的，或右侧梁段上外力（包括外力偶）对截面形心取矩为逆时针转向的力矩（即"左顺右逆"的力矩）引起正弯矩；反之，引起负的弯矩。显然，无论左段梁还是右段梁，竖直向上的外力均引起正弯矩。

按照上述方法，可直接根据梁的受力条件计算出某一截面的剪力和弯矩，而不必将梁假想地截开画受力图。计算时，通常取外力比较简单的一侧。

4.4　梁的内力方程及内力图

一般情况下，梁横截面上的剪力和弯矩是随截面的位置变化而变化的。在梁的强度和刚度计算中，常常需要知道梁各截面上的内力随截面位置的变化规律，尤其是最大剪力和最大弯矩的数值及其所在截面位置。为了描述其变化规律，可以用坐标 x 表示横截面在梁轴线上的位置，将梁各截面上的剪力和弯矩表示为坐标 x 的函数，称为**剪力方程和弯矩方程**，即

$$F_S = F_S(x), \qquad M = M(x)$$

为了直观地表示剪力和弯矩沿梁轴线的变化规律，可将剪力方程与弯矩方程用图形表示，得到**剪力图**与**弯矩图**。

画剪力图和弯矩图的方法与画轴力图及扭矩图类似，取一平行于梁轴线的横坐标 x 表示横截面的位置，以纵坐标表示各对应横截面上的剪力和弯矩，画出剪力和弯矩与 x 的函数关系曲线。剪力图纵坐标向上为正，弯矩图纵坐标向下为正。

下面举例说明建立梁的剪力方程和弯矩方程以及绘制剪力图和弯矩图的基本方法。

【例 4.2】 如图 4.8（a）所示，简支梁 AB 受均布载荷 q 作用，试列出剪力方程和弯矩方程，并绘制剪力图和弯矩图。

【解】 ①求支座反力。

设支座反力分别为 F_A、F_B，梁的受力如图 4.8（b）所示。根据对称性知

$$F_B = F_A = \frac{ql}{2}(\uparrow)$$

②列剪力方程和弯矩方程。

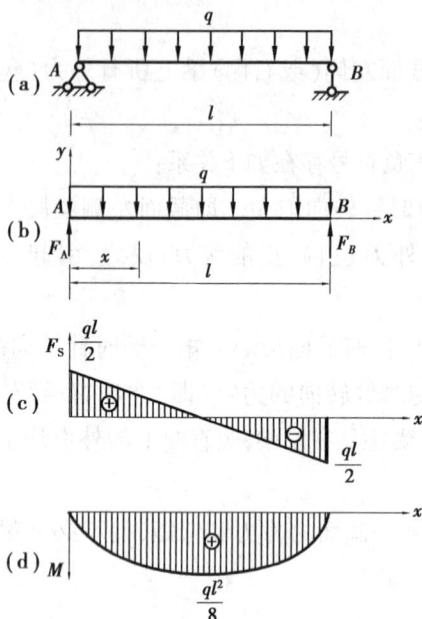

(a)

(b)

(c)

(d)

图 4.8 例 4.2 图

由于全梁受均布载荷的作用,所以用一个剪力方程和一个弯矩方程就可以反映整个梁的剪力和弯矩的变化规律。以梁的左端 A 为坐标原点,在距离左端为 x 的截面上的剪力和弯矩方程分别为

$$F_S(x) = \frac{ql}{2} - qx \qquad (0 < x < l) \qquad (a)$$

$$M(x) = \frac{ql}{2}x - \frac{q}{2}x^2 \qquad (0 \leq x \leq l) \qquad (b)$$

③绘制剪力图和弯矩图。

由式(a)可知,梁的剪力方程为 x 的一次函数,剪力图为一条斜直线。因此,只需确定线上两点,如 $x=0$ 处 $F_S = \frac{ql}{2}$,$x=l$ 处 $F_S = \frac{ql}{2}$,连接这两点便可得到图 4.8(c)所示的剪力图。

由式(b)可知,梁的弯矩方程为 x 的二次函数,弯矩图为一条抛物线。绘抛物线需确定三点,如 $x=0$ 处 $M=0$,$x=l$ 处 $M=0$。令 $\frac{\mathrm{d}M(x)}{\mathrm{d}x} = \frac{ql}{2} - qx = 0$,可确定抛物线顶点在 $x = \frac{l}{2}$ 处,其值为 $M_{\max} = \frac{ql^2}{8}$,根据这三点便可绘出图 4.8(d)所示的弯矩图。

④确定最大内力值。

从剪力和弯矩图可以看出,梁在靠近两支座处横截面上的剪力值为最大,$|F_S(x)|_{\max} = \frac{ql}{2}(0<x<l)$;在梁的跨中截面上的弯矩值为最大,$|M(x)|_{\max} = \frac{ql^2}{8}$,而在该截面上的剪力为 0。

【例 4.3】如图 4.9(a)所示,简支梁 AB 受集中载荷 F 作用,试列出剪力方程和弯矩方程,绘制剪力图和弯矩图,并确定最大内力值。

【解】①求支座反力。

根据平衡方程求得支座反力 F_A、F_B 分别为 $F_A = \frac{Fb}{l}$ ($\uparrow$),$F_B = \frac{Fa}{l}$ ($\uparrow$),并将它们标注在梁上。梁的受力如图 4.9(b)所示。

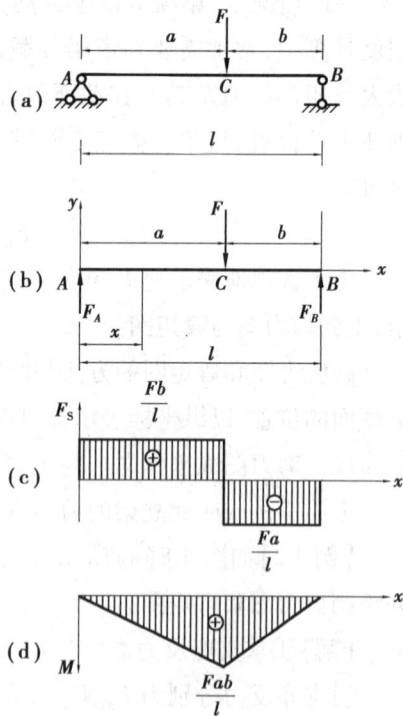

(a)

(b)

(c)

(d)

图 4.9 例 4.3 图

②列剪力方程和弯矩方程。

由于集中力 F 作用在梁上 C 点,在其两侧的梁段,剪力或弯矩方程不能用一个方程表示,需将梁分成 AC 和 CB 梁段,分别写出其剪力和弯矩方程。

AC 段:

$$F_S(x) = \frac{Fb}{l} \qquad (0 < x < a) \qquad\qquad (c)$$

$$M(x) = \frac{Fb}{l}x \qquad (0 \leq x \leq a) \qquad\qquad (d)$$

CB 段:

$$F_S(x) = -\frac{Fa}{l} \qquad (a < x < l) \qquad\qquad (e)$$

$$M(x) = \frac{Fa}{l}(l - x) \qquad (a \leq x \leq l) \qquad\qquad (f)$$

③绘制剪力图和弯矩图。

根据上述式(c)、(e)可知,左、右两段梁的剪力图各为一条平行于 x 轴的直线。由式(d)、(f)可知,左、右梁段梁的弯矩图各为一条斜直线。根据这些方程绘出的剪力图和弯矩图如图4.9(c)、(d)所示。

④确定最大内力值。

从图4.9(c)、(d)中可以看出,当 $a>b$ 时,CB 段梁任意截面上的剪力值为最大,$|F_S(x)|_{\max}=\dfrac{Fa}{l}(0<x<a)$;而集中载荷作用处横截面上的弯矩值为最大,$|M(x)|_{\max}=\dfrac{Fab}{l}$;当 $a=b=\dfrac{l}{2}$ 时,$|F_S(x)|_{\max}=\dfrac{F}{2}$,$|M(x)|_{\max}=\dfrac{Fl}{4}$。

从上述例题的内力图中看到在集中力作用处剪力图有突变,突变值就等于对应集中力的大小,而弯矩图有转折。

【例4.4】如图4.10(a)所示,简支梁 AB 承受集中力偶 M_e 作用,试列出剪力方程和弯矩方程,绘制剪力图和弯矩图,并确定最大内力值。

【解】①求支座反力。

根据平衡方程计算出梁的支座反力分别为 $F_A = \dfrac{M_e}{l}(\uparrow)$,$F_B = \dfrac{M_e}{l}(\downarrow)$,并将它们标注在梁上,梁的受力如图4.10(b)所示。

②列剪力方程和弯矩方程。

由于有力偶矩 M_e 作用,应分 AC、CB 段列出弯矩方程。

AC 段:

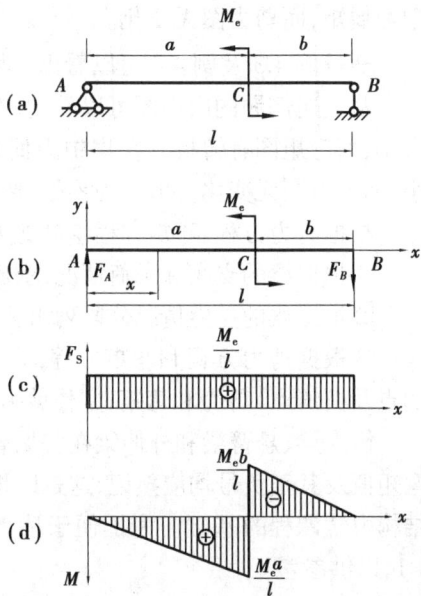

图4.10 例4.4图

$$F_S(x) = F_A = \frac{M_e}{l} \qquad (0 < x \leq a) \tag{g}$$

$$M(x) = F_A x = \frac{M_e}{l}x \qquad (0 \leq x < a) \tag{h}$$

CB 段:

$$F_S(x) = F_A = \frac{M_e}{l} \qquad (a \leq x < l) \tag{i}$$

$$M(x) = F_A x - M_e = \frac{M_e}{l}(x - l) \qquad (a < x \leq l) \tag{j}$$

③绘制剪力图和弯矩图。

根据式(g)、(i)可知,两段梁的剪力相等,因此剪力图为一条平行于 x 轴的直线。由式(h)、(j)可知,左、右梁段梁的弯矩图各为一条斜直线。根据这些方程绘出的剪力图和弯矩图如图 4.10(c)、(d)所示。

④确定最大内力值。

从图 4.10(c)、(d)中可以看出,梁任意截面上的剪力值相等,$|F_S(x)|_{max} = \frac{M_e}{l}$;当 $a > b$ 时,绝对值最大的弯矩发生在集中力偶作用处左侧的截面上,$|M(x)|_{max} = \frac{M_e a}{l}$,当 $a < b$ 时,绝对值最大的弯矩发生在集中力偶作用处右侧的截面上,$|M(x)|_{max} = \frac{M_e b}{l}$。

从上述例题的内力图中看到,在力偶矩作用处弯矩图发生突变,突变值就等于对应的集中力偶矩,而剪力图无变化。

通过例 4.3 及例 4.4 可以看出,梁上有不连续载荷作用时应分段写剪力和弯矩方程。

从上述例题的内力图可以看到,在集中力作用处剪力图发生突变,变化值等于集中力的大小,而弯矩图有转折。在集中力偶作用处,弯矩图发生突变,突变值就等于集中力偶的大小,而剪力图无变化。剪力为零处,弯矩取得极值。

根据剪力方程、弯矩方程绘制剪力图、弯矩图的步骤如下:
①根据梁的支座和载荷情况,求出梁的支座反力;
②根据梁的受力情况分段列出剪力方程和弯矩方程;
③根据剪力方程和弯矩方程,分别求出各段控制截面处(包括梁的端点、断点、剪力为零的点及极值点)剪力和弯矩,并作剪力图和弯矩图。

简支梁、悬臂梁和外伸梁在常见载荷作用下的剪力图和弯矩图的形状、最大剪力值、最大弯矩值及其正负号均应熟记,这是即将学习的"用叠加法绘制弯矩图"的基础,也是今后学习结构力学课程的基础。为了便于读者复习、记忆和查阅,将常见静定梁的内力图汇总为表 4.1,以供参考。

表 4.1　常见静定梁内力图

一、简支梁			
计算简图	q，A，B，l	q_0，A，B，l	a，F，b，A，B，l
剪力图	$\dfrac{ql}{2}$，$\dfrac{l}{2}$，$\dfrac{ql}{2}$	$\dfrac{q_0 l}{6}$，$\dfrac{l}{\sqrt{3}}$，$\dfrac{q_0 l}{3}$	$\dfrac{Fb}{l}$，$\dfrac{Fa}{l}$
弯矩图	$\dfrac{1}{8}ql^2$	$\dfrac{1}{9\sqrt{3}}q_0 l^2$	$\dfrac{Fab}{l}$
计算简图	F，A，B，$l/2$，$l/2$	a，b，M_e，A，B，l	M_e，A，B，l
剪力图	$\dfrac{F}{2}$，$\dfrac{F}{2}$	$\dfrac{M_e}{l}$	$\dfrac{M_e}{l}$
弯矩图	$\dfrac{Fl}{4}$	$\dfrac{M_e a}{l}$，$\dfrac{M_e b}{l}$	M_e
二、悬臂梁			
计算简图	F，A，l	q，l	q_0，l	M_e，A，l

续表

	二、悬臂梁			
剪力图	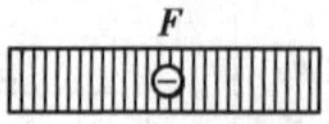 F $\ominus$	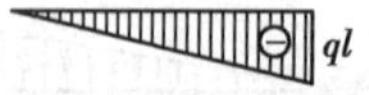 $\ominus$ ql	 $\ominus$ $\dfrac{1}{2}q_0l$	
弯矩图	 $\ominus$ Fl	 $\ominus$ $\dfrac{1}{2}ql^2$	 $\ominus$ $\dfrac{1}{6}q_0l^2$	 $\ominus$ M_e
	三、外伸梁			
计算简图	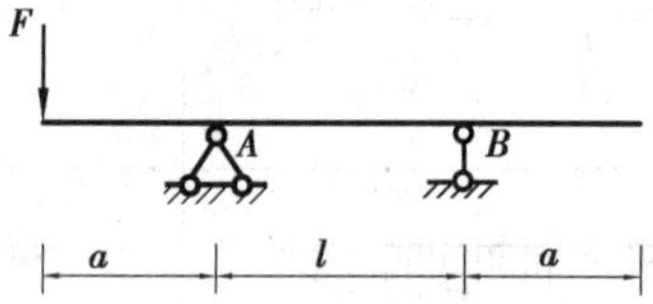 F A B a l a		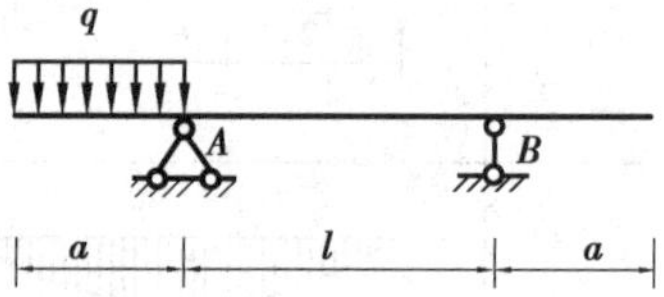 q A B a l a	
剪力图	$\ominus$ F $\oplus$ $\dfrac{Fa}{l}$		$\ominus$ qa $\oplus$ $\dfrac{qa^2}{2l}$	
弯矩图	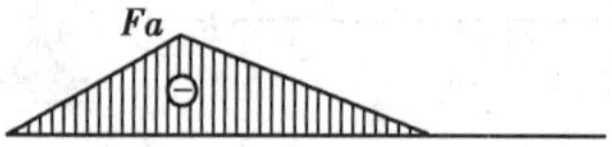 Fa $\ominus$		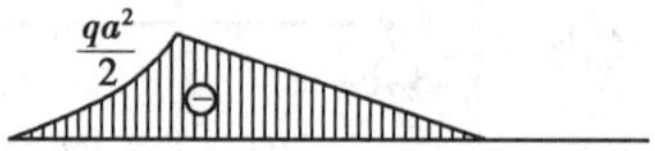 $\dfrac{qa^2}{2}$ $\ominus$	

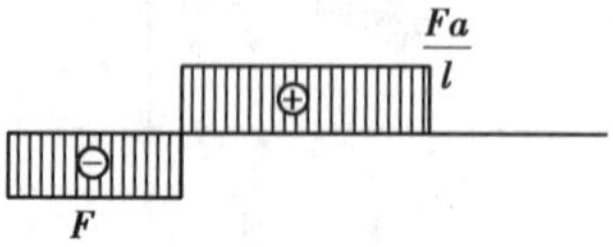

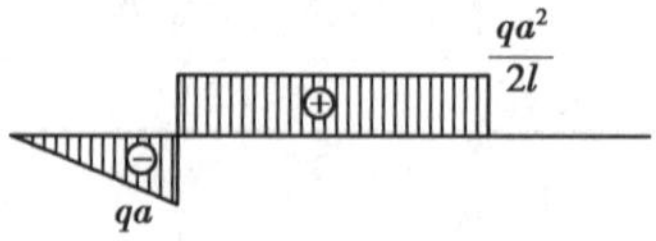

4.5 剪力、弯矩与载荷集度的关系及其应用

由于梁的内力是由作用在梁上的载荷引起的,它们必然会存在一定的关系。上节讨论了绘制内力图的最基本的方法,从例题中可以看到,当梁段上的分布载荷集度为零时,则该段梁上的剪力图为一水平直线,弯矩图为一斜直线;当梁段上的分布载荷集度为常数时,则该段梁上的剪力图为一斜直线,弯矩图为二次曲线,且梁段某截面的剪力为零时,该截面的弯矩取得极值,这些关系是普遍存在的。本节所讨论的就是利用剪力、弯矩与载荷集度的微积分关系来绘制内力图。

▶4.5.1 剪力、弯矩与载荷集度的微分关系

图 4.11(a)所示的简支梁上作用了分布载荷 $q(x)$。分布载荷 $q(x)$ 以向上为正、向下为负。以轴线为 x 轴,梁的左端点 A 为坐标轴 x 的原点,在距 A 点为 x 处取长度为 dx 的微段,dx 微段上仅承受向上的分布载荷 $q(x)$ 作用。由于 dx 为微量,故可认为 $q(x)$ 在微段 dx 上是均匀分布的。设 x 截面上的剪力和弯矩分别为 $F_S(x)$、$M(x)$,坐标为 $x+dx$ 截面上的剪力和弯矩分别为 $F_S(x)+dF_S(x)$ 和 $M(x)+dM(x)$,并假设都是正剪力和正弯矩,微段受力如图 4.11(b)所示。

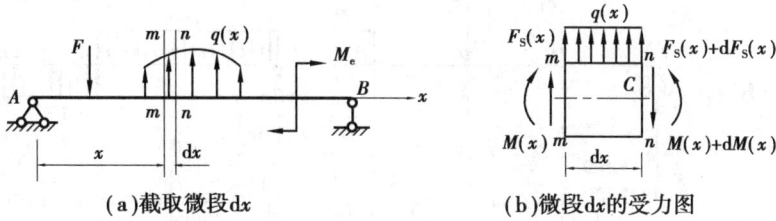

(a)截取微段dx   (b)微段dx的受力图

图4.11　剪力、弯矩与载荷集度的微分关系

对微段 dx 列平衡方程,由

$$\sum F_y = 0, \qquad F_S(x) + q(x)dx - [F_S(x) + dF_S(x)] = 0$$

得

$$\frac{dF_S(x)}{dx} = q(x) \tag{4.1}$$

即剪力 $F_S(x)$ 对截面位置坐标 x 的一阶导数等于梁上相应截面处分布载荷集度 $q(x)$。

对右边横截面形心 C 取矩,由力矩平衡方程

$$\sum M_C = 0, \qquad -M(x) - F_S(x)dx - q(x)dx \cdot \frac{dx}{2} + [M(x) + dM(x)] = 0$$

略去二阶微量 $q(x)\frac{(dx)^2}{2}$,可得

$$\frac{dM(x)}{dx} = F_S(x) \tag{4.2}$$

即弯矩 $M(x)$ 的一阶导数等于梁上相应横截面上的剪力 $F_S(x)$。

将式(4.2)代入式(4.1),又可以得到

$$\frac{d^2M(x)}{dx^2} = \frac{dF_S(x)}{dx} = q(x) \tag{4.3}$$

即弯矩 $M(x)$ 的二阶导数等于梁上相应截面处分布载荷集度 $q(x)$。

式(4.1)—式(4.3)即为剪力 $F_S(x)$、弯矩 $M(x)$、载荷集度 $q(x)$ 之间的微分关系。

▶4.5.2　常见载荷下梁的剪力图和弯矩图的特征

根据弯矩 $M(x)$、剪力 $F_S(x)$、载荷集度 $q(x)$ 之间的微分关系,可以得出剪力图、弯矩图与载荷集度三者之间的规律。现结合图4.12所示梁的受力情况,将常见载荷作用下剪力图和弯矩图的特征归纳如下:

①当梁段上无载荷($q=0$)作用时,由 $\frac{dF_S(x)}{dx}=q(x)$ 可知剪力 F_S 为常数,剪力图为平行于轴线的直线;由 $\frac{d^2M(x)}{dx^2}=\frac{dF_S(x)}{dx}=q(x)$ 可知弯矩为一次函数,弯矩图为一条斜直线,斜率为剪力 F_S。如图4.12中的 AB、CD、DE 段。特殊情况下 $F_S=0$,弯矩图为一条平行于轴线的直线,如图4.12中的 BC 段。

②当 q 为常数时,由 $\frac{dF_S(x)}{dx}=q(x)$ 可知剪力为一次函数,剪力图为一条斜直线,斜率为载

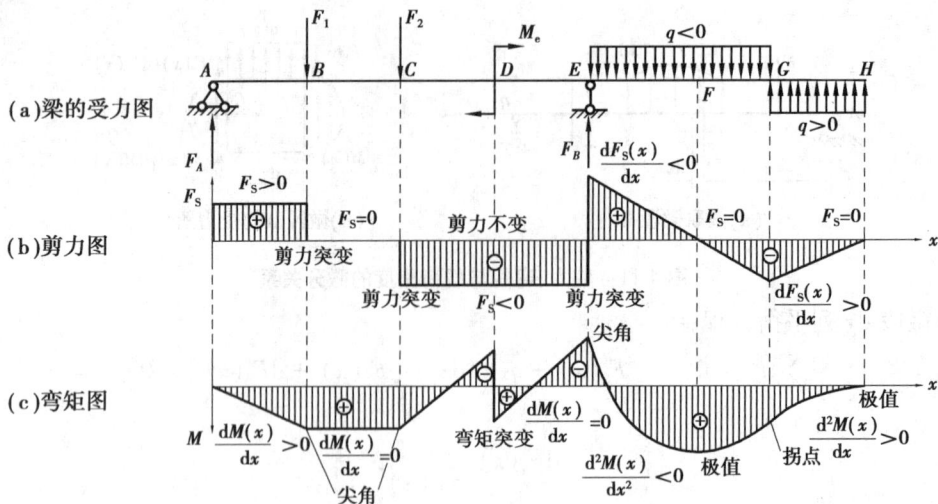

图 4.12　常见载荷作用下剪力图和弯矩图的特征

荷集度 q；由 $\dfrac{d^2 M(x)}{dx^2} = \dfrac{dF_S(x)}{dx} = q(x)$ 可知弯矩为二次函数，弯矩图为一条二次抛物线。如图 4.12 中的 EG、GH 段。

③抛物线的开口方向与分布载荷的方向相反，在且剪力 $F_S = 0$ 处，弯矩斜率为零，该处的弯矩取得极值，如图 4.12 中的 F 截面。

④在集中力偶作用处，弯矩图有突变，突变值即为该处集中力偶的力偶矩，但剪力图无变化，如图 4.12 中的 D 截面。

⑤在集中力作用处，剪力图有突变，突变之值即为该处集中力的大小，此时弯矩图的斜率也发生突变，因而弯矩图在此处有转折，如图 4.12 中的 A、B、C、E 截面。

利用微分关系绘制直梁的剪力图、弯矩图的步骤如下：

①求支座反力。

②确定控制截面，将梁进行分段。梁的端截面、集中力、集中力偶的作用截面、分布载荷的起止截面、弯矩的极值点所在截面都是梁分段时的控制截面。

③求控制截面的剪力值、弯矩值。

④由各梁段上的载荷情况，根据载荷与内力图之间的规律确定其对应的剪力图和弯矩图的形状，逐段连线作图。

▶4.5.3　弯矩、剪力与载荷集度的积分关系

在研究剪力、弯矩和分布载荷集度之间的微分关系时，发现集中力会引起剪力突变，而集中力偶会引起弯矩发生突变，因而将研究的区段限于没有集中力和集中力偶作用的区段。若 $[x_1, x_2]$ 是这种区段，在此区段上将式(4.1)式(4.2)积分，可得

$$F_S(x_2) - F_S(x_1) = \int_{x_1}^{x_2} q(x) \cdot dx \qquad (4.4)$$

$$M(x_2) - M(x_1) = \int_{x_1}^{x_2} F_S(x) \cdot dx \qquad (4.5)$$

式(4.4)和式(4.5)表明：

①剪力图上任意两截面上剪力之差,等于分布载荷曲线在$[x_1,x_2]$区间与x轴线围成的面积。注意,围成的面积是分正、负的,当$q(x)$向上时取正值,向下时取负值。

②弯矩图上任意两截面上弯矩之差,等于剪力曲线在$[x_1,x_2]$区间与x轴线围成的面积。

突变关系、微分关系和积分关系是剪力和弯矩必须满足的关系,有助于正确绘制剪力图和弯矩图。下面通过例题说明使用上述微分、积分关系直接绘制剪力图、弯矩图。

【例4.5】利用微分关系作图4.13(a)所示外伸梁的内力图。

【解】①求支座反力。

设支座反力分别为F_A、F_B,根据平衡方程求得$F_A = 35\ kN(\uparrow)$,$F_B = 15\ kN(\downarrow)$。梁的受力如图4.13(b)所示。

②根据梁上载荷及支座情况,将梁分为CA、AD、DB三段。

③判断剪力图和弯矩图的形状。

CA段梁上有均布载荷,且$q = 20\ kN/m$,则剪力图为一条斜直线,弯矩图为一条二次抛物线;AD段和DB段梁上无分布载荷,剪力图为一条水平直线,弯矩图为斜直线。

④计算控制截面的剪力F_S和弯矩M。

C截面:C截面是梁的端截面,其$F_{SC} = 0$,$M_C = 0$

A截面:由于A截面上作用了支座反力F_A,该处的剪力要发生突变,因此需要分别计算无限靠近A截面的左右两侧截面上的剪力F_{SA-}和F_{SA+}。

$$F_{SA-} = -q \times 1\ m = -20\ kN$$

$$F_{SA+} = -q \times 1\ m + F_A = 15\ kN$$

$$M_A = -q \times 1\ m \times 0.5\ m = -10\ kN \cdot m$$

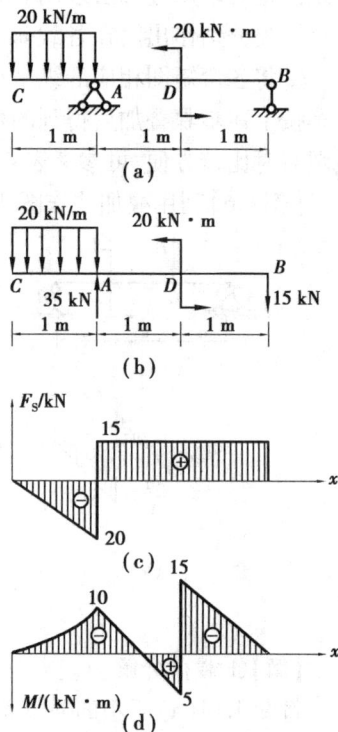

图4.13 例4.5图

D截面:由于D截面上作用了集中力偶,该处的弯矩要发生突变,因此需要分别计算无限靠近D截面的左右两侧截面上的弯矩。

$$F_{SD} = F_B = 15\ kN$$

$$M_{D-} = 20\ kN \cdot m - F_B \times 1\ m = 5\ kN \cdot m$$

$$M_{D+} = -F_B \times 1\ m = -15\ kN \cdot m$$

B截面:

$$F_{SB-} = F_B = 15\ kN, \qquad F_{SB+} = 0, \qquad M_B = 0$$

⑤逐段绘制内力图。

根据各段梁剪力图和弯矩图的形状,逐段连线作图。整个梁的剪力图和弯矩图如图4.13(c)、(d)所示。

4.6 用叠加法绘制弯矩图

在线弹性范围内、小变形条件下,梁横截面的内力为各载荷的线性函数,即梁在几个载荷共同作用下产生的内力等于各载荷单独作用产生的内力的代数和,这就是**叠加原理**。利用叠加原理所做的分析计算方法称为**叠加法**。根据叠加原理,梁的弯矩可以用叠加法计算,因而弯矩图也可以用叠加法绘制。利用叠加法作梁的弯矩图的步骤为:

①先分别作出梁在各载荷单独作用下的弯矩图;

②将各弯矩图相应的纵坐标进行代数叠加。

按上述步骤叠加后得到的弯矩图便是梁在所有载荷作用下的弯矩图。用叠加法绘制弯矩图有时比较方便,可参考表 4.1 所列的梁在简单载荷下的弯矩图。

【例 4.6】利用叠加法作图 4.14(a)所示简支梁的弯矩图。

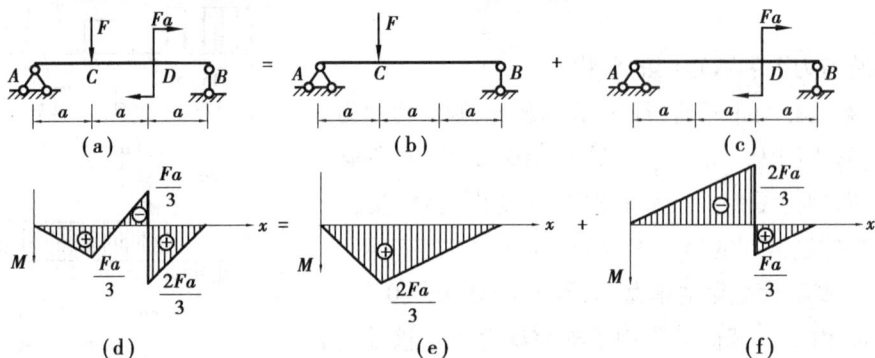

图 4.14 例 4.6 图

【解】①载荷分解。

将图 4.14(a)所示的简支梁分解为单独受集中力 F 和集中力偶 Fa 作用的两个简支梁,如图 4.14(b)、(c)所示。

②绘制各载荷单独作用下的弯矩图。

分别绘制出单独受集中力 F 和集中力偶 Fa 作用下梁的弯矩图,如图 4.14(e)和(f)所示。

③叠加弯矩图。

将图 4.14(e)和(f)对应的纵坐标进行代数叠加,这样图形叠加的部分正、负弯矩值互相抵消,而剩下不重叠的部分即为所求的总弯矩图,如图 4.14(d)所示。

叠加法绘制弯矩图是将各个载荷单独作用下弯矩图中对应截面的弯矩纵坐标代数的叠加,而不是弯矩图简单的拼合。

4.7 平面刚架的弯矩图

在工程中,常常遇到由若干杆件组成的结构,如液压机机身、钻床,房屋建筑中梁和柱构成的结构。在结点处,梁和柱的截面不能发生相对转动,或者说,在结点处,相连杆件间的夹角在受力时不改变,这样的结点称为**刚结点**,具有刚结点的结构称为**刚架**。如图 4.15 所示钻铣床,横杆 *AB* 与竖杆 *BC* 连接处的刚性很大,在受力时可视为不变形,即为刚结点。如果组成刚架的各杆的轴线都位于同一平面内称为**平面刚架**。刚架任意横截面上的内力,一般有轴力、剪力和弯矩。如果刚架的支座反力和内力均能由静力平衡方程确定的刚架称为**静定刚架**。

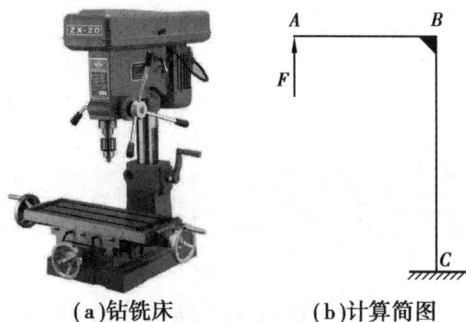

(a)钻铣床　　　　(b)计算简图

图 4.15　刚架的工程实例

刚架是由不同取向的杆件组成,但计算模型简图与梁的类似,求解平面**刚架**内力图的步骤与前述也基本相同,但又有些新的约定:

①弯矩不再规定正负号,习惯上将弯矩绘制在各杆纵向纤维受拉的一侧,可不注明正负号;

②剪力图及轴力图可画在刚架杆轴线的任一侧(通常正值绘制在刚架的外侧),须注明正负号。

【例 4.7】试绘制如图 4.16(a)所示刚架的弯矩图。

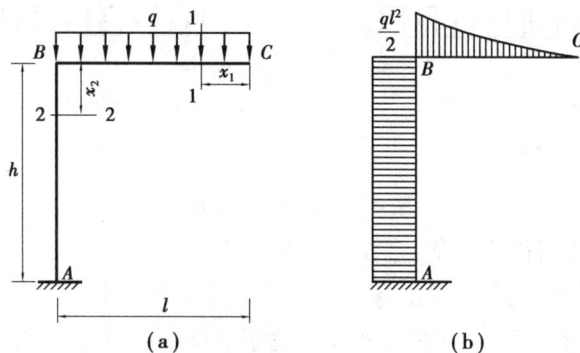

(a)　　　　　　　　　　(b)

图 4.16　例 4.7 图

【解】计算内力时,一般应先求刚架的支座反力。本题由于 *C* 端为自由端,可由自由端截取梁段研究,故不必求支座反力。

①分段列弯矩方程。

BC 段:在横杆 *BC* 段范围内,把坐标原点取在 *C* 点,并用 1—1 截面以右的外力来计算弯矩,得

$$M(x_1) = \frac{1}{2}qx_1^2 \qquad (0 \le x_1 \le l)$$

AB 段:在竖杆 *AB* 段的范围内,把坐标原点放在 *B* 点,并用截面 2—2 以上的外力来计算弯矩,得

$$M(x_2) = \frac{1}{2}ql^2 \qquad (0 \leqslant x_2 < h)$$

②绘制弯矩图。

BC 段弯矩为二次函数,$M_C = 0$,$M_B = \dfrac{ql^2}{2}$。*AB* 段弯矩为常数。刚架的弯矩图如图 4.16(b)所示。

思考题

4.1 什么是平面弯曲? 平面弯曲时的载荷要满足什么条件?

4.2 在什么情况下需要分段写剪力方程和弯矩方程?

4.3 在集中力、集中力偶作用面的两侧,内力有何变化?

4.4 当选择不同的坐标原点时,剪力方程、弯矩方程有无不同之处? 对剪力图、弯矩图是否有影响?

4.5 (1)图 4.17(a)所示梁中,*AC* 段和 *CB* 段剪力图图线的斜率是否相同? 为什么?

(2)图 4.17(b)所示梁的集中力偶作用处,左右两段弯矩图图线的斜率是否相同?

(3)如何确定弯矩图的抛物线开口方向?

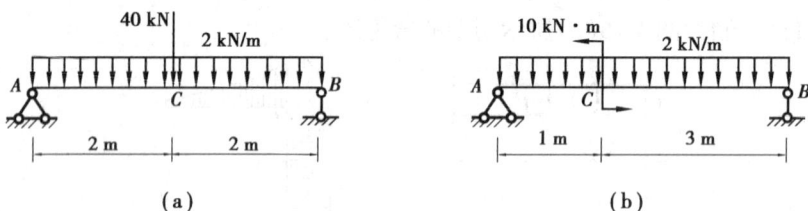

图 4.17 思考题 4.5 图

4.6 在哪些截面上可能出现 $F_{S,\max}$,$F_{S,\min}$,$M_{\max}$,$M_{\min}$?

4.7 什么是叠加法? 用叠加法求弯曲内力的必要条件是什么?

4.8 如图 4.18 所示,梁上行驶的小车每个轮子对梁的压力均为 *F*,小车轮距为 *a*,梁的跨度为 *l*。问小车在什么位置时梁内的弯矩最大? 其最大弯矩等于多少? 最大弯矩的作用截面在何处?

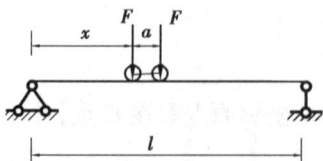

图 4.18 思考题 4.8 图

习 题

4.1 设 F、q、a 均已知,求如图 4.19 所示各梁指定截面(1—1、2—2、3—3)上的剪力和弯矩。这些截面无限接近于截面 A、B、C 或 D。

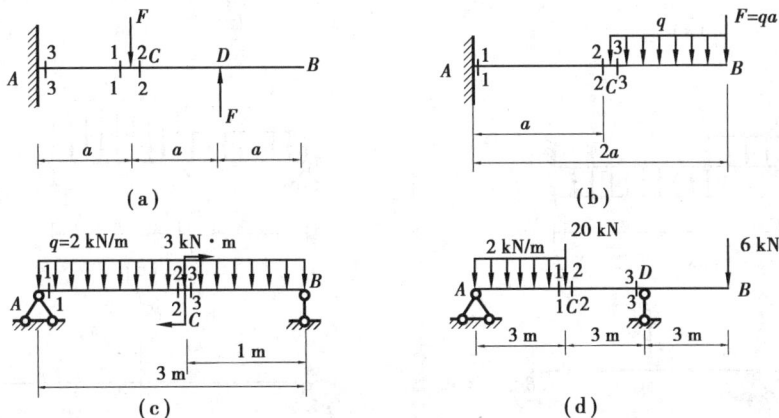

图 4.19 习题 4.1 图

4.2 写出如图 4.20 所示各梁的剪力方程和弯矩方程,绘制对应的剪力图和弯矩图,并确定最大剪力和最大弯矩所在截面。

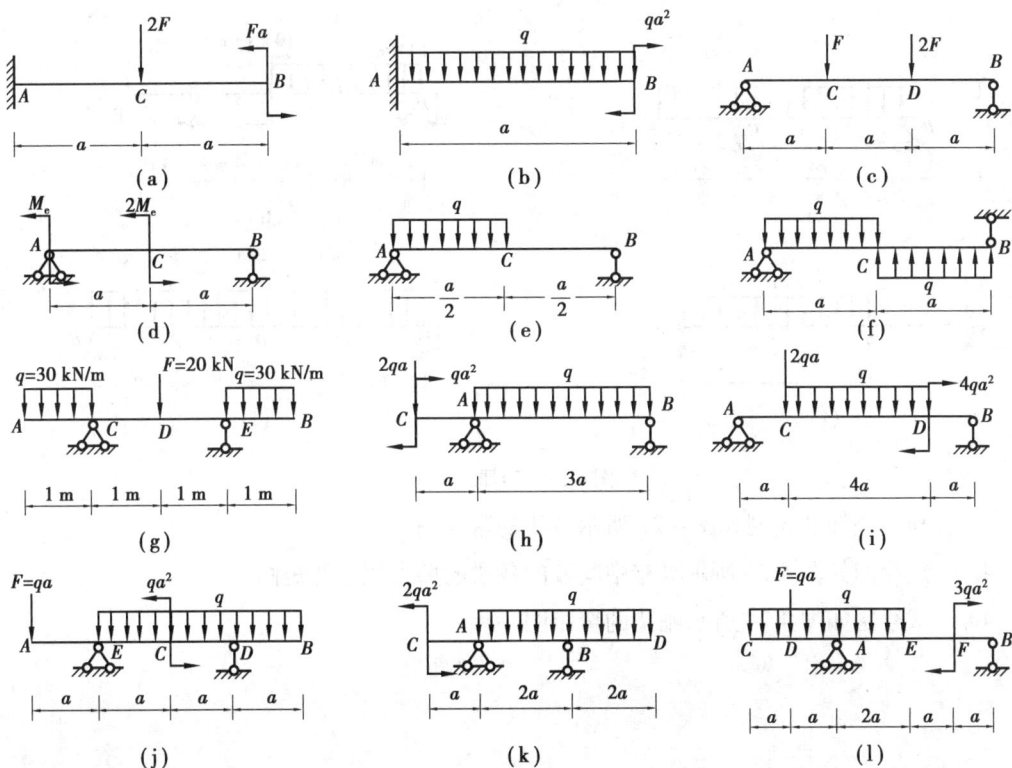

图 4.20 习题 4.2 图

4.3　利用弯矩、剪力、载荷集度之间的微分关系绘制如图 4.21 所示各梁内力图。

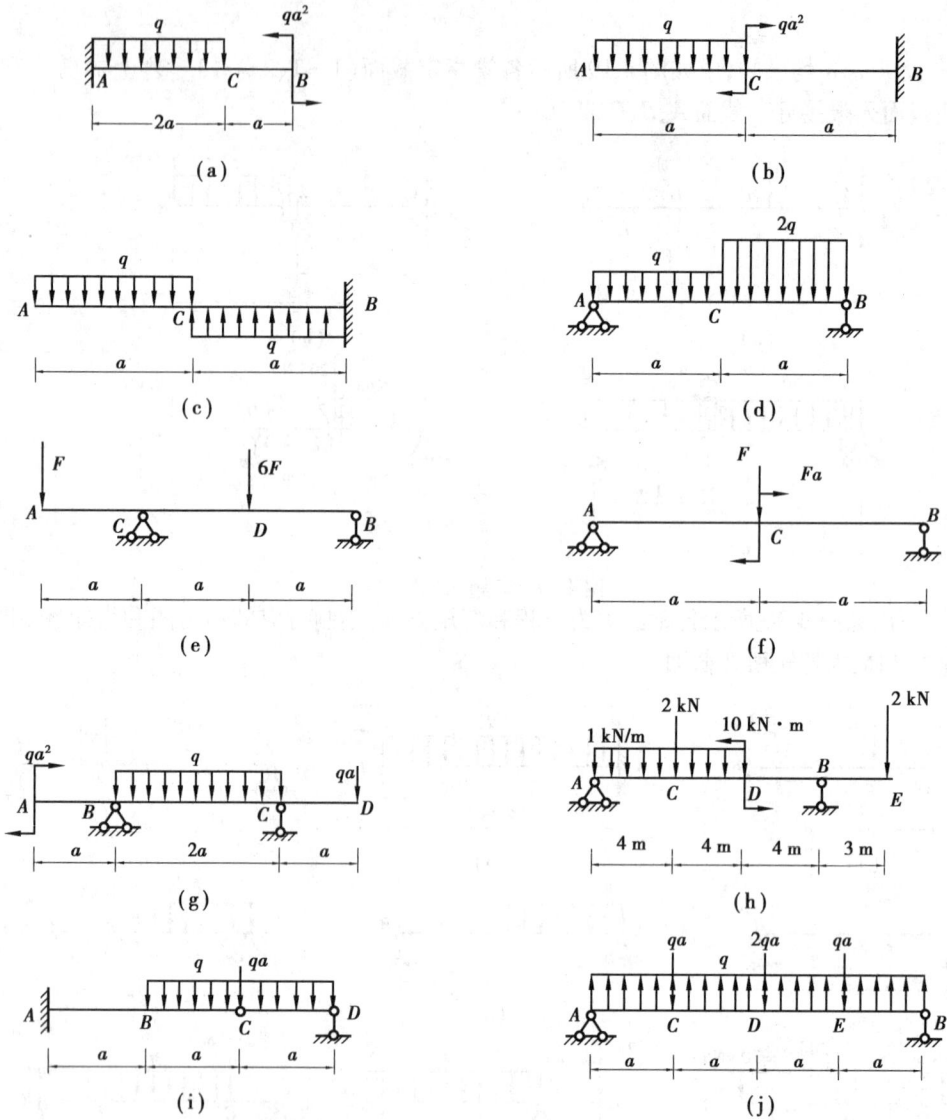

(a)

(b)

(c)

(d)

(e)

(f)

(g)

(h)

(i)

(j)

图 4.21　习题 4.3 图

4.4　利用叠加法绘制如图 4.22 所示各梁的弯矩图。

4.5　试绘制如图 4.23 所示具有中间铰的各梁的剪力图和弯矩图。

4.6　试绘制如图 4.24 所示刚架的弯矩图。

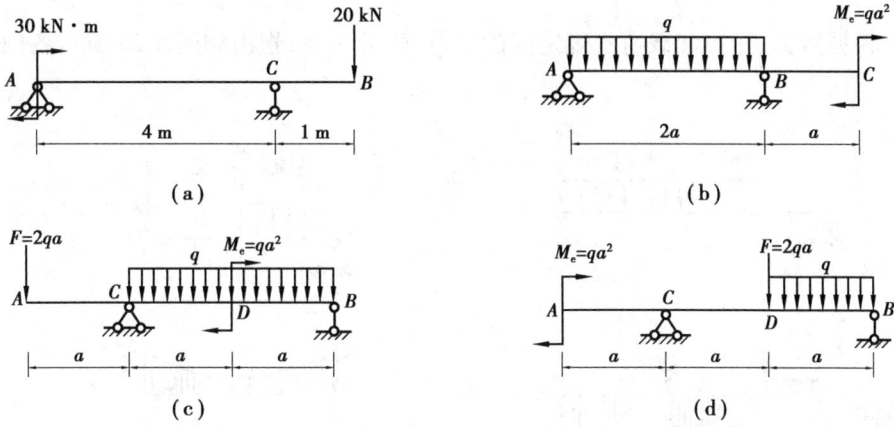

图 4.22　习题 4.4 图

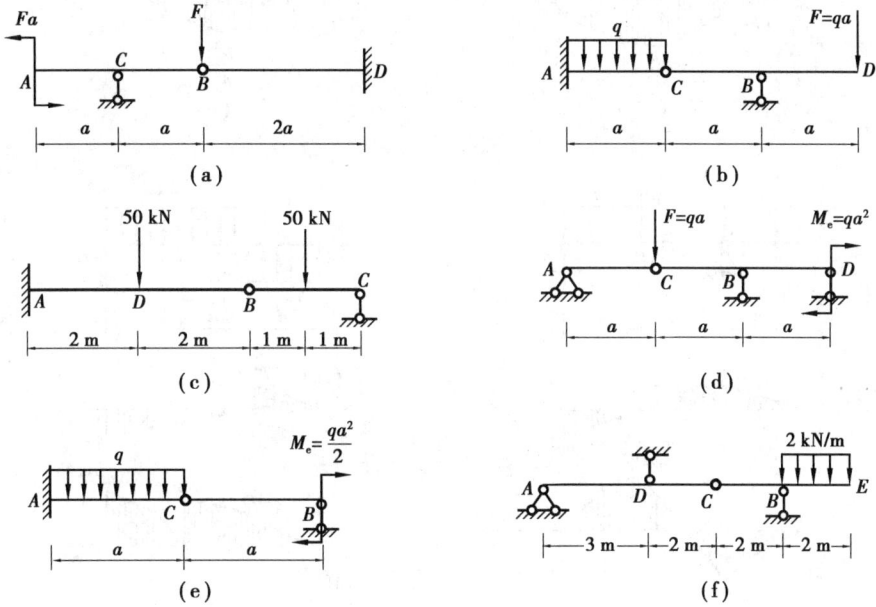

图 4.23　习题 4.5 图

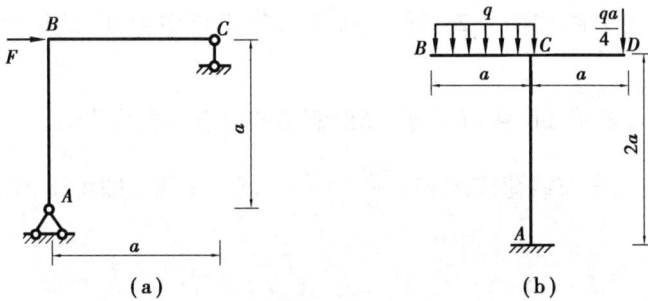

图 4.24　习题 4.6 图

4.7 根据剪力、弯矩和载荷集度之间的微分、积分关系,指出如图 4.25 所示各内力图的错误。

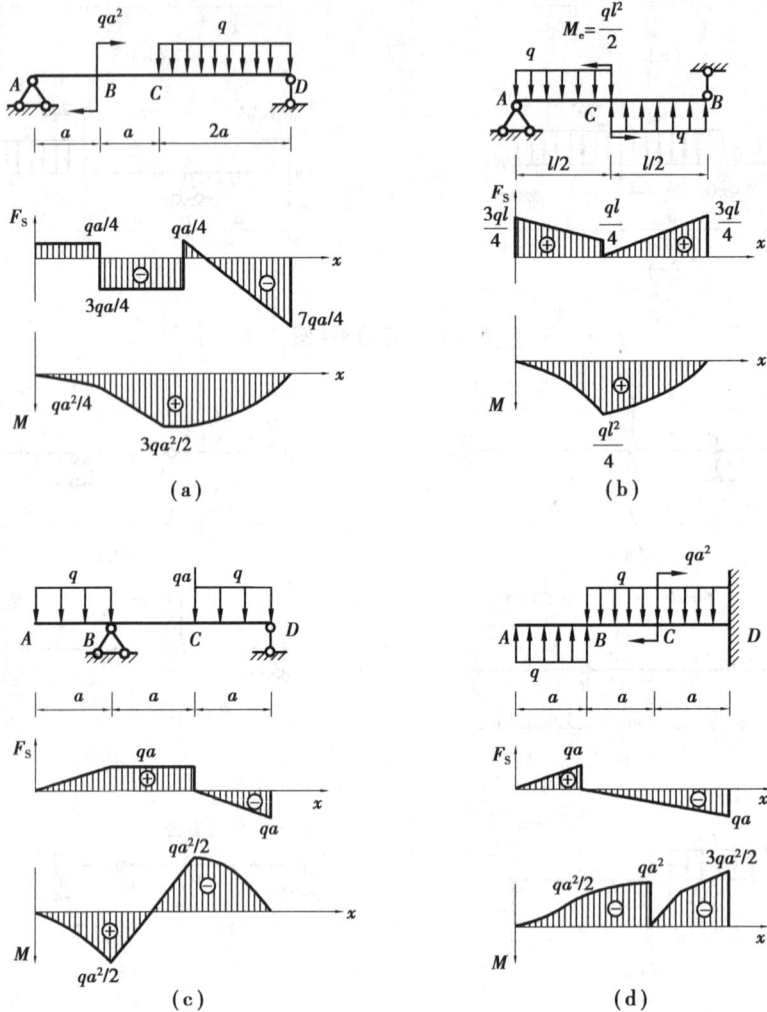

图 4.25 习题 4.7 图

4.8 已知梁的剪力图如图 4.26 所示,梁上未作用集中力偶,试绘制梁的弯矩图和载荷图。

4.9 已知梁的弯矩图如图 4.27 所示,试绘制梁的剪力图和载荷图。

4.10 简支梁上的分布载荷按 $q(x) = \dfrac{4qx}{l}\left(1 - \dfrac{x}{l}\right)$ 规律变化如图 4.28 所示,试绘制剪力图、弯矩图。

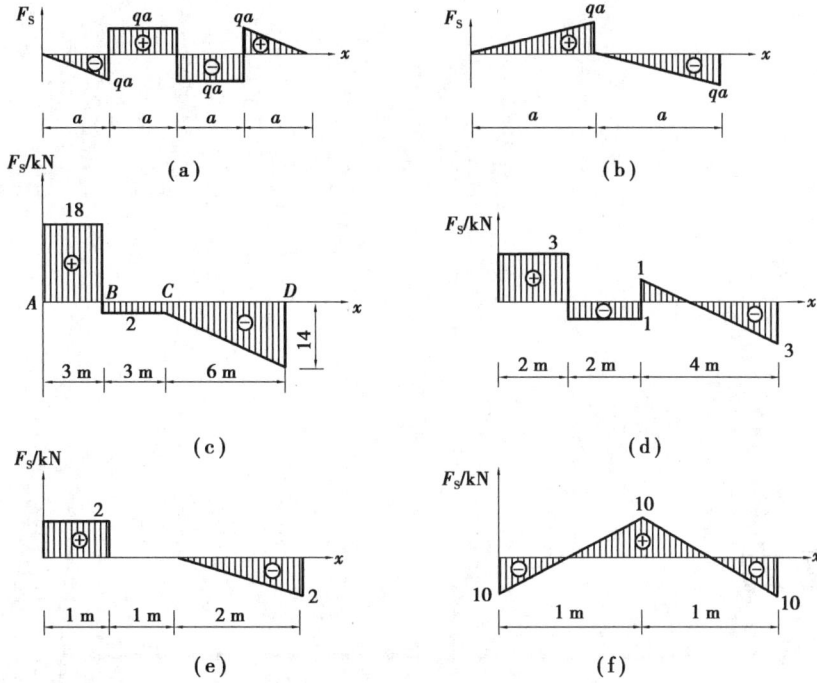

图 4.26 习题 4.8 图

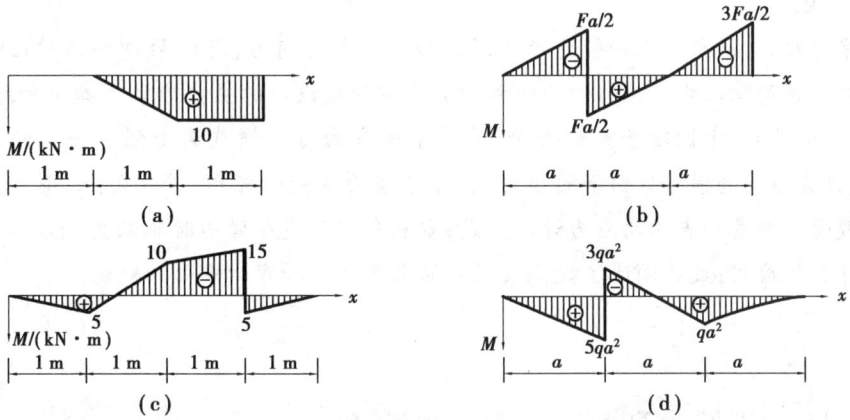

图 4.27 习题 4.9 图

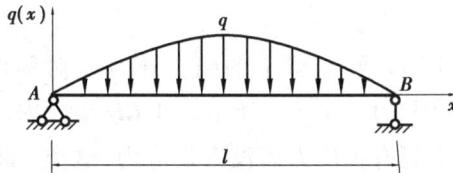

图 4.28 习题 4.10 图

5

弯曲应力

[本章导读]

梁弯曲时,横截面上一般会产生剪力和弯矩两种内力,与这两种内力对应的应力有弯曲正应力和弯曲切应力。应力的分析和计算是梁强度设计的主要内容。本章介绍了纯弯曲、横力弯曲、中性层、中性轴等重要概念,推导了纯弯曲时梁横截面上任意一点的正应力计算公式,并将其推广到横力弯曲下的情形;推导了横力弯曲下矩形、工字形、圆形和圆环形截面梁的横截面上任意一点的切应力计算公式;重点介绍了梁在弯曲时正应力强度条件和切应力强度条件及其应用;最后阐述了提高梁强度的主要措施和弯曲中心的概念。

5.1 纯弯曲和横力弯曲的概念

简支梁 *AB* 受力如图 5.1(a)所示,梁上的两个外力 *F* 对称地作用在梁的纵向对称面内,其剪力图、弯矩图分别如图 5.1(b)、(c)所示。在 *CD* 梁段内,各横截面上弯矩等于常量而剪力等于零,于是横截面上只有正应力而没有切应力,这类弯曲称为**纯弯曲**。在 *AC*、*DB* 梁段内,各横截面上既有剪力又有弯矩,因而既有正应力又有切应力,这类弯曲称为**横力弯曲**或**剪切弯曲**。通常将梁弯曲时横截面上的正应力与切应力分别称为**弯曲正应力**和**弯曲切应力**。

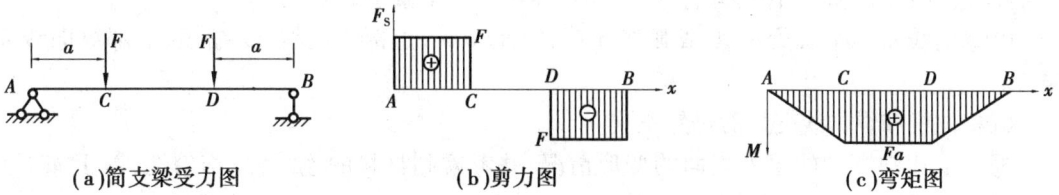

(a)简支梁受力图　　　(b)剪力图　　　(c)弯矩图

图 5.1　简支梁的纯弯曲和横力弯曲

5.2　梁横截面上的正应力

第 4 章讨论了梁的剪力和弯矩,可以知道剪力、弯矩只和梁的受力条件有关,与梁的材料、截面形状、大小无关。但实践证明,剪力和弯矩相同的两个梁,即使横截面的面积相同,若截面形状不同,其强度和刚度也不相同。例如图 5.2 所示的矩形截面梁和工字形截面梁,即使材料、横截面面积、受力条件完全一样的条件下,它们的承载能力和抵抗弯曲变形的能力也是不一样的。而且即使是同一根梁,若放置方式不同,其强度和刚度也不同,如图 5.2 中的 C 和 D。这说明梁的强度和刚度不仅与其内力有关,而且与截面形状大小以及梁的放置方式有关。要讨论梁的强度问题,还必须了解应力在横截面上的分布规律,因此需要进一步研究梁的弯曲应力。下面首先研究梁发生纯弯曲变形时横截面上正应力的计算,然后推广到横力弯曲变形。

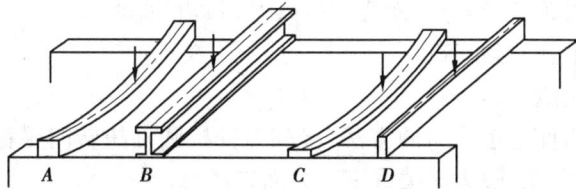

图 5.2　梁的强度与截面形状及放置方式有关

▶5.2.1　纯弯曲时梁横截面上的正应力

取一具有纵向对称面的梁,例如矩形截面梁。为了便于观察梁的变形,加载前,在梁的表面上画上与轴线平行的纵向线 aa、bb 和 oo(轴线),以及与纵向线垂直的横向线 mm 和 nn,分别表示变形前梁的纵向纤维和梁的横截面,如图 5.3(a)所示。然后在梁的纵向对称平面内两端各施加一对大小相等、转向相反的外力偶矩 M_e,使梁发生纯弯曲变形,如图 5.3(b)所示。可观察到如下现象:

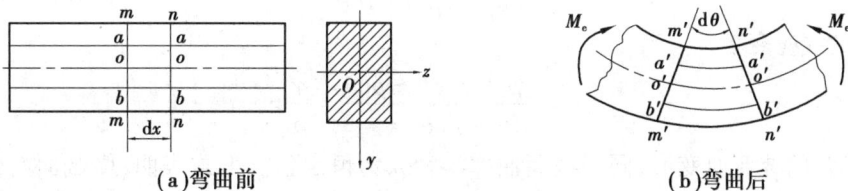

(a)弯曲前　　　　　　　　　(b)弯曲后

图 5.3　纯弯曲梁变形图

①横向线 mm 和 nn 保持为直线,但相对转过了一个微小的角度 $\mathrm{d}\theta$。

②纵向线 aa、bb 以及 oo 变成弧线 $a'a'$、bb' 和 $o'o'$,上部纵向线 aa 缩短,下部纵向线 bb 伸长。

③横向线和纵向线变形后仍然正交。

通过上述观察到的梁外表面的变形情况,并考虑到材料的连续性、均匀性,基于如下假设,以推测分析梁内部变形情况:

①平面假设。变形前为平面的横截面,变形后仍为平面,且仍与梁变形后的轴线垂直,只是绕横截面内某轴转过了微小角度。

②单向受力假设。假设纵向线段之间无挤压,各条线段仅发生单向拉伸或压缩,并且在线弹性范围内时材料服从胡克定律 $\sigma = E\varepsilon$。

实验和理论分析均证明了上述假设的正确性。在平面假设的基础上,假想梁是由一层层纵向纤维组成的。梁发生弯曲变形时,一侧纤维缩短,另一侧纤维伸长,则中间必有一层既不伸长,也不缩短,这层称为**中性层**。中性层与横截面的交线称为**中性轴**。梁在弯曲时,各横截面绕着中性轴作微小转动。如图 5.4 所示,设横截面的对称轴为 y 轴,中性轴为 z 轴,由于梁上载荷都作用在纵向对称平面内,梁的变形也应对称于纵向对称面,因此中性轴 z 必然垂直于横截面的对称轴 y。

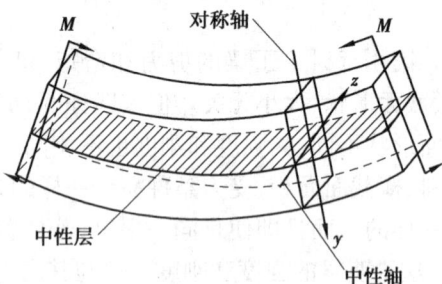

图 5.4　纯弯曲梁的中性层和中性轴

从纯弯曲梁的变形现象,结合平面假设可以得到如下推论:

①距中性轴等高处,变形相等;

②横截面上只有正应力。

分析纯弯曲梁横截面上正应力的方法、步骤与分析圆轴扭转时横截面上切应力一样,要从变形几何关系、物理关系、静力学关系三个方面来考虑。

1)变形几何关系

从梁中截取长度为 $\mathrm{d}x$ 的微段,其弯曲变形前、后的状况如图 5.5(a)和(b)所示。取梁的轴线为 x 轴,截面的纵向对称轴为 y,中性轴为 z。设两横截面之间的相对转角为 $\mathrm{d}\theta$,中性层的曲率半径为 ρ,如图 5.5(b)所示。分析距中性轴为 y 处的纵向线 bb 的线应变,考虑中性层上的纵向线 oo 变形前后长度不变,则 bb 线段变形前的长度为

$$\overline{bb} = \overline{oo} = \mathrm{d}x = \rho\,\mathrm{d}\theta$$

变形后的长度为

$$\overset{\frown}{b'b'} = (\rho + y)\,\mathrm{d}\theta$$

则线段 bb 的线应变为

$$\varepsilon = \frac{(\rho + y)\,\mathrm{d}\theta - \rho\,\mathrm{d}\theta}{\rho\,\mathrm{d}\theta} = \frac{y}{\rho} \qquad\qquad (\mathrm{a})$$

对于给定的纯弯曲变形,同一截面曲率半径 ρ 为恒定值。上式表明:横截面上任意一点的线应变与该点到中性轴的距离 y 成正比例,中性轴上各点处的线应变为零。

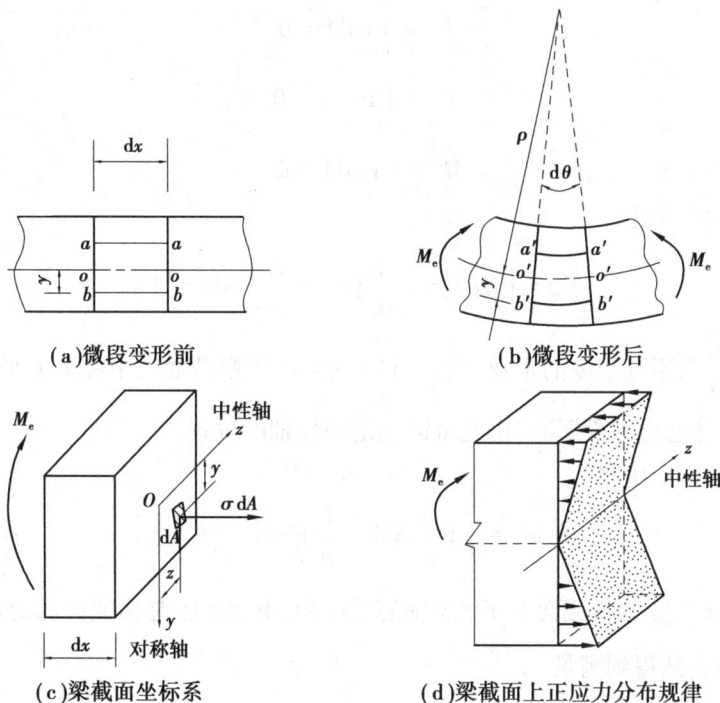

(a)微段变形前　　　　　　(b)微段变形后

(c)梁截面坐标系　　　　(d)梁截面上正应力分布规律

图 5.5　弯曲正应力公式推导图

式(a)是根据平面假设,由梁的变形几何关系导出的,与材料的力学性质无关。

2)物理关系

根据各纵向线段之间无相互挤压,即单向受力假设,当材料处于线弹性变形范围内时,由胡克定律

$$\sigma = E\varepsilon \tag{b}$$

将式(a)代入式(b),得

$$\sigma = E\varepsilon = \frac{E}{\rho}y \tag{c}$$

式(c)表明:横截面上任意一点的正应力与该点到中性轴的距离 y 成正比例,中性轴上各点处的正应力为零,中性轴以上和以下部分的正应力符号相反。应力分布规律如图 5.5(d)所示。

式(c)虽然描述了横截面上正应力的分布规律,但还不能用来计算弯曲正应力的大小,这是因为中性轴 z 的位置和中性层曲率半径 ρ 的大小皆尚未确定,这就需要利用静力学关系来确定。

3)静力学关系

如图 5.5(c)所示,在距中性轴为 y 的任一处取微元 dA,微内力 σdA 组成垂直于横截面的空间力系。该力系可合成为 3 个内力分量:轴力 F_N,绕 y、z 轴之矩 M_y、M_z,即

$$F_N = \int_A \sigma dA, \qquad M_y = \int_A z\sigma dA, \qquad M_z = \int_A y\sigma dA$$

由于梁上只有作用在纵向对称面内的外力偶矩 M_e,根据平衡条件,梁横截面上的内力只有弯矩 M_z,因此,上式中轴力 F_N 和力矩 M_y 均等于零,而 M_z 等于该横截面上的弯矩 M,即

$$F_N = \int_A \sigma \mathrm{d}A = 0 \tag{d}$$

$$M_y = \int_A z\sigma \mathrm{d}A = 0 \tag{e}$$

$$M_z = \int_A y\sigma \mathrm{d}A = M \tag{f}$$

将式(c)代入式(d),得

$$F_N = \int_A \sigma \mathrm{d}A = \int_A \frac{E}{\rho} y \mathrm{d}A = \frac{E}{\rho} \int_A y \mathrm{d}A = 0$$

显然,式中 $\frac{E}{\rho}$ 为不等于零的常数,则 $\int_A y \mathrm{d}A = S_z = 0$,即横截面对中性轴 z 轴的静矩等于零。这表明中性轴必然通过截面形心,由此可以确定中性轴的位置。

将式(c)代入式(e),得

$$M_y = \int_A z\frac{E}{\rho} y \mathrm{d}A = \frac{E}{\rho} \int_A zy \mathrm{d}A = 0$$

式中, $\int_A zy \mathrm{d}A = I_{yz}$ 为横截面对于 z、y 轴的惯性积,由于 y 轴是横截面的对称轴,根据惯性积的性质,式(e)自然得到满足。

将式(c)代入式(f),得

$$M_z = \int_A y\sigma \mathrm{d}A = \int_A y\frac{E}{\rho} y \mathrm{d}A = \frac{E}{\rho} \int_A y^2 \mathrm{d}A = M$$

式中, $\int_A y^2 \mathrm{d}A = I_z$ 为横截面对于中性轴 z 的惯性矩,于是上式可表示为

$$\frac{1}{\rho} = \frac{M}{EI_z} \tag{5.1}$$

式中, $\frac{1}{\rho}$ 是梁变形后中性层的**曲率**,EI_z 称为梁的**抗弯刚度**。上式表明:中性层的曲率与梁上的弯矩 M 成正比,与梁的抗弯刚度 EI_z 成反比。

将式(5.1)代入式(c),得

$$\sigma = \frac{My}{I_z} \tag{5.2}$$

式(5.2)即为梁在纯弯曲时横截面任一点的正应力计算公式。式中 M 为横截面上的弯矩,y 为所求点到中性轴 z 的距离,I_z 为横截面对中性轴 z 的惯性矩。该式表明:正应力 σ 与横截面上的弯矩 M 和计算点到中性轴的距离 y 成正比,与横截面对中性轴的惯性矩 I_z 成反比;正应力沿截面高度呈线性分布,在中性轴上($y=0$),正应力为零,距中性轴越远则正应力越大;在中性轴两侧,正应力分别为拉应力和压应力。

在按式(5.2)计算梁的正应力时,M 和 y 均以绝对值代入,应力的正负号(拉、压)可直接根据梁的变形确定,凡纵向纤维伸长者为拉应力,符号为正,反之为负。

需要说明的是,式(5.2)虽然是借助矩形截面导出的,但在其推导过程中并未使用矩形截面的几何性质,故对横截面对称于 y 轴(圆形、工字形、T 形和槽形等)的梁,上述公式都是适用的。

▶5.2.2　横力弯曲时梁横截面上的正应力

纯弯曲变形只有在不考虑梁自重的情况下才可能发生。在实际工程中,梁大多发生横力弯曲。对于横力弯曲,由于切应力的存在,梁的横截面各点除有纵向线变形外还有剪切变形。剪切变形使横截面发生翘曲,而且纵向纤维之间还往往存在着挤压应力,所以横力弯曲时,平面假设和单向受力假设均不成立,在这两个假设基础上建立的式(5.2),严格来说也不成立。

但是弹性理论分析和实验研究的结果表明,对于工程中常见的细长梁$\left(\text{梁的跨高比}\dfrac{l}{h}\geqslant5\right)$,按式(5.2)计算横力弯曲正应力的误差小于5%,可以忽略不计,因此式(5.2)仍可近似应用于横力弯曲,但式中的弯矩M应用相应截面上的弯矩$M(x)$代替,即

$$\sigma = \frac{M(x)y}{I_z} \tag{5.3}$$

▶5.2.3　最大弯曲正应力

由式(5.2)可知,弯矩为M的横截面上最大弯曲正应力必定在离中性轴最远处,为

$$\sigma_{\max} = \frac{My_{\max}}{I_z} \tag{5.4}$$

令

$$\frac{I_z}{y_{\max}} = W_z$$

则

$$\sigma_{\max} = \frac{M}{W_z} \tag{5.5}$$

式中,W_z仅与横截面的大小和形状有关,反映了截面大小和形状对弯曲正应力的影响,称为**抗弯截面系数**。

中性轴为对称轴的截面,如矩形、工字形等,截面上的最大拉应力$\sigma_{\text{t,max}}$和最大压应力$\sigma_{\text{c,max}}$数值相等。如果中性轴不是对称轴,如T字形截面,则截面上最大拉、压应力不相等,应按式(5.2)分别计算。

对于横力弯曲的等直梁,弯矩随截面位置而变化,全梁上最大弯曲正应力发生在弯矩最大的横截面上,且离中性轴最远处,为

$$\sigma_{\max} = \frac{M_{\max}y_{\max}}{I_z} \tag{5.6}$$

或

$$\sigma_{\max} = \frac{M_{\max}}{W_z} \tag{5.7}$$

对于宽度为b、高度为h的矩形截面

$$W_z = \frac{I_z}{y_{\max}} = \frac{\frac{bh^3}{12}}{\frac{h}{2}} = \frac{bh^2}{6} \tag{5.8}$$

对于直径为D的圆形截面

$$W_z = \frac{I_z}{y_{max}} = \frac{\frac{\pi D^4}{64}}{\frac{D}{2}} = \frac{\pi D^3}{32} \tag{5.9}$$

对于内外径分别为 d、D 及 $\alpha = \frac{d}{D}$ 的空心圆截面

$$W_z = \frac{I_z}{y_{max}} = \frac{\frac{\pi D^4(1-\alpha^4)}{64}}{\frac{D}{2}} = \frac{\pi D^3}{32}(1-\alpha^4) \tag{5.10}$$

对于轧制型钢,其弯曲截面系数 W_z 可直接从附录Ⅱ中的型钢规格表查得。

【例 5.1】一悬臂梁受力如图 5.6(a)所示。已知集中力 $F = 5$ kN,截面为矩形,$h = 160$ mm,$b = 100$ mm,如图 5.6(b)所示。求:

①D 截面上坐标为 $y = 60$ mm 的 K 点处的弯曲正应力。

②A 截面上最大的弯曲拉应力。

③如果把矩形梁平放,如图 5.6(c)所示,求 A 截面上最大的弯曲拉应力。

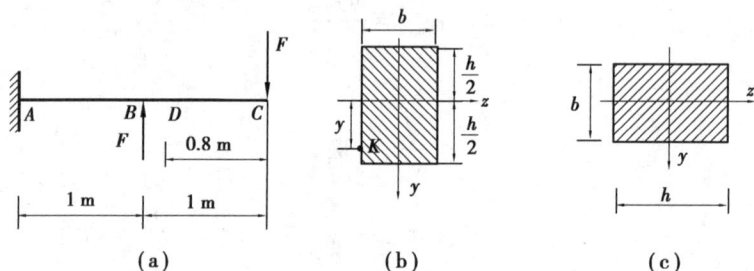

图 5.6 例 5.1 图

【解】①计算截面对中性轴 z 的惯性矩。

$$I_z = \frac{1}{12}bh^3 = \frac{1}{12} \times (100 \times 10^{-3}\text{m}) \times (160 \times 10^{-3}\text{m})^3 = 34.13 \times 10^{-6}\text{m}^4$$

②计算 D 截面上 K 点的弯曲正应力。

D 截面的弯矩为

$$M_D = -5 \text{ kN} \times 0.8 \text{ m} = -4 \text{ kN·m}$$

K 点的弯曲正应力为

$$\sigma_k = \frac{My}{I_z} = \frac{4 \times 10^3 \text{N·m} \times 60 \times 10^{-3}\text{m}}{34.13 \times 10^{-6}\text{m}^4} = 7.03 \times 10^6 \text{ Pa} = 7.03 \text{ MPa(压应力)}$$

③计算 A 截面上最大弯曲拉应力。

A 截面的弯矩为

$$M_A = 5 \text{ kN} \times 1 \text{ m} - 5 \text{ kN} \times 2 \text{ m} = -5 \text{ kN·m}$$

最大弯曲拉应力发生在拉应力区距离中性轴最远的上缘处,为

$$\sigma_{t,max1} = \frac{My_{max}}{I_z} = \frac{5 \times 10^3 \text{N·m} \times 80 \times 10^{-3}\text{m}}{34.13 \times 10^{-6}\text{m}^4} = 11.72 \times 10^6 \text{ Pa} = 11.72 \text{ MPa}$$

④计算梁平放时 A 截面上最大弯曲拉应力。

平放时,截面对中性轴 z 的惯性矩

$$I_z = \frac{1}{12}hb^3 = \frac{1}{12} \times (160 \times 10^{-3}\text{m}) \times (100 \times 10^{-3}\text{m})^3 = 13.33 \times 10^{-6}\text{m}^4$$

最大弯曲拉应力为

$$\sigma_{\text{t,max2}} = \frac{My_{max}}{I_z} = \frac{5 \times 10^3\text{N}\cdot\text{m} \times 50 \times 10^{-3}\text{m}}{13.33 \times 10^{-6}\text{m}^4} = 18.75 \times 10^6\text{ Pa} = 18.75\text{ MPa}$$

显然,有

$$\sigma_{\text{t,max1}} : \sigma_{\text{t,max2}} \approx 3 : 5$$

梁平放比竖放时同一截面上对应点处的应力大得多,因此,在建筑结构中,梁一般采用竖放形式。

【例5.2】如图5.7(a)所示的简支梁,已知集中力 $F = 50$ kN,横截面对中性轴 z 的惯性矩为 $I_z = 1.05 \times 10^{-4}\text{m}^4$。求弯矩最大截面上的最大弯曲拉应力和最大弯曲压应力。

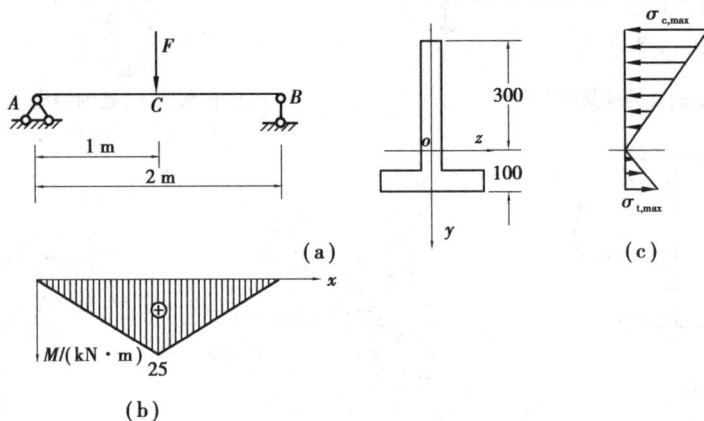

图5.7 例5.2图

【解】绘制梁的弯矩图,如图5.7(b)所示。由此可以看出,最大弯矩 $M_{max} = 25$ kN·m,在集中力 F 作用的截面上。该截面下边缘和上边缘处分别有最大拉应力和最大压应力,其值为

$$\sigma_{\text{t,max}} = \frac{M_{max}y_{\text{t,max}}}{I_z} = \frac{25 \times 10^3\text{N}\cdot\text{m} \times 0.1\text{ m}}{1.05 \times 10^{-4}\text{m}^4} = 23.8\text{ MPa}$$

$$\sigma_{\text{c,max}} = \frac{M_{max}y_{\text{c,max}}}{I_z} = \frac{25 \times 10^3\text{N}\cdot\text{m} \times 0.3\text{ m}}{1.05 \times 10^{-4}\text{m}^4} = 71.4\text{ MPa}$$

截面上的应力分布如图5.7(c)所示。

5.3 梁横截面上的切应力

横力弯曲时,由于存在弯曲切应力,使截面发生翘曲,平面假设已不再成立,从而使变形的几何关系非常复杂。对由剪力引起的弯曲切应力,不再用变形几何、物理和静力学关系进行推导,而是在确定弯曲正应力公式(5.2)仍然适用的基础上假设弯曲切应力在横截面上的

分布规律,然后根据静力平衡条件得出弯曲切应力的近似计算公式。下面介绍矩形截面梁、工字形截面梁、圆形截面梁及圆环形薄壁截面梁在平面弯曲时的弯曲切应力。

▶5.3.1 矩形截面梁的弯曲切应力

1)弯曲切应力分布假设

如图 5.8(a)所示的矩形截面横力弯曲梁,横截面上的剪力 F_S 作用线与截面对称轴 y 重合,F_S 是和截面相切的内力系的合力,所以横截面上每点处都有弯曲切应力。对于狭长的矩形截面,切应力沿截面宽度的变化不可能很大。因此,对截面上的弯曲切应力分布规律作如下两个假设:

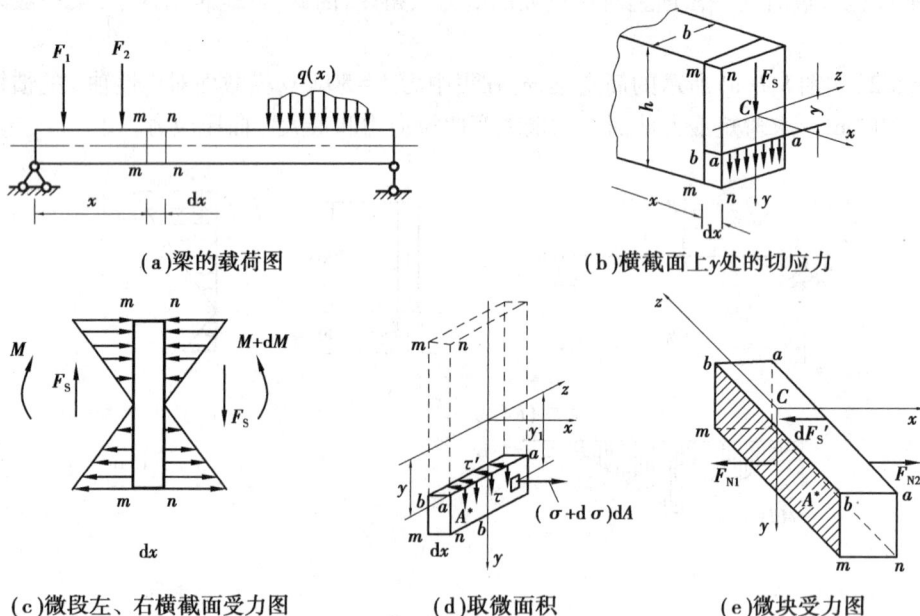

(a)梁的载荷图   (b)横截面上 y 处的切应力

(c)微段左、右横截面受力图   (d)取微面积   (e)微块受力图

图 5.8　矩形截面切应力公式推导图

①切应力与剪力平行,方向一致;

②切应力沿截面宽度均匀分布,即切应力的大小只与 y 坐标有关(如图 5.8(b)所示)。

弹性力学的精确分析已经表明,对于狭长的矩形截面梁,上述假设是正确的;当横截面高度 h 大于其宽度 b 时,在工程计算中也能满足精度要求。例如,当 $h/b=2$ 时,相对误差为 4%。有了以上这两条假设,以及对弯曲正应力的研究结果,再通过静力平衡条件,就可以推导出弯曲切应力的计算公式。

2)弯曲切应力公式推导

取如图 5.8(a)所示的横力弯曲的矩形截面简支梁,用 m—m、n—n 两相邻横截面从梁上截取 $\mathrm{d}x$ 微段。m—m、n—n 横截面上的弯矩分别为 M 和 $M+\mathrm{d}M$,由于在该微段上无载荷,故两横截面上的剪力相等,均为 F_S,如图 5.8(c)所示。

再沿距中性层为 y 且平行于中性层的纵截面 a—b,假想地从梁段上截出六面体进行研究,如图 5.8(d)所示。在该六面体的 m—b、n—a 横截面上分别有正应力 σ、$\sigma+\mathrm{d}\sigma$ 和切应力 τ。根据切应力互等定理,纵截面 a—b 上有与 τ 互等的切应力 τ',则 m—b、n—a 横截面法向内

力 F_{N1} 和 F_{N2}（如图 5.8（e）所示）分别为：

$$F_{N1} = \int_{A^*} \sigma dA = \int_{A^*} \frac{My}{I_z} dA = \frac{M}{I_z} \int_{A^*} y dA = \frac{M}{I_z} S_z^* \tag{a}$$

$$F_{N2} = \int_{A^*} (\sigma + d\sigma) dA = \int_{A^*} \frac{(M + dM)y}{I_z} dA = \frac{M + dM}{I_z} S_z^* \tag{b}$$

式中，$S_z^* = \int_{A^*} y dA$ 为截面 A^* 对中性轴 z 的静距。A^* 为横截面上距中性轴为 y 的横线以下部分的面积，如图 5.8（e）中阴影面积所示。

F_{N1} 和 F_{N2} 只有和水平切应力 τ' 形成的合力 dF_S' 一起，才能维持六面体在 x 方向的平衡，即

$$\sum F_x = 0, \qquad dF_S' = F_{N2} - F_{N1} \tag{c}$$

由于微段梁的长度很小，六面体 a—b 上的切应力 τ' 沿截面宽度也是均匀分布的，因此：

$$dF_S' = \tau' b dx = \tau b dx \tag{d}$$

将式（a）、（b）和（d）代入式（c），得

$$\tau b dx = \frac{M + dM}{I_z} S_z^* - \frac{M}{I_z} S_z^*$$

整理后得

$$\tau = \frac{dM}{dx} \frac{S_z^*}{I_z b} \tag{e}$$

根据弯矩、剪力之间的微分关系 $\frac{dM}{dx} = F_S$，并将其代入式（e）可得

$$\tau = \frac{F_S S_z^*}{I_z b} \tag{5.11}$$

式中　F_S——整个横截面上的剪力；

　　　I_z——整个横截面对中性轴 z 的惯性矩；

　　　b——横截面上所求切应力点处截面的宽度；

　　　S_z^*——横截面上距中性轴为 y 的横线以下部分面积 A^* 对中性 z 轴的静距。

3）弯曲切应力的分布规律

对于高为 h、宽为 b 的矩形，静矩 S_z^* 和惯性矩为 I_z 分别为

$$S_z^* = A^* y_c^* = b\left(\frac{h}{2} - y\right)\left[y + \frac{1}{2}\left(\frac{h}{2} - y\right)\right] = \frac{b}{2}\left(\frac{h^2}{4} - y^2\right)$$

$$I_z = \frac{bh^3}{12}$$

将它们代入式（5.11），得

$$\tau = \frac{6F_S}{bh^3}\left(\frac{h^2}{4} - y^2\right) \tag{5.12}$$

由式（5.12）可知，矩形截面弯曲切应力沿截面高度呈抛物线规律分布，如图 5.9 所示。

当 $y = \pm\frac{h}{2}$ 时，$\tau = 0$，即横截面上、下边缘处切应力为零。当 $y = 0$ 时，即中性轴上各点处，弯

曲切应力取得最大值,其值为:

$$\tau_{max} = \frac{6F_S}{bh^3}\frac{h^2}{4} = \frac{3}{2}\frac{F_S}{bh} = \frac{3}{2}\frac{F_S}{A} = \frac{3}{2}\bar{\tau} \quad (5.13)$$

即矩形截面上的最大弯曲切应力 τ_{max} 为截面上平均弯曲切应力的 1.5 倍。

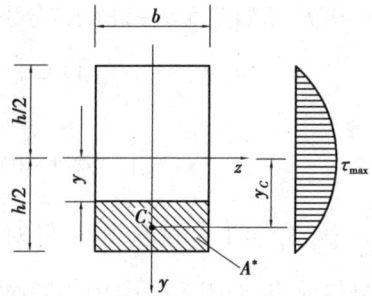

图5.9 矩形截面切应力沿高度分布

▶5.3.2 工字形截面梁的弯曲切应力

在土木工程中经常要用到工字形截面梁。如图 5.10(a)所示,工字形截面由翼缘和腹板组成。腹板主要承担截面上的剪力,而翼缘主要承担弯矩,因此梁横截面上的弯曲切应力主要分布在腹板上(95%~97%)。翼缘部分的弯曲切应力情况比较复杂,且数值很小。因此,下面只介绍腹板上的弯曲切应力。

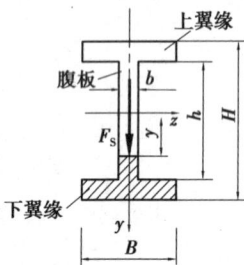

(a)工字形截面

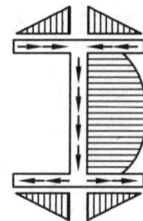

(b)切应力分布

图5.10 工字形截面切应力分布

腹板是一个狭长矩形,关于矩形截面上弯曲切应力分布的两个假设仍然适用,用相同的方法可得到相同的弯曲切应力计算公式,即

$$\tau = \frac{F_S S_z^*}{I_z b}$$

式中 F_S——横截面上的剪力;

I_z——横截面对中性轴 z 的惯性矩;

b——腹板的宽度;

S_z^*——横截面上距中性轴为 y 的横线以下部分面积 A^* 对中性轴 z 的静距,即

$$S_z^* = B\left(\frac{H}{2} - \frac{h}{2}\right)\frac{1}{2}\left(\frac{H}{2} + \frac{h}{2}\right) + b\left(\frac{h}{2} - y\right)\frac{1}{2}\left(\frac{h}{2} + y\right)$$

$$= \frac{B}{8}(H^2 - h^2) + \frac{b}{2}\left(\frac{h^2}{4} - y^2\right)$$

于是得到

$$\tau = \frac{F_S}{bI_z}\left[\frac{B}{8}(H^2 - h^2) + \frac{b}{2}\left(\frac{h^2}{4} - y^2\right)\right] \quad (5.14)$$

上式表明,腹板上的弯曲切应力沿腹板高度呈抛物线规律分布,如图 5.10(b)所示。

当 $y = \pm\frac{h}{2}$ 和 $y = 0$ 时,腹板上最大和最小弯曲切应力分别为:

$$\tau_{\max} = \frac{F_\text{S}}{bI_z}\left[\frac{B}{8}(H^2 - h^2) + \frac{bh^2}{8}\right] = \frac{F_\text{S}}{bI_z}\left[\frac{BH^2}{8} - (B - b)\frac{h^2}{8}\right] \quad\quad \text{(f)}$$

$$\tau_{\min} = \frac{F_\text{S}}{bI_z}\left[\frac{B}{8}(H^2 - h^2)\right] \quad\quad \text{(g)}$$

比较式(f)和式(g)可以看出,当腹板宽度 b 远小于翼缘宽度 B 时,最大弯曲切应力 $\tau_{\max}$ 与最小弯曲切应力 $\tau_{\min}$ 实际上相差不大,因而可以近似认为腹板上的弯曲切应力均匀分布,其值为

$$\tau \approx \frac{F_\text{S}}{bh} = \frac{F_\text{S}}{A} = \bar{\tau} \quad\quad \text{(5.15)}$$

即工字形截面上的最大弯曲切应力 $\tau_{\max}$ 近似等于腹板上的平均切应力。

翼缘上的弯曲切应力分布比较复杂,既有垂直于中性轴方向的垂直分量,又有平行于中性轴方向的水平分量。垂直分量的数值非常小,可以忽略不计。水平方向的弯曲切应力很有规律,形成类似水流一样的"剪力流"。水平分量在已知腹板上的弯曲切应力方向的情况下可按"剪力流"的规律画出,如图 5.10(b)所示(此处不作详细推导)。对所有开口薄壁截面梁,其横截面上的弯曲切应力方向均符合"剪力流"的规律。

T形、槽形截面由几个矩形组成,它们的腹板也是狭长矩形,腹板上的弯曲切应力沿其高度也是按抛物线规律分布,可用式(5.11)计算横截面上的弯曲切应力,最大弯曲切应力仍发生在截面的中性轴上。

▶5.3.3 圆形截面梁的弯曲切应力

圆形截面上的弯曲切应力分布规律比矩形截面还要复杂,此处不作详细推导。研究结果表明,圆形截面的最大切应力仍发生在中性轴上,最大切应力沿中性轴均匀分布,其方向平行于剪力,如图 5.11 所示。这时,关于矩形截面上切应力分布的两个假设已不再适用。根据切应力互等定理,在截面边缘处的切应力的方向必与圆周相切,而在对称轴 y 上各点处,由于截面形状、材料物性和剪力均对称于 y 轴,其切应力必沿 y 方向。为此,可以假设:

①沿宽度 ab 上各点的弯曲切应力均汇交于 D 点;

②各点处弯曲切应力沿 y 轴方向的分量沿宽度相等。

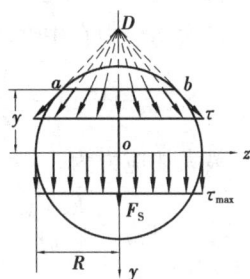

图 5.11　圆形截面
梁切应力分布

根据上述两个假设,按照矩形截面上弯曲切应力计算公式的推导方法和步骤,可得最大弯曲切应力为

$$\tau_{\max} = \frac{4}{3}\frac{F_\text{S}}{A} = \frac{4}{3}\bar{\tau} \quad\quad \text{(5.16)}$$

即圆形截面上的最大弯曲切应力 $\tau_{\max}$ 是平均弯曲切应力的 $\frac{4}{3}$ 倍。

▶5.3.4 圆环形截面梁的弯曲切应力

对于圆环形截面梁,由剪力流的概念和剪力的方向可定出弯曲切应力的方向,并假设切应力沿壁厚均匀、方向与周边相切,如图 5.12 上所示。最大弯曲切应力仍发生在中性轴上,其

计算公式为

$$\tau_{max} = 2\frac{F_S}{A} = 2\,\overline{\tau} \qquad (5.17)$$

即圆环形截面上的最大弯曲切应力τ_{max}是平均弯曲切应力的2倍。

【例5.3】如图5.13所示一 T 形截面,已知截面的惯性矩为$I_z = 8.84 \times 10^{-6} m^4$,剪力为$F_S = 15$ kN,求该截面上的最大弯曲切应力,以及腹板与翼缘交接处的弯曲切应力。

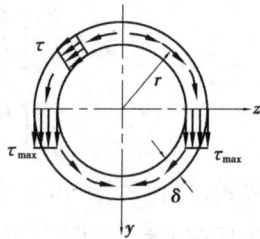

图 5.12　圆环形截面梁切应力分布

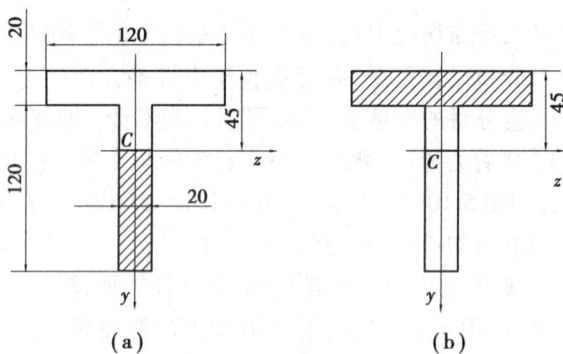

图 5.13　例 5.3 图

【解】①求最大弯曲切应力τ_{max}。

最大切应力在中性轴上。中性轴以下阴影部分对中性轴的静矩为

$$S^*_{z,max} = A^* y^* = \frac{1}{2} \times (0.02\ m + 0.12\ m - 0.045\ m)^2 \times 0.02\ m = 9.03 \times 10^{-5} m^3$$

最大切应力为

$$\tau_{max} = \frac{F_S S^*_{z,max}}{bI_z} = \frac{15 \times 10^3 N \times 9.03 \times 10^{-5} m^3}{0.02\ m \times 8.84 \times 10^{-6} m^4} = 7.66 \times 10^6 Pa = 7.66\ MPa$$

②求腹板与翼缘交接处的弯曲切应力。

由图5.13(b)可知,腹板与翼缘交接线一侧的部分截面对中性轴的静矩为

$$S^*_z = 0.02\ m \times 0.12\ m \times \left(0.045\ m - \frac{0.02}{2} m\right) = 8.4 \times 10^{-5} m^3$$

因此,交接处各点的切应力为

$$\tau = \frac{F_S S^*_z}{bI_z} = \frac{15 \times 10^3 N \times 8.4 \times 10^{-5} m^3}{0.02\ m \times 8.84 \times 10^{-6} m^4} = 7.13 \times 10^6 Pa = 7.13\ MPa$$

5.4　梁的强度计算

梁的强度设计在工程设计和施工中必须要做到科学合理,否则将会引起严重的工程事

故。在土木工程中,由于强度设计或施工失误而引起的工程事故时有发生。例如,图 5.14 所示为某百货大楼一层橱窗上设置挑出 1 200 mm 长的现浇钢筋混凝土雨篷,由于施工时受力钢筋位置放置错误,导致雨篷拆模后强度不够而根部折断。显然,为了保证梁的安全工作,梁的最大应力不能超出一定的限度。也就是说,梁必须满足强度条件。由于梁上存在正应力和切应力,因而梁必须满足正应力和切应力强度条件。

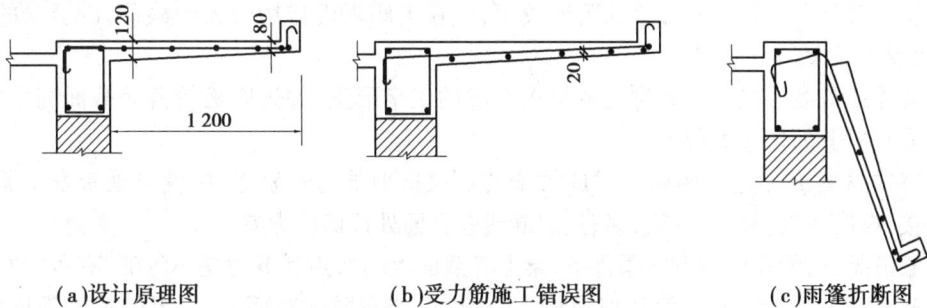

(a)设计原理图　　　　(b)受力筋施工错误图　　　　(c)雨篷折断图

图 5.14　某百货大楼工程事故图

▶5.4.1　梁的弯曲正应力强度条件

实践表明,正应力往往是引起梁产生破坏的主要因素。对梁强度的计算主要是限制最大弯曲正应力不得超过材料的许用应力$[\sigma]$,即

$$\sigma_{\max} = \frac{My_{\max}}{I_z} \leqslant [\sigma] \tag{5.18}$$

或

$$\sigma_{\max} = \frac{M_{\max}}{W_z} \leqslant [\sigma] \tag{5.19}$$

对碳钢等抗拉和抗压强度相等的材料制成的等直梁,危险截面为弯矩最大的截面。该截面上距离中性轴最远的点正应力最大,即为危险点。对于变截面梁,由于抗弯截面系数 W_z 不是常数,因此,在确定危险截面和危险点时既要考虑梁的弯矩变化情况,还要考虑截面形状和尺寸的变化情况。

对铸铁等抗拉和抗压强度不相等的材料制成的梁,在进行强度设计时,应分别满足拉应力强度条件和压应力强度条件,即梁的最大拉应力不得超过材料的许用拉应力$[\sigma_t]$,最大压应力不得超过材料的许用压应力$[\sigma_c]$。强度条件表示为

$$\sigma_{t,\max} \leqslant [\sigma_t], \qquad \sigma_{c,\max} \leqslant [\sigma_c] \tag{5.20}$$

▶5.4.2　梁的弯曲切应力强度条件

对于各种形状的等直梁,其最大弯曲切应力一般都发生在最大剪力所在横截面上的中性轴处。这些点处的正应力为零,因此,最大弯曲切应力作用点可看作纯剪切应力状态。于是,可按纯剪切应力状态下的强度条件来建立梁的弯曲切应力强度条件,即

$$\tau_{\max} = \frac{F_{S,\max}S^*_{z,\max}}{I_z b} \leqslant [\tau] \tag{5.21}$$

式中,$[\tau]$为材料的许用切应力。

梁必须同时满足正应力强度条件和切应力强度条件。在一般情况下,弯曲正应力对梁的强度起着决定性作用。所以在实际计算时,通常是以梁的正应力强度条件进行各种计算,以切应力强度条件进行校核即可。

由于工程上绝大多数梁为细长梁,并且在一般情况下,细长梁的强度取决于其正应力强度,而无须考虑其切应力强度。但在下列一些特殊情况下,需要对梁进行剪切强度校核。

①特殊载荷和结构。例如梁的跨度较短,或在支座附近作用较大的载荷,以至梁的弯矩较小,而剪力很大。

②特殊的截面形状。例如铆接或焊接而成的工字形梁,如果腹板较薄而截面高度很大,则会造成腹板上的切应力很大。

③特殊材料或工艺。例如木材或竹子的顺纹抗剪能力特别差,中性层处常发生剪切破坏。铆接、焊接或胶合而成的梁,铆钉、焊缝或胶合面处抗剪能力差。

一般情况下,梁在横力弯曲条件下,梁上各截面上的弯矩和剪力是不等的,有可能在一个或几个截面上出现弯矩最大值和剪力最大值,也可能在同一截面上,二者的数值都比较大。在判断危险截面时,除了考虑梁的剪力和弯矩分布情况外,还要考虑截面形状和尺寸变化情况,以及材料的力学性能,从这几个方面综合确定可能的危险截面。正应力最大的点和切应力最大的点都是危险点。因此,在进行强度计算时,对于不同类型的危险点必须采用相应的强度条件。

根据梁的强度条件,可以解决梁的强度校核、梁的截面选择和确定许可载荷三类强度计算问题。

【例5.4】如图5.15(a)所示矩形截面悬臂梁,在 C、D 截面处钻有透孔,直径分别为 $d_1 = 80\ mm$,$d_2 = 140\ mm$。若材料的许用正应力 $[\sigma] = 10\ MPa$,试校核该梁的强度。

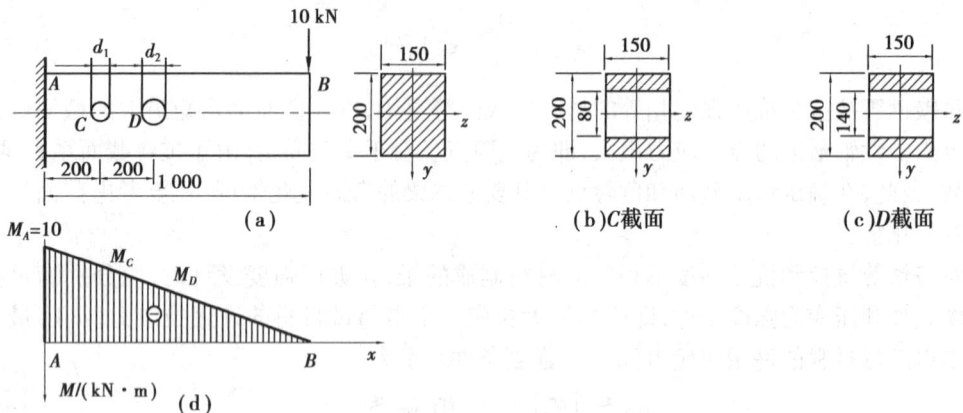

图5.15 例5.4图

【解】①绘制弯矩图,判断危险截面。

如图5.15(d)所示的剪力图和弯矩图,可知最大弯矩在固定端 A,$M_A = 10\ kN \cdot m$,C、D 梁截面的弯矩分别为 $M_C = 8\ kN \cdot m$,$M_D = 6\ kN \cdot m$。C、D 两截面上弯矩虽然较小,但梁截面分别被小圆孔和大圆孔削弱,所以 A、C、D 这3个截面都可能是危险截面。对 A、C、D 这3个危险截面进行强度校核。

②校核该梁的强度。

a.校核 A 截面。根据公式(5.5)得

$$\sigma_{A,max} = \frac{M_A}{W_A} = \frac{10 \times 10^3 \text{N} \cdot \text{m}}{\frac{1}{6} \times 150 \times 10^{-3}\text{m} \times (200 \times 10^{-3}\text{m})^2} = 10 \text{ MPa} = [\sigma]$$

b.校核 C 截面。C 截面的惯性矩 I_z 和抗弯截面系数 W_z 分别为

$$I_z = \frac{(150 \times 10^{-3}\text{m}) \times [(200 \times 10^{-3}\text{m})^3 - (80 \times 10^{-3}\text{m})^3]}{12} = 9.36 \times 10^{-5}\text{m}^4$$

$$W_C = \frac{I_z}{h/2} = \frac{9.36 \times 10^{-5}\text{m}^4}{100 \times 10^{-3}\text{m}} = 9.36 \times 10^{-4}\text{m}^3$$

根据公式(5.5)得

$$\sigma_{C,max} = \frac{M_C}{W_C} = \frac{8 \times 10^3 \text{N} \cdot \text{m}}{9.36 \times 10^{-4}\text{m}^3} = 8.5 \text{ MPa} < [\sigma]$$

c.校核 D 截面。D 截面的惯性矩 I_z 和抗弯截面系数 W_z 分别为

$$I_z = \frac{(150 \times 10^{-3}\text{m}) \times [(200 \times 10^{-3}\text{m})^3 - (140 \times 10^{-3}\text{m})^3]}{12} = 6.59 \times 10^{-5}\text{m}^4$$

$$W_D = \frac{I_z}{h/2} = \frac{6.59 \times 10^{-5}\text{m}^4}{100 \times 10^{-3}\text{m}} = 6.59 \times 10^{-4}\text{m}^3$$

根据公式(5.5)得

$$\sigma_{D,max} = \frac{M_D}{W_D} = \frac{6 \times 10^3 \text{N} \cdot \text{m}}{6.59 \times 10^{-4}\text{m}^3} = 9.1 \text{ MPa} < [\sigma]$$

A、C、D 这 3 个危险截面都满足强度要求,因此该梁强度足够。

【例 5.5】如图 5.16(a)所示工字形截面外伸梁,已知$[\sigma] = 170$ MPa,$[\tau] = 100$ MPa,试选择工字钢型号。

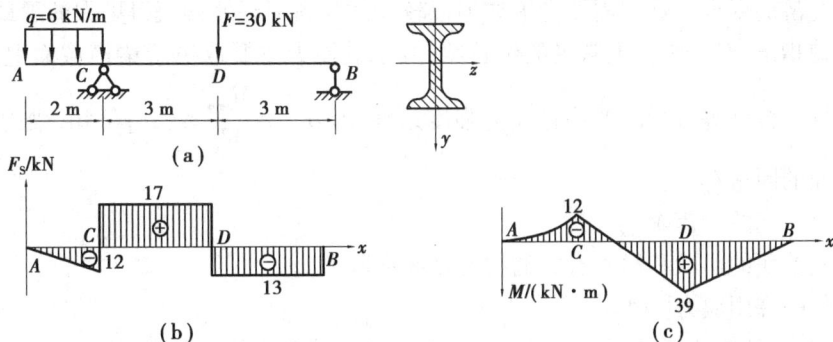

图 5.16 例 5.5 图

【解】①绘制剪力图、弯矩图,如图 5.16(b)、(c)所示。

$$F_{S,max} = 17 \text{ kN}, \qquad M_{max} = 39 \text{ kN} \cdot \text{m}$$

②根据弯曲正应力强度条件选择工字钢的型号,由式(5.19)得

$$W_z \geqslant \frac{M_{\max}}{[\sigma]} = \frac{39 \times 10^3 \text{N} \cdot \text{m}}{170 \times 10^6 \text{Pa}} = 2.29 \times 10^{-4} \text{m}^3 = 229 \text{ cm}^3$$

查型钢表,取工字钢 20a,$W_z = 237$ cm^3,$d = 7$ mm,$\dfrac{I_z}{S_{z,\max}} = 17.2$ cm。

③弯曲切应力校核强度。

$$\tau_{\max} = \frac{F_{S,\max} S_{z,\max}^*}{bI_z} = \frac{17 \times 10^3 \text{N}}{(7 \times 10^{-3}\text{m}) \times (17.2 \times 10^{-2}\text{m})} = 14 \text{ MPa} < [\tau]$$

可见,选 20a 工字钢,既满足正应力强度要求,也满足剪切强度要求,因而是可行的。

梁的弯曲强度计算是材料力学的重要问题,计算步骤一般如下:

①根据梁所受载荷及支座反力,正确绘制出剪力图和弯矩图,确定危险截面。对于脆性材料制成的不对称截面梁,最大拉应力与最大压应力的点可能不在同一截面上,最大正弯矩和最大负弯矩均可能是危险截面。

②根据截面上的应力分布判断危险截面上的危险点,即 $\sigma_{\max}$ 和 $\tau_{\max}$ 作用点,并计算 $\sigma_{\max}$ 和 $\tau_{\max}$ 值。二者不一定在同一截面,更不在同一点。

③对 $\sigma_{\max}$ 和 $\tau_{\max}$ 作用点分别采用不同的强度条件进行强度计算。

如前所述,对于细长梁,只需按弯曲正应力进行强度计算。只有当某些受力情况下个别截面上的剪力较大时,才考虑弯曲切应力的强度。

在应用强度条件进行梁的截面设计时,一般先按弯曲正应力强度条件选截面,然后再校核弯曲切应力强度条件,直到找到合理的截面尺寸为止。

5.5 提高梁弯曲强度的主要措施

在梁的强度设计中,即要保证梁有足够的强度,又要节省材料,减轻自重,以满足工程上既安全又经济的要求。这就需要考虑如何以较少的材料消耗使梁获得更大的承载能力问题。

前面曾指出,对于工程上常见的细长梁,其承载能力主要取决于梁横截面上的弯曲正应力强度条件。根据等直梁的弯曲正应力强度条件,即 $\sigma_{\max} = \dfrac{M_{\max}}{W_z} \leqslant [\sigma]$ 可知,梁的弯曲强度与下面三方面的因素有关:

①载荷引起的弯矩 $M_{\max}$。

②与横截面的形状和尺寸有关的抗弯截面系数 W_z。

③材料的许用应力 $[\sigma]$。

因此,通过分析这三方面的因素来寻找提高梁承载能力的主要措施。

▶5.5.1 降低最大弯矩 $M_{\max}$

1)合理布置载荷

合理布置载荷方式,可以降低最大弯矩 $M_{\max}$,从而达到提高梁承载能力的目的。例如图 5.17 所示 4 个相同跨长的简支梁所受载荷的合力相同,但分布不同。当集中载荷 $F = ql$ 作用

在跨中 $\dfrac{l}{2}$ 处时,最大弯矩为 $M_{max}=\dfrac{ql^2}{4}$,如图 5.17(a)所示;如果载荷 F 作用在距支座 A 为 $\dfrac{l}{6}$ 处,

则梁的最大弯矩就下降为 $\dfrac{5ql^2}{36}$,如图 5.17(b)所示;若采用一个辅梁,使集中载荷 F 通过辅梁

再作用到梁上,辅梁长度为 $\dfrac{l}{2}$,或将集中载荷用均布载荷 q 代替时,梁内最大弯矩均为 $M_{max}=$

$\dfrac{ql^2}{8}$,仅为原来的 50%,如图 5.17(c)、(d)所示。可见,合理布置载荷可有效降低最大弯矩,在
条件允许的情况下,使集中载荷尽量靠近支座,或将载荷分散布置。

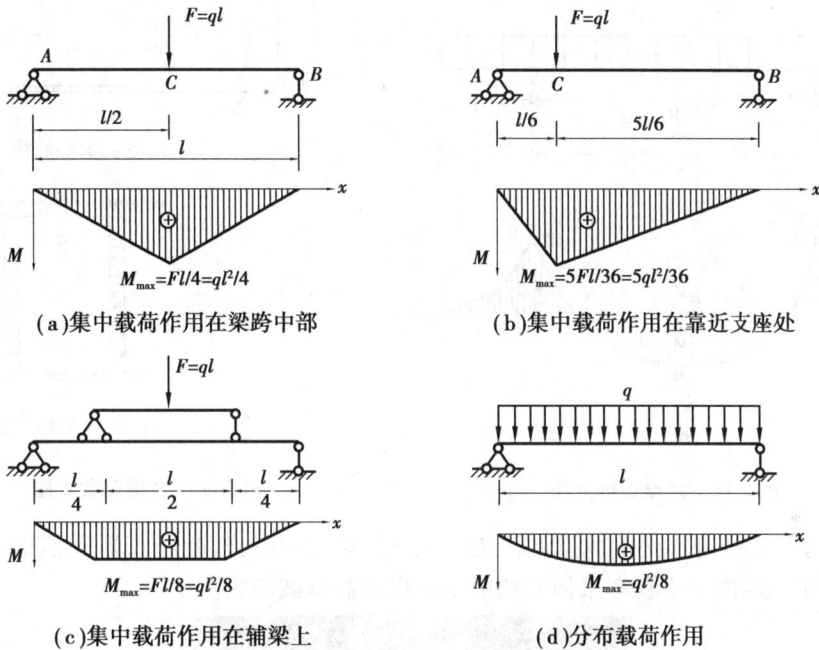

(a)集中载荷作用在梁跨中部   (b)集中载荷作用在靠近支座处

(c)集中载荷作用在辅梁上   (d)分布载荷作用

图 5.17　合理布置载荷以提高梁的承载能力

如图 5.18(a)所示的齿轮轴,在不影响其使用性能的情况下,将齿轮安装在轴承附近的位
置上。如图 5.18(b)所示的木结构建筑,均利用上述原理来降低最大弯矩。

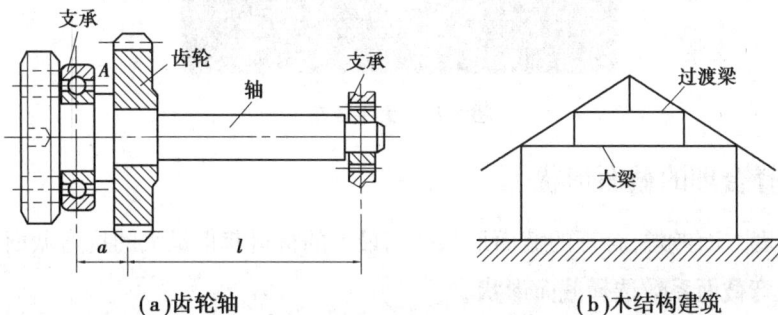

(a)齿轮轴   (b)木结构建筑

图 5.18　合理配置载荷工程实例

2)合理安排支座

合理安排支座位置,也可以降低最大弯矩 M_{max}。例如将图 5.17(d)简支梁两端的铰支座向内移动 $0.2l$,使之变成如图 5.19(a)所示的外伸梁,则最大弯矩为 $M_{max} = \dfrac{ql^2}{40}$,仅为原来简支梁最大弯矩的 20%,可见最大弯矩明显降低,因而梁的承载能力得到很大提高。

图 5.20 所示的锅炉筒体和门吊起重机大梁,其支撑点都略向中间移动,主要是为了降低载荷和自重所产生的最大弯矩,由此可见支座的合理配置不可忽视。

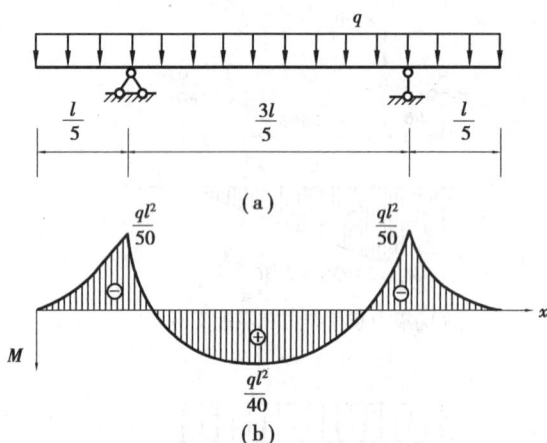

图 5.19 合理安排支座

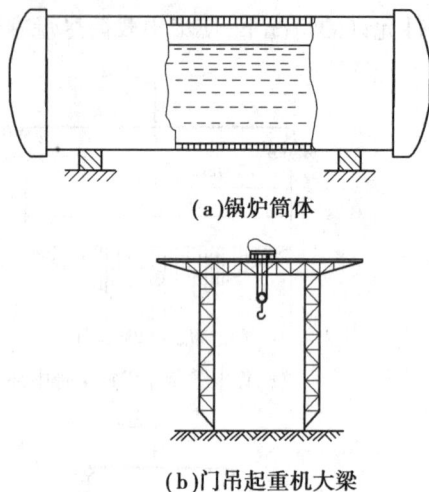

(a)锅炉筒体

(b)门吊起重机大梁

图 5.20 合理配置支座工程实例

此外,对静定梁增加支座,使其成为超静定梁,对缓和受力、减小弯矩峰值也是相当有用的,如图 5.21 所示的大平板车采用密布的车轮以提高承载能力。

图 5.21 大平板车

▶**5.5.2 选择合理的截面形状**

从抗弯强度方面考虑,合理的截面形状是用最少的材料获得最大的抗弯截面系数。

1)依据抗弯截面系数选择截面形状

一方面,当弯矩值一定时,横截面上的最大弯曲正应力与抗弯截面系数成反比,即抗弯截面系数 W_z 越大越好。另一方面,横截面面积越小,梁使用的材料越少(自重越轻),即横截面

面积 A 越小越好。所以,一般用 $\dfrac{W_z}{A}$ 的比值来评价截面的合理程度,即 $\dfrac{W_z}{A}$ 的比值越大,截面抗弯能力越强。计算表明,对于面积相等但形状不同的截面,其抗弯截面系数也不相等。常见截面 $\dfrac{W_z}{A}$ 列于表 5.1 中。

表 5.1 几种常见截面的 $\dfrac{W_z}{A}$ 值

截面形状	矩形	圆形	环形	工字钢
W_z/A	$0.167h$	$0.125h$	$0.205h$	$(0.27\sim0.31)h$

表 5.1 列出了几种常见截面的 $\dfrac{W_z}{A}$ 值,由此看出工字形截面最为合理,而圆形截面是其中最差的一种。从弯曲正应力的分布规律来看,也容易理解这一事实。

梁的合理截面形状不能完全由弯曲正应力强度条件决定,不能片面地追求 $\dfrac{W_z}{A}$ 的高比值,还应考虑到加工工艺和施工难易程度,以及刚度和稳定性等问题。

从表 5.1 也可以看出,对于矩形截面,保持面积不变,增大梁高而减小梁宽可以增大比值。例如截面尺寸为 $b\times h$ 且 $h>b$ 的矩形截面梁,竖放和平放两种情况下 [如图 5.22(a)、(b) 所示],其 $\dfrac{W_z}{A}$ 值分别为 $\dfrac{bh^2}{6}$ 和 $\dfrac{hb^2}{6}$,二者的比值为 $\dfrac{h}{b}>1$。显然,竖放比平放要合理。但是,梁的高度增加是有限度的,当矩形截面过高时,容易引起梁的失稳,如图 5.22(c)所示。工字形 10 号钢,其 $\dfrac{W_z}{A}$ 比值竖放比平放大 80%,如图 5.23 所示。对于木梁,其截面多为矩形或圆形比较切合实际,没有必要片面追求工字形和空心圆形,否则反而会造成材料的浪费和加工制造的麻烦。

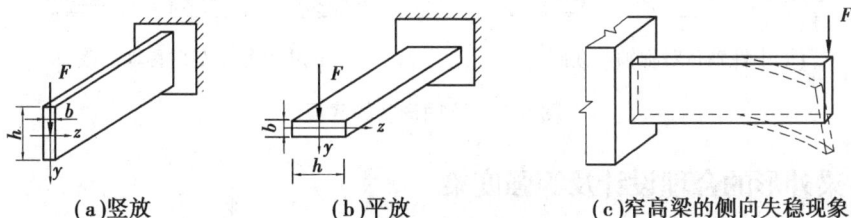

(a)竖放   (b)平放   (c)窄高梁的侧向失稳现象

图 5.22 矩形截面悬臂梁两种放置方式

2)依据弯曲正应力分布规律选择截面形状

由弯曲正应力分布规律可知,中性轴附近弯曲正应力很小,材料未发挥作用。因此,较合理的截面形状应该在距离中性轴较远处布置较多部分,如图 5.24(a)、(b)所示。工程实际中的吊车梁、桥梁采用的 T 形、工字形等截面钢梁,房屋建筑中的楼板采用的空心圆孔板等,都是采用合理截面的例子。

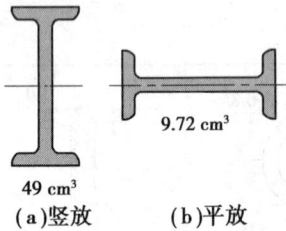

49 cm³ 　9.72 cm³
(a)竖放　(b)平放
图 5.23　工形截面悬臂梁两种放置方式

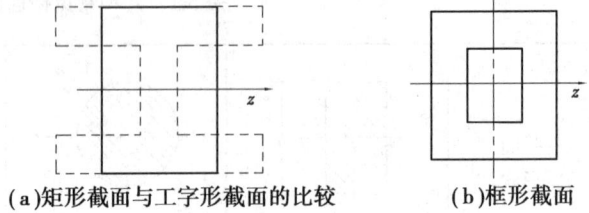

(a)矩形截面与工字形截面的比较　(b)框形截面
图 5.24　矩形、工字形、框形截面

另外,工程中为了减轻梁的自重,或需要在梁上开孔时,孔的位置往往开在中性轴附近,其道理也在于此,如图 5.25 所示的大跨度变截面空腹屋面梁。

图 5.25　空腹屋面梁

3)依据材料的特性选择截面形状

截面形状是否合理,还应该考虑材料的特性。在梁横截面上距离中性轴最远的各点处,分别有最大拉应力和最大压应力。为了充分发挥材料的承载能力,最好使二者同时达到材料的许用应力。对于抗拉和抗压强度相等的塑性材料(如钢材),宜采用对称于中性轴的截面形状,例如矩形、工字形等截面,如图 5.26(a)所示;而对于抗拉强度低于抗压强度的脆性材料(如铸铁),宜采用中性轴偏于受拉一侧的截面,例如可采用如图 5.26(b)所示的一些截面。对这类截面,若使 y_t 和 y_c 之比接近于下列关系,则材料的抗拉和抗压强度便可得到均衡发挥:

$$\frac{\sigma_{t,max}}{\sigma_{c,max}} = \frac{M_{z,max}y_t}{I_z} \cdot \frac{I_z}{M_{z,max}y_c} = \frac{y_t}{y_c} = \frac{[\sigma_t]}{[\sigma_c]}$$

式中,$[\sigma_t]$ 和 $[\sigma_c]$ 分别为材料的许用拉应力和许用压应力。

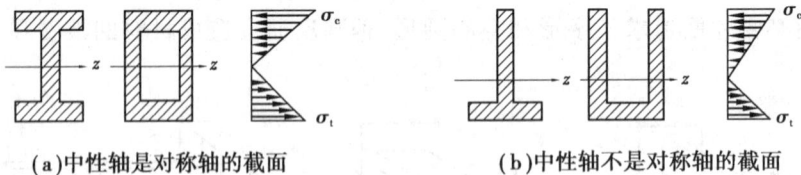

(a)中性轴是对称轴的截面　(b)中性轴不是对称轴的截面
图 5.26　不同形状的截面

▶5.5.3　梁外形的合理设计及等强度梁

对于等直梁,按照弯曲正应力强度条件式(5.19)确定截面尺寸,是以最大弯矩为依据的。而在实际工程中,弯矩 $M(x)$ 是沿梁轴变化的。对于等截面梁来说,只有在弯矩最大的截面上,最大正应力才有可能接近许用应力。而其余各截面上弯矩较小,应力也较低,材料没有充分利用。为了节约材料,减轻自重,可根据弯矩的变化情况,将梁设计成变截面梁,即在弯矩大的部位采用大截面,弯矩小的部位采用小截面。若梁的每一个横截面上的最大弯曲正应力均相等,都等于梁的许用应力,则这种梁称为**等强度梁**。等强度梁是一种理想的变截面梁,它要求各个截面都满足

$$\sigma_{max} = \frac{M(x)}{W_z(x)} = [\sigma]$$

由此得到

$$W_z(x) \doteq \frac{M(x)}{[\sigma]}$$

这就是等强度梁的 $W(x)$ 沿梁轴线变化的规律。但考虑到加工困难,以及结构和工艺上的要求,工程实际中一般采用变截面梁来代替理论上的等强度梁,如图 5.27 所示。

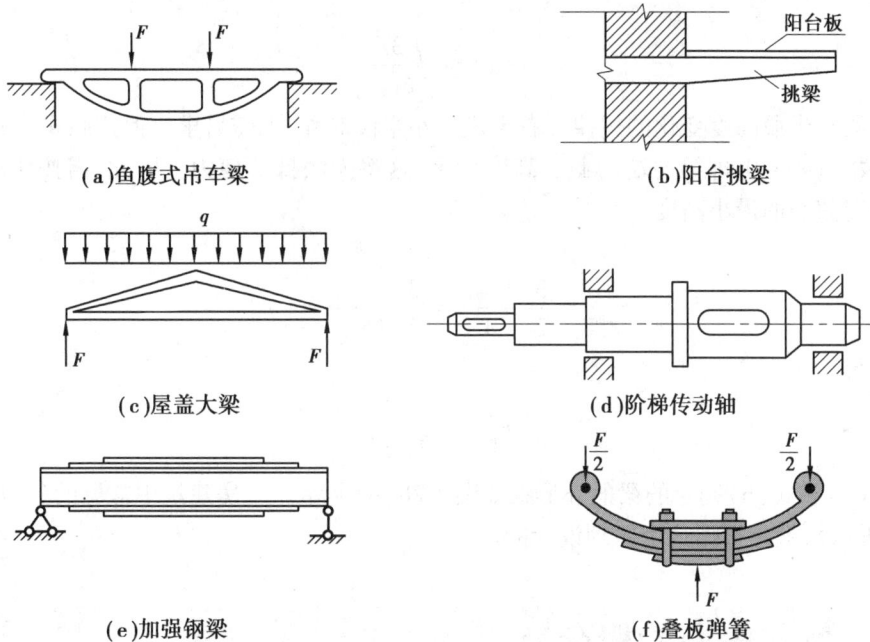

(a)鱼腹式吊车梁　　　　(b)阳台挑梁

(c)屋盖大梁　　　　(d)阶梯传动轴

(e)加强钢梁　　　　(f)叠板弹簧

图 5.27　变截面梁的工程实例

【例 5.6】如图 5.28(a)所示的矩形截面简支梁,跨中受集中载荷 F 作用,设截面宽度 b 不变,改变其高度 h,使之成为一等强度梁。试求其高度对截面位置的变化规律 $h(x)$。

【解】距梁左端 x 处的弯矩方程为

$$M(x) = \frac{1}{2}Fx$$

抗弯截面系数为

$$W_z(x) = \frac{bh^2(x)}{6}$$

根据等强度梁的强度条件得

$$W_z(x) = \frac{M(x)}{[\sigma]} = \frac{bh^2(x)}{6}$$

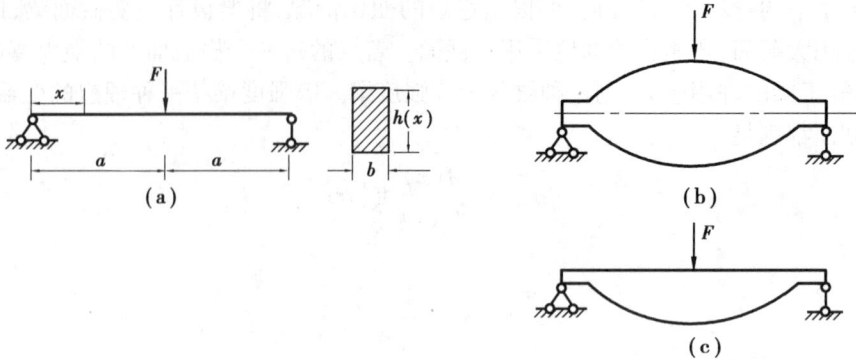

图 5.28   例 5.6 图

可求得

$$h(x) = \sqrt{\frac{3Fx}{b[\sigma]}} \tag{a}$$

这是梁左半段高度变化的规律。右半段与左半段对称,无需另求。但按照式(a),当 $x=0$ 和 $x=2a$ 处 $h(x)=0$,即梁两端的截面高度为零,这将无法抵抗剪力。因此,需按切应力强度条件来确定截面的最小高度

$$\tau_{max} = \frac{3}{2} \frac{F_{S,max}}{A} = \frac{3}{2} \frac{\dfrac{F}{2}}{bh_{min}} = [\tau]$$

可求得

$$h_{min} = \frac{3F}{4b[\tau]} \tag{b}$$

按式(a)和式(b)确定的梁的外形状如图 5.28(b)所示。厂房建筑中常见的鱼腹梁(如图 5.28(c)所示),就是根据这个原理设计的。

5.6   弯曲中心的概念

前面所讨论的发生平面弯曲的梁都具有纵向对称面,且梁上的载荷都作用在该对称面内。梁的纵向对称面也是梁的形心主惯性平面。而对于图 5.29(a)所示的这类不具有纵向对称面的梁来说,即使横向载荷 F 作用于形心主惯性平面内,该梁除产生弯曲变形外,还将产生扭转变形。只有当横向载荷 F 作用面与形心主惯性平面平行,且通过某一特定点 A 时,该梁才只有弯曲变形而无扭转变形,如图 5.29(b)所示。这一特定点 A 称为**弯曲中心**或**剪切中心**,简称**弯心**。

图 5.30 为矩形截面梁,图 5.31 为槽形截面梁,二梁承受相同的外力 F,F 的作用面均通过截面的形心主轴。现研究 m—m 截面上的剪力 F_S 有何特点。

很明显,对于矩形截面梁,m—m 截面上的剪力 F_S 位于外力作用的对称面内,F_S 通过截面的形心,所以该梁只发生平面弯曲变形。

对于槽形截面梁,由开口薄壁截面"剪力流"的规律,可知腹板上存在竖向切应力,上翼缘

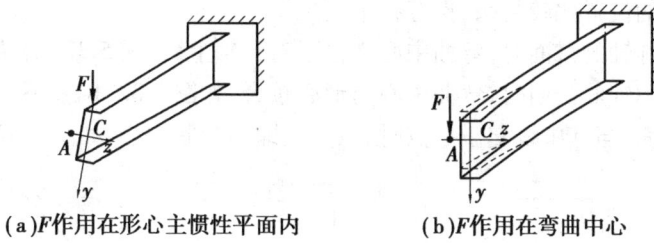

(a)F作用在形心主惯性平面内　　　(b)F作用在弯曲中心

图 5.29　槽形截面梁的弯扭现象与弯曲中心

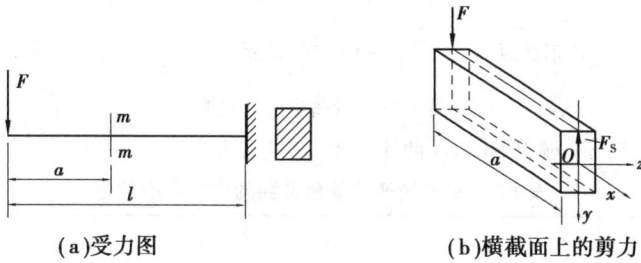

(a)受力图　　　　　　(b)横截面上的剪力

图 5.30　矩形截面梁

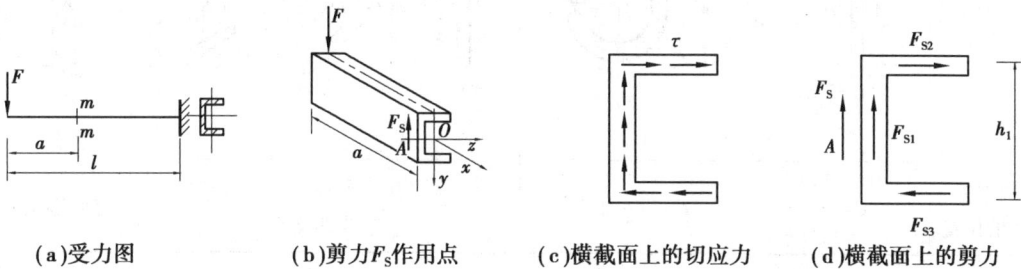

(a)受力图　　(b)剪力 F_S 作用点　　(c)横截面上的切应力　　(d)横截面上的剪力

图 5.31　槽形截面梁

存在水平向右切应力,下翼缘存在向左的切应力,如图 5.31(c)所示。将腹板上切应力的总和及上、下翼缘上的切应力总和,分别用合力 F_{S1} 和 F_{S2}、F_{S3} 来表示,如图 5.31(d)所示。由于上、下翼缘合力 $F_{S2}=F_{S3}$,方向相反,因而形成力偶矩 $F_{S2}h_1$,这样横截面上就存在力 F_{S1} 和力偶矩 $F_{S2}h_1$。二者可用位于横截面内另一位置的合力 F_S(等效力系)来代替,F_S 就是横截面上剪力的合力。这说明,对槽形截面梁来说,横截面上剪力的合力将不像矩形截面那样通过截面的形心,而是通过另一点 A。通过图 5.31(b)看出,此时剪力 F_S 与外力 F 不在同一纵向平面内,由平衡条件可知,在 m—m 截面上还存在扭矩。因此,对梁来说,除产生弯曲外还要产生扭转。欲使梁不产生扭转,就必须使外力 F 作用在通过 A 点的纵向平面内。也就是说,当横向力 F 作用在通过弯曲中心的纵向平面内时,梁才只产生弯曲而不产生扭转。

对于实心或封闭薄壁截面杆,因杆的抗扭刚度大,且弯曲中心靠近截面形心,可不考虑扭转产生的影响。但对于开口薄壁的杆件,因抗扭刚度小,若横向载荷不通过弯曲中心,会产生明显的扭转变形。工程中若不希望这种梁发生扭转变形,则必须使外力通过弯曲中心。确定弯曲中心具有重要意义。

需要指出的是,无论梁的截面形状如何,不论是薄壁还是实心的,均存在弯曲中心。弯曲中心的位置只取决于截面的形状与尺寸,与材料的性质无关。

确定弯曲中心的位置比较复杂,但存在下列规律:

①具有一个对称轴的截面时,弯曲中心必位于对称轴上,如图 5.32(a)所示;

②具有两个对称轴的截面时,弯曲中心与形心重合,如图 5.32(b)所示;

③开口薄壁截面,当其中线交于一点时,该交点即为弯曲中心,如图 5.32(c)所示。

(a)槽形截面　　　　　(b)工字形截面　　　　　(c)L形截面

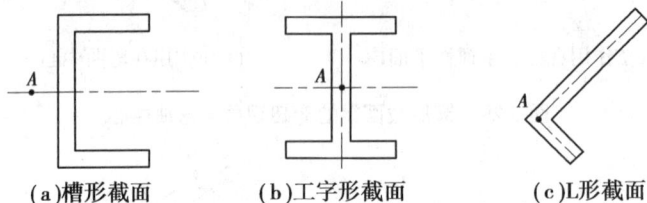

图 5.32　弯曲中心的位置

工程中常用的开口薄壁截面的弯曲中心位置见表 5.2。

表 5.2　常见的开口薄壁截面的弯曲中心位置

截面形状				
弯曲中心 A 的位置	$e=\dfrac{b^2h^2\delta}{4I_z}$	$e=r_0$	在两个狭长矩形中线的交点	与形心重合

思考题

5.1　什么条件下梁只发生平面弯曲?

5.2　为什么梁发生弯曲时,中性轴必然会通过横截面的形心?

5.3　同一梁按图 5.33(a)、(b)两种方式放置。试问两梁的最大弯曲正应力是否相同?

(a)　　　　　　　(b)

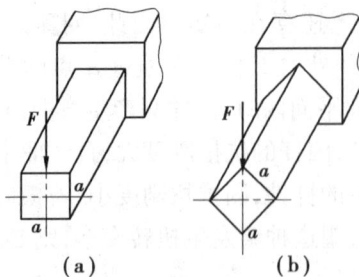

图 5.33　思考题 5.3 图

5.4　若有受力情况、跨度、横截面均相同的一根钢梁和一根木梁,其内力图是否相同?

横截面上正应力变化规律是否相同？其对应点处的正应力和纵向应变是否相同？

5.5 对横截面不对称于中性轴的梁，一般都是脆性材料制成的。对于这种梁，危险截面一定是在弯矩最大的截面处吗？为什么？

5.6 一钢筋混凝土梁，受力后弯矩图如图 5.34 所示。为了发挥钢筋（图中虚线所示）的抗拉性能，最合理的配筋方案是图中的哪一种？

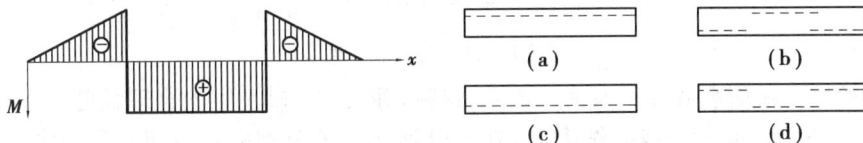

图 5.34　思考题 5.6 图

5.7 在建立弯曲正应力与弯曲切应力公式时，所用分析方法有何不同？

5.8 图 5.35 所示简支梁受均布载荷作用，其横截面采用两种形式：一种是由整根矩形木梁制成；另一种则是由两根木梁相叠而成，其间无任何连接，忽略接触面上的摩擦力。试问二者的应力是否相等？

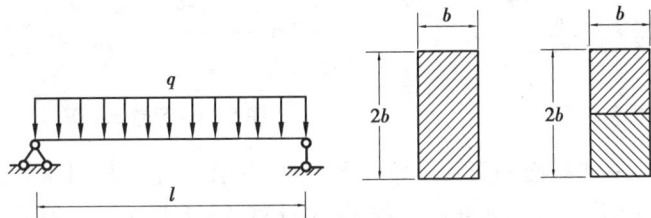

图 5.35　思考题 5.8 图

5.9 什么是弯曲中心？如何确定弯曲中心？研究弯曲中心有什么实际意义？

习　题

5.1 一简支木梁受力如图 5.36 所示。已知 $q = 2$ kN/m，$l = 2$ m。试比较梁在竖放（图(b)）和平放时（图(c)）横截面 C 处最大的正应力。

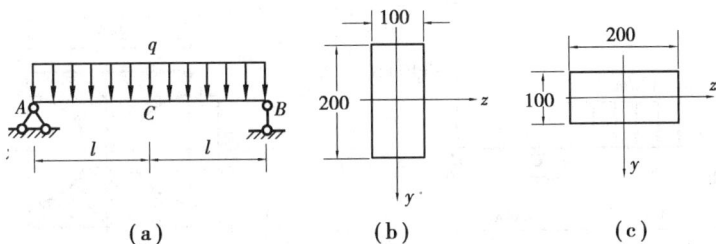

图 5.36　习题 5.1 图

5.2 求如图 5.37 所示梁 1—1 截面上 a、b、c、d 这 4 点的正应力及全梁横截面上的最大正应力 σ_{max}。

5.3 如图 5.38 所示，为改善载荷分布，在跨度为 l 的主梁 AB 上安置辅助梁 CD。设主梁

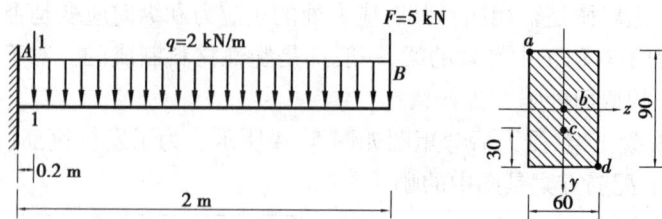

图 5.37 习题 5.2 图

和辅助梁的抗弯截面系数分别为 W_1 和 W_2,材料相同,试求辅助梁的合理长度 a。

5.4 简支梁承受均布载荷作用,如图 5.39 所示。若分别采用截面面积相等的实心圆和空心圆截面,且 $D_1 = 40$ mm,$d_2/D_2 = 0.6$,试分别计算它们的最大正应力,且空心圆截面比实心圆截面的最大正应力减小了百分之几?

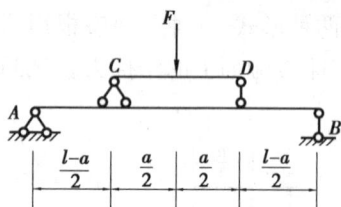

图 5.38 习题 5.3 图

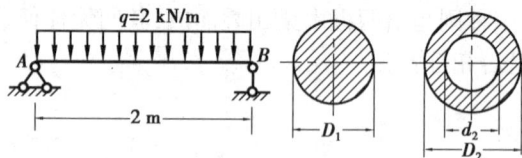

图 5.39 习题 5.4 图

5.5 支架及其 $A—A$ 截面的形状尺寸如图 5.40 所示。已知 $F = 1$ kN,求:①$A—A$ 截面上的最大弯曲正应力;②若支架中间部分未挖去,试计算 $A—A$ 截面上的最大弯曲正应力。

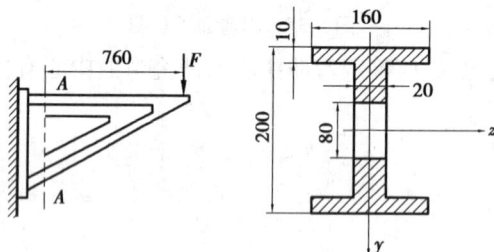

图 5.40 习题 5.5 图

5.6 外伸梁的截面尺寸及受力如图 5.41 所示,求梁内最大弯曲正应力。

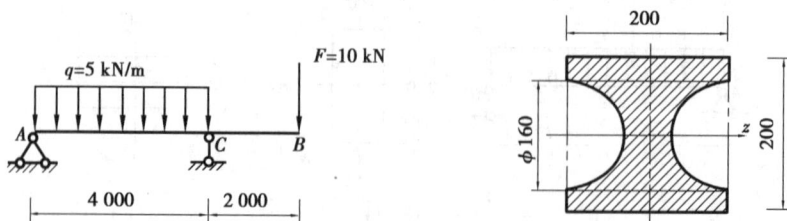

图 5.41 习题 5.6 图

5.7 由 56a 号工字钢制成的简支梁如图 5.42 所示,试求梁的横截面上的最大切应力 τ_{max} 和同一横截面上腹板和翼板交接处 a 点的切应力 τ_a。不计梁的自重。

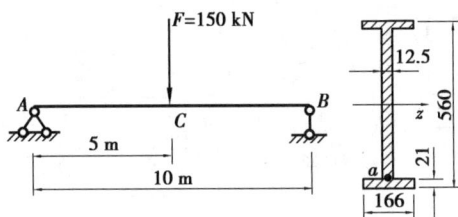

图 5.42 习题 5.7 图

5.8 矩形截面简支梁,如图 5.43 所示,中点处作用有集中载荷 F,试求梁横截面上最大正应力与最大切应力的比值。

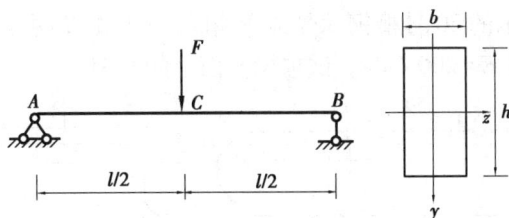

图 5.43 习题 5.8 图

5.9 一外伸梁受力及截面尺寸如图 5.44 所示。已知 $F_1 = 400$ kN, $F_2 = 200$ kN, $a = 2$ m, $h_1 = 400$ mm, $h_2 = 300$ mm, $b_1 = 300$ mm, $b_2 = 200$ mm。试求该梁中的最大弯曲切应力。

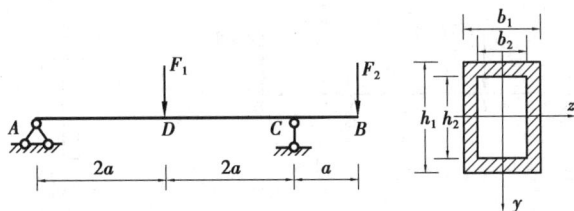

图 5.44 习题 5.9 图

5.10 由两根 28a 号槽钢组成的简支梁受 3 个集中载荷的作用,如图 5.45 所示。已知该梁由 Q235 钢制成,其许用弯曲正应力 $[\sigma] = 170$ MPa。试求梁的许可载荷 F。

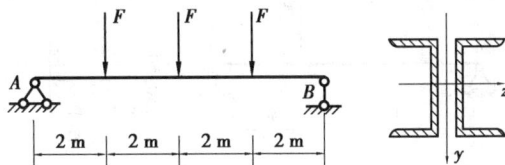

图 5.45 习题 5.10 图

5.11 18 号工字钢梁的截面尺寸如图 5.46 所示。已知截面上的剪力 $F_S = 24$ kN,弯矩 $M_z = 29.6$ kN·m。试计算:①工字钢腹板所承受的剪力占截面上的总剪力的百分比;②翼缘所承受的弯矩占总弯矩的百分比。

5.12 如图 5.47 所示⊥形截面纯弯曲铸铁梁,已知材料的许用拉应力和许用压应力之比 $\dfrac{[\sigma_t]}{[\sigma_c]} = \dfrac{1}{4}$,求水平翼板的合理宽度。

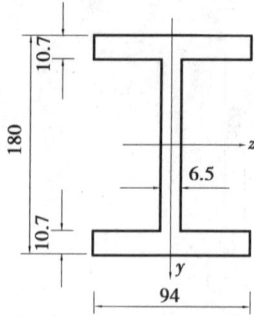

图 5.46 习题 5.11 图

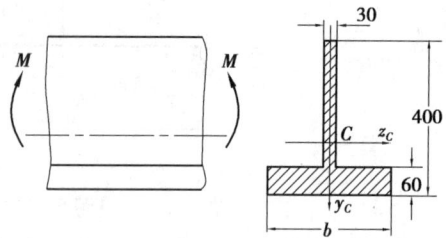

图 5.47 习题 5.12 图

5.13 如图 5.48 所示的 20 号槽钢承受纯弯曲时,测出 A、B 两点间长度的改变量 $\Delta l = 27 \times 10^{-3}$ mm,材料的弹性模量 $E = 200$ GPa。试求梁截面上的弯矩。

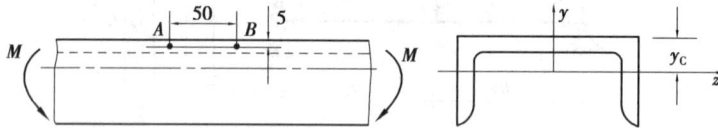

图 5.48 习题 5.13 图

5.14 如图 5.49 所示的 T 形截面铸铁梁,材料的许用拉应力和许用压应力分别为 $[\sigma_t] = 40$ MPa 和 $[\sigma_c] = 160$ MPa,试校核梁的强度。

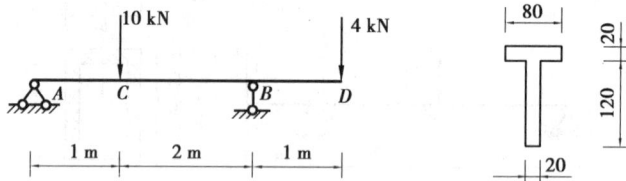

图 5.49 习题 5.14 图

5.15 如图 5.50 所示简支梁由 3 根木板胶合而成。若胶合面上的许用切应力 $[\tau_{胶}] = 0.34$ MPa,木材的许用正应力 $[\sigma] = 10$ MPa,许用切应力 $[\tau] = 1$ MPa。试求许可载荷 F。

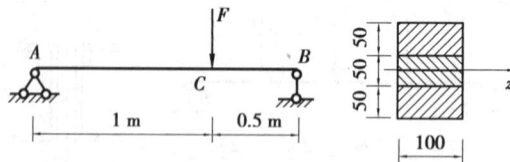

图 5.50 题 5.15 图

5.16 如图 5.51 所示的悬臂梁由两根尺寸完全相同的矩形截面木梁叠加而成,在自由端受集中载荷 F 作用。已知 $b = 200$ mm,$h = 200$ mm,$l = 3$ m,设木材的许用正应力 $[\sigma] = 10$ MPa,试求梁的许可载荷 F。如果在自由端用两个螺栓将梁连接成一整体,如图 5.51(b)所示,此梁的许可载荷 F 有无改变?若螺栓的许用切应力 $[\tau] = 100$ MPa,试求螺栓的最小直径 d。

5.17 如图 5.52 所示悬臂梁,自由端受集中载荷 $F = 20$ kN 作用,材料的许用正应力

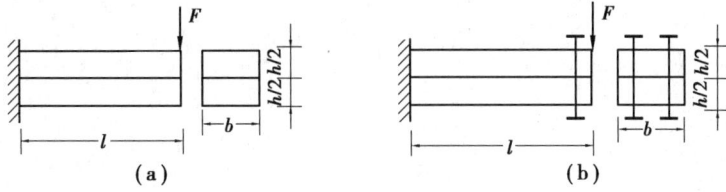

图 5.51　习题 5.16 图

$[\sigma]=140$ MPa。若分别采用下列 3 种截面形状:①工字形截面;②高宽比为 $h/b=2$ 的矩形截面;③圆形截面。试比较三者的材料用量。

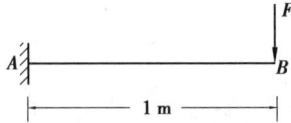

图 5.52　习题 5.17 图

5.18　如图 5.53 所示的一吊车梁,已知起重机(包含电葫芦自重)$F=30$ kN,跨长 $l=5$ m,吊车大梁 AB 由 20a 工字钢制成,其许用弯曲正应力$[\sigma]=170$ MPa,许用弯曲切应力$[\tau]=100$ MPa。试校核该梁的强度。

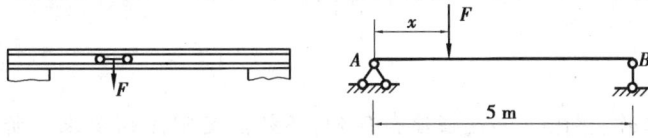

图 5.53　习题 5.18 图

6

弯曲变形

[本章导读]

为保证正常工作,梁除了满足强度条件外,还须满足刚度的要求。研究梁的弯曲变形的主要目的是控制梁的变形量,使其满足刚度要求,即梁的变形不能超过某一限值,同时也是为求解超静定梁提供变形几何条件。本章将讨论细长梁在线弹性小变形范围内的弯曲变形,着重介绍表征梁的弯曲变形的物理量——挠度和转角的概念及其关系;梁的挠曲线近似微分方程及其应用条件;计算弯曲变形的基本方法:积分法、叠加法;梁的刚度条件以及提高梁弯曲刚度的主要措施。

6.1 梁的挠度和转角

如图 6.1 所示一简支梁,取梁左端点 A 为坐标原点,变形前的轴线 AB 为 x 轴,与 x 轴垂直的轴为 w 轴。梁在横向载荷作用下发生弯曲变形,其轴线 AB 在 xw 平面内弯曲成一条光滑的曲线,该平面曲线称为梁的**挠曲线**或**挠曲轴**。挠曲线是弯曲变形的重点研究对象,也是衡量梁刚度的重要指标。梁产生弯曲变形后,其横截面位置会发生变化,一般包括以下 3 个部分:

1)挠度 w

梁中任一横截面的形心 C 在垂直于杆件轴线方向的线位移(图 6.1 中的 CC_1),称为该截面的**挠度**,用 w 表示。显然,梁中不同横截面处的挠度一般是不同的,可表示为

$$w = w(x) \tag{6.1}$$

式(6.1)称为挠曲线方程或挠度方程,表示挠度沿梁轴线方向的变化规律。如图 6.1 所示的坐标系下,挠度 w 以向下为正,向上为负。

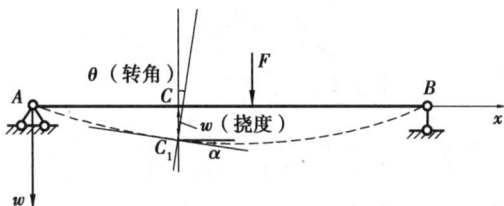

图 6.1 简支梁的挠曲线

2)转角 θ

梁中任一横截面相对于变形前的位置所发生的转动,即横截面绕其中性轴所转过的角度,称为该截面的**转角**,用 θ 表示,以弧度计量。显然,梁中不同横截面处的转角一般是不同的,可表示为

$$\theta = \theta(x) \tag{6.2}$$

式(6.2)称为转角方程,表示转角沿梁轴线方向的变化规律。在图 6.1 所示的坐标系下,转角 θ 以横截面顺时针转动方向为正,逆时针转动方向为负。

3)横截面形心的轴向位移 Δx

由于小变形条件下,轴向位移 Δx 为高阶小量,与前两项位移相比可略去不计。因此,描述梁的弯曲变形仅需要使用挠度 w 和转角 θ 这两个物理量。

根据平面假设,变形后梁的横截面与挠曲线仍然垂直。因此,横截面 C 的转角 θ 等于挠曲线上 C_1 点的切线与 x 轴正方向的夹角 α(图 6.1)。考虑小变形,挠曲线是一条平坦的曲线,则有

$$\theta = \alpha \approx \tan \alpha = \frac{\mathrm{d}w(x)}{\mathrm{d}x}$$

故有

$$\theta = \frac{\mathrm{d}w(x)}{\mathrm{d}x} = w'(x) \tag{6.3}$$

式(6.3)即为转角方程与挠曲线方程之间的关系式。可见,梁的任一横截面的转角,等于挠曲线在对应点的切线的斜率。只要求出梁的挠曲线方程 $w = w(x)$,即可求出任意横截面的挠度和转角。

6.2 梁的挠曲线近似微分方程

为求得梁的挠曲线方程,可利用在第 5 章中推导得出的纯弯曲梁挠曲线曲率半径 ρ 和弯矩 M 之间的关系[式(5.1)],即

$$\frac{1}{\rho} = \frac{M}{EI}$$

对于横力弯曲,梁横截面上既有剪力又有弯矩,变形由这两种内力共同引起。但由于工程中常用细长梁(跨高比 $l/h > 5$),剪力对变形的影响很小,远小于弯矩对变形的影响,故可略去不计,上式仍然适用,式中 ρ 和 M 均应为 x 的函数,即

$$\frac{1}{\rho(x)} = \frac{M(x)}{EI} \tag{a}$$

在数学上,平面曲线 $w = w(x)$ 的曲率计算式为

$$\frac{1}{\rho(x)} = \pm \frac{w''}{[1 + (w')^2]^{3/2}} \tag{b}$$

考虑小变形,梁的挠曲线是一条平坦的曲线,$w' = \theta \ll 1$,故 $(w')^2$ 与 1 相比可以忽略不计,则式(b)有

$$\frac{1}{\rho(x)} = \pm w'' \tag{c}$$

由式(a)和式(c)可得

$$\frac{M(x)}{EI} = \pm w'' \tag{d}$$

式(d)等号右端的正负号可由坐标系的选择来确定。在图 6.2 选取的坐标系下,可以看出:当梁段承受负弯矩时,梁的挠曲线为凸曲线,w'' 为正;反之,当梁段承受正弯矩时,梁的挠曲线为凹曲线,w'' 为负。

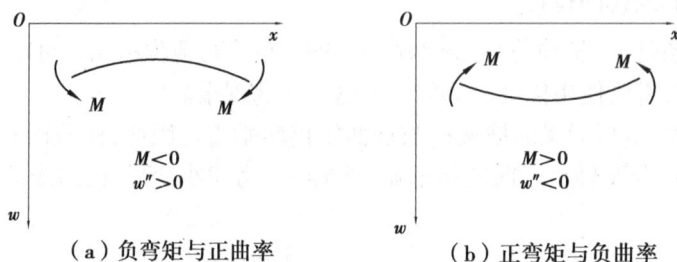

（a）负弯矩与正曲率　　　　　（b）正弯矩与负曲率

图6.2　弯矩与曲率正负号关系

由此可见,弯矩 M 的正负号与 w'' 的正负号总是相反的,则式(d)等号右端应取负号,即

$$\frac{M(x)}{EI} = -w'' \tag{6.4}$$

式(6.4)为梁的**挠曲线近似微分方程**,适用于理想线弹性材料制成的细长梁的小变形问题。

6.3　积分法求梁的弯曲变形

对于等截面直梁,抗弯刚度 EI 为常数,式(6.4)可改写成

$$EIw'' = -M(x)$$

将上式两边各乘以 $\mathrm{d}x$,积分一次可得转角方程

$$EIw' = EI\theta = -\int M(x)\,\mathrm{d}x + C \tag{6.5}$$

再积分一次,可得挠度方程

$$EIw = -\int \left[\int M(x)\,\mathrm{d}x \right] \mathrm{d}x + Cx + D \tag{6.6}$$

式(6.5)和式(6.6)中的 C、D 为积分常数,要确定这些积分常数,除利用支座处的边界条件外,还需要利用相邻两段梁在交界处的光滑连续条件。

所谓**边界条件**,是指在梁的支座或某截面处位移为已知的条件。对于简支梁,其左右铰支座处的挠度均等于零(图6.3);对于悬臂梁,固定端处挠度和转角均等于零(图6.4)。

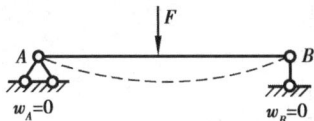 

图6.3 简支梁边界条件　　　图6.4 悬臂梁边界条件

所谓**光滑连续条件**,是指由于挠曲线是一条光滑连续的曲线,既不可能间断[图6.5(a)],也不可能有折点[图6.5(b)],所以在梁上任一横截面只有唯一的挠度和转角,即任意横截面左右两边的挠度方程在该截面处取值相等,任一横截面左右两边的转角方程在该横截面处取值也相等。

 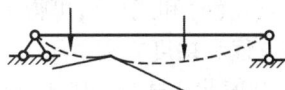

（a）出现间断　　　　　（b）出现折点

图6.5 挠曲线不连续不光滑

对于载荷不连续处,即集中力、集中力偶、分布载荷集度变化处等,如图6.6(a)所示,由于 C 截面左右两段梁的弯矩方程不同,则梁的挠曲线方程也会不同,但在 C 截面处应具有唯一的挠度和转角。即有

$$w_{C1} = w_{C2}, \qquad \theta_{C1} = \theta_{C2}$$

如果两根梁由中间铰连接[图6.6(b)],在中间铰处,挠度连续,转角不连续,即中间铰两侧的挠度相等,但转角不一定相等。即只有

$$w_{C1} = w_{C2}$$

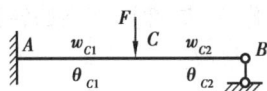 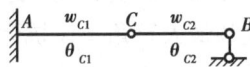

（a）无中间铰的梁　　　　（b）有中间铰的梁

图6.6 光滑连续条件

确定积分常数以后,将其代回式(6.5)和式(6.6),即可得到转角方程和挠度方程,从而可确定梁任意横截面的转角和挠度。利用积分法计算梁弯曲变形的步骤如下:

①建立弯矩方程;
②建立挠曲线近似微分方程并积分;
③确定积分常数;
④建立转角方程和挠度方程;
⑤计算最大挠度、最大转角、指定截面的挠度或转角等。

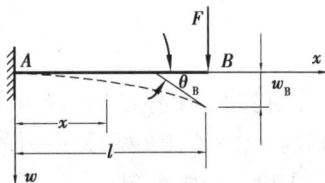

图6.7 例6.1图

【例6.1】如图6.7所示,悬臂梁 AB 自由端受集中力 F 作用,试计算该梁的转角方程和挠度方程,以及梁中的最大挠度和最大转角。设抗弯刚度 EI

为常数。

【解】①建立弯矩方程。

建立坐标系如图6.7所示,用截面法可得弯矩方程,即

$$M(x) = -F(l-x)$$

②建立挠曲线近似微分方程并积分。

$$EIw'' = -M(x) = Fl - Fx$$

$$EIw' = EI\theta = Flx - \frac{1}{2}Fx^2 + C \tag{e}$$

$$EIw = \frac{1}{2}Flx^2 - \frac{1}{6}Fx^3 + Cx + D \tag{f}$$

③确定积分常数。

悬臂梁固定端支座处的挠度和转角均等于零,即

$$x = 0 \text{ 处}, \qquad \theta(0) = 0, \quad w(0) = 0$$

将此条件代入式(e)和式(f),可得 $C = D = 0$。

④建立转角方程和挠度方程。

将求得的 C、D 值代入式(e)和式(f),即可得转角方程和挠度方程,分别为

$$\theta = w' = \frac{1}{EI}\left(Flx - \frac{1}{2}Fx^2\right) \tag{g}$$

$$w = \frac{1}{EI}\left(\frac{1}{2}Flx^2 - \frac{1}{6}Fx^3\right) \tag{h}$$

⑤计算最大挠度和最大转角。

由图6.7可见,梁中最大挠度和最大转角均出现在自由端 B 处,即 $x=l$ 处,故将 $x=l$ 代入式(g)和式(h)中即可得

$$w_{max} = w_B = \frac{Fl^3}{3EI}(\downarrow), \qquad \theta_{max} = \theta_B = \frac{Fl^2}{2EI}(\text{顺时针})$$

【例6.2】如图6.8所示,简支梁 AB 受集中力 F 作用,试计算该梁的转角方程和挠度方程,以及梁中的最大挠度和最大转角。设抗弯刚度 EI 为常数。

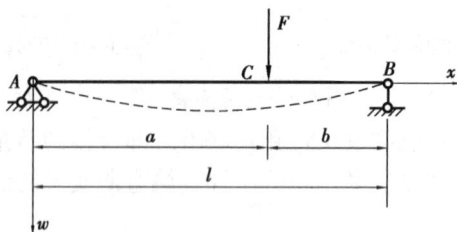

图6.8 例6.2图

【解】建立坐标系如图6.8所示,由于 C 截面处作用有集中力 F,所以梁的弯矩方程为分段函数。设 AC、CB 两段任一横截面处的挠度分别为 w_1、w_2,任一横截面的转角分别为 θ_1、θ_2。

①建立弯矩方程。

利用平衡方程,求得简支梁两端的支反力为

$$F_A = \frac{Fb}{l}(\uparrow), \qquad F_B = \frac{Fa}{l}(\uparrow)$$

分段列出弯矩方程,为

AC 段: $\qquad M_1(x) = \dfrac{Fb}{l}x \qquad\qquad (0 \le x \le a)$

CB 段: $\qquad M_2(x) = \dfrac{Fb}{l}x - F(x-a) \qquad (a \le x \le l)$

②建立挠曲线近似微分方程并积分。

AC 段: $\qquad EIw_1'' = -M_1(x) = -\dfrac{Fb}{l}x$

$$EIw_1' = EI\theta_1 = -\dfrac{Fb}{2l}x^2 + C_1 \tag{i}$$

$$EIw_1 = -\dfrac{Fb}{6l}x^3 + C_1 x + D_1 \tag{j}$$

CB 段: $\qquad EIw_2'' = -M_2(x) = -\dfrac{Fb}{l}x + F(x-a)$

$$EIw_2' = EI\theta_2 = -\dfrac{Fb}{2l}x^2 + \dfrac{F}{2}(x-a)^2 + C_2 \tag{k}$$

$$EIw_2 = -\dfrac{Fb}{6l}x^3 + \dfrac{F}{6}(x-a)^3 + C_2 x + D_2 \tag{l}$$

③确定积分常数。

简支梁左右铰支座处的挠度均等于零,即

$$w_1(0) = w_2(l) = 0$$

再考虑集中力 F 作用位置 C 截面(载荷不连续处)的光滑连续条件,即

$$\theta_1(a) = \theta_2(a), \qquad w_1(a) = w_2(a)$$

将位移边界条件和光滑连续条件分别代入式(i)、(j)、(k)和(l),可得

$$C_1 = C_2 = \dfrac{Fb}{6l}(l^2 - b^2), \qquad D_1 = D_2 = 0$$

④建立转角方程和挠度方程。

将求得的积分常数值分别代入式(i)、(j)、(k)和(l),即可得转角方程和挠度方程,分别为

AC 段: $\qquad \begin{cases} \theta_1 = \dfrac{Fb}{6EIl}(l^2 - b^2 - 3x^2) \\ w_1 = \dfrac{Fbx}{6EIl}(l^2 - b^2 - x^2) \end{cases} \qquad (0 \le x \le a) \tag{m}$

CB 段: $\qquad \begin{cases} \theta_2 = \dfrac{Fb}{6EIl}\left[(l^2 - b^2 - 3x^2) + \dfrac{3l}{b}(x-a)^2\right] \\ w_2 = \dfrac{Fb}{6EIl}\left[(l^2 - b^2 - x^2)x + \dfrac{l}{b}(x-a)^3\right] \end{cases} \qquad (a \le x \le l) \tag{n}$

⑤计算最大挠度和最大转角。

由于转角沿梁轴线方向是连续变化的,且 $\theta_A > 0$(顺时针), $\theta_B < 0$(逆时针),根据该梁挠曲线形状(图 6.8 中虚线所示),故可确定最大转角 $\theta_{\max}$ 必为 θ_A 和 θ_B 中绝对值较大的那一个。

$$\theta_A = \theta_1(0) = \frac{Fb}{6EIl}(l^2 - b^2) = \frac{Fab}{6EIl}(l + b)$$

$$\theta_B = \theta_2(l) = \frac{Fb}{6EIl}(-b^2 - 2l^2 + 3lb) = -\frac{Fab}{6EIl}(l + a)$$

显然,当集中力 F 靠近 B 支座,即 $a>b$,则最大转角发生在 B 支座处,即

$$\theta_{max} = |\theta_B| = \frac{Fab}{6EIl}(l + a)$$

当集中力 F 位于梁跨中时,即 $a=b$,则最大转角发生在 A、B 支座处,即

$$\theta_{max} = |\theta_A| = |\theta_B| = \frac{Fl^2}{16EI}$$

这也可由挠曲线的对称性直接看出。

由于 $\theta = w'$,挠度极值所在横截面的转角必为零。前已述及,$\theta_A>0$ 和 $\theta_B<0$,故 $\theta=0$ 的截面位置是发生在 AC 段还是 BC 段,可以通过转角 θ_C 的正负号来确定。在式(m)或式(n)中,令 $x=a$,可得

$$\theta_C = -\frac{Fab}{3EIl}(a - b)$$

若 $a>b$,则 $\theta_C<0$(逆时针)。在 AC 段中从 A 截面变化到 C 截面时,转角由正号变成了负号,其正负号发生了改变,则 $\theta=0$ 的截面必然出现在 AC 段中。利用式(m),可得

$$\frac{Fb}{6EIl}(l^2 - b^2 - 3x_0^2) = 0$$

$$x_0 = \sqrt{\frac{l^2 - b^2}{3}} \qquad\qquad (o)$$

上式中,x_0 即挠度为最大值的横截面的横坐标。再将 x_0 的值代入 AC 段的挠度方程中,可得最大挠度为

$$w_{max} = w_1(x_0) = \frac{Fb}{9\sqrt{3}EIl}\sqrt{(l^2 - b^2)^3}$$

若 $a=b$,则 $\theta_C=0$。最大挠度发生在梁跨中,即 $x_0 = \frac{l}{2}$,可得

$$w_{max} = w_1\left(\frac{l}{2}\right) = \frac{Fl^3}{48EI}$$

另外,当集中力 F 无限接近于 B 支座,以至于 b^2 与 l^2 相比可以省略,由式(o)得

$$x_0 = \frac{l}{\sqrt{3}} \approx 0.577l, \qquad w_{max} = w_1(x_0) = \frac{Fbl^2}{9\sqrt{3}EI} \approx 0.064\frac{Fbl^2}{EI}$$

而梁跨中截面挠度为

$$w_1\left(\frac{l}{2}\right) = \frac{Fb}{48EI}(3l^2 - 4b^2)$$

略去 b^2 项,得

$$w_1\left(\frac{l}{2}\right) = \frac{Fbl^2}{16EI} \approx 0.063\frac{Fbl^2}{EI}$$

可见,即使在这种极端情况下,发生最大挠度的截面仍然在梁跨中附近,且最大挠度与跨中挠度非常接近。所以工程上对于简支梁,只要挠曲线无拐点,总可以用跨中挠度近似代替最大挠度,并且不会引起很大误差。

积分法是计算梁弯曲变形的一种基本方法。其优点是可以用数学方法得到转角方程和挠度方程,缺点是计算指定截面的转角和挠度时运算过程烦琐。为了使用方便,依照上述积分的方法,现将常用的等截面直梁在简单载荷作用下的变形列入表6.1,以备查用。

表 6.1　简单载荷作用下等截面直梁的挠度和转角

序号	梁的简图	挠曲线方程	端截面转角	最大挠度或跨中挠度
1		$w=\dfrac{Fx^2}{6EI}(3l-x)$	$\theta_B=\dfrac{Fl^2}{2EI}$	$w_B=\dfrac{Fl^3}{3EI}$
2		$w=\dfrac{Fx^2}{6EI}(3a-x),(0\le x\le a)$ $w=\dfrac{Fa^2}{6EI}(3x-a),(a\le x\le l)$	$\theta_B=\theta_C=\dfrac{Fa^2}{2EI}$	$w_B=\dfrac{Fa^2}{6EI}(3l-a)$
3		$w=\dfrac{qx^2}{24EI}(x^2-4lx+6l^2)$	$\theta_B=\dfrac{ql^3}{6EI}$	$w_B=\dfrac{ql^4}{8EI}$
4		$w=\dfrac{M_e x^2}{2EI}$	$\theta_B=\dfrac{M_e l}{EI}$	$w_B=\dfrac{M_e l^2}{2EI}$
5		$w=\dfrac{Fx}{48EI}(3l^2-4x^2),$ $(0\le x\le \dfrac{l}{2})$	$\theta_A=-\theta_B=\dfrac{Fl^2}{16EI}$	在 $x=\dfrac{l}{2}$ 处, $w_C=\dfrac{Fl^3}{48EI}$
6		$w=\dfrac{Fbx}{6EIl}(l^2-x^2-b^2),$ $(0\le x\le a)$ $w=\dfrac{Fb}{6EIl}\left[\dfrac{l}{b}(x-a)^3+(l^2-b^2)x-x^3\right],$ $(a\le x\le l)$	$\theta_A=\dfrac{Fab(l+b)}{6EIl}$ $\theta_B=\dfrac{Fab(l+a)}{6EIl}$	设 $a>b$,在 $x=\sqrt{\dfrac{l^2-b^2}{3}}$ 处, $w_{max}=\dfrac{Fb(l^2-b^2)^{3/2}}{9\sqrt{3}\,EIl}$ $w_{\frac{l}{2}}=\dfrac{Fb(3l^2-4b^2)}{48EI}$
7		$w=\dfrac{qx}{24EI}(l^3-2lx^2+x^3)$	$\theta_A=-\theta_B=\dfrac{ql^3}{24EI}$	$w_{\frac{l}{2}}=\dfrac{5ql^4}{384EI}$

续表

序号	梁的简图	挠曲线方程	端截面转角	最大挠度或跨中挠度
8		$w=\dfrac{M_{e}x}{6EIl}(l-x)(2l-x)$	$\theta_{A}=\dfrac{M_{e}l}{3EI}$ $\theta_{B}=-\dfrac{M_{e}l}{6EI}$	$x=\left(1-\dfrac{1}{\sqrt{3}}\right)l,$ $w_{max}=\dfrac{M_{e}l^{2}}{9\sqrt{3}\,EI}$ $w_{\frac{l}{2}}=\dfrac{M_{e}l^{2}}{16EI}$
9		$w=\dfrac{M_{e}x}{6EIl}(l^{2}-x^{2})$	$\theta_{A}=\dfrac{M_{e}l}{6EI}$ $\theta_{B}=-\dfrac{M_{e}l}{3EI}$	$x=\dfrac{l}{\sqrt{3}},\ w_{max}=\dfrac{M_{e}l^{2}}{9\sqrt{3}\,EI}$ $w_{\frac{l}{2}}=\dfrac{M_{e}l^{2}}{16EI}$
10		$w=\dfrac{M_{e}x}{6EIl}(l^{2}-3b^{2}-x^{2}),$ $(0\leqslant x\leqslant a)$ $w=-\dfrac{M_{e}(l-x)}{6EIl}(3a^{2}-2lx+x^{2}),$ $(a\leqslant x\leqslant l)$	$\theta_{A}=\dfrac{M_{e}}{6EIl}(l^{2}-3b^{2})$ $\theta_{B}=\dfrac{M_{e}}{6EIl}(l^{2}-3a^{2})$	AC 梁段: $w_{max}=\dfrac{M_{e}(l^{2}-3b^{2})^{\frac{3}{2}}}{9\sqrt{3}\,EIl}$ CB 梁段: $w_{max}=\dfrac{M_{e}(l^{2}-3a^{2})^{\frac{3}{2}}}{9\sqrt{3}\,EIl}$
11		$w=-\dfrac{Fax}{6EIl}(l^{2}-x^{2})\quad(0\leqslant x\leqslant l)$ $w=\dfrac{F(l-x)}{6EI}[(x-l)^{2}+a(l-3x)]$ $(l\leqslant x\leqslant l+a)$	$\theta_{A}=-\dfrac{Fal}{6EI},\theta_{B}=\dfrac{Fal}{3EI}$ $\theta_{C}=\dfrac{Fa}{6EI}(2l+3a)$	$w_{C}=\dfrac{Fa^{2}}{3EI}(l+a)$
12		$w=-\dfrac{qa^{2}x}{12EIl}(l^{2}-x^{2})(0\leqslant x\leqslant l)$ $w=-\dfrac{q(l-x)}{24EI}[2a^{2}(3x-l)+$ $(x-l)^{2}(x-l-4a)](l\leqslant x\leqslant l+a)$	$\theta_{A}=-\dfrac{qla^{2}}{12EI}$ $\theta_{B}=\dfrac{qla^{2}}{6EI}$ $\theta_{C}=\dfrac{qa^{2}(l+a)}{6EI}$	$w_{C}=\dfrac{qa^{3}}{24EI}(4l+3a)$
13		$w=-\dfrac{M_{e}x}{6EIl}(l^{2}-x^{2})(0\leqslant x\leqslant l)$ $w=-\dfrac{M_{e}}{6EI}(4xl-3x^{2}-l^{2})$ $(l\leqslant x\leqslant l+a)$	$\theta_{A}=-\dfrac{M_{e}l}{6EI}$ $\theta_{B}=\dfrac{M_{e}}{3EI}$ $\theta_{C}=\dfrac{M_{e}}{3EI}(l+3a)$	$w_{C}=\dfrac{M_{e}a}{6EI}(2l+3a)$

6.4 叠加法求梁的弯曲变形

积分法的计算结果可以全面反映整个梁的挠度和转角的变化规律,但有时也过于烦琐,工作量大。如果只需要知道某些关键部位的挠度和转角,那么本节所介绍的叠加法则更为方便快捷。

在小变形前提下,梁的材料在线弹性范围内工作时,梁的挠度和转角均与梁上的载荷成线性关系。梁上某一载荷所引起的变形不会影响其他载荷所产生的变形,即每一载荷对梁变形的影响是各自独立的。在此情况下,当梁上有多个载荷作用时,梁的某个截面处的挠度和转角就等于每个载荷单独作用下该截面的挠度和转角的代数和,这就是计算梁弯曲变形的**叠加原理**。应用叠加原理计算梁的挠度和转角的方法称为**叠加法**。

$$w = \sum_{i=1}^{n} w_i, \qquad \theta = \sum_{i=1}^{n} \theta_i \qquad (6.7)$$

在原理上,利用叠加法不仅可以求出指定截面处的挠度和转角,同样也可以求出整个梁的挠度方程和转角方程。但从实际计算工作量考虑,用叠加法计算挠度方程的过程反而不如用积分法来得直接。因此,叠加法用来计算指定截面的挠度和转角更能发挥自身的优势。应用叠加法时,通常需要将所求问题的载荷及结构进行分解或转化为表6.1中所列出的简单形式。

为了将问题转化成表6.1中若干个简单情况的组合,有时需要将载荷进行分解。图6.9(a)的载荷可以分解为图6.9(b)和(c)的组合;图6.10中的载荷可以分解为图6.11(a)、(b)和(c)的组合。然后根据表6.1查得各分解情况下的梁的挠度和转角,再利用式(6.7)进行叠加求和。因此,利用叠加法计算梁的挠度和转角的步骤为:

①载荷分解;②查表求解;③叠加求和。

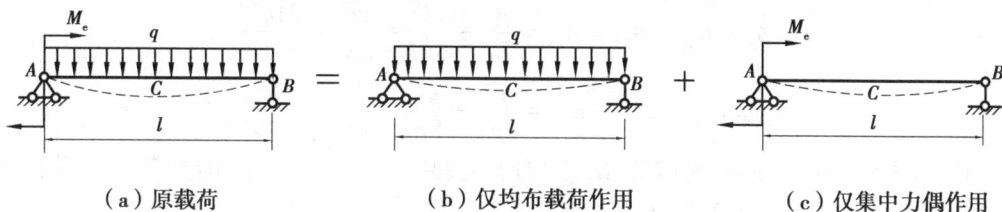

（a）原载荷　　　　　　（b）仅均布载荷作用　　　　　（c）仅集中力偶作用

图6.9　简支梁载荷分解示意图

【例6.3】如图6.10所示,悬臂梁 AB 同时受均布载荷 q、集中力 ql 和集中力偶 ql^2 作用,试用叠加法计算梁 B 截面的转角 θ_B 和挠度 w_B。设抗弯刚度 EI 为常数。

【解】①分解载荷。

将梁上载荷分解为集中力偶 ql^2、均布载荷 q 和集中力 ql 单独作用的3种情况,如图6.11(a)、(b)和(c)所示。

根据叠加法可知, $\theta_B = \theta_{B1} + \theta_{B2} + \theta_{B3}$, $w_B = w_{B1} + w_{B2} + w_{B3}$。

②查表求解。

在集中力偶 ql^2 和均布载荷 q 作用下,直接查表6.1可得

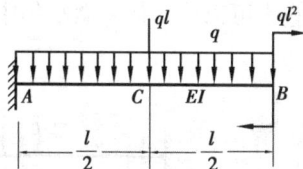

图6.10　例6.3图

（a）仅集中力偶作用　　　　（b）仅均布载荷作用　　　　（c）仅集中力作用

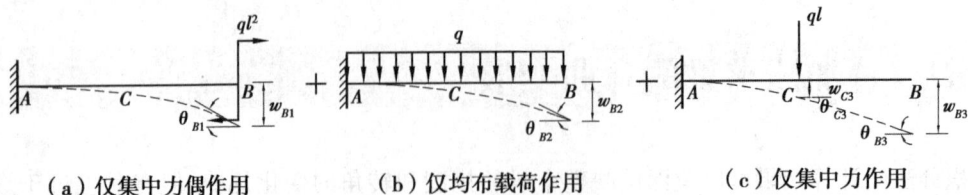

图 6.11　载荷分解图

$$\theta_{B1} = \frac{M_e l}{EI} = \frac{ql^3}{EI}, \qquad w_{B1} = \frac{M_e l^2}{2EI} = \frac{ql^4}{2EI}$$

$$\theta_{B2} = \frac{ql^3}{6EI}, \qquad w_{B2} = \frac{ql^4}{8EI}$$

在集中力 ql 作用下，悬臂梁 AC 段发生弯曲变形，与梁长为 $\dfrac{l}{2}$ 的悬臂梁自由端受集中力作用的变形完全一致。而 CB 段由于没有横向载荷，不会产生内力，该段将顺着 C 截面的挠度和转角发生刚体位移。因此，B 截面的转角 θ_{B3} 就等于 C 截面的转角 θ_{C3}。

$$\theta_{B3} = \theta_{C3} = \frac{F\left(\dfrac{l}{2}\right)^2}{2EI} = \frac{ql^3}{8EI}$$

而 B 截面的挠度 w_{B3} 包括两部分：C 截面的挠度 w_{C3}，以及 CB 段由于 C 处转角发生刚体位移而引起的挠度。

$$w_{B3} = w_{C3} + \theta_{C3} \cdot \frac{l}{2} = \frac{F\left(\dfrac{l}{2}\right)^3}{3EI} + \frac{ql^3}{8EI} \cdot \frac{l}{2} = \frac{5ql^4}{48EI}$$

③叠加求和。

$$\theta_B = \theta_{B1} + \theta_{B2} + \theta_{B3} = \frac{ql^3}{EI} + \frac{ql^3}{6EI} + \frac{ql^3}{8EI} = \frac{31ql^3}{24EI}$$

$$w_B = w_{B1} + w_{B2} + w_{B3} = \frac{ql^4}{2EI} + \frac{ql^4}{8EI} + \frac{5ql^4}{48EI} = \frac{35ql^4}{48EI}$$

【例 6.4】如图 6.12 所示，悬臂梁 AB 受到均布载荷 q 作用，试用叠加法计算梁 B 截面的转角 θ_B 和挠度 w_B。设抗弯刚度 EI 为常数。

【解】①分解载荷。

该梁虽然是简单悬臂梁，但是由于载荷作用位置比较特殊，其变形不能直接从表 6.1 中查出。将梁上均布载荷 q 进行分解，将其视为无穷个微小的集中力 dF 的组合，如图 6.13 所示。通过查表可以得到任一微小集中力 dF 单独作用时引起的变形，最后的叠加通过积分运算完成。

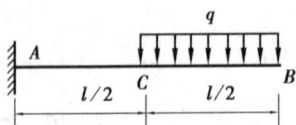

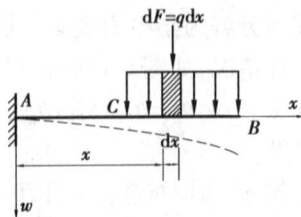

图 6.12　例 6.4 图　　　　　　　　图 6.13　载荷分解示意图

②查表求解。

根据表 6.1 可知,距悬臂梁固定端 x 处的集中力 $dF = qdx$ 单独作用时在自由端产生的挠度和转角分别为

$$d\theta_B = \frac{dF \cdot x^2}{2EI} = \frac{qx^2 dx}{2EI}, \qquad dw_B = \frac{qx^2}{6EI}(3l - x) \, dx$$

③叠加求和。

$$\theta_B = \int_C^B d\theta_B = \int_{\frac{l}{2}}^l \frac{qx^2 dx}{2EI} = \frac{7ql^3}{48EI}$$

$$w_B = \int_C^B dw_B = \int_{\frac{l}{2}}^l \frac{qx^2}{6EI}(3l - x) \, dx = \frac{41ql^4}{384EI}$$

在例 6.4 中,也可以考虑对载荷进行重组分解,将图 6.12 的载荷分解为图 6.14(a)和(b)的叠加。

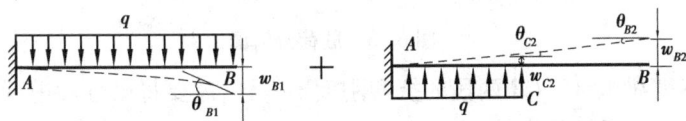

（a）AB段作用向下的均布载荷　　　（b）仅AC段作用向上的均布载荷

图 6.14　载荷分解图

即,$\theta_B = \theta_{B1} + \theta_{B2}$,$w_B = w_{B1} + w_{B2}$。

根据表 6.1 可知,悬臂梁在均布载荷 q 作用下[如图 6.14(a)所示],有

$$\theta_{B1} = \frac{ql^3}{6EI}, \qquad w_{B1} = \frac{ql^4}{8EI}$$

图 6.14(b)中,悬臂梁 AC 段发生弯曲变形,与梁长为 $\frac{l}{2}$ 的悬臂梁受均布载荷作用的变形完全一致。而 CB 段将顺着 C 截面的挠度和转角发生刚体位移。因此,B 截面的转角 θ_{B2} 就等于 C 截面的转角 θ_{C2}。

$$\theta_{B2} = \theta_{C2} = -\frac{q\left(\frac{l}{2}\right)^3}{6EI} = -\frac{ql^3}{48EI}$$

而 B 截面的挠度 w_{B2} 包括两部分:C 截面的挠度 w_{C2},以及 CB 段由于 C 处转角发生刚体位移而引起的挠度。

$$w_{B2} = w_{C2} + \theta_{C2} \cdot \frac{l}{2} = -\frac{q\left(\frac{l}{2}\right)^4}{8EI} - \frac{ql^3}{48EI} \cdot \frac{l}{2} = -\frac{7ql^4}{384EI}$$

最后,叠加求和。

$$\theta_B = \theta_{B1} + \theta_{B2} = \frac{ql^3}{6EI} - \frac{ql^3}{48EI} = \frac{7ql^3}{48EI}$$

$$w_B = w_{B1} + w_{B2} = \frac{ql^4}{8EI} - \frac{7ql^4}{384EI} = \frac{41ql^4}{384EI}$$

【**例** 6.5】如图 6.15 所示,变截面悬臂梁自由端受集中力 F 作用,试计算自由端 A 截面的转角 θ_A 和挠度 w_A。

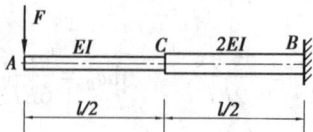

图 6.15　例 6.5 图

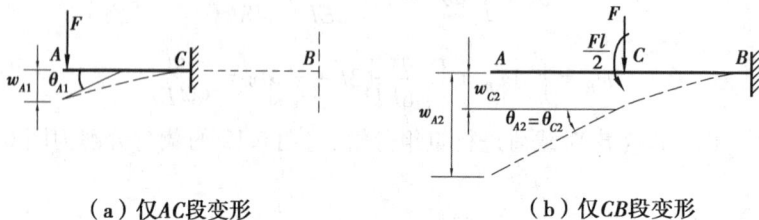

（a）仅 AC 段变形　　　　　　　　　　　（b）仅 CB 段变形

图 6.16　载荷分解图

【**解**】由于悬臂梁上 AC、CB 两段的抗弯刚度不一样,需要将梁分段进行计算再叠加。

①AC 段。将 CB 段视为刚体,而 AC 段就相当于 C 截面固定的悬臂梁,如图 6.16(a)所示。根据表 6.1 可知,自由端 A 截面的转角和挠度分别为

$$\theta_{A1} = -\frac{F\left(\dfrac{l}{2}\right)^2}{2EI} = -\frac{Fl^2}{8EI}, \qquad w_{A1} = \frac{F\left(\dfrac{l}{2}\right)^3}{3EI} = \frac{Fl^3}{24EI}$$

②CB 段。将作用于 A 点的集中力 F 向 C 点简化,得到作用于 C 截面的集中力 F 和集中力偶 $Fl/2$,如图 6.16(b)所示。与例 6.3 相同的方法,A 截面的转角 θ_{A2} 就等于 C 截面的转角 θ_{C2}。此时,C 截面的转角 θ_{C2} 由集中力 F 和集中力偶 $Fl/2$ 共同作用所引起。

$$\theta_{A2} = \theta_{C2} = -\frac{F\left(\dfrac{l}{2}\right)^2}{2 \times 2EI} - \frac{\dfrac{Fl}{2} \cdot \dfrac{l}{2}}{2EI} = -\frac{3Fl^2}{16EI}$$

C 截面的挠度 w_{C2} 由集中力 F 和集中力偶 $Fl/2$ 共同作用所引起。

$$w_{C2} = \frac{F\left(\dfrac{l}{2}\right)^3}{3 \times 2EI} + \frac{\dfrac{Fl}{2} \cdot \left(\dfrac{l}{2}\right)^2}{2 \times 2EI} = \frac{5Fl^3}{96EI}$$

而 A 截面的挠度包括两部分:C 截面的挠度 w_{C2},以及 AC 段由于 C 处转角发生刚体位移而引起的挠度。

$$w_{A2} = w_{C2} + \left|\theta_{C2} \cdot \frac{l}{2}\right| = \frac{5Fl^3}{96EI} + \frac{3Fl^2}{16EI} \cdot \frac{l}{2} = \frac{7Fl^3}{48EI}$$

③叠加求和。

$$\theta_A = \theta_{A1} + \theta_{A2} = -\frac{Fl^2}{8EI} - \frac{3Fl^2}{16EI} = -\frac{5Fl^2}{16EI}$$

$$w_A = w_{A1} + w_{A2} = \frac{Fl^3}{24EI} + \frac{7Fl^3}{48EI} = \frac{3Fl^3}{16EI}$$

6.5 梁的刚度条件

在按强度条件确定了梁的截面形状和尺寸以后,往往还要检查梁的变形是否超过许用范围,即还须检查梁的刚度条件是否满足要求。梁的刚度条件就是指梁的最大挠度 w_{max} 不应超过许用挠度 $[w]$,最大转角 θ_{max} 不得超过许用转角 $[\theta]$。故梁的刚度条件为

$$w_{max} \leq [w] , \qquad \theta_{max} \leq [\theta] \qquad (6.8)$$

在机械工程中,一般对受弯杆件的挠度和转角都需要进行校核;而在土木工程中,通常只校核挠度,并以许用挠度与跨度的比值 $\left[\dfrac{w}{l}\right]$ 作为校核的标准,即

$$\frac{w_{max}}{l} \leq \left[\frac{w}{l}\right]$$

梁的许用挠度 $[w]$ 与材料、跨度、约束类型、用途、载荷大小等因素有关。例如《混凝土结构设计规范》规定:吊车梁的 $\left[\dfrac{w}{l}\right]$ 为 $\dfrac{1}{500}$(手动吊车)或 $\dfrac{1}{600}$(电动吊车),屋盖、楼盖以及楼梯等受弯构件的 $\left[\dfrac{w}{l}\right]$ 为 $\dfrac{1}{300} \sim \dfrac{1}{200}$。

土木工程中的梁,一般以强度条件作为控制计算,确定梁的截面形状和尺寸,再校核梁的刚度。

【例 6.6】如图 6.17 所示,简支梁受集中力 10 kN 和均布载荷 4 kN/m 作用,采用 22a 号工字钢,其弹性模量 $E = 200$ GPa,$\left[\dfrac{w}{l}\right] = \dfrac{1}{500}$,试校核该梁的刚度。

【解】①计算最大挠度 w_{max}。

由于结构和载荷的对称性,可以判断最大挠度 w_{max} 发生在梁跨中。再根据叠加法计算梁跨中挠度,即 w_{max}。

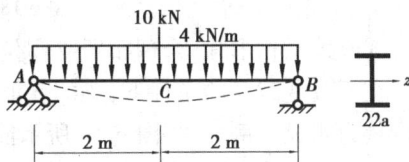

图 6.17 例 6.6 图

$$w_{max} = w_C = \frac{Fl^3}{48EI_z} + \frac{5ql^4}{384EI_z}$$

②刚度校核。

根据型钢表,22a 号工字钢的 $I_z = 3\,400$ cm^4,则可得

$$\begin{aligned}
\frac{w_{max}}{l} &= \frac{Fl^2}{48EI_z} + \frac{5ql^3}{384EI_z} \\
&= \frac{(10 \times 10^3 \text{N}) \times (4 \text{ m})^2}{48 \times (200 \times 10^9 \text{Pa}) \times (3\,400 \times 10^{-8} \text{m}^4)} + \frac{5 \times (4 \times 10^3 \text{ N} \cdot \text{m}^{-1}) \times (4 \text{ m})^3}{384 \times (200 \times 10^9 \text{Pa}) \times (3\,400 \times 10^{-8} \text{m}^4)} \\
&= 9.8 \times 10^{-4} < \left[\frac{w}{l}\right] = \frac{1}{500}
\end{aligned}$$

所以,该简支梁刚度满足要求。

6.6 提高梁弯曲刚度的主要措施

提高梁的弯曲刚度,就是尽可能减小梁的弯曲变形。由本章例题以及表6.1可以看出,梁的挠度和转角与梁的抗弯刚度 EI、梁的跨度、载荷、约束等因素有关。结合上述因素,下面讨论提高梁弯曲刚度的主要措施。

①选用合理的截面形状,增大梁的抗弯刚度 EI。

梁的变形与抗弯刚度 EI 成反比,所以增大弹性模量 E 和增大截面对中性轴的惯性矩 I 都可以提高梁的抗弯刚度。但是,钢材的弹性模量 E 相差不大,对弯曲刚度的提高收效甚微。所以,增大 EI,主要考虑选择合理的截面形状,增大截面对中性轴的惯性矩 I。如前所述,选用工字形、槽形、T形、H形等截面形状,不仅能提高梁的强度,对改善梁的刚度也效果明显。

②改变加载方式,合理布置载荷位置。

将集中力[如图6.18(a)所示]改为通过辅梁作用在主梁上[如图6.18(b)所示],或者将集中力改为均布载荷[如图6.18(c)所示],都能有效降低梁上最大弯矩,减小梁的弯曲变形,从而提高梁的弯曲刚度。

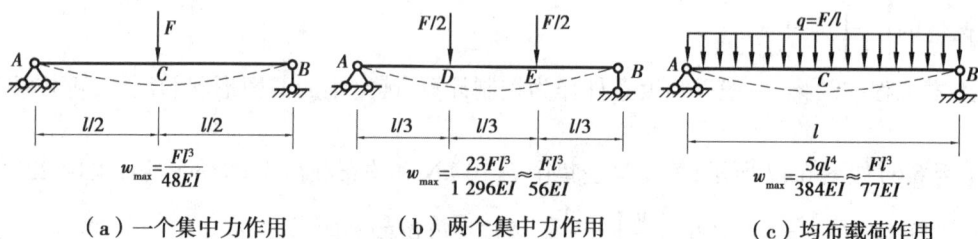

$$w_{max}=\frac{Fl^3}{48EI}$$

$$w_{max}=\frac{23Fl^3}{1\,296EI}\approx\frac{Fl^3}{56EI}$$

$$w_{max}=\frac{5ql^4}{384EI}\approx\frac{Fl^3}{77EI}$$

(a)一个集中力作用　　　　(b)两个集中力作用　　　　(c)均布载荷作用

图6.18 加载方式对变形的影响

③改善结构形式,合理布置支座位置。

在不改变载荷的条件下,梁的变形与梁跨度 l 的 n 次幂成正比,所以减小跨度对变形的影响会较为明显。例如,将图6.19所示简支梁的支座同时向内侧移动 $l/10$ 后,梁的最大挠度只有原来简支梁最大挠度的37.8%,变形明显下降。

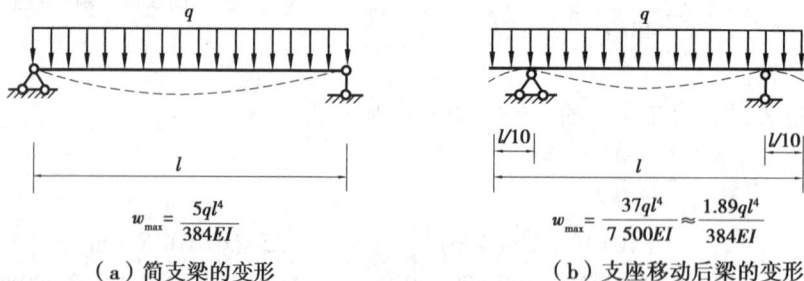

$$w_{max}=\frac{5ql^4}{384EI}$$

$$w_{max}=\frac{37ql^4}{7\,500EI}\approx\frac{1.89ql^4}{384EI}$$

(a)简支梁的变形　　　　　　(b)支座移动后梁的变形

图6.19 结构形式对变形的影响

④增加约束,采用超静定结构。

当静定梁的刚度不能满足要求时,增加约束形成超静定梁,能大大改善梁的刚度。如图6.20所示,当悬臂梁自由端增加固定端约束后,梁的最大挠度仅为原来的2%。

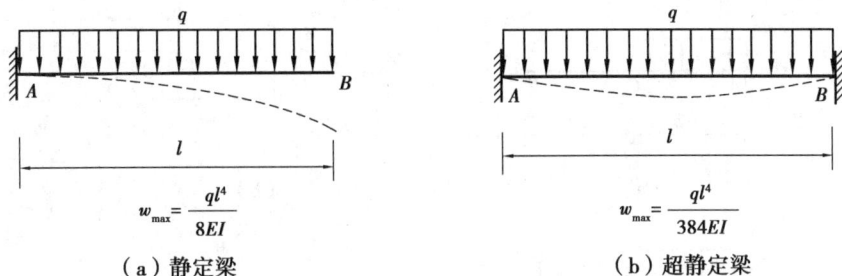

（a）静定梁 $w_{max} = \dfrac{ql^4}{8EI}$ （b）超静定梁 $w_{max} = \dfrac{ql^4}{384EI}$

图 6.20　约束对变形的影响

思考题

6.1　什么是挠度？什么是转角？两者有什么关系？如何确定挠度和转角的方向？

6.2　挠曲线近似微分方程的适用条件是什么？为什么？

6.3　如何大致绘出挠曲线的形状？

6.4　叠加法的理论基础是什么？叠加法的应用范围有什么限制？

6.5　假如两根梁的长度、抗弯刚度和弯矩方程均相同，则两根梁的变形是否相同？为什么？

6.6　提高梁的弯曲强度和弯曲刚度各有哪些措施？这些措施中哪些可以起到"一箭双雕"的作用？

6.7　如图 6.21 所示的上下两根梁之间光滑接触。上梁加载时,是如何将载荷传递到下梁的？

6.8　如图 6.22 所示简支梁中,欲使滚轮在梁上移动时恰好走一条水平线,则需要预先把梁的轴线弯成怎样的曲线？

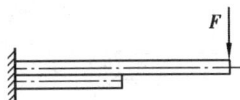

图 6.21　思考题 6.7 图

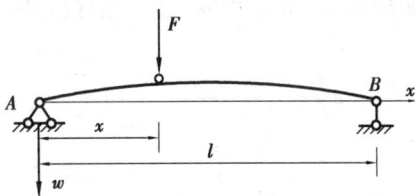

图 6.22　思考题 6.8 图

习　题

6.1　图 6.23 所示各梁,试画出梁挠曲线的大致形状。

6.2　图 6.24 所示各梁,试画出梁挠曲线的大致形状。

6.3　试写出图 6.23 所示各梁的边界条件和光滑连续条件。

6.4　试写出图 6.24 所示各梁 E 截面处的光滑连续条件。

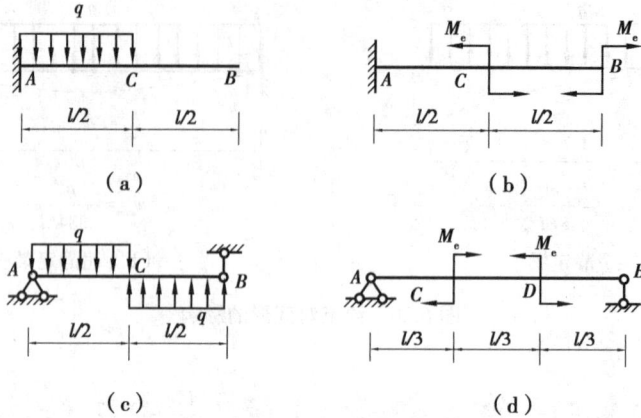

图 6.23　习题 6.1 图

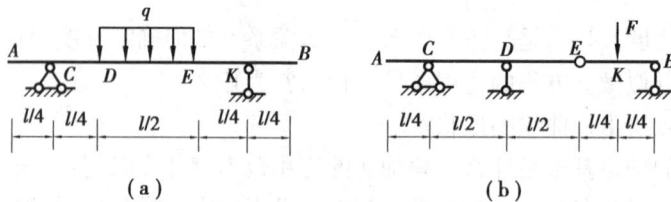

图 6.24　习题 6.2 图

6.5　试写出图 6.25 所示梁的边界条件和光滑连续条件。

6.6　试用积分法计算图 6.26 所示各梁的挠度方程、转角方程、最大挠度和最大转角。设梁的抗弯刚度 EI 为常数。

6.7　试用积分法计算图 6.27 所示各梁的挠度方程、转角方程、C 截面挠度 w_C 和转角 θ_C。设梁的抗弯刚度 EI 为常数。

6.8　试用积分法计算图 6.28 所示各梁的挠度方程、转角方程、B 截面挠度 w_B 和转角 θ_B。设梁的抗弯刚度 EI 为常数。

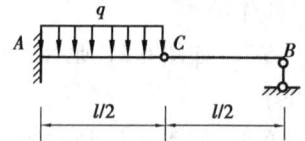

图 6.25　习题 6.5 图

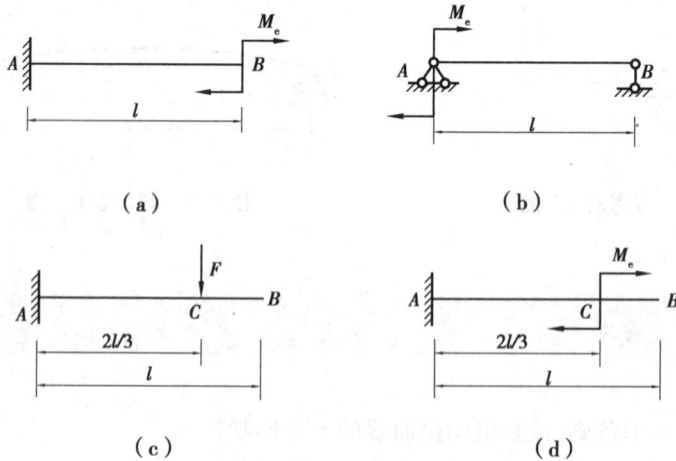

图 6.26　习题 6.6 图

（a） （b）

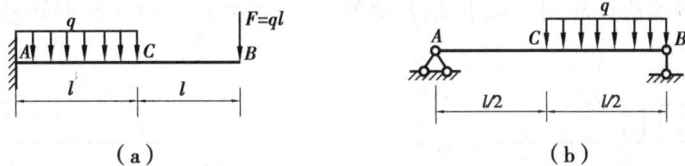

图 6.27 习题 6.7 图

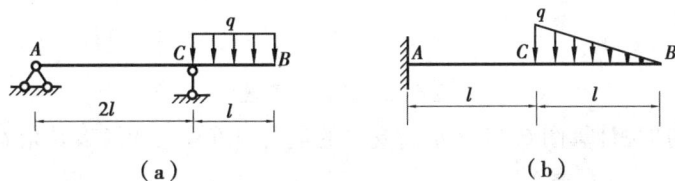

（a） （b）

图 6.28 习题 6.8 图

6.9 试用积分法计算图 6.29 所示变截面梁的挠度方程、转角方程、C 截面挠度 w_C 及转角 θ_C，B 截面挠度 w_B 及转角 θ_B。设梁的抗弯刚度 EI 为常数。

6.10 试用积分法计算图 6.30 所示梁的挠度方程、转角方程、C 截面挠度 w_C 和 B 截面转角 θ_B。设梁的抗弯刚度 EI 为常数。

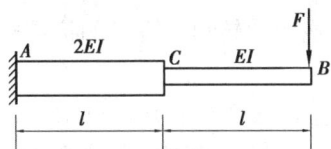

图 6.29 习题 6.9 图

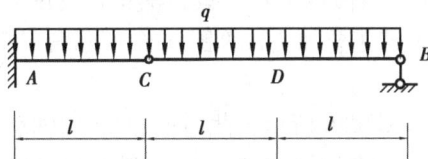

图 6.30 习题 6.10 图

6.11 试用叠加法计算图 6.31 所示各梁的 C 截面挠度 w_C 和 B 截面转角 θ_B。设梁的抗弯刚度 EI 为常数。

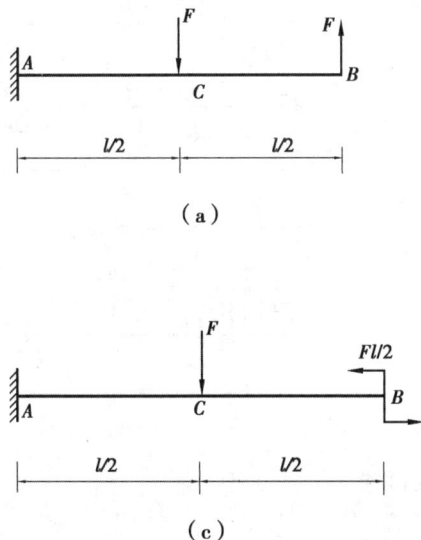

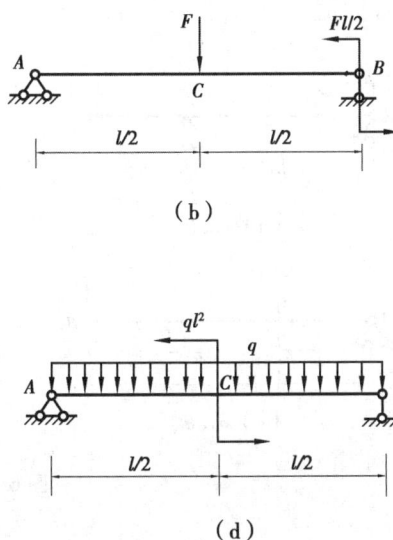

（a）

（b）

（c）

（d）

图 6.31 习题 6.11 图

6.12 试用叠加法计算图 6.32 所示各梁的 C 截面挠度 w_C 和 B 截面转角 θ_B。设梁的抗弯刚度 EI 为常数。

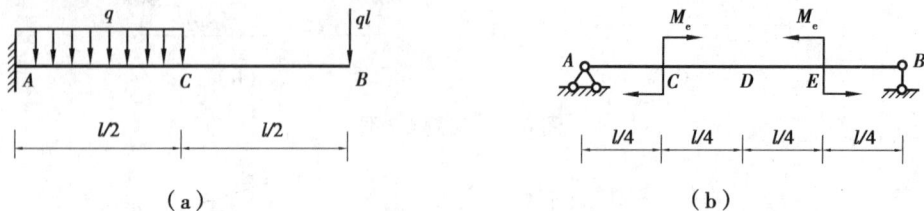

（a）　　　　　　　　　　（b）

图 6.32　习题 6.12 图

6.13 试用叠加法计算图 6.33 所示简支梁的最大挠度 w_{max} 和最大转角 θ_{max}。设梁的抗弯刚度 EI 为常数。

6.14 试用叠加法计算图 6.34 所示各梁指定截面的挠度和转角。设梁的抗弯刚度 EI 为常数。

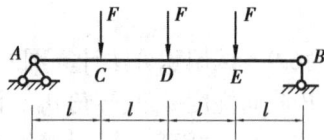

6.15 试用叠加法计算图 6.35 所示简支梁的 C 截面挠度 w_C。设梁的抗弯刚度 EI 为常数。

6.16 试用叠加法计算图 6.36 所示变截面梁的 C 截面挠度 w_C 和 B 截面转角 θ_B。设梁的抗弯刚度 EI 为常数。

图 6.33　习题 6.13 图

6.17 试用叠加法计算图 6.37 所示各梁指定截面的挠度和转角。设梁的抗弯刚度 EI 为常数。

6.18 图 6.38 所示圆截面轴,两端用轴承约束,C 截面处承受集中力 $F=1$ kN 作用。若轴承处的许用转角 $[\theta]=0.05$ rad,材料的弹性模量 $E=200$ GPa,试根据刚度条件确定轴径 d。

6.19 如图 6.39 所示,一圆截面松木桁条受均布载荷 q 作用,已知木材直径 $d=200$ mm,许用应力 $[\sigma]=10$ MPa,$E=10$ GPa,许用相对挠度为 $\left[\dfrac{w}{l}\right]=\dfrac{1}{200}$,试计算均布载荷 q 的最大值。

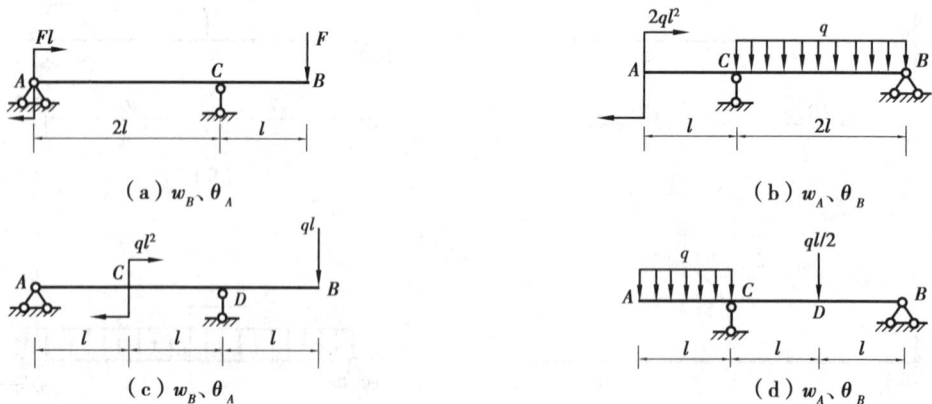

（a）w_B、θ_A　　　　　（b）w_A、θ_B

（c）w_B、θ_A　　　　　（d）w_A、θ_B

图 6.34　习题 6.14 图

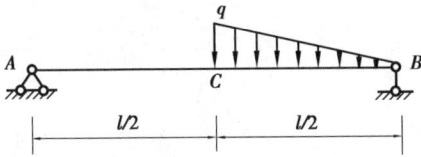

图 6.35　习题 6.15 图

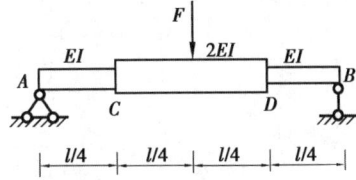

图 6.36　习题 6.16 图

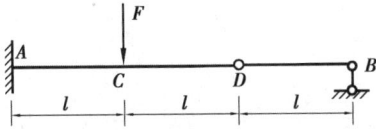

（a）w_C、w_D、θ_B

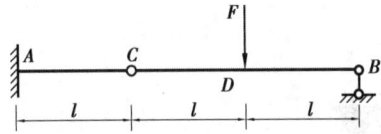

（b）w_C、w_D、θ_B

图 6.37　习题 6.17 图

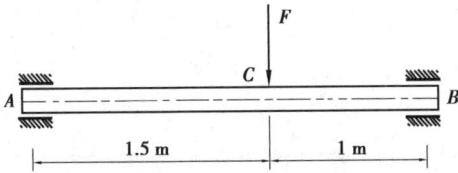

图 6.38　习题 6.18 图

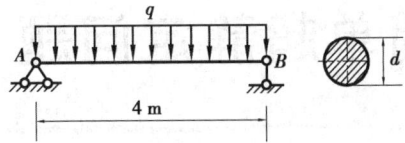

图 6.39　习题 6.19 图

6.20　图 6.40 所示悬臂梁，材料的许用应力$[\sigma]=160\text{ MPa}$，$E=200\text{ GPa}$，梁的许用相对挠度为$\left[\dfrac{w}{l}\right]=\dfrac{1}{400}$，截面由两个槽钢组成，试选择槽钢的型号。

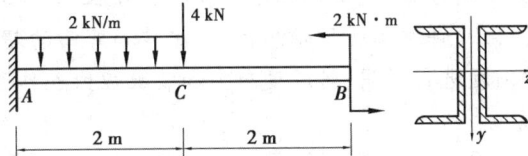

图 6.40　习题 6.20 图

7

简单超静定问题

[本章导读]

工程实际中，为了提高结构的强度或者刚度，常常增加更多的约束或杆件，从而出现不能仅借助平衡条件求解出全部约束力或内力的问题，这就是超静定问题。超静定问题的求解往往需要综合考虑运用静力平衡方程、变形协调方程和物理方程三方面的条件。本章介绍了超静定问题概念、特点及其解法，详细阐述了轴向拉压、扭转和弯曲的超静定问题的分析方法和解题步骤，并列举了大量例题进行说明；对温度应力和装配应力也作了较为详细的介绍。

7.1 超静定问题概念及其解法

前面所学习讨论的问题中，不论是轴向拉压杆、受扭转的圆轴还是发生弯曲的梁，其支座反力和杆件的内力都可以用静力平衡方程全部求出。这种能用静力平衡条件求解所有支座反力和内力的问题，称为**静定问题**。

但在工程实践中，由于某些要求，比如提高构件的强度或刚度，需要增加约束或更多的杆件。例如图 7.1(a) 所示的支架结构，其受力如图 7.1(b) 所示，根据 AB 杆的平衡条件可列出 3 个独立的平衡方程，例如 $\sum F_x = 0$、$\sum F_y = 0$、$\sum M_A = 0$；而未知力却有 4 个，即 F_{Ax}、F_{Ay}、F_{N1} 和 F_{N2}。显然，仅由平衡方程不能求出全部的未知量。这类不能单凭平衡条件求解的问题，称为**超静定问题**。

与静定问题进行比较不难发现，超静定问题都存在多于维持平衡所必需的支座或杆件，习惯上称其为**多余约束**。例如，去掉图 7.1(a) 中的 BC 杆，结构仍然可以处于静止平衡状态，那么 BC 杆就可以认为是一个多余约束。与多余约束处对应的约束力称为**多余约束力**。通常

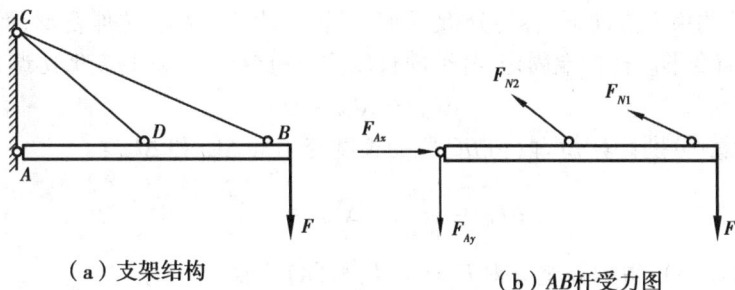

（a）支架结构　　　　　　　　（b）AB杆受力图

图 7.1　超静定支架结构

将多余约束的数目或未知的多余约束力数目称为**超静定次数**。

由于多余约束力的存在,导致未知力数目超过独立平衡方程数,因此除了平衡方程以外,还必须寻求与超静定次数数目相同的补充方程。在超静定问题中,正是由于多余约束的存在,杆件或结构的变形受到了多于静定结构的附加限制。由此,根据变形的几何相互制约条件,建立**变形协调方程**,再将变形与外力之间具有的**物理方程**代入变形协调方程,即可得到补充方程。最后将静力平衡方程与补充方程联立求解,就可求解全部未知力。综上,超静定问题的解法,一般就是综合运用静力平衡方程、变形协调方程和物理方程三方面的条件进行考虑。

下面分别以轴向拉压、扭转和弯曲变形的超静定问题来详细说明其解法。

7.2　拉压超静定问题

▶7.2.1　拉压超静定问题求解

由 7.1 节可知,对于拉压超静定问题,需综合运用静力平衡方程、变形协调方程和物理关系三方面条件进行求解。下面通过例题进行说明求解超静定问题的步骤。

【**例 7.1**】图 7.2(a)所示的杆 AB 两端为固定端,杆上 C 处受到轴向外力 F 的作用。画出 AB 杆轴力图。

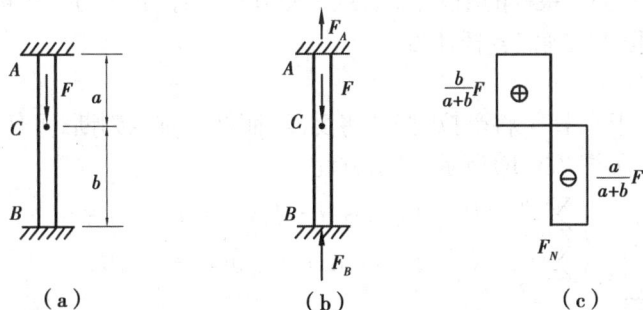

图 7.2　例 7.1 图

【**解**】①分析杆件受力,如图 7.2(b)所示。该杆有唯一的平衡方程为

$$F_A + F_B = F \tag{a}$$

式中含有两个未知力,为一次超静定问题。

②在假定的约束力方向下,容易分析出 AC 段轴力为 F_A,发生拉伸变形,而 BC 段轴力为 $(-F_B)$,发生压缩变形。杆两端固定,杆轴向长度应没有变化,也就是变形协调方程为

$$\Delta l_{AC} + \Delta l_{BC} = 0 \tag{b}$$

③物理方程。分别计算 AC 段和 BC 段的长度变化量 Δl_{AC} 和 Δl_{BC}:

$$\Delta l_{AC} = \frac{F_A a}{EA}, \quad \Delta l_{AC} = -\frac{F_B b}{EA} \tag{c}$$

将(c)式代入(b),得到补充方程 $F_A a = F_B b$,与(a)式联立,可求得

$$F_A = \frac{b}{a+b}F, \quad F_B = \frac{a}{a+b}F$$

因此,可以作出 AB 杆轴力图,如图 7.2(c)所示。

超静定问题中,结构的变形位移图对寻求正确的变形协调条件并进而解决超静定问题显得极为重要。在作变形位移图时,要注意杆件的变形应该与受力图中各杆的受力相对应。如例 7.1 中,杆件 A 端和 B 端受到的约束力均已假定向上,那么杆件 AC 段轴力为拉力,BC 段轴力为压力,从而在变形位移图中,AC 段将伸长,BC 段将缩短。

【例 7.2】简易桁架结构如图 7.3(a)所示,各杆拉压刚度均为 EA,结点 D 处承受铅垂载荷 F。试求各杆轴力。

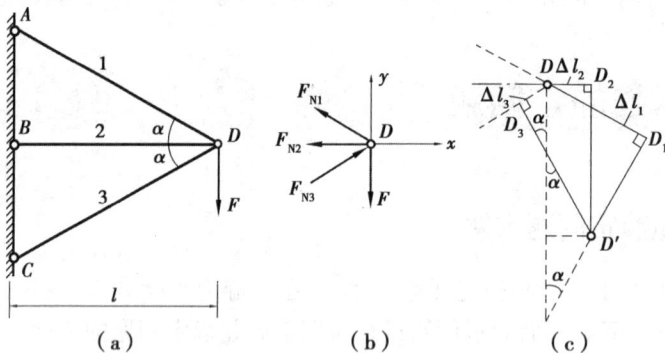

图 7.3 例 7.2 图

【解】本题未知力为 3 根杆的轴力,而有效平衡方程只有两个,为一次超静定问题,需要补充一个变形协调方程才能确定各杆轴力。

①静力平衡方程。

结构在力 F 作用下,杆 1 将受拉,杆 3 将受压,而杆 2 难以判断,可任意假定。假设杆 2 受拉,则结点 D 受力如图 7.3(b)所示,平衡方程为

$$\begin{cases} \sum F_x = 0, & F_{N3}\cos\alpha - F_{N1}\cos\alpha - F_{N2} = 0 \\ \sum F_y = 0, & F_{N1}\sin\alpha + F_{N3}\sin\alpha - F = 0 \end{cases} \tag{d}$$

②变形协调方程。

结构受力变形后,三杆仍需铰接在一起。作结点 D 的位移图,如图 7.3(c)所示,由几何关系可得三杆变形协调方程为

$$\frac{\Delta l_1}{\sin\alpha} = \frac{2\Delta l_2}{\tan\alpha} + \frac{\Delta l_3}{\sin\alpha} \tag{e}$$

③物理方程。

由胡克定律知

$$\Delta l_1 = \frac{F_{N1}l_1}{EA} = \frac{F_{N1}l}{EA\cos\alpha}$$

$$\Delta l_2 = \frac{F_{N2}l_2}{EA} = \frac{F_{N2}l}{EA}$$

$$\Delta l_3 = \frac{F_{N3}l_3}{EA} = \frac{F_{N3}l}{EA\cos\alpha}$$

将上式代入变形协调方程式(e),得补充方程,整理为

$$F_{N1} - F_{N3} - 2F_{N2}\cos^2\alpha = 0 \tag{f}$$

联立求解方程(d)(f),解得

$$F_{N1} = F_{N3} = \frac{F}{2\sin\alpha}, \quad F_{N2} = 0$$

▶7.2.2 温度应力

工程实际中,构件或结构会遇到温度变化的情况,例如工作环境的温度变化或季节变化,这时杆件会发生伸长或缩短变形现象。静定结构中,由于杆件能自由变形,当温度变化时不会引起杆内产生应力。但在超静定结构中,由于多余约束的存在,温度变化引起的杆件变形会受到限制,从而将在杆内产生应力,这种应力称为**温度应力**。如图7.4(a)所示两端固定的AB杆,当温度变化时,由于两端固定,杆件材料轴向方向将不能自由伸长或缩短,从而受到约束导致杆内产生应力。若杆件两端为一端固定一端自由,杆件可以自由伸缩,则在温度变化时不会产生温度应力。

计算温度应力的方法与载荷作用下的超静定问题求解方法相似,不同之处在于杆内变形包括两个部分,一是温度引起的变形,另一部分是载荷引起的变形。

【例7.3】图7.4(a)所示的杆AB,两端与刚性支撑固连。杆件的抗拉(压)刚度为EA,材料的线膨胀系数为α。试求当温度升高ΔT时,两端约束反力F_A和F_B。

【解】①温度上升后,杆件受力如图7.4(b)所示。列平衡方程,可得

$$F_A = F_B \tag{g}$$

②由于未知约束反力有2个,而独立的平衡方程只有1个,因此为一次超静定问题需寻求一个补充方程。假想拆去右端约束,这时杆件可以自由变形,当温度升高ΔT时,杆件由于升温而产生的伸长变形为

$$\Delta l_T = \alpha l \Delta T$$

然后在右端作用压力F_B,从而引起杆件产生的缩短变形为

$$\Delta l_{F_B} = -\frac{F_B l}{EA}$$

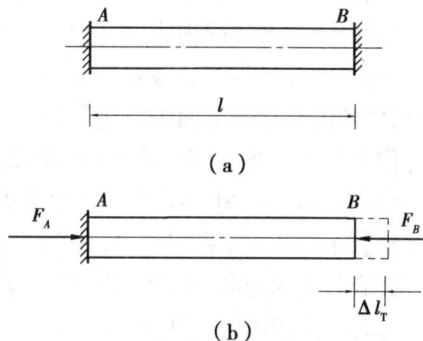

图7.4 例7.3图

实际上,杆件两端固定,长度不会发生变化,因此变形协调方程为

$$\Delta l_T + \Delta l_{F_B} = 0 \tag{h}$$

③将两种变形代入式(h)得

$$\alpha l \Delta T - \frac{F_B l}{EA} = 0$$

$$F_B = \alpha EA \Delta T$$

由于轴力 $F_N = -F_B$,故杆内的温度应力为 $\sigma_T = \dfrac{F_N}{A} = -\alpha E \Delta T$。

当温度变化较大时,杆内温度应力大小将十分可观。例如,钢杆两端固定,$\alpha = 12.5 \times 10^{-6}/℃$,温度变化40℃时,温度应力为

$$\sigma_T = \alpha E \Delta T = 12.5 \times 10^{-6}/℃ \times 200 \times 10^9 Pa \times 40℃ = 100 \times 10^6 Pa = 100\ MPa$$

上式表明,在超静定结构中,温度应力是个不容忽视的因素。实际工程中,为了避免产生过大的温度应力,往往采取某些措施以有效地降低温度应力。例如,在管道中加伸缩节,在钢轨各段之间留伸缩缝,这样可以削弱对膨胀的约束,从而降低温度应力。

▶7.2.3 装配应力

构件制造上的微小误差往往是不可避免的。在静定结构中,这种误差只会使结构的几何形状略微改变,不会使构件产生附加的内力。例如图 7.5 所示的简易静定结构,若杆 AB 比预定的尺寸制作短了一点,则与杆 AC 连接后,只会引起 A 点位置的微小偏移,如图中虚线所示,而不会有内力出现。

但在超静定结构中,情况将会变得不一样,杆件几何尺寸的微小差异还会使得杆件内产生内力。例如图 7.6 所示的超静定结构,假设杆 3 比应有的预定尺寸短了一点,那么装配时若使三杆铰接,则需将杆 3 拉长,同时杆 1 和杆 2 被压短,强行安装于 A' 处。易知杆 3 中产生拉力,杆 1、杆 2 中产生压力。这种由于安装而引起的内力称为**装配内力**,与之相应的应力称为**装配应力**。计算装配应力的方法与解超静定问题的方法相似,仅在几何关系中考虑到尺寸的差异。下面举例进行说明。

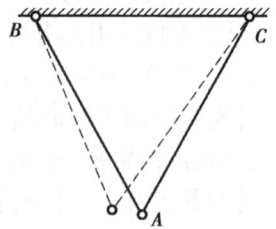

图 7.5　简易静定结构

【例 7.4】图 7.6(a)所示的桁架,杆 3 的设计长度为 l,设计误差 δ,$\delta \ll l$。已知杆 1 和 2 的拉压刚度均为 $E_1 A_1$,杆 3 的拉压刚度为 $E_2 A_2$。求三杆轴力。

【解】当三杆强行装配后,杆 1 和 2 受压,轴力大小设为 F_{N1} 和 F_{N2};杆 3 受拉,轴力设为 F_{N3}。取结点 A' 为对象,受力如图 7.6(b)所示。平面汇交力系只有 2 个独立平衡方程,未知力有 3 个,为一次超静定问题。

①平衡方程。

结点 A' 平衡方程为

$$\begin{cases} \sum F_x = 0, & F_{N1} \sin \alpha - F_{N2} \cos \alpha = 0 \\ \sum F_y = 0, & F_{N3} - F_{N1} \cos \alpha - F_{N2} \cos \alpha = 0 \end{cases}$$

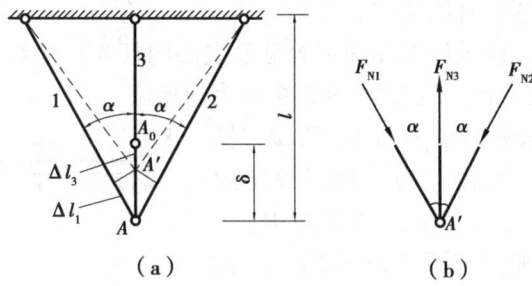

图 7.6　例 7.4 图

可得

$$\begin{cases} F_{N1} = F_{N2} \\ F_{N3} - 2F_{N1} \cos \alpha = 0 \end{cases} \tag{i}$$

②变形协调方程。

由图 7.6(a)的变形几何关系,可得

$$\Delta l_3 + \frac{\Delta l_1}{\cos \alpha} = \delta \tag{j}$$

③物理方程。

$$\Delta l_1 = \frac{F_{N1} l}{E_1 A_1 \cos \alpha}, \quad \Delta l_3 = \frac{F_{N3} l}{E_2 A_2}$$

代入式(j),得补充方程

$$\frac{F_{N3} l}{E_2 A_2} + \frac{F_{N1} l}{E_1 A_1 \cos^2 \alpha} = \delta \tag{k}$$

④联立式(i)(j)求得

$$F_{N1} = F_{N2} = \frac{\delta}{l} \frac{E_1 A_1 E_2 A_2 \cos^2 \alpha}{E_2 A_2 + 2E_1 A_1 \cos^3 \alpha}$$

$$F_{N3} = \frac{\delta}{l} \frac{2E_1 A_1 E_2 A_2 \cos^3 \alpha}{E_2 A_2 + 2E_1 A_1 \cos^3 \alpha}$$

上述结果为正,说明假设轴力方向与实际相同。从结果可以看出,超静定结构中各杆轴力与各杆抗拉(压)刚度有关,刚度越大的杆件,承受的轴力也越大。由各杆轴力容易得到各杆的装配应力。

装配应力是结构未承载前就已存在的应力,故又称**初应力**。这种初应力一方面有不利后果,比如装配应力与构件工作应力叠加后使得构件内总应力更高,则须避免它的存在;但也可以被加以利用,比如预应力钢筋混凝土构件,混凝土的初始压应力会与构件工作应力相互抵消一部分,从而提高承载力。

7.3　扭转超静定问题

含有扭转变形的超静定问题,同样需要考虑静力平衡、变形协调和物理关系三方面的条件。下面通过一些例题进行详细说明。

【例 7.5】如图 7.7(a)所示的两端固定等截面实心圆杆 AB，在截面 C 处承受扭转外力偶 M_e 作用。相关尺寸已标注图上，试求杆两端的约束力偶。

【解】圆杆有 2 个未知约束力偶 M_A 和 M_B，仅有 1 个平衡方程 $\sum M_x = 0$，因此为一次超静定问题。考虑解除 B 端支座，以多余未知力偶 M_B 代替，如图 7.7(b)所示，通过与图 7.7(a)的原结构比较可知圆杆 B 截面并没有发生相对转动，即变形协调方程为

$$\varphi_B = 0 \qquad (a)$$

利用叠加原理求解图 7.7(b)中 B 截面的转角，如图 7.7(c)所示，即

$$\varphi_B = (\varphi_B)_{M_e} + (\varphi_B)_{M_B}$$

式中的 $(\varphi_B)_{M_e}$ 和 $(\varphi_B)_{M_B}$ 由扭矩与扭转角之间的物理方程可得

图 7.7 例 7.5 图

$$(\varphi_B)_{M_e} = \frac{M_e l_1}{GI_p} = \frac{32 M_e l_1}{G\pi d^4}$$

$$(\varphi_B)_{M_B} = -\frac{M_B(l_1 + l_2)}{GI_p} = -\frac{32 M_B(l_1 + l_2)}{G\pi d^4}$$

将上式代入前式并代入协调方程(a)，得补充方程并整理为

$$M_e l_1 - M_B(l_1 + l_2) = 0$$

由此

$$M_B = \frac{M_e l_1}{l_1 + l_2}$$

解得 M_B 后，根据平衡求得 A 端约束力偶 $M_A = \dfrac{M_e l_2}{l_1 + l_2}$，从而可以进行后续的杆件扭矩图、应力、变形及强度等计算。

【例 7.6】如图 7.8 所示的两根截面形状、尺寸、长度均相同的杆件 AB 和 CD，其中 AB 为钢杆，CD 为铝杆，其切变模量有 $G_{AB} = 3G_{CD}$。BE 和 DE 为刚性杆，一端分别与 AB 和 CD 固连，另一端在 E 处铰接。在 E 点作用铅垂力 F，不考虑杆件 AB 和 CD 的弯曲变形，求 AB 和 CD 两杆的扭矩。

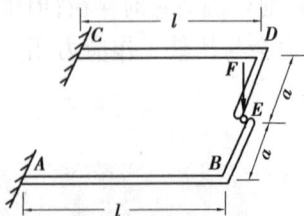

图 7.8 例 7.6 图

【解】由题可知，E 处铰接约束只存在铅垂方向的相互作用力，故有 1 个多余约束，为一次超静定问题。变形协调方程为

$$(y_E)_{DE} = (y_E)_{BE}$$

且

$$(y_E)_{DE} = \varphi_D a, \quad (y_E)_{BE} = \varphi_B a$$

由此有

$$\varphi_D = \varphi_B \qquad (b)$$

上式中相对扭转角 φ_B 和 φ_D 仅为大小相同,转向相反。

设铰接约束 E 的相互作用力为 F_E,则两杆内扭矩分别为 $T_{AB}=F_E a$ 和 $T_{CD}=(F-F_E)a$。由扭矩与扭转角之间的物理方程得

$$\varphi_B = \frac{T_{AB}l}{G_{AB}I_{pAB}}, \quad \varphi_D = \frac{T_{CD}l}{G_{CD}I_{pCD}}$$

代入式(b),并注意到 $G_{AB}=3G_{CD}$,$I_{pAB}=I_{pCD}$,可求得 $F_E=\dfrac{3F}{4}$。因此两杆扭矩分别为

$$T_{AB}=\frac{3Fa}{4}, \quad T_{CD}=\frac{Fa}{4}$$

7.4　简单超静定梁

对于包含弯曲变形的超静定梁,其求解同样是综合考虑静力平衡、变形协调和物理关系三个方面。

可以设想将多余约束解除,使超静定梁变为静定梁,这样得到的静定梁称为原超静定梁的**基本静定系**(或静定基)。基本静定系可以有不同的选择,并不是唯一的。例如图7.9(a)所示超静定梁有一个多余约束。可以通过解除右边的可动铰支座,得到图7.9(b)所示悬臂梁形式的基本静定系;也可以解除左边固定端处的转动约束,得到图7.9(c)所示简支梁形式的基本静定系。在基本静定系上,除原有载荷外,还应该用相应的多余约束力代替被解除的多余约束,分别如图7.9(d)和(e)所示。把原有载荷和多余约束力作用下的基本静定系称为**相当系统**。相当系统的受力和变形与原来的超静定梁完全相当(等价)。那么相当系统在多余约束力作用处的位移应该满足原超静定结构的约束条件,即变形协调条件。将物理方程代入变形协调条件,求出多余约束力。求出多余约束力后,构件的内力、应力以及变形均可按照相当系统进行计算。

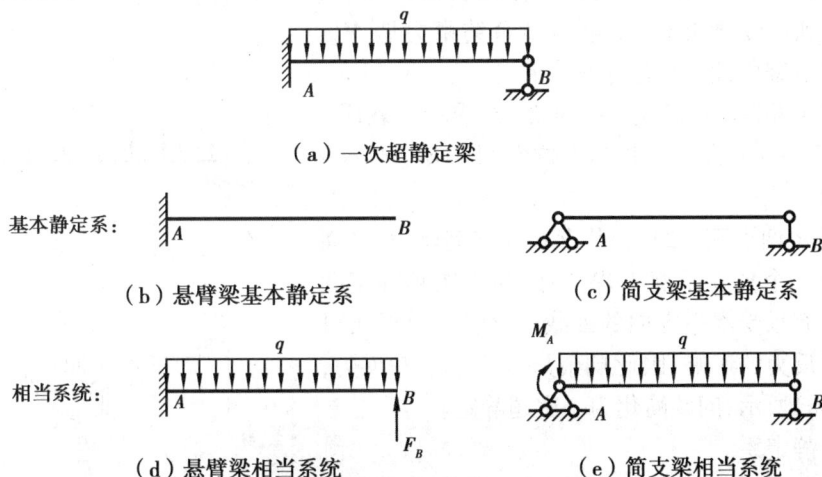

图 7.9　**基本静定系和相当系统**

以图7.9(a)所示的一次超静定梁为例进行具体说明。

将支座 B 视为多余约束,将其解除,代之以多余约束力 F_B,则基本静定系为悬臂梁[图7.9(b)]。悬臂梁在均布载荷 q 和多余约束力共同作用下的相当系统[图 7.9(d)]变形也应与原超静定梁相同,而原梁在支座 B 处的挠度为零,故悬臂梁在 B 处的挠度也应为零,即

$$w_{Bq} + w_{BF_B} = 0 \qquad\qquad (a)$$

这就是该梁的变形协调方程。式中 w_{Bq},w_{BF_B} 分别为均布载荷 q 和多余约束力 F_B 单独作用在悬臂梁上引起的 B 截面挠度(图 7.10)。查阅简单梁弯曲变形表6.1可知

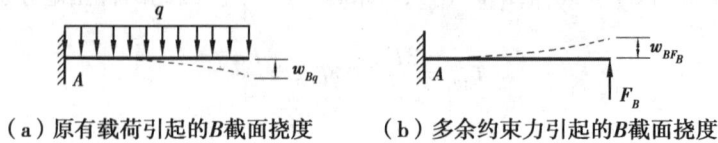

| (a)原有载荷引起的B截面挠度 | (b)多余约束力引起的B截面挠度 |

图 7.10 叠加法求相当系统的挠度

$$w_{Bq} = \frac{ql^4}{8EI}, \quad w_{BF_B} = -\frac{F_B l^3}{3EI}$$

代入(a)式,得补充方程

$$\frac{ql^4}{8EI} - \frac{F_B l^3}{3EI} = 0 \qquad\qquad (b)$$

进一步可得

$$F_B = \frac{3ql}{8}$$

求得多余约束力 F_B 后,就可以对相当系统进行静力平衡分析,求出梁固定端约束处的两个支座反力,并画出相当系统的剪力图和弯矩图,实际上也就是原超静定梁的剪力图和弯矩图。

同样,也可以取固定端处的转动约束为多余约束,去掉它后代之以相应的多余约束力偶 M_A[图 7.9(e)]。确定变形协调条件为相当系统 A 处截面转角为零,结合表 6-1 得到的物理方程,求解出多余约束力偶 M_A。具体的求解过程由读者自行练习验证。

【例 7.7】两端为固定端约束的梁 AB 受均布载荷 q 作用,如图 7.11 (a)所示。长为 l,抗弯刚度 EI,试作该梁的弯矩图。

【解】该梁两端固定约束,共有 6 个支座反力,平面一般力系有 3 个独立平衡方程,因此为三次超静定问题。但梁没有承受水平方向的外载,小变形条件下,可以忽略水平反力的影响,因此剩余只有 4 个未知反力,如图 7.11 (a)所示,问题简化为一次超静定。

①基本静定系。

由于本例中结构对称、载荷对称,因此反力也对称,即

$$F_A = F_B, \quad M_A = M_B$$

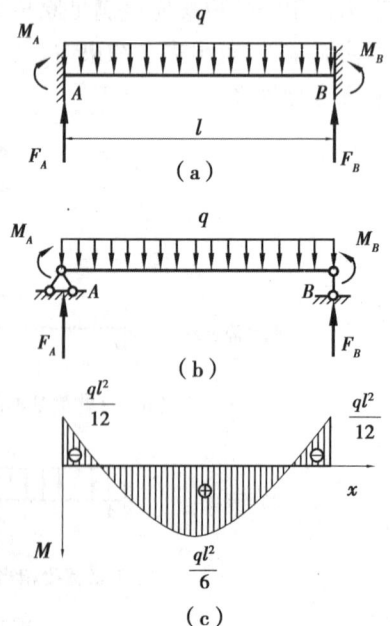

图 7.11 例 7.7 图

并且由竖直方向平衡条件,易知 $F_A = F_B = \dfrac{ql}{2}$。这样未知反力仅有 M_A(或 M_B)待求。于是可以去掉两端转动约束,代之以多余约束力 M_A,M_B,从而选择图 7.11(b) 所示的基本静定系。

②变形协调方程。

通过相当系统[图 7.11(b)]与原结构的对比,变形协调条件为梁 A、B 两端截面转角应为零。

$$\theta_A = \theta_{Aq} + \theta_{AM_A} + \theta_{AM_B} = 0$$

查询简单梁弯曲变形表 6.1,代入上式,得补充方程

$$\frac{ql^3}{24EI} + \frac{M_A l}{3EI} + \frac{M_B l}{6EI} = 0$$

注意 $M_A = M_B$,可求得

$$M_A = M_B = -\frac{ql^2}{12}$$

式中负号表示力偶矩转向与图示相反。

③梁的弯矩图。

求得多余约束力偶 M_A(以及 M_B)后,即可根据相当系统(图 7.11(b))作梁的弯矩图,如图 7.11(c)所示。

【例 7.8】房屋建筑中某一长度为 $2l$ 的等截面梁简化为均布载荷作用下的双跨梁,如图 7.12 所示。但由于跨中 C 支座处地基较差,发生沉降。试问沉降量 δ 为多大时能使 A、B 和 C 三支座的竖直支座反力相等。

【解】①三个铰支座,存在 4 个未知约束反力,仅有三个独立平衡方程,故为一次超静定问题。将 C 支座解除,代之以未知约束反力 F_C,则相当系统如图 7.12(b)所示。

②变形协调方程。AB 梁 C 点的挠度应和 C 支座的沉降量 δ 相等,即

$$w_C = \delta$$

其中 w_C 由均布载荷 q 和 F_C 共同引起,结合挠度表 6.1,应用叠加原理可求得

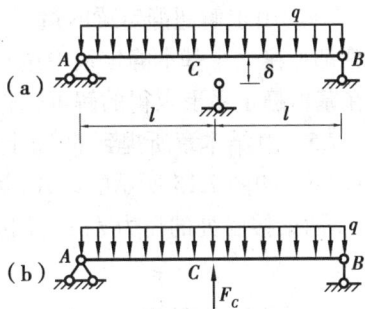
图 7.12 例 7.8 图

$$w_C = \frac{5q(2l)^4}{384EI} - \frac{F_C(2l)^3}{48EI}$$

代入协调方程有

$$\frac{5q(2l)^4}{384EI} - \frac{F_C(2l)^3}{48EI} = \delta \qquad (c)$$

③由题意可知,要求 A、B 和 C 三支座的竖直反力相等,即需满足

$$F_A = F_B = F_C = \frac{2ql}{3} \qquad (d)$$

联立(c)(d)两式,求得

$$\delta = \frac{7ql^4}{72EI}$$

思考题

7.1 超静定结构的多余约束是不是固定的？去掉多余约束后的基本静定系和变形协调方程是不是唯一的？解答结果是不是唯一的？

7.2 判断图 7.13 所示结构是静定的还是超静定的？若是超静定结构，是几次超静定？

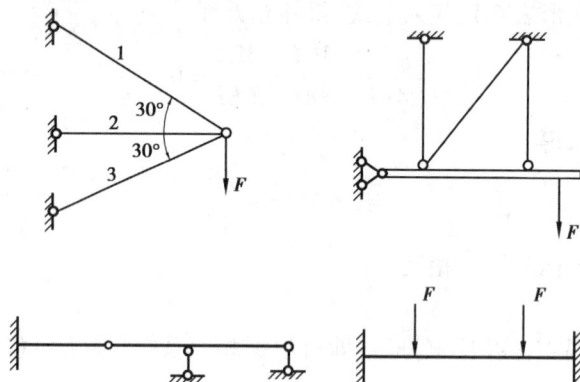

图 7.13 思考题 7.2 图

7.3 两端固定的阶梯圆轴如图 7.14 所示，截面突变处承受外力偶 M_e 作用。为求作出该轴扭矩图，试分别列出静力平衡方程、变形协调方程和物理关系。

7.4 由求解超静定梁的过程可以看到，首先需要解除多余约束形成基本静定系，此后的计算都是在这个基本静定系中进行的。这个基本静定系与原结构等价的条件是什么？为什么在基本静定系上求得的解可以作为原结构的解？

7.5 总结本章所提到的不同类型超静定问题求解方法的共同特点。

7.6 如图 7.15 所示的梁 AB 因强度和刚度不足，用同一截面和材料的短梁 AC 加固，试求：①两梁接触处的压力 F_C；②加固后梁 AB 的最大弯矩和 B 点挠度减小的百分数。

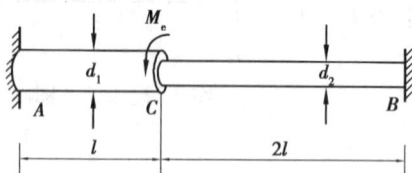

图 7.14 思考题 7.3 图

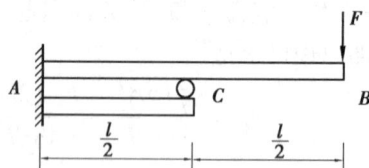

图 7.15 思考题 7.6 图

习 题

7.1 图 7.16 所示一受轴向力的等截面杆，在点 A，B 受有一对集中力，求其支座反力，并画出轴力图。

7.2 如图 7.17 所示，三杆 AD，BD 和 CD 的拉压刚度均为 EA，连接成桁架。节点 D 处受

力 F 作用。若 $\alpha=\beta=45^\circ$,试列出节点 D 处的变形协调方程,并求其铅垂及水平位移。

7.3 如图 7.18 所示,横梁 AB 考虑为刚性。杆 1 和 2 的材料、横截面积、长度均相同,其 $[\sigma]=100$ MPa,$A=2$ cm^2。试求许可载荷 F 值。

7.4 图 7.19 所示的刚性梁 AB 受均布载荷作用,A 端铰支,B 和 C 点处由钢杆 CE 和 BD 支撑。已知钢杆 CE 和 BD 的横截面面积分别为 $A_1=400$ mm^2 和 $A_2=200$ mm^2,钢杆的许用应力 $[\sigma]=160$ MPa,试校核两钢杆强度。

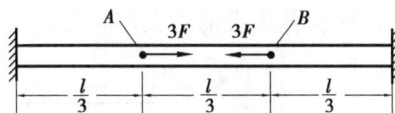

图 7.16 习题 7.1 图

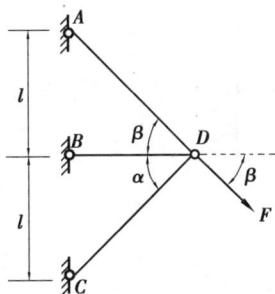

图 7.17 习题 7.2 图

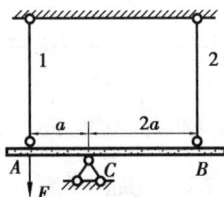

图 7.18 习题 7.3 图

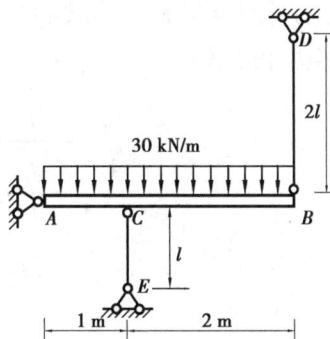

图 7.19 习题 7.4 图

7.5 如图 7.20 所示钢杆,两端固定。已知 $A_1=100$ mm^2,$A_2=200$ mm^2,$E=210$ GPa,$\alpha=12.5\times10^{-6}/°C$。试求当温度升高 30 ℃时杆内的最大应力。

7.6 一阶梯形杆件如图 7.21 所示,上端固定,下端与刚性底面留有空隙 $\Delta=0.08$ mm,上段横截面面积 $A_1=40$ cm^2,$E_1=100$ GPa,下段 $A_2=20$ cm^2,$E_2=200$ GPa。问:

①力 F 等于多少时,下端空隙恰好消失?

②$F=500$ kN 时,各段内的应力值为多少?

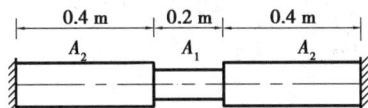

图 7.20 习题 7.5 图

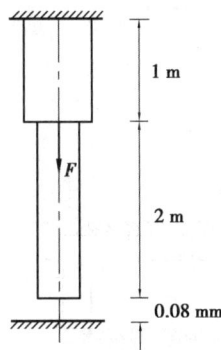

图 7.21 习题 7.6 图

7.7 如图 7.22 所示两段固定端约束阶梯圆轴,横截面突变处承受外力偶矩 M_e 的作用。若 $d_1=2d_2$,材料剪切弹性模量为 G,试求固定端约束处的约束力偶矩 M_A、M_B,并作阶梯轴的扭矩图。

7.8 如图 7.23 所示两端固定的圆轴,外力偶矩 $M_{e1}=2M_{e2}$,长度 $a=c=\dfrac{L}{4}$,圆轴直径为 d,

试求此轴横截面上的最大切应力。

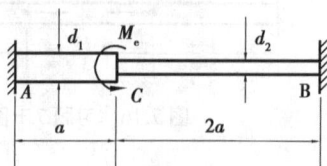

图 7.22　习题 7.7 图

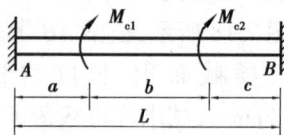

图 7.23　习题 7.8 图

7.9　如图 7.24 所示圆轴，$d_1 = 30$ mm，$d_2 = 15$ mm，$M_1 = 500$ N·m，$M_2 = 300$ N·m，材料许用切应力 $[\tau] = 50$ MPa，切变模量 $G = 80$ GPa，许用单位长度扭转角 $[\varphi'] = 2.5°/$m。试校核该轴的强度和刚度。

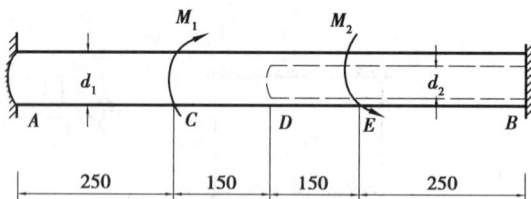

图 7.24　习题 7.9 图

7.10　如图 7.25 所示，直径为 25 mm 的钢轴上，有凸缘 A 和 B，凸缘相距 600 mm，一外径为 50 mm、壁厚 2 mm 的钢管置于两个凸缘之间。装配时，轴被 200 N·m 的外力偶矩扭转着与钢管焊接在一起。然后将作用在轴上的力偶矩撤去，求此时钢管内切应力值。钢的 $G = 80$ GPa，并假定凸缘不变形。

7.11　如图 7.26 所示圆截面杆 ABC，直径 $d_1 = 100$ mm，A 端固定，B 端作用外力偶矩 $M_e = 7$ kN·m。C 截面的上、下两点处与直径为 $d_2 = 20$ mm 的两根圆杆 EF 和 GH 铰接。已知各杆材料相同，且有 $G = 0.4E$，$G = 80$ GPa。试计算 ABC 杆中的最大扭转切应力和该杆的最大单位长度扭转角。

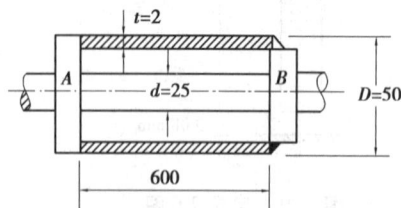

图 7.25　习题 7.10 图

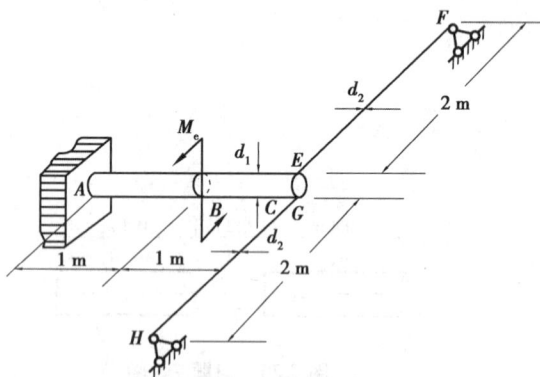

图 7.26　习题 7.11 图

7.12 计算图 7.27 所示超静定梁的支座反力,并作出弯矩图。各梁抚弯刚度 EI 为常数。

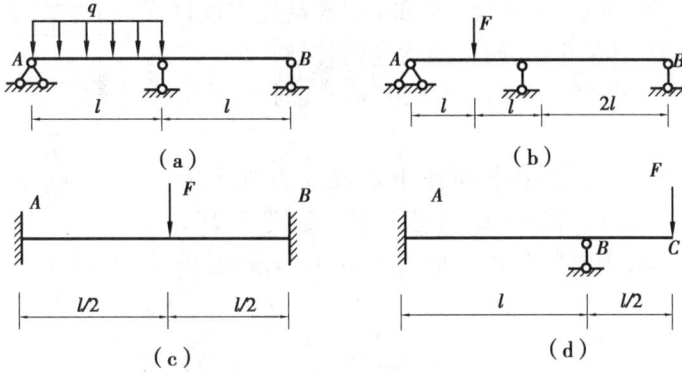

图 7.27 习题 7.12 图

7.13 图 7.28 所示梁跨中支座发生沉降 δ,试分别取简支梁、外伸梁及连续梁为基本静定系,求跨中弯矩。设梁抗弯刚度 EI 为常数。

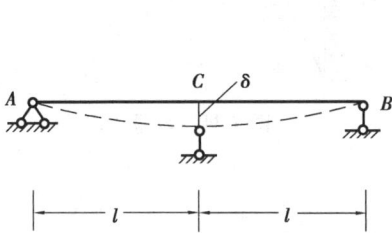

图 7.28 习题 7.13 图

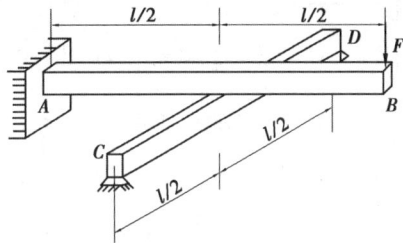

图 7.29 习题 7.14 图

7.14 如图 7.29 所示,AB 和 CD 梁的长度均为 l,并有相同的抗弯刚度 EI。两梁水平放置,垂直相交。CD 为简支梁,AB 梁 A 端固定,B 端自由。加载前两梁在中点处轻轻接触。不计梁自重,试求在 F 作用下,B 端沿作用力方向的位移。

7.15 某结构受力如图 7.30 所示。其中梁 AB 的抗弯刚度为 EI,杆的截面积为 A。AB 和 BC 两者材料相同,弹性模量为 E。试求 BC 杆所受拉力大小。

7.16 如图 7.31 所示,钢制曲拐的横截面直径为 20 mm,C 端与钢丝相连,钢丝横截面面积 $A=6.5$ mm^2。钢弹性模量 $E=200$ GPa,切变模量 $G=84$ GPa,线膨胀系数 $\alpha=12.5\times10^{-6}/℃$。若钢丝的温度降低了 50 ℃,试求钢丝的拉力。

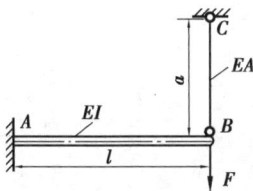

图 7.30 习题 7.15 图

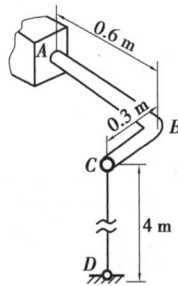

图 7.31 习题 7.16 图

7.17 具有初始挠度曲线的超静定梁 AB，如图 7.32 中虚线所示。当梁上作用均布载荷时，梁会变形为直线形状。试求梁的初始挠曲线方程。梁的抗弯刚度 EI 为常数。

7.18 如图 7.33 所示，悬臂梁 AB 和 CD 末端处用铰链 E 连接，受图示集中力 5 kN 作用，两段梁均为钢材，$E = 200$ GPa。梁 AB，$I_{z1} = 20 \times 10^6$ mm^4；梁 CD，$I_{z2} = 30 \times 10^6$ mm^4。求 E 处的作用力。

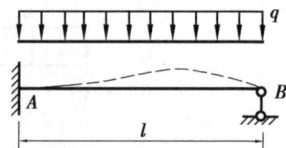

图 7.32　习题 7.17 图

7.19 如图 7.34 所示的低碳钢折杆 ACB，截面为圆形，直径 $d = 11$ cm，位于水平面内，其中 C 为球形铰，受铅垂力 $F = 27.5$ kN 作用。$l = 2$ m，钢材的弹性模量 $E = 200$ GPa，切变模量 $G = 80$ GPa。试求 A、B 的约束力。

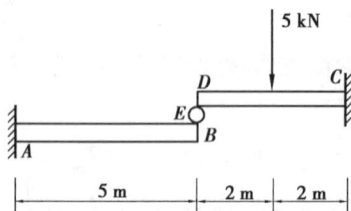

图 7.33　习题 7.18 图

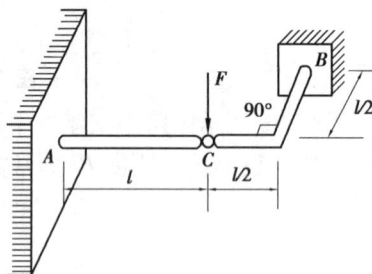

图 7.34　习题 7.19 图

8

应力状态与强度理论

[本章导读]

　　应力状态分析是研究构件破坏必须涉及的重要内容。强度理论是推测构件在复杂应力状态下破坏原因并以此建立强度条件的假说。本章介绍了一点处的应力状态、应力单元体、主应力、主平面、应力圆及强度理论等基本概念及应力状态的分类方法,详细给出了平面应力状态分析的解析方法和图解方法,并简单讨论了三向应力状态分析的结论;推导了广义胡克定律;针对脆性断裂和塑性屈服这两种强度失效形式,介绍了工程中广泛应用的四种强度理论和莫尔强度理论,并给出了各种强度理论的适用范围。

8.1　应力状态的概念

▶8.1.1　一点处的应力状态

　　第 2 章讨论了轴向拉压杆的应力,我们知道了通过杆件上同一点的横截面和斜截面上的应力是不相同的。在横截面上只有正应力,而斜截面上既有正应力又有切应力。这表明过同一点的不同截面上的应力是不一样的。由第 5 章弯曲应力已知矩形截面杆件在产生横力弯曲变形时,其横截面上沿截面高度正应力呈线性变化,切应力则按抛物线规律变化,在中性轴上正应力为零,而切应力达到最大;在截面的上下边缘正应力达到最大但切应力为零。这表明在同一个截面不同位置的点上,其应力也各不相同。显然,杆件上某点的应力不仅与它的受力情况有关,还与它所在的截面位置有关。一般情况下,过同一点的不同截面上的应力是不相同的;同一截面上不同位置的点的应力也是不同的。因此,当讨论应力时,须指明截面位置和点的位置。

所谓**一点处的应力状态**,是指受力杆件中某一点处各个截面上应力的大小和方向。为了描述一点处的应力状态,通常围绕该点以 3 对互相垂直的截面截取一个无穷小的六面体,该六面体称为**单元体**。由于单元体的边长无穷小,所以可以认为单元体每个面上的应力都是均匀分布的,而且在互相平行的截面上的应力大小相等、性质相同。如果知道了单元体的 3 个互相垂直平面上的应力,其他任一截面上的应力都可以据此由截面法求得,这也就确定了该点处的应力状态。因此,可以用单元体的 3 个互相垂直的截面上的应力来表示一点处的应力状态。将单元体每个面上的应力分解为正应力和两个切应力,分别与 3 个坐标轴平行。将应力分量加上下标字母来表明它的作用面和作用方向。例如,σ_x 表示作用在与 x 轴垂直的平面(称为 x 面,其余类推)上的正应力,同时也是沿 x 轴方向作用的。切应力的两个下标中,第 1 个下标表示切应力作用面位置,第 2 个下标表示切应力方向沿某坐标轴方向。例如 τ_{xy} 是作用在 x 面上且沿 y 轴方向的切应力分量。如图 8.1(a)所示的单元体表示了应力状态中最一般的情形,该单元体的 3 对面上都有正应力和切应力。在 x 面上的应力分量有 σ_x、τ_{xy} 和 τ_{xz},在 y 平面上有 σ_y、τ_{yx} 和 τ_{yz},在 z 平面上有 σ_z、τ_{zx} 和 τ_{zy}。这种单元体所表示的应力状态称为**空间应力状态**或**三向应力状态**。显然,描述空间应力状态的应力分量有 9 个,但根据切应力互等定理,有 $\tau_{xy}=\tau_{yx}$、$\tau_{xz}=\tau_{zx}$、$\tau_{yz}=\tau_{zy}$,于是独立的应力分量就只有 σ_x、σ_y、σ_z、τ_{xy}、τ_{yz}、τ_{zx}。这 6 个应力分量就可以确定这点的应力状态。若单元体某一方向面上的应力分量均为零,如 $\sigma_z=0$、$\tau_{zx}=\tau_{zy}=0$,则其余的应力全部位于 xy 平面内,如图 8.1(b)所示,这种应力状态统称为**平面应力状态**或**二向应力状态**。平面应力状态是空间应力状态的特殊情况,独立的应力分量只有 σ_x、σ_y、τ_{xy} 3 个。平面应力状态的单元体一般用图 8.1(c)所示的平面图形表示,它反映了平面应力状态的一般情形。

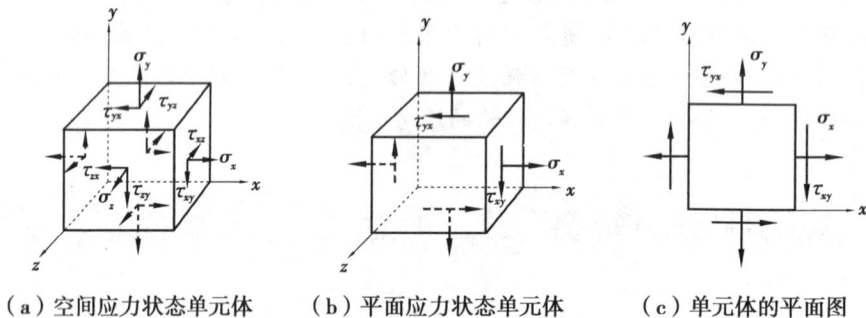

（a）空间应力状态单元体　　　（b）平面应力状态单元体　　　（c）单元体的平面图

图 8.1　用应力单元体表示一点的应力状态

如果图 8.1(b)所示平面应力状态中的正应力都为零,只有切应力,则称为**纯剪切应力状态**,如图 8.2(a)所示。如果图 8.1(b)所示平面应力状态中的切应力 $\tau_{xy}=0$,且只有一个方向的正应力作用,则称为**单向应力状态**,如图 8.2(b)所示。

对于第 5 章中所讨论的横力弯曲梁,在横截面上最大拉应力和最大压应力作用点处,均为单向应力状态,在中性轴上各点处均为纯剪切应力状态,其余各点均处于一般平面应力状态。对于第 3 章中所讨论的受扭圆轴,其上各点均为纯剪切应力状态。对于第 2 章中所讨论的轴向拉压杆,其上各点均为单向应力状态。

需要指出的是,平面应力状态是空间应力状态的特例,而单向应力状态和纯剪切应力

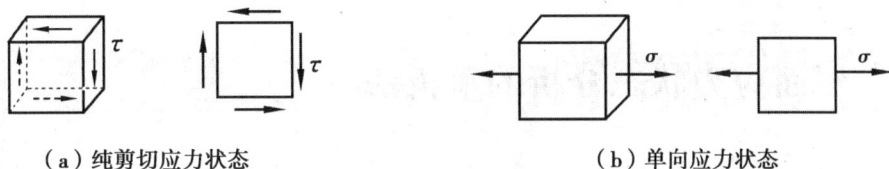

（a）纯剪切应力状态　　　　　　　　（b）单向应力状态

图 8.2　平面应力状态特例

状态是平面应力状态的特例。单向应力状态又称**简单应力状态**,平面应力状态和空间应力状态又称**复杂应力状态**。工程中一般常见的是平面应力状态。本章主要研究平面应力状态。

▶8.1.2　主平面和主应力的概念

单元体上切应力为零的面称为**主平面**,主平面上的正应力称为**主应力**。主平面法线方向即主应力作用线方向,称为**主方向**。根据切应力互等定理,当单元体上某个面的切应力为零时,与之垂直的另外两个面上的切应力也同时为零。可见,3 个主平面互相垂直,对应的 3 个主应力方向也互相垂直。受力构件中的任意一点都存在 3 个互相垂直的主平面和相应的 3 个主应力。围绕该点按 3 个主平面取出的单元体称为**主单元体**。3 个主应力通常用 σ_1、σ_2、σ_3 表示,按其代数值的大小排序,$\sigma_1 \geqslant \sigma_2 \geqslant \sigma_3$,因此最大主应力为 σ_1,最小主应力为 σ_3。

▶8.1.3　用主应力表示的应力状态

如前所述,描述受力构件中任一点的应力状态,都可用围绕该点截取的单元体表示。对于同一点,可以有无穷多个不同取向的单元体。因此,同一点的应力状态可以用无穷多个单元体来表示,但是主单元体是唯一的。用主应力表示的应力状态要比用一般应力分量表示的应力状态简单,可以说明某些应力状态虽然表面上不同但实质却是一样的,即它们具有相同的主应力和主方向。因此,通常也根据三个主应力中不为零的数目,将应力状态分为 3 类:

①单向应力状态[图 8.3（a）],即 3 个主应力中有两个为零,一个不为零的应力状态。

②平面应力状态[图 8.3（b）],即 3 个主应力中只有一个主应力为零,其余两个不为零的应力状态。

③空间应力状态[图 8.3（c）],即 3 个主应力均不为零的应力状态。

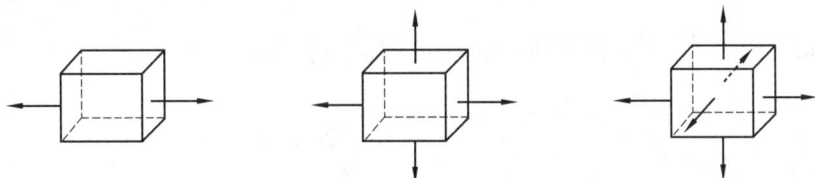

（a）单向应力状态主单元体　（b）平面应力状态主单元体　（c）空间应力状态主单元体

图 8.3　主单元体表示的应力状态

8.2 平面应力状态分析的解析法

研究通过一点的不同截面上的应力变化情况,是应力分析的主要内容,即已知在过该点的相互垂直的 x 平面和 y 平面上的应力分量 σ_x、σ_y、τ_{xy},求出过该点的任意截面上的应力分量,并求出该点的 3 个主应力和主平面以及最大切应力。

▶8.2.1 任意截面上的应力

对于图 8.4(a)所示的普遍形式的平面应力状态,若已知应力分量 σ_x、σ_y、τ_{xy},要计算外法线 n 与 x 轴成 α 角度的斜截面(通常称为 α 面)ef 上的应力,可采用截面法沿 ef 将单元体截开,取其中一部分作为研究对象,利用平衡方程来求得。

取左边部分 aef 为研究对象,如图 8.4(b)所示。设 ef 斜截面上的正应力为 σ_α,切应力为 τ_α,斜截面的外法线方向为 n,切线方向为 t。若斜截面的面积为 dA,则 af 面和 ae 面的面积分别为 $dA \sin \alpha$ 和 $dA \cos \alpha$,根据 aef 的平衡条件,建立沿斜截面法线方向 n 和切线方向 t 的平衡方程。

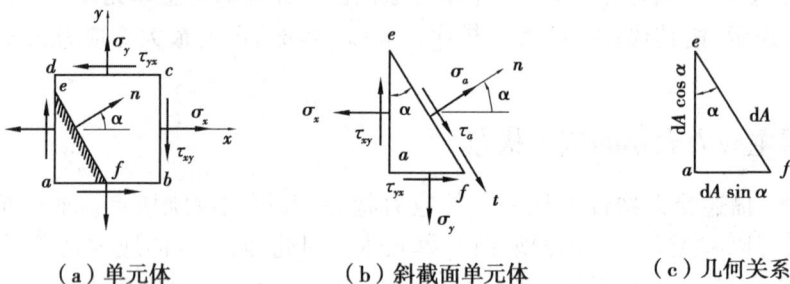

（a）单元体　　　（b）斜截面单元体　　　（c）几何关系

图 8.4　斜截面上的应力

$$\sum F_n = 0,$$

$$\sigma_\alpha dA - \sigma_x(dA \cos \alpha) \cos \alpha + \tau_{xy}(dA \cos \alpha) \sin \alpha - \sigma_y(dA \sin \alpha) \sin \alpha + \tau_{yx}(dA \sin \alpha) \cos \alpha = 0$$

$$\sum F_t = 0,$$

$$\tau_\alpha dA - \sigma_x(dA \cos \alpha) \sin \alpha - \tau_{xy}(dA \cos \alpha) \cos \alpha + \sigma_y(dA \sin \alpha) \cos \alpha + \tau_{yx}(dA_\alpha \sin \alpha) \sin \alpha = 0$$

根据切应力互等定理,τ_{yx} 与 τ_{xy} 在数值上相等,以 τ_{xy} 代换 τ_{yx},并利用二倍角关系 $\cos^2 \alpha = \dfrac{1+ \cos 2\alpha}{2}$,$\sin^2 \alpha = \dfrac{1- \cos 2\alpha}{2}$ 化简上面两个平衡方程,最后得出

$$\sigma_\alpha = \frac{\sigma_x + \sigma_y}{2} + \frac{\sigma_x - \sigma_y}{2} \cos 2\alpha - \tau_{xy} \sin 2\alpha \tag{8.1}$$

$$\tau_\alpha = \frac{\sigma_x - \sigma_y}{2} \sin 2\alpha + \tau_{xy} \cos 2\alpha \tag{8.2}$$

以上公式适用于所有的平面应力状态,包括单向、纯剪切等特殊的平面应力状态。由于该式是根据静力平衡方程建立起来的,因此,它既可用于线弹性问题,也可用于非线性或非弹性问题;既可以用于各向同性材料,也可以用于各向异性材料,与材料的力学性能无关。式

中,对 α 正负号的规定为:由正 x 轴转到斜截面的外法线 n 为逆时针转向时为正,反之为负;正应力仍然以拉应力为正,压应力为负;切应力以使单元体或截开部分产生顺时针转动趋势者为正,反之为负。

与 α 平面相垂直的平面上的正应力 $\sigma_{\alpha+90°}$,由式(8.1)得

$$\sigma_{\alpha+90°} = \frac{\sigma_x + \sigma_y}{2} - \frac{\sigma_x - \sigma_y}{2}\cos 2\alpha + \tau_{xy}\sin 2\alpha$$

不难看出有

$$\sigma_\alpha + \sigma_{\alpha+90°} = \sigma_x + \sigma_y$$

上式表明两个相互垂直面上的正应力之和为一个常数。

▶8.2.2 主应力和主平面的确定

式(8.1)和式(8.2)表明,斜截面上的正应力 σ_α 和切应力 τ_α 随 α 角度的改变而变化,即 σ_α 和 τ_α 是 α 的函数。将式(8.1)和式(8.2)对 α 求一阶导数,并令其等于零,便可以求出 σ_α 和 τ_α 的极值以及它们所在平面的位置。

将式(8.1)对 α 求一阶导数并令其等于零,得

$$\frac{\mathrm{d}\sigma_\alpha}{\mathrm{d}\alpha} = -2\left(\frac{\sigma_x - \sigma_y}{2}\sin 2\alpha + \tau_{xy}\cos 2\alpha\right) = 0$$

若 $\alpha = \alpha_0$ 时,使 $\frac{\mathrm{d}\sigma_\alpha}{\mathrm{d}\alpha}=0$,则

$$\frac{\sigma_x - \sigma_y}{2}\sin 2\alpha_0 + \tau_{xy}\cos 2\alpha_0 = 0$$

于是得

$$\tan 2\alpha_0 = -\frac{2\tau_{xy}}{\sigma_x - \sigma_y} \tag{8.3}$$

上式有两个解 α_0 和 $\alpha_0+90°$,由这两个解确定两个互相垂直的平面,其中一个是最大正应力所在的平面,另一个是最小正应力所在的平面。

将 α_0 和 $\alpha_0+90°$ 分别代入式(8.2),得

$$\tau_{\alpha_0} = \frac{\sigma_x - \sigma_y}{2}\sin 2\alpha_0 + \tau_{xy}\cos 2\alpha_0 = 0$$

$$\tau_{\alpha_0+90°} = -\left(\frac{\sigma_x - \sigma_y}{2}\sin 2\alpha_0 + \tau_{xy}\cos 2\alpha_0\right) = 0$$

它表明在最大正应力和最小正应力所在的平面上,切应力均等于零。而切应力为零的平面是主平面,主平面上的正应力是主应力。据此,可以得出如下结论:

①主平面既是切应力为零的平面,又是正应力取极值的平面。

②最大正应力和最小正应力就是主应力。

由公式(8.3)求出 $\sin 2\alpha_0$,$\cos 2\alpha_0$ 以及 $\sin 2(\alpha_0+90°)$ 和 $\cos 2(\alpha_0+90°)$,分别代入式(8.1)中,求得最大和最小正应力分别为

$$\left.\begin{array}{c}\sigma_{\max}\\\sigma_{\min}\end{array}\right\} = \frac{\sigma_x + \sigma_y}{2} \pm \sqrt{\left(\frac{\sigma_x - \sigma_y}{2}\right)^2 + \tau_{xy}^2} \tag{8.4}$$

上式也是主应力的计算公式。

需要注意的是,在平面应力状态中,有一对面上既无正应力也无切应力,这一对面也是主平面,其上的主应力等于零。所以平面应力状态的三个主应力中,有一个始终为零。

由式(8.4)可得 $\sigma_x+\sigma_y=\sigma_{\max}+\sigma_{\min}$,表明两相互垂直面上的正应力之和等于两个主应力之和,为一个常数。

按式(8.3)可以确定主平面的位置。若 $\sigma_x \geqslant \sigma_y$,则 α_0 和 $\alpha_0+90°$ 两个解中,由绝对值较小的一个解确定 $\sigma_{\max}$ 所在平面;反之,则由绝对值较大的一个解确定 $\sigma_{\max}$ 所在平面。

为了确定主平面方位,也可以考察图8.5所示的单元体的平衡。设斜截面是主平面,其上的主应力为 $\sigma_{\max}$,该主平面与 x 平面的夹角为 α_0,由平衡条件

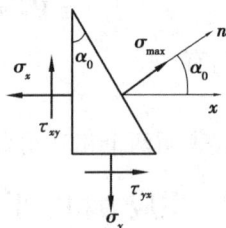

$$\sum F_x = 0$$

图 8.5 斜截面为主平面的单元体

$$\sigma_{\max}\mathrm{d}A \cos \alpha_0 - \sigma_x \mathrm{d}A \cos \alpha_0 + \tau_{xy} \mathrm{d}A \sin \alpha_0 = 0$$

解得

$$\tan \alpha_0 = \frac{\sigma_x - \sigma_{\max}}{\tau_{xy}} \tag{8.5}$$

同理,如果将式中的 $\sigma_{\max}$ 换成 $\sigma_{\min}$,求得的 α_0 便是 $\sigma_{\min}$ 所在主平面与 x 平面的夹角。

▶8.2.3 最大、最小切应力及其作用平面的位置

将式(8.2)对 α 求一阶导数并令其等于零,得

$$\frac{\mathrm{d}\tau_\alpha}{\mathrm{d}\alpha} = (\sigma_x - \sigma_y) \cos 2\alpha - 2\tau_{xy} \sin 2\alpha = 0$$

由此得到的使 τ_α 取极值的角度,用 α_1 表示,即

$$\tan 2\alpha_1 = \frac{\sigma_x - \sigma_y}{2\tau_{xy}} \tag{8.6}$$

上式同样有两个解 α_1 和 $\alpha_1+90°$,与之对应的两个平面互相垂直。一个平面上有最大切应力,另一个平面上有最小切应力。切应力极值也称为**主切应力**。若 $\tau_{xy}>0$,α_1 和 $\alpha_1+90°$ 两个解中,由绝对值较小的解确定 $\tau_{\max}$ 所在的平面,反之,由绝对值较大的解确定 $\tau_{\max}$ 所在的平面。由式(8.6)解出 $\sin 2\alpha_1$ 和 $\cos 2\alpha_1$,代入式(8.2)得

$$\left.\begin{matrix}\tau_{\max}\\\tau_{\min}\end{matrix}\right\} = \pm \sqrt{\left(\frac{\sigma_x - \sigma_y}{2}\right)^2 + \tau_{xy}^2} \tag{8.7}$$

可见,最大切应力与最小切应力的绝对值相等,只是方向不同,它们也作用在互相垂直的两个平面上。

由式(8.4)和(8.7)可得

$$\left.\begin{matrix}\tau_{\max}\\\tau_{\min}\end{matrix}\right\} = \pm \frac{\sigma_{\max} - \sigma_{\min}}{2} \tag{8.8}$$

比较式(8.3)与式(8.6)可得

$$\tan 2\alpha_0 = -\frac{1}{\tan 2\alpha_1}$$

所以有

$$2\alpha_1 = 2\alpha_0 + \frac{\pi}{2}, \quad \alpha_1 = \alpha_0 + \frac{\pi}{4}$$

上式表明最大、最小切应力所在平面与主平面的夹角为45°。

以上的分析表明,通过一点的三个应力分量 σ_x、σ_y、τ_{xy},可以求出过该点的任意截面上的应力分量、主应力及主平面位置、最大和最小切应力及其所在的平面位置,即可确定该点的应力全貌。

【例8.1】如图8.6(a)所示,已知简支梁 m—m 截面上 A 点的弯曲正应力 $\sigma = 40$ MPa,弯曲切应力 $\tau = -60$ MPa,试求:

①过 A 点的45°斜截面上的应力;

②该点的主应力及其主平面位置,画出主单元体。

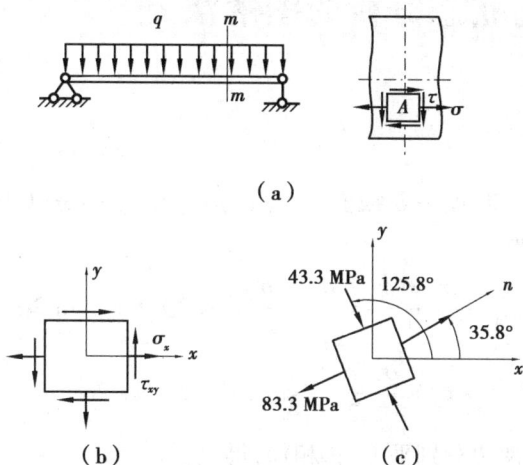

图8.6 例8.1图

【解】对 A 点的应力单元体建立坐标系,如图8.6(b)所示,则 $\sigma_x = \sigma = 40$ MPa,$\tau_{xy} = \tau = -60$ MPa,$\sigma_y = 0$。

①计算45°斜截面上的正应力 σ_α 和切应力 τ_α。

将 $\sigma_x = 40$ MPa,$\tau_{xy} = -60$ MPa,$\sigma_y = 0$,$\alpha = 45^0$ 代入公式(8.1)和(8.2),得

$$\sigma_{45°} = \frac{40 \text{ MPa} + 0 \text{ MPa}}{2} + \frac{40 \text{ MPa} - 0 \text{ MPa}}{2}\cos(2 \times 45°) + 60 \text{ MPa} \times \sin(2 \times 45°) = 80 \text{ MPa}$$

$$\tau_{45°} = \frac{40 \text{ MPa} - 0 \text{ MPa}}{2}\sin(2 \times 45°) - 60 \text{ MPa} \times \cos(2 \times 45°) = 20 \text{ MPa}$$

②计算主应力大小及其主平面位置。

先由式(8.4)求出主应力为

$$\left.\begin{array}{c}\sigma_{\max}\\\sigma_{\min}\end{array}\right\} = \frac{\sigma_x + \sigma_y}{2} \pm \sqrt{\left(\frac{\sigma_x - \sigma_y}{2}\right)^2 + \tau_{xy}^2}$$

$$=\frac{40\text{ MPa}+0\text{ MPa}}{2}\pm\sqrt{\left(\frac{40\text{ MPa}-0\text{ MPa}}{2}\right)^2+(-60\text{ MPa})^2}=\begin{cases}83.3\text{ MPa}\\-43.3\text{ MPa}\end{cases}$$

三个主应力按代数值大小排序为:$\sigma_1=83.3$ MPa,$\sigma_2=0$ MPa,$\sigma_3=-43.3$ MPa。

再由式(8.5)计算 σ_1 主平面方位角 α_0 为

$$\tan\alpha_0=\frac{\sigma_x-\sigma_1}{\tau_{xy}}=\frac{40\text{ MPa}-83.3\text{ MPa}}{-60\text{ MPa}}=0.72$$

$$\alpha_0=35.8°$$

最小主应力 σ_3 作用的主平面方位为

$$\alpha_0+90°=125.8°$$

从 x 轴按逆时针转过 35.8°,确定 $\sigma_{\max}$ 所在的主平面,以同一方向转过 125.8°确定 $\sigma_{\min}$ 所在的另一主平面,据此画出主单元体,如图 8.6(c)所示。

8.3 平面应力状态分析的图解法

▶8.3.1 应力圆方程

由式(8.1)和(8.2)可知,任一 α 截面上的应力 σ_α 和 τ_α 都是以 2α 为参变量。为消去参数 α,由式(8.1)和(8.2)得

$$\sigma_\alpha-\frac{\sigma_x+\sigma_y}{2}=\frac{\sigma_x-\sigma_y}{2}\cos2\alpha-\tau_{xy}\sin2\alpha$$

$$\tau_\alpha=\frac{\sigma_x-\sigma_y}{2}\sin2\alpha+\tau_{xy}\cos2\alpha$$

将上两式等号左、右两边分别平方,再相加,得

$$\left(\sigma_\alpha-\frac{\sigma_x+\sigma_y}{2}\right)^2+\tau_\alpha^2=\left(\frac{\sigma_x-\sigma_y}{2}\right)^2+\tau_{xy}^2$$

上式是一个以应力分量 σ_α 和 τ_α 为变量的圆周方程,这样的圆被称为**应力圆**。应力圆最早由德国工程师莫尔(Mohr,1835—1918)提出的,故又称为**莫尔应力圆**。

若以横坐标表示 σ,纵坐标表示 τ,则应力圆圆心坐标为 $\left(\frac{\sigma_x+\sigma_y}{2},0\right)$,半径为 $\sqrt{\left(\frac{\sigma_x-\sigma_y}{2}\right)^2+\tau_{xy}^2}$,如图 8.7 所示。

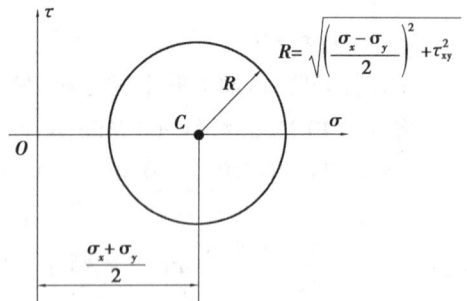

图 8.7 应力圆

▶8.3.2 应力圆的画法

以图 8.8(a)所示的单元体为例来说明应力圆的画法。

①以 σ 为横坐标,τ 为纵坐标建立图 8.8(b)所示的 σ-τ 直角坐标系。

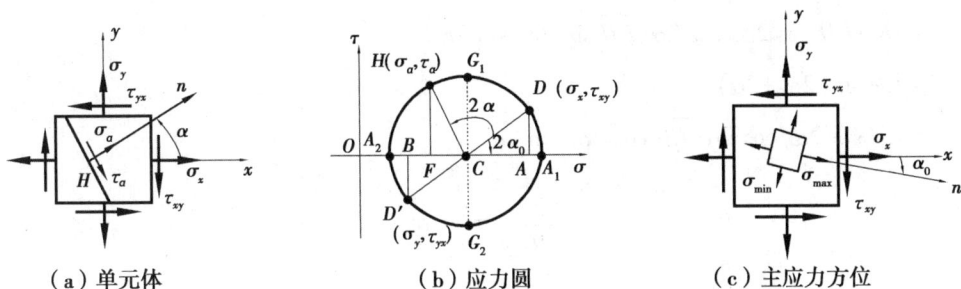

（a）单元体　　　　　（b）应力圆　　　　　（c）主应力方位

图 8.8　单元体及应力圆作图方法表示

②在 $\sigma\text{-}\tau$ 直角坐标系中选取适当比例,标出由单元体 x、y 面上的应力分量对应的点 $D(\sigma_x,\tau_{xy})$ 和 $D'(\sigma_y,\tau_{yx})$。注意 $\tau_{yx}=-\tau_{xy}$。

③连接 DD' 交横坐标于 C 点,以点 C 为圆心,以 CD 或 CD' 为半径画圆,该圆周便是表示单元体应力状态的应力圆。

显然,圆心 C 的纵坐标为零,横坐标为

$$\overline{OC}=\overline{OB}+\frac{1}{2}(\overline{OA}-\overline{OB})=\frac{1}{2}(\overline{OA}+\overline{OB})=\frac{1}{2}(\sigma_x+\sigma_y)$$

圆的半径

$$R=\overline{CD}=\sqrt{\overline{CA}^2+\overline{AD}^2}=\sqrt{\left(\frac{\sigma_x-\sigma_y}{2}\right)^2+\tau_{xy}^2}$$

除了上述方法外,还可以根据应力圆的圆心坐标 $\left(\frac{\sigma_x+\sigma_y}{2},0\right)$ 和半径 $\sqrt{\left(\frac{\sigma_x-\sigma_y}{2}\right)^2+\tau_{xy}^2}$ 绘制应力圆。

▶8.3.3　应力圆的应用

1)应力圆与单元体的对应关系

①点面对应。应力圆上任意一点的横坐标值和纵坐标值都对应着单元体上某一截面上的正应力和切应力。如图 8.8(b)中应力圆上 $D(\sigma_x,\tau_{xy})$ 和 $D'(\sigma_y,-\tau_{xy})$ 点的横坐标值和纵坐标值分别对应单元体上的 x 截面和 y 截面上的正应力分量和切应力分量。

②二倍角对应。单元体上任意两个截面的外法线之间的夹角若为 α,则在应力圆上与之相对应的两点之间的圆弧所对的圆心角必为 2α,且两者的转向相同。例如,图 8.8(a)所示的外法线与 x 轴成逆时针 α 角的 H 斜面上的应力分量,对应了应力圆上 H 点[图 8.8(b)]的坐标。在应力圆上从 D 点(代表法线为 x 的面上的应力)也按逆时针方向沿圆周转到 H 点,使圆心角 $\angle HCD=2\alpha$,则 H 点的坐标$(\overline{OF},\overline{HF})$就是单元体中 H 斜截面上的应力。即

$$\overline{OF}=\sigma_\alpha,\quad \overline{HF}=\tau_\alpha$$

证明如下:

由图 8.8(b),有

$$\overline{OF}=\overline{OC}-\overline{CF}$$

$$=\overline{OC}-\overline{CH}\cos(\pi-2\alpha_0-2\alpha)$$

$$= \overline{OC} + \overline{CH} \cos 2\alpha_0 \cos 2\alpha - \overline{CH} \sin 2\alpha_0 \sin 2\alpha \tag{a}$$

$$\overline{HF} = \overline{CH} \sin(2\alpha_0 + 2\alpha)$$

$$= \overline{CH} \sin 2\alpha_0 \cos 2\alpha + \overline{CH} \cos 2\alpha_0 \sin 2\alpha \tag{b}$$

而

$$\overline{OC} = \frac{\sigma_x + \sigma_y}{2} \tag{c}$$

$\overline{CH}$ 和 $\overline{CD}$ 均为圆周半径,故有

$$\overline{CH} \cos 2\alpha_0 = \overline{CD} \cos 2\alpha_0 = \overline{CA} = \frac{\sigma_x - \sigma_y}{2} \tag{d}$$

$$\overline{CH} \sin 2\alpha_0 = \overline{CD} \sin 2\alpha_0 = \overline{AD} = \tau_{xy} \tag{e}$$

将式(c)、(d)、(e)代入式(a)、(b),分别可得

$$\overline{OF} = \frac{\sigma_x + \sigma_y}{2} + \frac{\sigma_x - \sigma_y}{2} \cos 2\alpha - \tau_{xy} \sin 2\alpha$$

$$\overline{HF} = \frac{\sigma_x - \sigma_y}{2} \sin 2\alpha + \tau_{xy} \cos 2\alpha$$

与式(8.1)和(8.2)比较,可得

$$\overline{OF} = \sigma_\alpha, \qquad \overline{HF} = \tau_\alpha$$

由此可见,应力圆上的点与单元体上的面存在一一对应关系,其对应原则可简记为口诀:**圆上一点,体上一面;直径两端,垂直两面;点面对应,基准一致,转向相同,转角两倍**。

应力圆直观地反映了一点应力状态的特征。利用应力圆可以得出关于平面应力状态的很多结论。

2)应力圆的应用

①确定单元体任意斜截面上的应力。利用应力圆与单元体的点面对应关系可确定单元体上任意斜截面上的应力。例如前述确定 H 截面上的应力。

②确定主应力和主平面。如图 8.8(b)所示,应力圆与横坐标轴的两个交点 A_1、A_2 对应的切应力等于零,所以这两点的横坐标值分别代表主应力 $\sigma_{\max}$ 和 $\sigma_{\min}$,即

$$\sigma_{\max} = \overline{OA_1} = \overline{OC} + \overline{CA_1}$$

$$\sigma_{\min} = \overline{OA_2} = \overline{OC} - \overline{CA_2}$$

$\overline{OC}$ 是应力圆的圆心坐标,$\overline{CA_1}$、$\overline{CA_2}$ 都是应力圆的半径,则

$$\sigma_{\max} = \frac{\sigma_x + \sigma_y}{2} + \sqrt{\left(\frac{\sigma_x - \sigma_y}{2}\right)^2 + \tau_{xy}^2}$$

$$\sigma_{\min} = \frac{\sigma_x + \sigma_y}{2} - \sqrt{\left(\frac{\sigma_x - \sigma_y}{2}\right)^2 + \tau_{xy}^2}$$

得到与式(8.4)相同的表达式。在应力圆上,D 点坐标对应的是单元体上 x 面上的应力分量 σ_x,τ_{xy},由 D 点转动到 A_1 点,所对应的圆心角为顺时针转向的 $2\alpha_0$。在单元体中,由 x 轴也按顺时针方向量取 α_0,这就确定了 $\sigma_{\max}$ 所在主平面法线 n 的位置,如图 8.8(c)所示。按照关于

α 的符号规定,顺时针转动的 α_0 是负的,$\tan 2\alpha_0$ 应为负值。由图 8.8(b)可以得出

$$\tan 2\alpha_0 = -\frac{\overline{AD}}{\overline{CA}} = -\frac{2\tau_{xy}}{\sigma_x - \sigma_y}$$

于是得到与式(8.3)相同的结果。

③确定最大切应力及其作用平面。过圆心 C 作 σ 轴的垂线,该垂线与应力圆相交于 G_1、G_2 点,G_1 和 G_2 点的纵坐标值分别代表最大切应力和最小切应力,显然它们都等于应力圆的半径,故有

$$\left.\begin{array}{r}\tau_{\max}\\\tau_{\min}\end{array}\right\} = \pm\sqrt{\left(\frac{\sigma_x - \sigma_y}{2}\right)^2 + \tau_{xy}^2} = \pm\frac{\sigma_{\max} - \sigma_{\min}}{2}$$

于是得到与式(8.7)相同的结果。

在应力圆上,从 A_1 到 G_1 所对应的圆心角为逆时针 $90°$,在单元体上由 $\sigma_{\max}$ 所在主平面的法线到 $\tau_{\max}$ 所在平面的法线应为逆时针 $45°$。这也表明了主平面与最大切应力所在平面的夹角为 $45°$。由应力圆还可得出在最大、最小切应力面上的正应力相等,均为 $\frac{\sigma_x + \sigma_y}{2}$ 这一结论。

【例 8.2】构件中某点的应力状态如图 8.9(a)所示,已知 $\sigma_x = 40$ MPa,$\sigma_y = -60$ MPa,$\tau_{xy} = -50$ MPa,试用图解法求:①该单元体在 $\alpha = -40°$ 斜面上的应力;②主应力的大小和主平面的位置;③最大切应力。

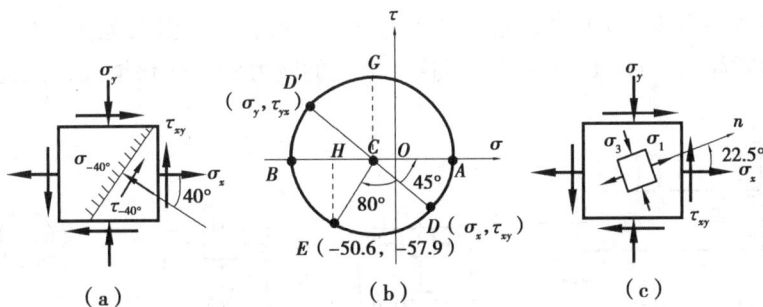

图 8.9　例 8.2 图

【解】①以 σ 为横坐标,τ 为纵坐标建立坐标系,作应力圆。

按选定的比例尺,以 $\sigma_x = 40$ MPa、$\tau_{xy} = -50$ MPa 确定 D 点,以 $\sigma_y = -60$ MPa、$\tau_{yx} = 50$ MPa 确定 D' 点。连接 D 和 D' 点,与横坐标轴交于 C 点,以 C 为圆心、CD 为半径作应力圆,如图 8.9(b)所示。

②求该单元体在 $\alpha = -40°$ 斜面上的应力。

如图 8.9(b)所示,将 D 点沿圆周按顺时针转向移动到 E 点,使 $\angle DCE = 2\alpha = 80°$,则 E 点的坐标值就是 $\alpha = -40°$ 斜面上的应力分量,于是按比例可量得

$$\overline{OH} = \sigma_\alpha = -50.6 \text{ MPa}, \qquad \overline{HE} = \tau_\alpha = -57.9 \text{ MPa}$$

③求主应力及主平面的位置。

在图 8.9(b)所示的应力圆上,A 和 B 点的横坐标值即为主应力值,按所用比例尺量出

$$\sigma_1 = \overline{OA} = 60.7 \text{ MPa}, \qquad \sigma_3 = \overline{OB} = -80.7 \text{ MPa}$$

另外一个主应力为 $\sigma_2=0$。

在应力圆上，由 D 点至 A 点为逆时针转向，且 $\angle DCA=2\alpha_0=45°$，所以，在单元体中，从 x 轴按逆时针转向量取 $\alpha_0=22.5°$，便确定了 σ_1 所在主平面的法线方位。σ_3 主平面与 σ_1 主平面垂直，该点的主单元体如图 8.9(c) 所示。

④求最大切应力。

过圆心 C 点作 σ 轴的垂线交圆周于 G 点，则

$$\overline{CG}=\tau_{max}=70.7\ \text{MPa}$$

在应力圆上按比例量取数据，会带来一定的误差。为了提高精度，可先画应力圆草图，然后根据几何关系进行计算。读者可用这种方法去重解例题 8.2。

【例 8.3】如图 8.10 所示，钢筋混凝土梁在较大的载荷作用下，在最大弯矩所在截面处出现垂直于梁轴线的横向裂缝，在支座附近出现斜向裂缝，试分析出现这种现象的原因。

【解】混凝土是一种脆性材料，在较小拉应力作用下就可能出现拉裂缝。导致这些裂缝产生的主要因素是最大拉应力 σ_1。因此，就有必要讨论梁内主应力大小和方向的变化规律。

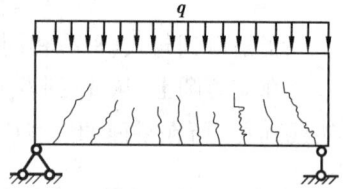

图 8.10　例 8.3 图

为此，在梁中任一横截面 m—m 上依次取 5 个点，如图 8.11(a) 所示，围绕这些点作出相应的应力单元体，如图 8.11(b) 所示。按公式 $\sigma=\dfrac{My}{I}$，$\tau=\dfrac{F_S S_z^*}{bI}$ 分别计算出各点上的正应力 σ 和切应力 τ，然后计算各点主应力的大小和主应力方向，并画出主单元体，如图 8.11(c) 所示，与各点对应的应力圆如图 8.11(d) 所示。分析这 5 个点的应力状态变化情况，可以发现梁上主应力的变化规律。

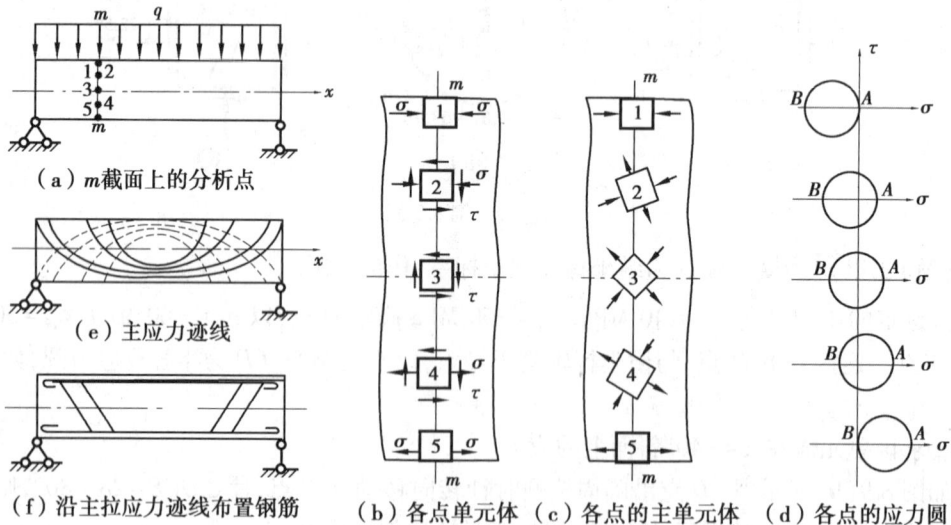

（a）m 截面上的分析点

（e）主应力迹线

（f）沿主拉应力迹线布置钢筋　（b）各点单元体　（c）各点的主单元体　（d）各点的应力圆

图 8.11　梁内主应力方向及迹线

显然，在距中性轴最远的上、下边界上各点为单向压缩或单向拉伸应力状态，横截面即是它们的主平面，如点 1 和点 5。

在中性轴上，各点正应力为零，只有切应力，处于纯剪切应力状态，主平面与梁轴线成 ±45°，如点 3。

从上、下边缘到中性轴之间的各点,既有正应力又有切应力,如点 2 和点 4,处于平面应力状态,主应力方向如图 8.11(c)所示。

由式(8.4)可得梁内任一点的主应力大小为

$$\sigma_1 = \frac{\sigma}{2} + \sqrt{\left(\frac{\sigma}{2}\right)^2 + \tau^2}, \quad \sigma_2 = 0, \quad \sigma_3 = \frac{\sigma}{2} - \sqrt{\left(\frac{\sigma}{2}\right)^2 + \tau^2}$$

由式(8.3)可确定主应力方向

$$\tan 2\alpha_0 = -\frac{2\tau}{\sigma}$$

可见,$\sigma_1 > 0$,$\sigma_3 < 0$,这表明梁内任一点的两个主应力,一个必然为拉应力,另一个必为压应力,两者方向互相垂直。图 8.11(d)所示的应力圆上 A、B 两点的位置变化直观地反映出这两个主应力大小的变化情况。在求出梁某横截面上一点的主应力的方向后,把其中一个主应力的方向延长且与相邻的横截面相交。求出交点的主应力方向,再将其延长与下一个相邻横截面相交,依此类推,将得到一条折线,其极限将是一条曲线。在该曲线上,任一点的切线即代表该点的主应力的方向。这条曲线称为**主应力迹线**,它表示梁内主应力方向的变化情况。图 8.11(e)绘出的就是受均布载荷作用的简支梁的两组主应力迹线。实线表示主拉应力 σ_1 的迹线,虚线为主压应力 σ_3 的迹线。由于任意点的两个主应力是正交的,所以经过每一点的两组主应力迹线也必然互相正交。正是由于主应力方向的变化导致了图 8.10 所示钢筋混凝土梁在较大载荷作用下,在梁跨中最大弯矩所在截面处出现垂直于梁轴线的横向裂缝,在支座附近出现斜向裂缝。在钢筋混凝土梁中,钢筋的作用是抵抗拉伸变形,所以应使钢筋尽可能地沿主拉应力迹线的方向放置,如图 8.11(f)所示。

8.4 空间应力状态简述

空间应力状态的分析比较复杂。本节只讨论在已知主应力 σ_1、σ_2、σ_3 的条件下单元体的最大正应力和最大切应力。先研究与 σ_1 平行的斜截面上的应力情况,如图 8.12(a)所示。该斜面上的应力(σ,τ)与 σ_1 无关,只取决于 σ_2 和 σ_3。于是可由 σ_2 和 σ_3 确定的应力圆来表示与 σ_1 平行的所有斜面上的正应力和切应力变化情况。同理,与 σ_2 平行[图 8.12(b)]或与 σ_3 平行[图 8.12(c)]的所有斜面上的应力(σ,τ),也可分别由 σ_1 和 σ_3 或 σ_1 和 σ_2 确定的应力圆来表示。于是可作出三个应力圆,如图 8.12(e)所示。除了上述三类平面外,对于与三个主应力均不平行的任意斜面上[图 8.12(d)]的正应力和切应力,也可用 σ-τ 直角坐标系内某一点的坐标值来表示。研究证明,该点必然处在三个应力圆所围成的阴影范围内,如图 8.12(e)中的 D 点所示。由于 D 点的确定比较复杂且不常用,在此不作进一步介绍。三个应力圆圆周上的点及由它们围成的阴影部分上的点的坐标代表了空间应力状态下单元体所有截面上的应力。

从图 8.12(e)可以看出,由 σ_1 和 σ_3 确定的应力圆最大,单元体的最大正应力 $\sigma_{max} = \sigma_1$,最小正应力 $\sigma_{min} = \sigma_3$,单元体中任意斜截面上的正应力 σ 一定介于 σ_1 和 σ_3 之间。最大切应力 τ_{max} 等于最大应力圆上 G 点的纵坐标,即等于该应力圆半径 ,为

$$\tau_{\max} = \frac{\sigma_1 - \sigma_3}{2} \qquad (8.9)$$

$\tau_{\max}$ 所在的平面平行于 σ_2，与 σ_1 主平面成 45°。

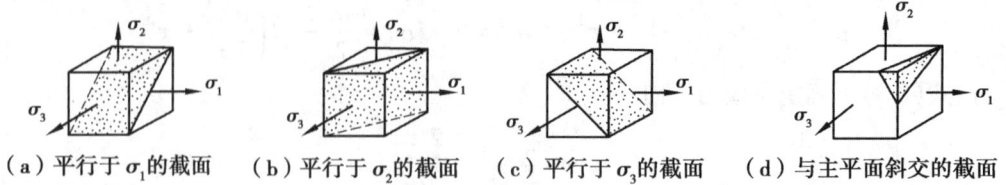

（a）平行于 σ_1 的截面　　（b）平行于 σ_2 的截面　　（c）平行于 σ_3 的截面　　（d）与主平面斜交的截面

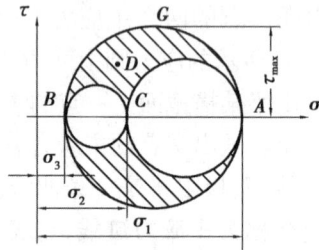

（e）空间应力状态的应力圆

图 8.12　空间应力单元体及应力圆

空间应力状态是一点应力状态中最为一般的情况,前面所讨论的平面应力状态是空间应力状态的特例。空间应力状态所得出的某些结论,也同样适用于平面或单向应力状态。在对平面应力状态讨论中得出,两个相互垂直面上的正应力之和等于两个主应力之和,为一个常数。对于空间应力状态同样可得出类似的结论,即在一点应力状态中,任意 3 个互相垂直平面上的正应力之和始终等于 3 个主应力之和,为一个常数。即

$$\sigma_x + \sigma_y + \sigma_z = \sigma_1 + \sigma_2 + \sigma_3 \qquad (8.10)$$

【例 8.4】单元体的应力如图 8.13(a)所示,求其主应力和最大切应力。

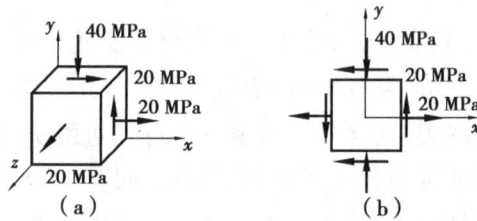

图 8.13　例 8.4 图

【解】①求主应力。

该单元体有一个已知主应力 $\sigma_z = 20$ MPa,另外两个主应力必在 xy 平面内,可按平面应力状态求解,如图 8.13(b)所示。

将 $\sigma_x = 20$ MPa, $\sigma_y = -40$ MPa, $\tau_{xy} = -20$ MPa 代入式(8.4),计算 xy 平面内的主应力

$$\left.\begin{array}{r}\sigma_{\max} \\ \sigma_{\min}\end{array}\right\} = \frac{\sigma_x + \sigma_y}{2} \pm \sqrt{\left(\frac{\sigma_x - \sigma_y}{2}\right)^2 + \tau_{xy}^2}$$

$$= \frac{20\ \text{MPa} - 40\ \text{MPa}}{2} \pm \sqrt{\left(\frac{20\ \text{MPa} + 40\ \text{MPa}}{2}\right)^2 + (-20\ \text{MPa})^2} = \begin{cases} +26.06\ \text{MPa} \\ -46.06\ \text{MPa} \end{cases}$$

将 σ_z、σ_{max}、σ_{min} 按代数值的大小排序,三个主应力分别为 $\sigma_1 = 26.06$ MPa,$\sigma_2 = 20$ MPa,$\sigma_3 = -46.06$ MPa。

②求主平面方位角。

由式(8.5),得

$$\tan \alpha_0 = \frac{\sigma_x - \sigma_1}{\tau_{xy}} = \frac{20 \text{ MPa} - 26.06 \text{ MPa}}{-20 \text{ MPa}} = 0.303$$

$$\alpha_0 = 16.86°$$

即 σ_1 与 x 轴的夹角为 16.86°。

③求最大切应力。

由式(8.9),得

$$\tau_{max} = \frac{\sigma_1 - \sigma_3}{2} = \frac{26.06 \text{ MPa} - (-46.06 \text{ MPa})}{2} = 36.06 \text{ MPa}$$

8.5 广义胡克定律

▶8.5.1 广义胡克定律

在第 2 章讨论轴向拉伸或压缩时,得到在单向应力状态下,当应力小于比例极限时,应力应变成线性关系,满足胡克定律。即

$$\sigma = E\varepsilon \quad 或 \quad \varepsilon = \frac{\sigma}{E}$$

此外,轴向变形还将引起横向尺寸的变化,横向线应变为

$$\varepsilon' = -\mu\varepsilon = -\mu \frac{\sigma}{E}$$

在纯剪切的情况下,根据实验结果,在切应力不超过剪切比例极限时,切应力和切应变之间的关系服从剪切胡克定律。即

$$\tau = G\gamma \quad 或 \quad \gamma = \frac{\tau}{G}$$

对于均质各向同性材料,在线弹性范围内,线应变只与正应力有关,与切应力无关;而切应变只与切应力有关,与正应力无关,并且切应力只影响同一平面内的切应变,而不会影响其他方向上的切应变。因此,对于图 8.1(a)所示的三向应力状态,可以看成是 3 组单向应力(图8.14)和 3 组纯剪切应力的组合。沿 σ_x、σ_y、σ_z 方向的线应变 ε_x、ε_y、ε_z 可用叠加原理求得。

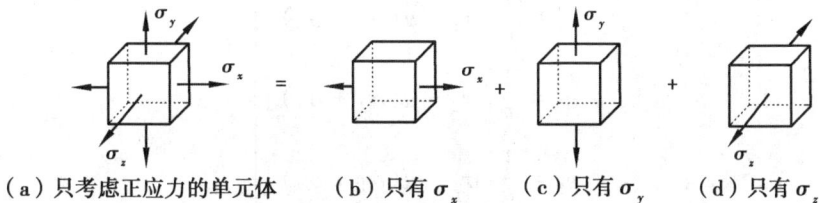

(a)只考虑正应力的单元体　(b)只有 σ_x　(c)只有 σ_y　(d)只有 σ_z

图 8.14 单元体的应力叠加

如图 8.14 所示,在 σ_x、σ_y、σ_z 分别单独存在时,单元体在 x 方向的线应变分别为

$$\varepsilon_x' = \frac{\sigma_x}{E}, \quad \varepsilon_x'' = -\mu\frac{\sigma_y}{E}, \quad \varepsilon_x''' = -\mu\frac{\sigma_z}{E}$$

在 $\sigma_x, \sigma_y, \sigma_z$ 共同存在时,根据叠加原理,单元体在 x 方向的线应变为

$$\varepsilon_x = \varepsilon_x' + \varepsilon_x'' + \varepsilon_x''' = \frac{\sigma_x}{E} - \frac{\mu\sigma_y}{E} - \frac{\mu\sigma_z}{E} = \frac{1}{E}[\sigma_x - \mu(\sigma_y + \sigma_z)]$$

同理,可求出单元体在 y 和 z 方向的线应变 ε_y 和 ε_z,最后得

$$\left.\begin{aligned}
\varepsilon_x &= \frac{1}{E}[\sigma_x - \mu(\sigma_y + \sigma_z)] \\
\varepsilon_y &= \frac{1}{E}[\sigma_y - \mu(\sigma_z + \sigma_x)] \\
\varepsilon_z &= \frac{1}{E}[\sigma_z - \mu(\sigma_x + \sigma_y)]
\end{aligned}\right\} \tag{8.11}$$

在 xy, yz, zx 3 个面内的切应变与切应力的关系分别是

$$\gamma_{xy} = \frac{1}{G}\tau_{xy}, \quad \gamma_{yz} = \frac{1}{G}\tau_{yz}, \quad \gamma_{zx} = \frac{1}{G}\tau_{zx} \tag{8.12}$$

式(8.11)和(8.12)就是复杂应力状态下的**广义胡克定律**,适用于线弹性范围内小变形条件下的各向同性均质材料。

上述形式的胡克定律也可改写为用应变表示应力的形式,即

$$\left.\begin{aligned}
\sigma_x &= \frac{E(1-\mu)}{(1+\mu)(1-2\mu)}\left[\varepsilon_x + \frac{\mu}{1-\mu}(\varepsilon_y + \varepsilon_z)\right] \\
\sigma_y &= \frac{E(1-\mu)}{(1+\mu)(1-2\mu)}\left[\varepsilon_y + \frac{\mu}{1-\mu}(\varepsilon_x + \varepsilon_z)\right] \\
\sigma_z &= \frac{E(1-\mu)}{(1+\mu)(1-2\mu)}\left[\varepsilon_z + \frac{\mu}{1-\mu}(\varepsilon_x + \varepsilon_y)\right] \\
\tau_{xy} &= G\gamma_{xy} \\
\tau_{yz} &= G\gamma_{yz} \\
\tau_{zx} &= G\gamma_{zx}
\end{aligned}\right\} \tag{8.13}$$

当单元体的 6 个面都是主平面时,使 x, y, z 的方向分别与主应力 σ_1、σ_2、σ_3 的方向一致,这时有 $\sigma_x = \sigma_1, \sigma_y = \sigma_2, \sigma_z = \sigma_3, \tau_{xy} = 0, \tau_{yz} = 0, \tau_{zx} = 0$,由式(8.12)得 $\gamma_{xy} = 0, \gamma_{yz} = 0, \gamma_{zx} = 0$,表明主平面上无切应变。与主应力 σ_1、σ_2、σ_3 相应的线应变分别记为 ε_1、ε_2、ε_3,称为一点处的**主应变**。由式(8.11)可以得到用主应力和主应变表示的广义胡克定律:

$$\left.\begin{aligned}
\varepsilon_1 &= \frac{1}{E}[\sigma_1 - \mu(\sigma_2 + \sigma_3)] \\
\varepsilon_2 &= \frac{1}{E}[\sigma_2 - \mu(\sigma_3 + \sigma_1)] \\
\varepsilon_3 &= \frac{1}{E}[\sigma_3 - \mu(\sigma_1 + \sigma_2)]
\end{aligned}\right\} \tag{8.14}$$

主应变和主应力的方向是重合的,且一一对应,有相同的正负号。ε_1、ε_2、ε_3 按代数值的

大小排序，$\varepsilon_1 \geqslant \varepsilon_2 \geqslant \varepsilon_3$，其中，$\varepsilon_1$ 和 ε_3 分别是该点处沿各方向线应变的最大值和最小值。

▶8.5.2 体积胡克定律

构件受力变形后，通常会导致体积的变化。单位体积的体积改变量称为**体应变**，用 θ 表示。如图 8.15 所示的主单元体，边长分别是 dx，dy 和 dz，变形前的体积为 $V = dxdydz$，变形后其 3 个边长分别为

$$dx + \varepsilon_1 dx = (1 + \varepsilon_1) dx$$
$$dy + \varepsilon_2 dy = (1 + \varepsilon_2) dy$$
$$dz + \varepsilon_3 dz = (1 + \varepsilon_3) dz$$

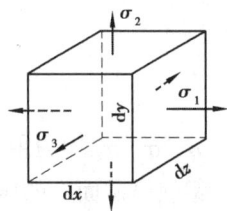

图 8.15 主单元体

变形后的单元体体积为

$$V_1 = (1 + \varepsilon_1)(1 + \varepsilon_2)(1 + \varepsilon_3) dxdydz$$

展开上式并略去高阶微量，得

$$V_1 = (1 + \varepsilon_1 + \varepsilon_2 + \varepsilon_3) dxdydz$$

于是体应变为

$$\theta = \frac{V_1 - V}{V} = \varepsilon_1 + \varepsilon_2 + \varepsilon_3 \tag{8.15}$$

将式（8.14）代入式（8.15），得到用主应力表示的体应变

$$\theta = \frac{1 - 2\mu}{E}(\sigma_1 + \sigma_2 + \sigma_3) \tag{8.16}$$

由式（8.10），上式也可表示为

$$\theta = \frac{1 - 2\mu}{E}(\sigma_x + \sigma_y + \sigma_z) \tag{8.17}$$

若令

$$\sigma_m = \frac{1}{3}(\sigma_1 + \sigma_2 + \sigma_3) = \frac{1}{3}(\sigma_x + \sigma_y + \sigma_z)$$

则体应变

$$\theta = \frac{3(1 - 2\mu)\sigma_m}{E} = \frac{\sigma_m}{K} \tag{8.18}$$

式中，$K = \dfrac{E}{3(1-2\mu)}$ 称为**体积弹性模量**，σ_m 称为**平均应力**。

式（8.18）表明，单元体的体应变 θ 与平均应力 σ_m 成正比，此即**体积胡克定律**。该式同时还表明单元体的体应变 θ 只与 3 个主应力之和有关，与 3 个主应力之间的比例无关。

【**例 8.5**】如图 8.16(a) 所示，在刚性槽内无间隙地嵌入一个 10 mm×10 mm×10 mm 铝质立方块。若铝的弹性模量 $E = 70$ GPa，泊松比 $\mu = 0.33$，求铝块受到合力为 $F = 6$ kN 的均布压力作用时的主应力、体应变以及最大切应力。

【**解**】①计算主应力。

建立如图 8.16(b) 所示的 xyz 坐标系。在压力 F 作用下，铝块在竖直方向产生压缩变形。竖向压缩使得铝块产生横向膨胀，由于横向 z 方向上的变形不受约束，因而应力 $\sigma_z = 0$。在 x 方向的膨胀受到刚性槽的限制，因此，在该方向上应变 $\varepsilon_x = 0$。在 x、y、z 三个面上均无切应力，

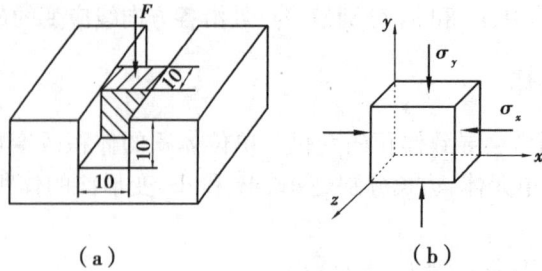

图 8.16　例 8.5 图

所以 σ_x、σ_y、σ_z 均为主应力。

铝块横截面上的压应力为

$$\sigma_y = -\frac{F}{A} = -\frac{6 \times 10^3 \text{N}}{(10 \text{ mm})^2} = -60 \text{ MPa}$$

根据变形条件

$$\varepsilon_x = \frac{1}{E}[\sigma_x - \mu(\sigma_y + \sigma_z)] = 0$$

解得

$$\sigma_x = \mu\sigma_y = -0.33 \times 60 \text{ MPa} = -19.8 \text{ MPa}$$

故铝块的 3 个主应力为

$$\sigma_1 = \sigma_z = 0, \sigma_2 = \sigma_x = -19.8 \text{ MPa}, \sigma_3 = \sigma_y = -60 \text{ MPa}$$

②计算体应变。

将 3 个主应力代入式(8.16),得体应变为

$$\theta = \frac{1-2\mu}{E}(\sigma_1 + \sigma_2 + \sigma_3) = \frac{1 - 2 \times 0.33}{70 \times 10^3 \text{ MPa}}[0 \text{ MPa} + (-19.8 \text{ MPa}) + (-60 \text{ MPa})]$$

$$= -3.876 \times 10^{-4}$$

③计算最大切应力。

由式(8.9)得

$$\tau_{max} = \frac{\sigma_1 - \sigma_3}{2} = \frac{0 \text{ MPa} - (-60 \text{ MPa})}{2} = 30 \text{ MPa}$$

8.6　复杂应力状态下的应变能密度

▶8.6.1　单元体的变形

若按图 8.17 所示方法将某点主单元体的应力进行分解和组合,则在图 8.17(b)中,3 个主应力之和为零,由式(8.16)可得其体应变 θ 也为零。表明单元体在这 3 个主应力作用下,只是形状发生变化而体积大小不会发生变化。在图 8.17(c)中,由于 3 个主应力均等于平均应力 σ_m,该单元体各边长将按相同比例伸长或缩短,所以单元体的体积大小会发生变化但形状

不变。因此,可将图 8.17(a)所示的单元体的变形视为由体积改变(形状不变)和形状改变(体积不变)两部分组成。

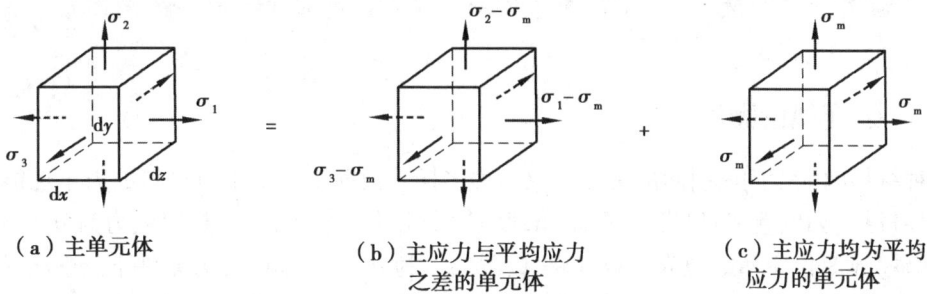

（a）主单元体　　　　　　（b）主应力与平均应力　　　　　（c）主应力均为平均
　　　　　　　　　　　　　　　之差的单元体　　　　　　　　　应力的单元体

图 8.17 主应力的分解与叠加

▶8.6.2 复杂应力状态下的应变能密度

物体因外力作用而产生弹性变形时,在物体内部将存储应变能。物体单位体积存储的应变能称为**应变能密度**或**比能**。根据应变能和外力功在数值上相等的关系,得出在单向应力状态下应变能密度 v_ε 的计算公式为

$$v_\varepsilon = \frac{1}{2}\sigma\varepsilon$$

在复杂应力状态下,对弹性体而言,应变能只取决于外力和变形的最终数值,与加力的次序无关。因此,与每一主应力相应的应变能密度仍可以按上式计算。于是三向应力状态下单元体的应变能密度 v_ε 为

$$v_\varepsilon = \frac{1}{2}(\sigma_1\varepsilon_1 + \sigma_2\varepsilon_2 + \sigma_3\varepsilon_3)$$

将式(8.14)代入上式,经过整理后得

$$v_\varepsilon = \frac{1}{2E}[\sigma_1^2 + \sigma_2^2 + \sigma_3^2 - 2\mu(\sigma_1\sigma_2 + \sigma_2\sigma_3 + \sigma_3\sigma_1)] \tag{8.19}$$

如前所述,单元体的变形包括体积改变和形状改变两部分,那么应变能密度也可以看成由**体积改变能密度** v_v 和**形状改变能密度** v_d 这两部分组成,即

$$v_\varepsilon = v_v + v_d \tag{8.20}$$

对于图 8.17(c)中的单元体,其形状不变,体积大小要改变,所以 $v_d=0$,这时 $v_v=v_\varepsilon$。将 $\sigma_1=\sigma_2=\sigma_3=\sigma_m=\frac{1}{3}(\sigma_1+\sigma_2+\sigma_3)$ 代入式(8.19),得体积改变能密度 v_v 为

$$v_v = \frac{1}{2E}[\sigma_m^2 + \sigma_m^2 + \sigma_m^2 - 2\mu(\sigma_m^2 + \sigma_m^2 + \sigma_m^2)]$$

$$= \frac{1-2\mu}{6E}(\sigma_1 + \sigma_2 + \sigma_3)^2 \tag{8.21}$$

将式(8.19)和式(8.21)代入计算式(8.20),经整理得形状改变能密度 v_d 为

$$v_d = \frac{1+\mu}{6E}[(\sigma_1-\sigma_2)^2 + (\sigma_2-\sigma_3)^2 + (\sigma_3-\sigma_1)^2] \tag{8.22}$$

8.7 强度理论

▶8.7.1 强度理论概述

各种材料因强度问题引起的失效现象多种多样。根据第 2 章中对材料的力学性能讨论，知道塑性材料(如低碳钢)以发生屈服、出现塑性变形为失效的标志，极限应力为 σ_s。脆性材料(如铸铁)则是以突然断裂为失效现象，极限应力为 σ_b。在单向受力条件下，σ_s、σ_b 都可以由实验确定。以极限应力除以安全因数得到许用应力 $[\sigma]$，建立强度条件 $\sigma_{max} \leqslant [\sigma]$。因此，在轴向拉压、弯曲等基本变形时，构件正应力最大的危险点都处于单向应力状态，其强度条件都是建立在实验的基础上的。

但是，实际工程中大多数的受力构件的危险点往往处于复杂应力状态。在复杂应力状态下，3 个主应力有不同的组合，不可能对每种组合都用实验方法来测得相应的极限应力。因此，完全依靠直接实验方法来建立复杂应力状态下的强度条件不现实，必须另辟途径，进一步研究材料在复杂应力状态下的破坏原因和失效规律，从而建立强度条件。所谓的**强度理论**，就是推测构件在复杂应力状态下破坏原因并以此建立强度条件的假说。

大量实验表明，材料在静载常温条件下强度失效形式主要有脆性断裂和塑性屈服。脆性材料一般出现脆性断裂的失效形式，塑性材料一般出现塑性屈服的失效形式。人们在长期的生产实践中，综合分析材料强度失效现象，提出了各种不同的假说。各种假说尽管各有差异，但都认为，材料的变形都和应力、应变或应变能密度有关，无论危险点是处于单向应力状态还是处于复杂应力状态，只要它们当中的某一因素达到材料的极限值，就会引起材料屈服或断裂。这类假说被称为强度理论。按照这种假说，造成失效的原因是相同的，与应力状态无关，因而可将单向应力状态的实验结果与复杂应力状态下材料的破坏联系起来，从而建立相应的强度条件。

▶8.7.2 工程中常用的四个强度理论

根据材料脆性断裂和塑性屈服这两种强度失效，强度理论可分为两大类：一类是关于脆性断裂的理论，其中有最大拉应力理论和最大伸长线应变理论；另一类是关于塑性屈服的强度理论，其中有最大切应力理论和形状改变能密度理论。

1)最大拉应力理论

最大拉应力理论也称为第一强度理论。该理论认为最大拉应力 σ_1 是引起材料脆性断裂的主要因素。即认为不论材料处于单向应力状态还是复杂应力状态，只要材料内某点的最大拉应力 σ_1 达到材料的极限应力值 σ_u 时，材料就会发生脆性断裂破坏。由于极限应力 σ_u 与应力状态无关，则可利用单向拉伸应力状态确定这一极限值。在单向拉伸时，当 $\sigma_1 = \sigma_u = \sigma_b$ 时，材料就会发生脆性断裂破坏。按照这一强度理论，脆性断裂的破坏条件为

$$\sigma_1 \geqslant \sigma_b \tag{8.23}$$

将强度极限 σ_b 除以安全因数 n 得到许用应力 $[\sigma]$，相应的强度条件为

$$\sigma_1 \leqslant [\sigma] \tag{8.24}$$

铸铁、石料等脆性材料在单向拉伸时沿拉应力最大的横截面发生断裂,扭转时沿拉应力最大的斜面发生断裂,这些都与最大拉应力理论相符合。该理论适用于材料的脆性断裂失效。但它未考虑其他两个主应力 σ_2、σ_3 的影响,且对于单向受压或三向受压等没有拉应力的情况则无法应用。

2)最大伸长线应变理论

最大伸长线应变理论也称为第二强度理论。该理论认为最大伸长线应变 ε_1 是引起脆性断裂的主要因素。即无论是在单向应力状态或在复杂应力状态下,只要材料内某点的最大伸长线应变 ε_1 达到材料的某一极限应变 ε_u 时,材料就会发生脆性断裂。既然极限应变 ε_u 与应力状态无关,则可利用单向应力状态确定这一极限值。在单向拉伸时,假定直到断裂仍可用胡克定律计算极限应变 ε_u,则 $\varepsilon_u = \dfrac{\sigma_b}{E}$。按照该理论,在任意应力状态下,只要最大伸长线应变 ε_1 达到极限值 $\dfrac{\sigma_b}{E}$,材料就会发生脆性断裂破坏。因此,按照这一理论建立的破坏条件为

$$\varepsilon_1 \geqslant \frac{\sigma_b}{E}$$

将广义胡克定律 $\varepsilon_1 = \dfrac{1}{E}[\sigma_1 - \mu(\sigma_2 + \sigma_3)]$ 代入上式,得到用应力表示的破坏条件为

$$\sigma_1 - \mu(\sigma_2 + \sigma_3) \geqslant \sigma_b \tag{8.25}$$

将强度极限 σ_b 除以安全因数 n 得到许用应力 $[\sigma]$,相应的强度条件为

$$\sigma_1 - \mu(\sigma_2 + \sigma_3) \leqslant [\sigma] \tag{8.26}$$

该强度理论较好地解释了石料、混凝土等脆性材料在压缩时纵向开裂的现象。这一理论虽然考虑了其他两个主应力 σ_2、σ_3 对材料强度的影响,但是它只与极少数脆性材料在某些受力条件下的实验结果相吻合,因此在工程实践中应用较少。

3)最大切应力理论

最大切应力理论也称为第三强度理论。该理论认为最大切应力 τ_{max} 是引起材料塑性屈服的主要因素。即无论是在单向应力状态或在复杂应力状态下,只要材料内某点的最大切应力 τ_{max} 达到材料的极限切应力 τ_u 时,材料就会在该处发生塑性屈服。既然 τ_u 与应力状态无关,则可利用单向应力状态来确定这一极限值。在单向拉伸时,当 $\tau_{max} = \tau_u = \dfrac{\sigma_s}{2}$ 时材料出现塑性屈服,在任意应力状态下的最大切应力为 $\tau_{max} = \dfrac{\sigma_1 - \sigma_3}{2}$,于是按照该强度理论建立的破坏条件为

$$\sigma_1 - \sigma_3 \geqslant \sigma_s \tag{8.27}$$

将屈服极限 σ_s 除以安全因数 n 得到许用应力 $[\sigma]$,相应的强度条件为

$$\sigma_1 - \sigma_3 \leqslant [\sigma] \tag{8.28}$$

实验表明,这一理论可以较好地解释塑性材料出现塑性屈服的现象。如低碳钢拉伸时沿着与轴线成45°的方向出现滑移线,而沿该方向的斜截面上切应力最大,这些滑移线正是最大切应力所引起的。

最大切应力理论没有考虑 σ_2 对强度的影响，其计算结果偏于安全，且使用较简便，因而在工程实践中应用较为广泛。

4)形状改变能密度理论

形状改变能密度理论也称为第四强度理论。该理论认为形状改变能密度 v_d 是引起材料塑性屈服的主要因素。即无论是在单向应力状态或在复杂应力状态下，只要材料内某点的形状改变能密度 v_d 达到材料的极限值 v_u 时，材料就会发生塑性屈服。既然 v_u 与应力状态无关，则可利用单向应力状态确定这一极限值。材料在单向拉伸屈服时的形状改变能密度为

$$v_u = \frac{1+\mu}{6E}(2\sigma_s^2)$$

在复杂应力状态下

$$v_d = \frac{1+\mu}{6E}\left[(\sigma_1 - \sigma_2)^2 + (\sigma_2 - \sigma_3)^2 + (\sigma_3 - \sigma_1)^2\right]$$

于是按照这一强度理论建立的破坏条件为

$$\sqrt{\frac{1}{2}\left[(\sigma_1 - \sigma_2)^2 + (\sigma_2 - \sigma_3)^2 + (\sigma_3 - \sigma_1)^2\right]} \geqslant \sigma_s \tag{8.29}$$

将屈服极限 σ_s 除以安全因数 n 得到许用应力 $[\sigma]$，相应的强度条件为

$$\sqrt{\frac{1}{2}\left[(\sigma_1 - \sigma_2)^2 + (\sigma_2 - \sigma_3)^2 + (\sigma_3 - \sigma_1)^2\right]} \leqslant [\sigma] \tag{8.30}$$

试验表明，该理论与塑性材料(如钢、铜、铝)的薄管试验结果相吻合，比最大切应力理论更符合试验结果，且按该理论计算的结果比按最大切应力理论计算的结果更经济。因此，这一理论在工程中得到广泛应用。

▶8.7.3 莫尔强度理论

莫尔强度理论并不简单地假设材料的破坏是由某一个因素(如应力、应变或应变能密度)到达了极限值而引起的，而是以各种应力状态下材料的破坏实验结果为依据，建立起来的带有一定经验性的强度理论。8.4 节曾经指出，一点的应力状态可用 3 个应力圆来表示。3 个圆周上的点及由它们围成的阴影部分上的点的坐标代表了空间应力状态下单元体所有截面上的应力。而代表一点应力状态中最大正应力和最大切应力的点均在外圆上。莫尔因此假设，单由外圆就足以决定极限应力状态，即开始发生屈服或脆性断裂时的应力状态，而不必考虑 σ_2 对材料破坏的影响。

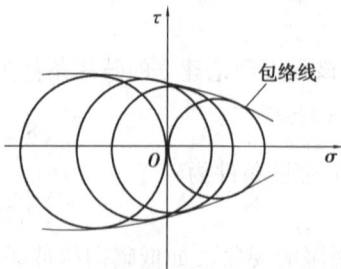

图 8.18 莫尔包络线

按材料破坏时的主应力 σ_1、σ_3 确定的应力圆称为**极限应力圆**。改变材料的受力条件，得出不同极限应力状态下的一组极限应力圆，这组极限应力圆有一条公共包络线，即极限包络线，称为**莫尔包络线**，如图 8.18 所示。包络线在 σ-τ 坐标系中是一条曲线，也称为**莫尔强度曲线**。莫尔强度曲线的形式与材料有关，有直线形、抛物线形、双曲线形、摆线形等。曲线上任意一点都对应了一个与之相切的极限应力圆。

对一已知的应力状态 σ_1、σ_2、σ_3，若由 σ_1、σ_3 确定的应力圆在包络线之内，则这一应力状态不会引起失效；若应力圆与包络线恰好相切，则表明这一应力状态处于极限状态，会引起材料失效。

在实际工程中，常以单向拉伸和单向压缩试验所得到的两个极限应力圆的公切线代替包络线，如图 8.19(a)所示。为了进行强度计算，还需引入安全因数。于是以材料在单向拉伸时的许用拉应力$[\sigma_t]$和单向压缩时的许用压应力$[\sigma_c]$分别作出许用应力圆，并作出两圆的公切线，如图 8.19(b)所示。这条公切线称为**许用包络线**，以它作为建立复杂应力状态下强度条件的依据。

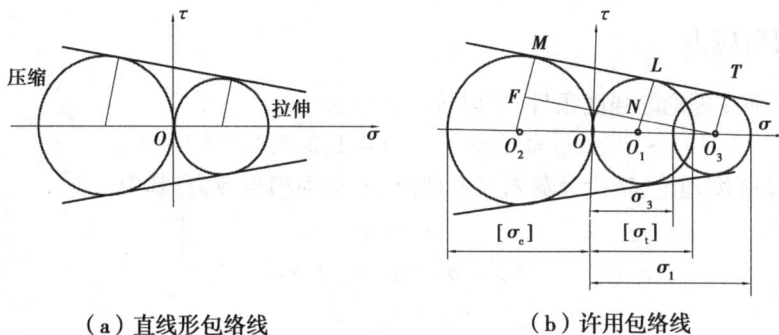

（a）直线形包络线　　　　　　　（b）许用包络线

图 8.19　莫尔包络线的形式

根据图 8.19(b)中的几何关系可见，任意应力状态下以 σ_1、σ_3 所作应力图与许用包络线相切时有

$$\frac{\overline{O_1 N}}{\overline{O_2 F}} = \frac{\overline{O_3 O_1}}{\overline{O_3 O_2}} \qquad (a)$$

$$\left.\begin{array}{l} \overline{O_3 T} = \overline{NL} = \overline{MF} = \dfrac{\sigma_1 - \sigma_3}{2} \\[2mm] \overline{O_1 N} = \overline{O_1 L} - \overline{NL} = \dfrac{[\sigma_t]}{2} - \dfrac{\sigma_1 - \sigma_3}{2} \\[2mm] \overline{O_2 F} = \overline{O_2 M} - \overline{MF} = \dfrac{[\sigma_c]}{2} - \dfrac{\sigma_1 - \sigma_3}{2} \\[2mm] \overline{O_3 O_1} = \overline{OO_3} - \overline{OO_1} = \dfrac{\sigma_1 + \sigma_3}{2} - \dfrac{[\sigma_t]}{2} \\[2mm] \overline{O_3 O_2} = \overline{OO_3} + \overline{OO_2} = \dfrac{\sigma_1 + \sigma_3}{2} + \dfrac{[\sigma_c]}{2} \end{array}\right\} \qquad (b)$$

将式(b)代入式(a)，整理得

$$\sigma_1 - \frac{[\sigma_t]}{[\sigma_c]}\sigma_3 = [\sigma_t] \qquad (c)$$

任何复杂应力状态下，以危险点的主应力 σ_1、σ_3 作出的应力圆都不得与许用包络线相交，则相应的强度条件为

$$\sigma_1 - \frac{[\sigma_t]}{[\sigma_c]}\sigma_3 \leqslant [\sigma_t] \qquad (8.31)$$

式中,$[\sigma_t]$和$[\sigma_c]$分别为材料的许用拉应力和许用压应力。对抗拉强度和抗压强度相等的材料,$[\sigma_t]=[\sigma_c]=[\sigma]$,上式则为

$$\sigma_1 - \sigma_3 \leq [\sigma]$$

这也是第三强度理论的强度条件。由于莫尔强度理论可以推导出第三强度理论,所以往往把它作为第三强度理论的推广。

试验表明,对于$[\sigma_t]$与$[\sigma_c]$不等的脆性材料,若危险点处于以压应力为主的应力状态,莫尔强度理论往往能够给出比较满意的结果。例如,用莫尔强度理论能够较好地解释铸铁在轴向压缩时其破坏面法线与轴线夹角大于45°的现象。

▶8.7.4 相当应力

上述5个强度理论的强度条件,可以统一表示为

$$\sigma_{ri} \leq [\sigma] \qquad (i = 1,2,3,4,M) \tag{8.32}$$

i表示第i强度理论,M代表莫尔强度理论,σ_{ri}称为**相当应力**,其中

$$\sigma_{r1} = \sigma_1 \tag{8.33}$$

$$\sigma_{r2} = \sigma_1 - \mu(\sigma_2 + \sigma_3) \tag{8.34}$$

$$\sigma_{r3} = \sigma_1 - \sigma_3 \tag{8.35}$$

$$\sigma_{r4} = \sqrt{\frac{1}{2}[(\sigma_1 - \sigma_2)^2 + (\sigma_2 - \sigma_3)^2 + (\sigma_3 - \sigma_1)^2]} \tag{8.36}$$

$$\sigma_{rM} = \sigma_1 - \frac{[\sigma_t]}{[\sigma_c]}\sigma_3 \tag{8.37}$$

相当应力σ_{ri}是危险点的3个主应力按一定形式的组合,本身并不具有应力的含义,只是为了计算的方便而引入的名词和符号。以上的相当应力都是用主应力表示的,可称为主应力表达式。

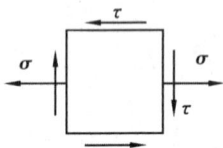

对于塑性材料,若其危险点的应力状态如图8.20所示,则3个主应力为

图8.20 某危险点的应力状态

$$\sigma_1 = \frac{\sigma}{2} + \sqrt{\left(\frac{\sigma}{2}\right)^2 + \tau^2}$$

$$\sigma_2 = 0$$

$$\sigma_3 = \frac{\sigma}{2} - \sqrt{\left(\frac{\sigma}{2}\right)^2 + \tau^2}$$

按第三强度理论,相当应力为

$$\sigma_{r3} = \sigma_1 - \sigma_3 = \sqrt{\sigma^2 + 4\tau^2} \tag{8.38}$$

按第四强度理论,相当应力为

$$\sigma_{r4} = \sqrt{\frac{1}{2}[(\sigma_1 - \sigma_2)^2 + (\sigma_2 - \sigma_3)^2 + (\sigma_3 - \sigma_1)^2]}$$

$$= \sqrt{\sigma^2 + 3\tau^2} \tag{8.39}$$

式(8.38)和式(8.39)也称为第三和第四强度理论相当应力的应力分量表达式,只适用于图8.20所示的应力状态。

▶8.7.5 应用强度理论时应注意的问题

①明确各强度理论的适用范围。强度理论既然是推测强度失效原因的一些假说,它是否正确,适用于什么条件,必须由生产实践来检验。各个强度理论都有一定的局限性,适用于某种材料的强度理论并不适用于另一种材料;在某种条件下适用的理论,在另一种条件下却不适用。因此,不同情况下应采用不同的强度理论。

第一强度理论和第二强度理论是用来解释脆性断裂的强度理论;第三强度理论和第四强度理论是用来解释塑性屈服的强度理论。

②应正确判断材料失效形式(屈服或脆性断裂),然后选用适当的强度理论。构件的失效形式与构件所用材料的性质、危险点的应力状态等有关。不同的材料可以发生不同的失效形式。同一种材料在不同的应力状态下也可能出现不同的失效形式。例如,铸铁在单向拉伸时以拉断失效,在单向压缩时以剪断失效,在三向压缩时,以屈服失效。因此,对于不同的情况应采用不同的强度理论。

a.对于脆性材料,常因脆性断裂而破坏,宜采用第一强度理论和第二强度理论。但对于铸铁这种脆性材料,在单向压缩或复杂应力状态时的最大和最小主应力分别为拉应力和压应力的情况下,宜采用莫尔强度理论。

b.对于塑性材料,一般情况下都因塑性屈服而失效,故应采用第三、第四强度理论。

c.在三向拉伸状态下,不管是脆性材料还是塑性材料,都将发生脆性断裂破坏,故应采用第一强度理论。如低碳钢试件在三向拉伸应力状态下,且三个主应力数值接近时,发生脆性断裂。

d.在三向压缩状态下,不管是脆性材料还是塑性材料,通常都发生塑性屈服破坏,故应采用第三或第四强度理论。如以淬火钢球压在铸铁板上,接触点附近的材料处于三向受压的应力状态,随着压力逐渐增大,铸铁板会出现明显的凹坑,表明已出现了屈服。

【例 8.6】一简支的 NO.28a 工字钢梁承受载荷如图 8.21(a)所示。已知材料的许用应力为 $[\sigma] = 170$ MPa,$[\tau] = 100$ MPa,试校核梁的强度。

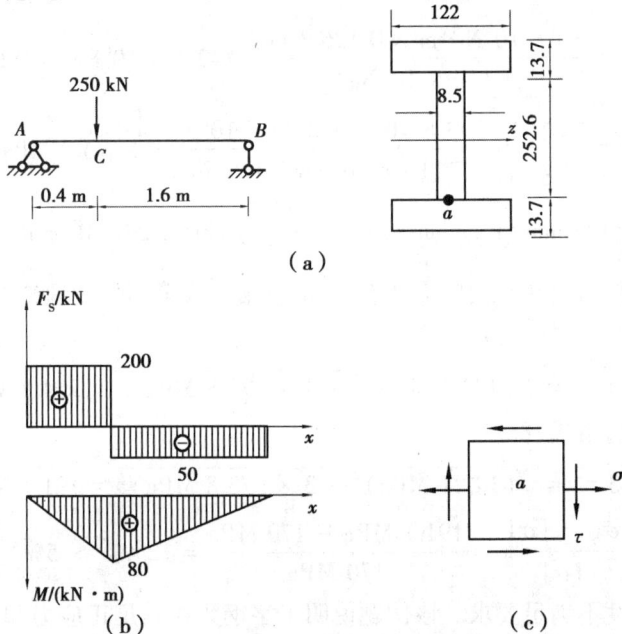

(a)

(b)

(c)

图 8.21   例 8.6 图

【解】对梁强度的校核,首先应确定可能的危险截面和危险截面上可能的危险点。可能的危险截面有:弯矩最大的截面、剪力最大的截面、弯矩和剪力均较大的截面。可能的危险点有:弯曲正应力最大的点、弯曲切应力最大的点、正应力和切应力均较大的点。

①计算支座反力。

根据平衡方程计算出两支座的反力分别为

$$F_A = 200 \text{ kN}(\uparrow), \quad F_B = 50 \text{ kN}(\uparrow)$$

②作梁的内力图,判断危险截面。

如图 8.21(b)所示,C 左截面上的剪力和弯矩均最大,为危险截面。

$$F_{S,\max} = 200 \text{ kN}, \quad M_{\max} = 80 \text{ kN} \cdot \text{m}$$

③强度校核。

对于 28a 工字钢的截面,查表得

$$I_z = 7\,110 \times 10^{-8} \text{m}^4, \quad W_z = 508 \times 10^{-6} \text{m}^3, \quad d = 8.5 \times 10^{-3} \text{m}, \quad \frac{I_z}{S^*_{z,\max}} = 24.6 \times 10^{-2} \text{m}$$

最大正应力为

$$\sigma_{\max} = \frac{M_{\max}}{W_z} = \frac{80 \times 10^3 \text{N} \cdot \text{m}}{508 \times 10^{-6} \text{m}^3} = 157.5 \times 10^6 \text{Pa} = 157.5 \text{ MPa} < [\sigma]$$

最大切应力为

$$\tau_{\max} = \frac{F_{S,\max} S^*_{z,\max}}{I_z d} = \frac{200 \times 10^3 \text{N}}{24.6 \times 10^{-2} \text{m} \times 8.5 \times 10^{-3} \text{m}} = 95.6 \times 10^6 \text{Pa} = 95.6 \text{ MPa} < [\tau]$$

对于工字形截面梁,危险截面上在腹板与翼缘交界处的正应力和切应力均较大,往往也是强度薄弱的地点,一般也要进行强度校核。为此,截取腹板与下翼缘交界处的 a 点的单元体,如图 8.21(c)所示。根据 28a 工字钢截面简化后的尺寸,求得危险截面上该点的正应力和切应力分别为

$$\sigma = \frac{M_c y_a}{I_z} = \frac{80 \times 10^3 \text{N} \cdot \text{m} \times 0.126\,3 \text{ m}}{7\,110 \times 10^{-8} \text{m}^4} = 142.1 \times 10^6 \text{Pa} = 142.1 \text{ MPa}$$

$$\tau = \frac{F_{Sc} S^*_z}{I_z d} = \frac{200 \times 10^3 \text{N} \times 2.23 \times 10^5 \text{ mm}^3}{7\,110 \times 10^4 \text{ mm}^4 \times 8.5 \text{mm}} = 73.8 \text{ MPa}$$

其中静矩 $S^*_z = A^* y_c = 122 \text{ mm} \times 13.7 \text{ mm} \times (126.3 + \frac{13.7}{2}) \text{mm} = 2.23 \times 10^5 \text{ mm}^3$

由于材料是钢材,所以在平面应力状态下,应按第三或第四强度理论来进行强度校核。

按第三强度理论,由式(8.38)

$$\sigma_{r3} = \sqrt{\sigma^2 + 4\tau^2} = \sqrt{(142.1 \text{ MPa})^2 + 4 \times (73.8 \text{ MPa})^2} = 204.8 \text{ MPa} > [\sigma]$$

按第四强度理论,由式(8.39)

$$\sigma_{r4} = \sqrt{\sigma^2 + 3\tau^2} = \sqrt{(142.1 \text{ MPa})^2 + 3 \times (73.8 \text{ MPa})^2} = 191.1 \text{ MPa} > [\sigma]$$

$$\frac{\sigma_{r4} - [\sigma]}{[\sigma]} = \frac{191.1 \text{ MPa} - 170 \text{ MPa}}{170 \text{ MPa}} = 12.4\% > 5\%$$

可见,该点的强度不满足要求。该例题说明工字钢梁在满足正应力和切应力强度的情况下,在腹板和翼缘交界部位还可能出现强度不够的问题。

【例8.7】如图 8.22 所示的两端封闭的圆柱形薄壁圆筒($\delta \leqslant D/10$)，平均直径为 D，壁厚为 δ，筒内蒸汽压力为 p。

①试分析该容器外表面和内表面任一点的应力；

②分析因内压过大导致表面出现裂纹的方向；

③若 $D = 100$ cm，$p = 3.6$ MPa，材料为钢材，许用应力$[\sigma] = 160$ MPa，试设计圆筒的壁厚δ。

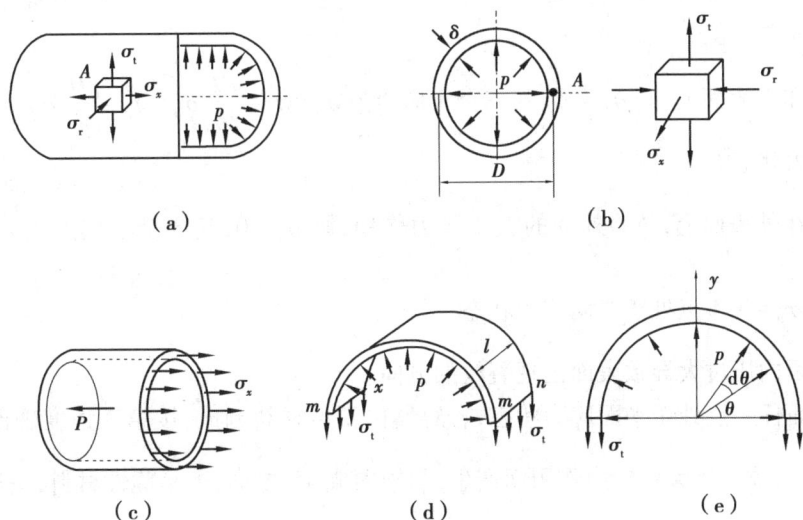

图 8.22　例 8.7 图

【解】①分析该容器外表面和内表面任一点的应力。

在容器壁内任取一点 A，围绕 A 点沿横截面、径向面和切向面取单元体，如图 8.22(a) 和 (b) 所示。由于薄壁圆筒承受内压后，在其横截面和纵截面都只产生正应力，所以单元体的三对面都是主平面，其上的轴向应力 σ_x、径向应力 σ_r 和切向应力 σ_t 均为主应力。

a.求轴向正应力 σ_x。假想用一截面沿圆筒某一横截面截开，如图 8.22(c) 所示。圆筒底部的总压力 P 为

$$P = p \cdot \frac{\pi D^2}{4}$$

圆筒在横截面上产生均匀分布的轴向正应力 σ_x。由于圆筒壁厚远小于直径，薄壁圆筒的横截面积近似为 $A = \pi D\delta$，故有

$$\sigma_x = \frac{P}{A} = \frac{p \cdot \dfrac{\pi D^2}{4}}{\pi D\delta} = \frac{pD}{4\delta}$$

b.求切向应力 σ_t。用相距 l 的两个横截面和包含直径的纵向平面，从圆筒中截取一部分，如图 8.22(d)、(e) 所示。在该纵向截面上的正应力 σ_t 方向沿切线方向，故称为**切向应力**。在这一部分圆筒内壁的微分面积 $l \cdot \dfrac{D}{2}\mathrm{d}\theta$ 上，压力为 $pl \cdot \dfrac{D}{2}\mathrm{d}\theta$。它在 y 方向的分力为

$pl \cdot \dfrac{D}{2} \cdot \mathrm{d}\theta \cdot \sin\theta$，通过积分求出 y 方向上的合力为

$$\int_0^\pi pl \cdot \frac{D}{2}\mathrm{d}\theta \cdot \sin\theta = plD$$

由平衡方程

$$\sum F_y = 0, \quad 2\sigma_t \delta l - plD = 0$$

得

$$\sigma_t = \frac{pD}{2\delta}$$

c.求径向应力 σ_r。

若 A 点在内表面上,则 $\sigma_r = -p$,其三个主应力为 $\sigma_1 = \sigma_t = \frac{pD}{2\delta}$,$\sigma_2 = \sigma_x = \frac{pD}{4\delta}$,$\sigma_3 = \sigma_r = -p$,$A$ 点处于三向应力状态。

若 A 点在外表面上,忽略外壁的大气压力作用,则 $\sigma_r = 0$,其 3 个主应力为 $\sigma_1 = \sigma_t = \frac{pD}{2\delta}$,$\sigma_2 = \sigma_x = \frac{pD}{4\delta}$,$\sigma_3 = 0$,$A$ 点处于二向应力状态。

②分析因内压过大导致表面出现裂纹的方向。

容器表面任一点处于平面应力状态,若容器由塑性材料制成,按第三强度理论,$\sigma_{r3} = \sigma_1 - \sigma_3 = \frac{pD}{2\delta}$,表面裂纹沿最大切应力作用面产生,与轴向成 45°方向;若是脆性材料,按第一强度理论,$\sigma_{r1} = \sigma_1 = \frac{pD}{2\delta}$,则裂纹沿最大拉应力作用面产生,即沿轴向产生。

③设计圆筒的壁厚 δ。

垂直内壁的径向应力 σ_r 自内壁 $\sigma_r = -p$ 向外沿壁厚逐渐减小,至外壁时 $\sigma_r = 0$。由于容器壁厚度很小,并且 $\sigma_r = |-p|$,远小于 σ_x,σ_t。因此,可忽略 σ_r。这样一来,薄壁圆筒任一点的应力状态均可视为平面应力状态。于是有

$$\sigma_1 = \sigma_t = \frac{pD}{2\delta}, \quad \sigma_2 = \sigma_x = \frac{pD}{4\delta}, \quad \sigma_3 = 0$$

对于钢材这类塑性材料,按第三强度理论,由式(8.28)有

$$\sigma_1 - \sigma_3 = \frac{pD}{2\delta} \leqslant [\sigma]$$

得

$$\delta \geqslant \frac{pD}{2[\sigma]} = \frac{3.6 \text{ MPa} \times 100 \text{ cm}}{2 \times 160 \text{ MPa}} = 1.125 \text{ cm}$$

按第四强度理论,由式(8.29)有

$$\sqrt{\frac{1}{2}\left[\left(\frac{pD}{2\delta} - \frac{pD}{4\delta}\right)^2 + \left(\frac{pD}{4\delta}\right)^2 + \left(\frac{pD}{2\delta}\right)^2\right]} \leqslant [\sigma]$$

得

$$\delta \geqslant \frac{\sqrt{3}}{4}\frac{pD}{[\sigma]} = \frac{\sqrt{3} \times 3.6 \text{ MPa} \times 100 \text{ cm}}{4 \times 160 \text{ MPa}} = 0.975 \text{ cm}$$

可以看出,根据第三强度理论计算出的容器壁厚度比按第四强度理论得出的结果要大,说明第三强度理论的结果安全性更高,第四强度理论的结果更经济实用。

思考题

8.1 单元体最大正应力面上的切应力是否恒等于零？单元体最大切应力面上的正应力是否恒等于零？

8.2 等截面圆轴产生扭转变形时，轴内任一点处都只有切应力而无正应力，这种说法是否正确？

8.3 将一个实心钢球在外部迅速加热，这时球心的单元体处于什么应力状态？

8.4 河底的卵石处于什么应力状态？

8.5 有正应力作用的方向是否必有线应变？无正应力作用的方向线应变是否必为零？无线应变的方向正应力是否为零？线应变最大的方向正应力是否为最大？

8.6 水管在冬天因管内水结冰容易发生破裂，而管内的冰却没有破坏，试解释其原因。

8.7 已知一点的应力状态如图8.23所示，若$\sigma \leq [\sigma]$，$\tau \leq [\tau]$，为什么不能说该点的应力满足强度条件？理由何在？

8.8 对于钢构件中有图8.24所示两种应力状态，若两者的σ，τ数值分别相等，试按第四强度理论分析比较两者的危险程度。

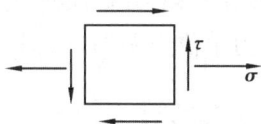

图8.23 思考题8.7图

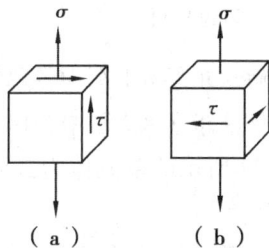

图8.24 思考题8.8图

习 题

8.1 试用解析法求图8.25所示各单元体斜截面ab上的应力。应力单位为MPa。

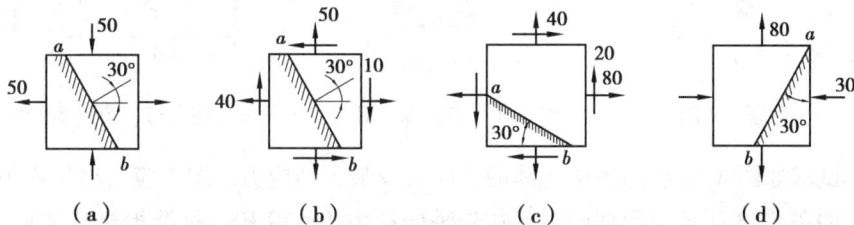

图8.25 习题8.1图

8.2 试用解析法求图8.26所示各单元体的主应力及主平面的方位。应力单位为MPa。

（a）　　　　　　（b）　　　　　　（c）　　　　　　（d）

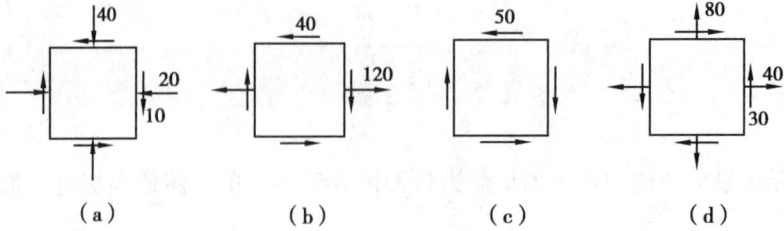

图 8.26　习题 8.2 图

8.3　已知图 8.27 所示的矩形截面梁某截面上的弯矩及剪力分别为 $M = 20$ kN·m，$F_S = 60$ kN，试绘出截面上 1、2、3、4 各点的应力单元体，并求各点的主应力。

8.4　一焊接钢板梁的尺寸及受力情况如图 8.28 所示，梁的自重忽略不计。试求图示 C 右侧截面上 a, b, c 三点处的主应力。

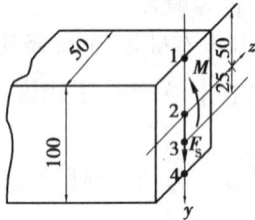

图 8.27　习题 8.3 图

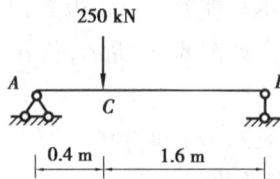

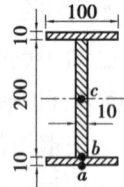

图 8.28　习题 8.4 图

8.5　试用图解法求题 8.1 图中各单元体斜截面 ab 上的应力。

8.6　试用图解法求题 8.2 图中各单元体的主应力及主平面，并标注在单元体上。

8.7　如图 8.29 所示的单元体为二向应力状态，应力单位为 MPa。试求主应力及主单元体，并作应力圆。

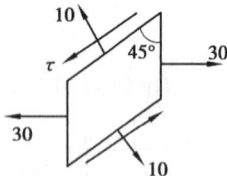

8.8　从构件中取出的微单元受力如图 8.30 所示，AC 为自由表面（无外力作用）。试求 σ_x 和 τ_{xy}。

8.9　木质矩形悬臂梁截面的高度为 200 mm，宽度为 40 mm，如图 8.31 所示。A 点木纤维与水平线的倾角为 20°。求通过 A 点沿纤维方向的斜面上的正应力和切应力。

图 8.29　习题 8.7 图

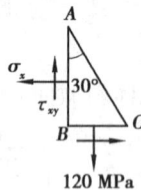

图 8.30　习题 8.8 图

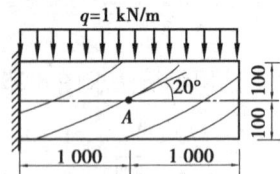

图 8.31　习题 8.9 图

8.10　试求如图 8.32 所示各单元体的主应力及最大切应力。图中应力单位均为 MPa。

8.11　如图 8.33 所示矩形截面钢杆在受轴向拉力 $F = 20$ kN 时，测得试样中段 B 点处与其轴线成 −30° 方向的线应变 $\varepsilon_{-30°} = 3.25 \times 10^{-4}$。已知材料的弹性模量 $E = 210$ GPa，试求泊松比 μ。

8.12　如图 8.34 所示的实心圆轴直径 $d = 20$ mm，在轴的两端加扭矩 $M_e = 126$ N·m。在

（a）　　　　　　　（b）　　　　　　　（c）

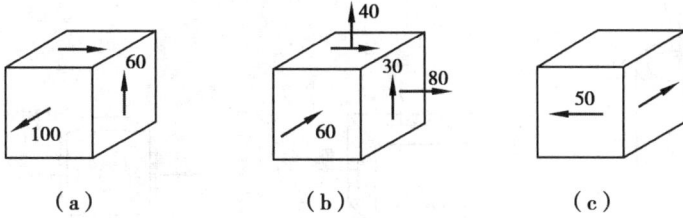

图 8.32　习题 8.10 图

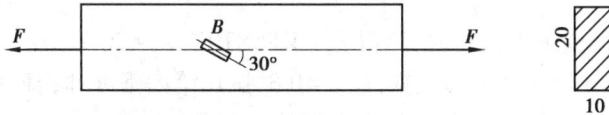

图 8.33　习题 8.11 图

轴的表面上某一点 A 处用变形仪测出与轴线成 $-45°$ 方向的应变 $\varepsilon = 5.0 \times 10^{-4}$，试求此圆轴材料的切变模量 G。

8.13　在平面应力状态下，已知平面内最大切应变 $\gamma = 5 \times 10^{-4}$，两个互相垂直方向上的正应力之和为 27.5 MPa，材料的泊松比 $\mu = 0.25$，弹性模量 $E = 200$ GPa。试计算主应力的大小。（提示：$\sigma_\alpha + \sigma_{\alpha+90°} = \sigma_x + \sigma_y = \sigma_{max} + \sigma_{min}$）

8.14　如图 8.35 所示，在一厚钢板上挖了一个尺寸为 10 mm×10 mm×10 mm 的孔穴，在孔内紧密无隙地嵌入一铝质立方块。若铝块受有合力为 $F = 7$ kN 的均布压力作用，试求铝块的体积变化量。假设厚钢板为刚体，铝立方块的泊松比 $\mu = 0.3$，弹性模量 $E = 200$ GPa。

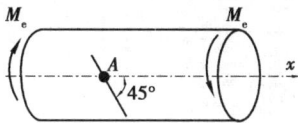

图 8.34　习题 8.12 图　　　　　　图 8.35　习题 8.14 图

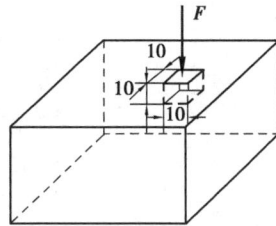

8.15　直径 $D = 40$ mm 的铝质圆柱体，放置到一个厚度 $\delta = 2$ mm 的钢套筒内，二者之间无间隙，圆柱的压力 $F = 40$ kN，如图 8.36 所示。若铝的弹性模量 $E_1 = 70$ GPa，泊松比 $\mu = 0.35$，钢的弹性模量 $E_2 = 210$ GPa，试求铝圆柱体与钢套之间的挤压力 p。

8.16　构件中危险点的应力状态如图 8.37 所示，试对以下两种情况进行强度校核。

①构件材料为钢材，$\sigma_x = 45$ MPa，$\sigma_y = 135$ MPa，$\sigma_z = 0$，$\tau_{xy} = 0$，$[\sigma] = 160$ MPa。

②构件材料为铸铁，$\sigma_x = 20$ MPa，$\sigma_y = -25$ MPa，$\sigma_z = 30$ MPa，$\tau_{xy} = 0$，$[\sigma] = 30$ MPa。

8.17　某铸铁构件危险点的应力状态如图 8.38 所示，已知铸铁的许用拉应力 $[\sigma_t] = 30$ MPa，许用压应力 $[\sigma_c] = 90$ MPa，泊松比 $\mu = 0.25$，试校核该构件的强度。

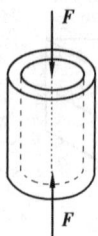

图 8.36　习题 8.15 图　　　图 8.37　习题 8.16 图　　　图 8.38　习题 8.17 图

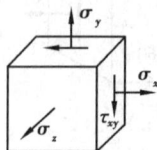

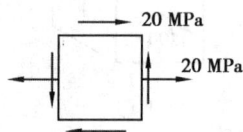

8.18　薄壁钢圆筒受最大内压时,测得 $\varepsilon_x = 1.88 \times 10^{-4}$, $\varepsilon_y = 7.37 \times 10^{-4}$, 如图 8.39 所示。已知钢的 $E = 210$ GPa, $[\sigma] = 170$ MPa, 泊松比 $\mu = 0.3$, 试用第四强度理论校核其强度。

8.19　某钢制圆柱形薄壁容器,直径为 1 000 mm, 壁厚 $\delta = 4$ mm, $[\sigma] = 160$ MPa。试用第三强度理论确定可能承受的内压力 p。

8.20　一简支的 NO.28a 工字钢梁承受载荷如图 8.40 所示,已知材料的许用应力 $[\sigma] = 170$ MPa, $[\tau] = 100$ MPa。试按弯曲正应力强度条件和切应力强度条件校核梁的强度,并校核腹板与翼缘交界处 a 点的强度。

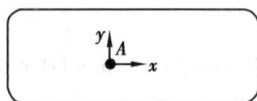

图 8.39　习题 8.18 图　　　图 8.40　习题 8.20 图

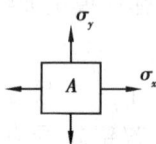

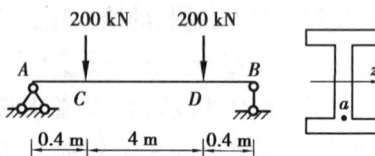

9 组合变形

[本章导读]

组合变形是指构件在外力作用下同时产生两种或两种以上的基本变形。叠加法是分析组合变形的基本方法。本章在拉压、扭转和平面弯曲等基本变形的强度计算基础上,主要介绍了斜弯曲、拉压与弯曲组合变形、偏心载荷作用下的压弯组合变形、弯扭组合变形等几种常见组合变形的受力特点和变形特点,重点阐述了组合变形的内力分析、应力分析和强度计算方法和步骤,同时还介绍了截面核心的概念、意义和确定截面核心的方法。

9.1 组合变形概述

前面各章分别讨论了杆件在轴向拉压、剪切、扭转、平面弯曲4种基本变形条件下的强度及刚度问题。在实际工程中,大多数的构件在外力作用下往往同时产生两种或两种以上的基本变形,这样的变形称为**组合变形**。如图 9.1(a)所示,坡屋顶上的矩形横梁在自身重力和屋面压力作用下将在两个纵向对称平面内产生平面弯曲,即斜弯曲变形;图 9.1(b)所示的钻床在钻孔时,其立柱会产生轴向拉伸和弯曲的组合变形;图 9.1(c)所示的卷扬机传动轴产生扭转和弯曲的组合变形。

常见组合变形类型有斜弯曲、拉伸(压缩)与弯曲组合变形和弯曲与扭转组合变形。

对组合变形构件,在线弹性范围内、小变形条件下,可采用叠加法进行分析。先将构件载荷简化或分解为符合基本变形条件的几组载荷,然后分别计算构件在每一种基本变形下的内力、应力和变形;再根据叠加原理,将各种基本变形的计算结果进行叠加,即得组合变形的结果;最后综合考虑在组合变形情况下构件危险截面的位置以及危险点的应力状态,据此进行

(a) 屋顶横梁的斜弯曲变形

(b) 钻床立柱的拉伸与弯曲组合变形

(c) 卷扬机轴的扭转和弯曲组合变形

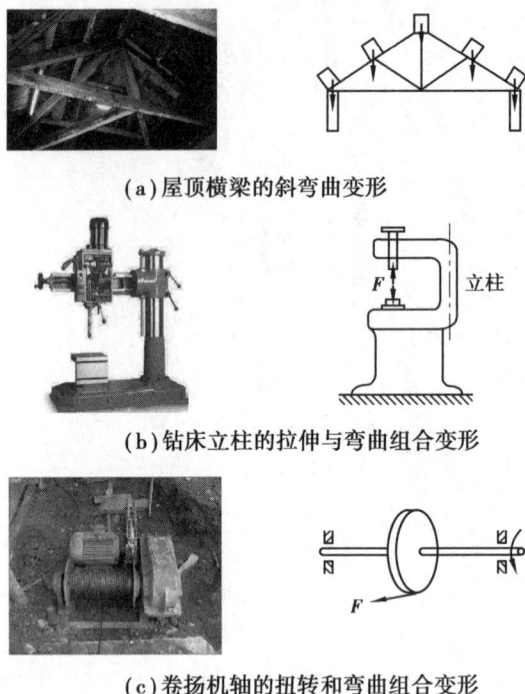

图 9.1　组合变形

强度计算或刚度计算。

在采用叠加原理对组合变形杆件进行内力和应力分析时,无须引入新的概念和新的方法。问题的关键在于,如何将组合受力与组合变形分解为基本受力与基本变形,以及怎样将基本受力与基本变形条件下的计算结果进行叠加,这是本章的重点。

9.2　斜弯曲

在第 5 章和第 6 章关于弯曲应力、弯曲变形的分析中,研究的是平面弯曲问题,即梁具有纵向对称平面,且横向载荷均作用在梁的纵向对称平面内,梁的挠曲线位于载荷所在的纵向对称平面内。若梁无纵向对称平面,或虽有纵向对称平面但载荷并不作用在该对称平面内 [图 9.2(a)],或载荷同时作用在不同的对称平面内 [图 9.2(b)],在这些情况下,梁的挠曲线与载荷不在同一平面内,这种弯曲称为**斜弯曲**。梁发生斜弯曲时,横截面上同时存在两个弯矩 M_y 和 M_z,如图 9.2(c)所示。显然,斜弯曲是在两个主轴平面内同时产生平面弯曲的组合变形。

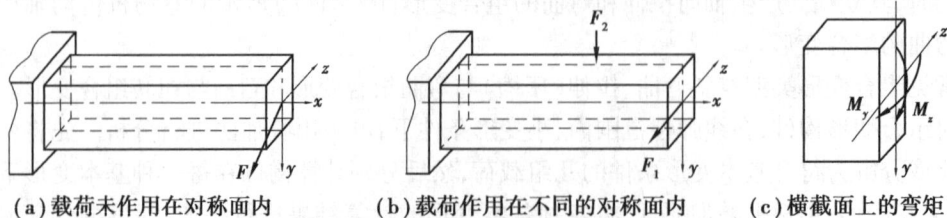

(a) 载荷未作用在对称面内　　(b) 载荷作用在不同的对称面内　　(c) 横截面上的弯矩

图 9.2　斜弯曲梁受力图

▶9.2.1 斜弯曲梁的内力与应力分析

通常将斜弯曲分解为两个主轴平面内的弯曲。为此,可将横向力沿截面的两个形心主轴方向分解,也可以先求出截面上的总弯矩,然后将其矢量向两个形心主轴方向分解,再计算各自相应的应力。

下面以图9.3所示矩形截面悬臂梁在自由端受一与 y 轴夹角为 φ 的横向集中力 F 作用为例,说明斜弯曲的分析过程。

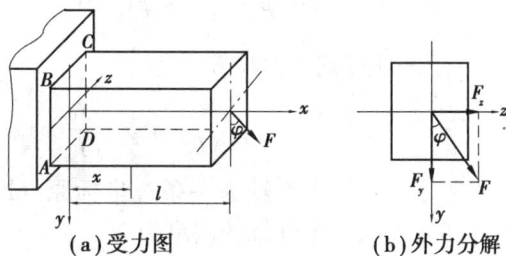

(a)受力图　　　　(b)外力分解

图9.3　矩形截面梁的斜弯曲

1)外力分解

将力 F 沿形心轴 y 和 z 进行分解,得

$$F_y = F\cos \varphi, \qquad F_z = F\sin \varphi$$

在分力 F_y、F_z 作用下,梁将分别在 xOy 对称平面和 xOz 对称平面内产生平面弯曲。

2)内力计算

位于形心主惯性平面 xOy 内的横向外力 F_y 将使梁绕中性轴 z 发生平面弯曲,其横截面的弯矩 M_z 按照弯曲内力计算方法进行计算,可以列出弯矩方程或画出弯矩图。同样,位于形心主惯性平面 xOz 内的横向外力 F_z 将使梁绕中性轴 y 发生平面弯曲,其横截面的弯矩 M_y 仍然按照弯曲内力计算方法进行计算。在距左端点为 x 的任一截面上,由 F_y 和 F_z 引起的截面上的弯矩分别为

$$M_z = F_y(l - x) = F\cos \varphi(l - x) = F(l - x)\cos \varphi = M\cos \varphi$$
$$M_y = F_z(l - x) = F\sin \varphi(l - x) = F(l - x)\sin \varphi = M\sin \varphi$$

其中,合弯矩为

$$M = \sqrt{M_z^2 + M_y^2}$$

3)应力计算

弯矩 M_y, M_z 对应的弯曲正应力分别为

$$\sigma' = \frac{M_y z}{I_y} = \frac{Mz}{I_y}\sin \varphi, \qquad \sigma'' = \frac{M_z y}{I_z} = \frac{My}{I_z}\cos \varphi$$

根据叠加原理,横截面上任一点 $K(z,y)$ 处的弯曲正应力为

$$\sigma = \sigma' + \sigma'' = \frac{M_y z}{I_y} + \frac{M_z y}{I_z} = M\left(\frac{z}{I_y}\sin \varphi + \frac{y}{I_z}\cos \varphi\right) \tag{9.1}$$

式中,I_z 和 I_y 分别为截面对 z 轴和 y 轴的惯性矩。

式(9.1)为梁斜弯曲时横截面任一点 $K(z,y)$ 处的弯曲正应力计算公式。应用该式计算

时,可将式中的 M_z,M_y,y,z 以绝对值代入计算,σ' 和 σ'' 的正负则根据梁的变形和该点的位置直接判定,也可根据 M_z,M_y,y,z 的正负确定应力的正负。

▶9.2.2 斜弯曲梁的中性轴

中性轴是横截面上正应力为零的点连成的一条线。所以,假设横截面内中性轴上任意一点的坐标为 (z_0,y_0),由式(9.1)得

$$\sigma = M\left(\frac{z_0}{I_y}\sin\varphi + \frac{y_0}{I_z}\cos\varphi\right) = 0$$

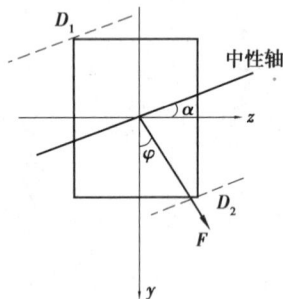

图 9.4 中性轴及危险点

于是就得到中性轴方程

$$\frac{z_0}{I_y}\sin\varphi + \frac{y_0}{I_z}\cos\varphi = 0 \tag{9.2}$$

可见,中性轴为一条过坐标原点即截面形心的直线,如图 9.4 所示。中性轴的斜率为

$$\tan\alpha = \left|\frac{y_0}{z_0}\right| = \frac{I_z}{I_y}\tan\varphi \tag{9.3}$$

根据中性轴与 z 轴的夹角 α 可确定中性轴的位置。中性轴的位置与截面形状、大小以及外力作用方向有关。

▶9.2.3 斜弯曲梁的最大正应力与强度条件

中性轴将截面分成受拉区和受压区,距中性轴最远的点正应力最大。中性轴的位置确定以后,在其两侧作平行于中性轴的两条直线,使之与截面周边相切,切点 D_1、D_2 的应力则为截面上的最大拉应力和最大压应力,如图 9.4 所示。显然,对于矩形、工字形等这类有棱角的截面,截面上应力最大的点必在棱角处。在进行强度计算时,首先要确定危险截面,在危险截面上按上述方法找出危险点 D_1 或 D_2。于是由式(9.1)可得危险截面上危险点的正应力为

$$\sigma_{max} = \frac{M_{y,max}z_0}{I_y} + \frac{M_{z,max}y_0}{I_z} = M_{max}\left(\frac{z_0}{I_y}\sin\varphi + \frac{y_0}{I_z}\cos\varphi\right) \tag{9.4}$$

式中 M_{max},$M_{z,max}$,$M_{y,max}$——危险截面上的合弯矩、对 z 轴的弯矩和对 y 轴的弯矩;

z_0,y_0——危险点的坐标。

由于危险点处于单向应力状态,可将最大正应力与材料的许用应力相比较来建立强度条件,进行强度计算。即强度条件为

$$\sigma_{max} \leqslant [\sigma] \tag{9.5}$$

关于梁横截面上的切应力,对于一般实体截面梁而言,其值都较小,故在组合变形强度计算中可不必考虑。

工程中常用的工字形、矩形等对称截面梁,斜弯曲时梁内最大正应力都发生在危险截面的棱角处。因此,可根据梁的变形情况直接确定截面上最大拉、压应力所在点的位置,而无须给出中性轴的位置。

对于图 9.3 所示的矩形截面悬臂梁,梁上固定端为危险截面,其上的弯矩 M_z、M_y 均达到最大,其值分别为

$$M_{z,\max} = F_y l = Fl\cos\varphi = M_{\max}\cos\varphi$$

$$M_{y,\max} = F_z l = Fl\sin\varphi = M_{\max}\sin\varphi$$

危险截面上最大拉应力 $\sigma_{t,\max}$ 在 B 点,最大压应力 $\sigma_{c,\max}$ 在 D 点,它们的绝对值相等,其值为

$$\sigma_{t,\max} = \frac{M_{z,\max}}{W_z} + \frac{M_{y,\max}}{W_y} \tag{9.6a}$$

$$\sigma_{c,\max} = -\left(\frac{M_{z,\max}}{W_z} + \frac{M_{y,\max}}{W_y}\right) \tag{9.6b}$$

B、D 两点都是危险点,都处于单向应力状态,故梁的强度条件为

$$\sigma_{\max} = \frac{M_{z,\max}}{W_z} + \frac{M_{y,\max}}{W_y} \leqslant [\sigma] \tag{9.7}$$

▶9.2.4 斜弯曲梁的变形

梁在产生斜弯曲变形时的挠度也可利用叠加原理进行计算,下面仍以图 9.3 所示矩形悬臂梁为例来说明斜弯曲变形时挠度的计算。悬臂梁自由端因外力 F 引起的 y 方向挠度 w_y 和 z 方向挠度 w_z 分别为

$$w_y = \frac{F_y l^3}{3EI_z} = \frac{Fl^3}{3EI_z}\cos\varphi$$

$$w_z = \frac{F_z l^3}{3EI_y} = \frac{Fl^3}{3EI_y}\sin\varphi$$

则自由端截面因 F 产生的总挠度就是 w_y 和 w_z 的矢量和,其大小为

$$w = \sqrt{w_y^2 + w_z^2}$$

设总挠度 w 与 y 轴的夹角为 θ,如图 9.5 所示,则

$$\tan\theta = \frac{w_z}{w_y} = \frac{I_z}{I_y}\tan\varphi$$

由式(9.3)得

$$\tan\theta = \tan\alpha$$

即 $\theta=\alpha$,说明斜弯曲梁的挠度与中性轴垂直。

图9.5 挠度、外力和中性轴的位置关系

对于矩形、工字形这类截面,$I_z \neq I_y$,$\alpha \neq \varphi$,即梁的弯曲平面与外力作用面不重合,梁发生斜弯曲。对于圆形、正方形以及正多边形截面,由于所有各形心轴都是形心主惯性轴,其 $I_z = I_y$,$\alpha = \varphi$,当外力作用在包括横截面上任一形心轴在内的纵向平面内时,都只发生平面弯曲而不会发生斜弯曲。

斜弯曲梁的刚度条件仍然为梁的最大挠度不得超过梁的许用挠度。即

$$w_{\max} \leqslant [w]$$

【例 9.1】如图 9.6(a)、(b)所示的矩形截面木檩条,已知木材的许用应力 $[\sigma]=11$ MPa,弹性模量 $E=10$ GPa,许用挠度 $[w]=\dfrac{l}{200}$,均布载荷 $q=2$ kN/m,$l=4$ m,$\varphi=30°$,试校核其强度和刚度。

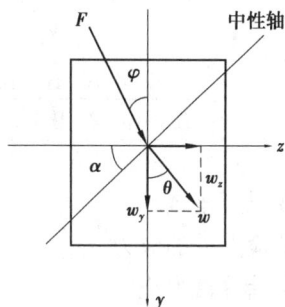

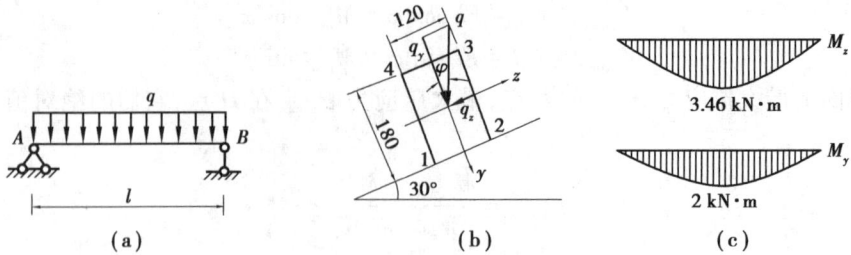

图 9.6   例 9.1 图

【解】①内力分析。

根据梁的受力特点可知梁将产生斜弯曲。将均布载荷 q 沿两对称轴 z、y 分解得

$$q_z = q \sin \varphi, \quad q_y = q \cos \varphi$$

由图 9.6(c)弯矩图知,最大弯矩 $M_{y,\max}$,$M_{z,\max}$ 均在跨中截面,因此该截面为危险截面。由 q_z、q_y 引起的最大弯矩 $M_{y,\max}$、$M_{z,\max}$ 分别为

$$M_{y,\max} = \frac{1}{8}q_z l^2 = \frac{1}{8} \times (2 \text{ kN/m} \times \sin 30°) \times (4 \text{ m})^2 = 2 \text{ kN} \cdot \text{m}$$

$$M_{z,\max} = \frac{1}{8}q_y l^2 = \frac{1}{8} \times (2 \text{ kN/m} \times \cos 30°) \times (4 \text{ m})^2 = 3.46 \text{ kN} \cdot \text{m}$$

②计算危险点应力。

危险点为 1、3 点,1 点为梁的最大压应力点,3 点为最大拉应力点,且这两点的弯曲正应力的绝对值相等,为

$$\sigma_{t,\max} = |\sigma_{c,\max}| = \frac{M_{y,\max}}{W_y} + \frac{M_{z,\max}}{W_z}$$

$$= \frac{2 \times 10^3 \text{ N} \cdot \text{m}}{\dfrac{0.18 \text{ m} \times (0.12 \text{ m})^2}{6}} + \frac{3.46 \times 10^3 \text{ N} \cdot \text{m}}{\dfrac{0.12 \text{ m} \times (0.18 \text{ m})^2}{6}} = 9.97 \times 10^6 \text{ Pa} = 9.97 \text{ MPa}$$

③强度校核。

危险点处的应力 $\sigma_{\max} = 9.97$ MPa $< [\sigma] = 11$ MPa,满足强度要求。

④计算最大挠度。

最大挠度在跨中截面处,与 q_y 和 q_z 相应的挠度分别为

$$w_{y,\max} = \frac{5q_y l^4}{384EI_z} = \frac{5ql^4 \cos \varphi}{384EI_z}$$

$$= \frac{5 \times (2 \times 10^3 \text{ N/m}) \times (4 \text{ m})^4 \times \cos 30°}{384 \times (10 \times 10^9 \text{ Pa}) \times \dfrac{0.12 \text{ m} \times (0.18 \text{ m})^3}{12}} = 9.90 \times 10^{-3} \text{ m} = 9.90 \text{ mm}$$

$$w_{z,\max} = \frac{5q_z l^4}{384EI_y} = \frac{5ql^4 \sin \varphi}{384EI_y}$$

$$= \frac{5 \times (2 \times 10^3 \text{ N/m}) \times (4 \text{ m})^4 \times \sin 30°}{384 \times (10 \times 10^9 \text{ Pa}) \times \dfrac{0.18 \text{ m} \times (0.12 \text{ m})^3}{12}} = 12.86 \times 10^{-3} \text{ m} = 12.86 \text{ mm}$$

总挠度为

$$w_{\max} = \sqrt{w_{y,\max}^2 + w_{z,\max}^2} = \sqrt{(9.90 \text{ mm})^2 + (12.86 \text{ mm})^2} = 16.23 \text{ mm}$$

⑤刚度校核。

由题得梁的许用挠度

$$[w] = \frac{l}{200} = \frac{4 \times 10^3 \text{ mm}}{200} = 20 \text{ mm}$$

显然 $w_{\max} = 16.23 \text{ mm} < [w] = 20 \text{ mm}$，满足刚度要求。

9.3　拉伸(压缩)与弯曲的组合变形

杆件在受到作用线与杆件轴线重合的外力作用时，将产生轴向变形；受与轴线垂直的横向外力作用时，将产生弯曲变形。在下述两类载荷作用下，杆件将产生拉伸(或压缩)与弯曲的组合变形。

①杆件受轴向力和横向力共同作用，如图 9.7 所示。

②杆件受作用线与轴线平行但不通过截面形心的外力作用，即受**偏心力**作用，如图 9.8 所示。

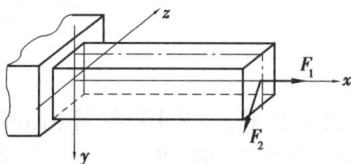

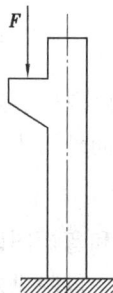

图 9.7　轴向力和横向力共同作用的组合变形　　图 9.8　偏心力作用的组合变形

▶9.3.1　轴向力和横向力共同作用

在轴向力和横向力共同作用下，杆件横截面上将产生轴力、弯矩和剪力。由于剪力对组合变形的影响甚小，一般不予考虑，因而只讨论弯矩和轴力对组合变形的影响。一般情况下，杆件的弯曲刚度较大时，因弯曲变形引起的挠度与横截面尺寸相比很小，所以，轴向力因弯曲变形引起的弯矩可以忽略不计。于是，轴向力只引起拉伸或压缩变形，横向力只引起弯曲变形。外力与构件内力、应力和变形仍然是线性关系，仍然可以采用叠加法进行计算。

下面以图 9.7 所示矩形截面杆件为例来说明在轴向力 F_1 和横向力 F_2 作用下，拉、弯组合变形杆件的强度计算方法。

1)内力分析

杆件在轴向力 F_1 作用下产生轴向拉伸变形，相应的内力为轴力 F_N。在横向力 F_2 作用下产生斜弯曲变形，相应的内力有剪力 F_S 和弯矩 M_z，M_y。如前所述，由于剪力引起的切应力较小,故不考虑它对强度的影响。因此,任一横截面上的内力只考虑轴力 F_N 和弯矩 M_z,M_y。

2)应力分析

根据叠加原理,可计算横截面上某一点 $K(z,y)$ 的应力,它由以下 3 个部分组成:

①与轴力 F_N 对应的正应力,在截面上均匀分布,其值为

$$\sigma' = \frac{F_N}{A}$$

②与弯矩 M_z,M_y 对应的弯曲正应力在截面上沿截面高度和宽度线性分布,其值分别为

$$\sigma'' = \frac{M_z y}{I_z}, \qquad \sigma''' = \frac{M_y z}{I_y}$$

于是横截面上点 $K(z,y)$ 的应力为

$$\sigma = \sigma' + \sigma'' + \sigma''' = \frac{F_N}{A} + \frac{M_z y}{I_z} + \frac{M_y z}{I_y} \tag{9.8}$$

需要注意的是,按式(9.8)计算任一点的应力时,各项应力以拉应力为正、压应力为负代入计算,其判断方法仍然可以按照计算点的位置和弯矩转向来判别。

横截面上的最大拉应力 $\sigma_{t,max}$ 和最大压应力 $\sigma_{c,max}$ 分别为

$$\sigma_{t,max} = \frac{F_N}{A} + \frac{M_z}{W_z} + \frac{M_y}{W_y} \tag{9.9}$$

$$\sigma_{c,max} = \frac{F_N}{A} - \frac{M_z}{W_z} - \frac{M_y}{W_y} \tag{9.10}$$

显然,矩形截面杆的最大拉、压应力的绝对值是不相同的。最大应力是拉应力还是压应力主要取决于轴向外力 F_1 是拉力还是压力。

3)强度计算

根据轴力图和弯矩图确定危险截面,按照式(9.9)和式(9.10)计算出危险截面上的最大拉应力和压应力。危险点处于单向应力状态,相应的强度条件为

$$\sigma_{max} \leqslant [\sigma]$$

如果材料的许用拉应力和许用压应力不相等时,杆件的最大拉应力和最大压应力还应分别满足拉、压强度条件。即满足

$$\sigma_{t,max} \leqslant [\sigma_t], \quad \sigma_{c,max} \leqslant [\sigma_c]$$

【例 9.2】图 9.9(a)所示起重架最大起重量 $G = 50$ kN,结构自重不计,横梁 AB 由两根 NO. 22a 槽钢组成,$[\sigma] = 160$ MPa,试校核 AB 梁的强度。

【解】①对梁 AB 作受力分析,判断其变形。

作梁 AB 的受力图,如图 9.9(b)所示。根据作用在梁 AB 上的受力情况,可确定该梁将产生压缩与弯矩的组合变形。由平衡方程

$$\sum M_A = 0, \quad F_B \times \sin 30° \times 4 \text{ m} - G \times 2 \text{ m} = 0,$$

$$\sum F_x = 0, \quad F_{Ax} - F_B \times \cos 30° = 0$$

得

$$F_B = 50 \text{ kN}, \quad F_{Ax} = 43.30 \text{ kN}$$

②确定危险截面和危险点,计算危险点应力。

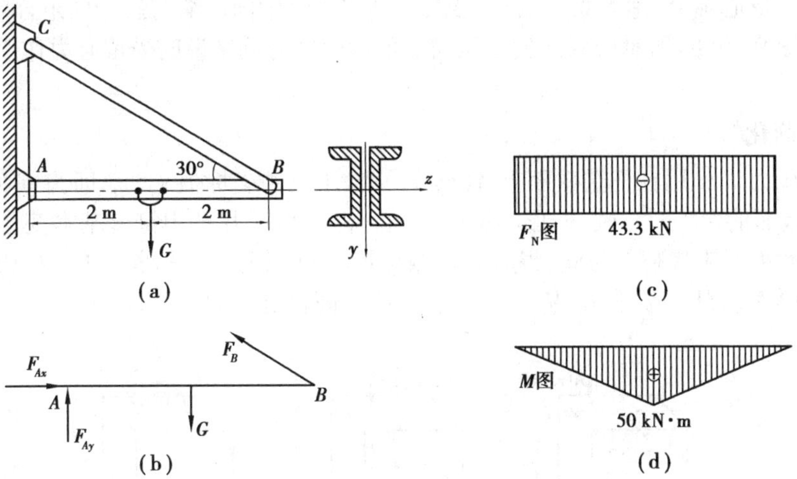

图 9.9 例 9.2 图

作梁 AB 的轴力图和弯矩图,如图 9.9(c)、(d)所示。由于整个梁的轴力为常数,而弯矩在载荷 G 作用的截面上最大,因此该截面为危险截面。其上的内力为

$$F_N = F_{Ax} = 43.30 \text{ kN(压力)}$$

$$M_z = F_B \sin 30° \times 2 \text{ m} = 50 \text{ kN} \cdot \text{m}$$

危险点在危险截面的上边缘,该处的正应力最大,为压应力,其绝对值为

$$\sigma_{max} = \left| -\frac{F_N}{A} - \frac{M_z}{W_z} \right|$$

查型钢表得 $W_z = 2 \times 218 \text{ cm}^3$, $A = 2 \times 31.846 \text{ cm}^2$,代入上式得

$$\sigma_{max} = \frac{43.30 \times 10^3 \text{ N}}{2 \times 31.846 \times 10^{-4} \text{ m}^2} + \frac{50 \times 10^3 \text{ N} \cdot \text{m}}{2 \times 218 \times 10^{-6} \text{m}^3}$$

$$= (6.80 + 114.68) \times 10^6 \text{ Pa} = 121.48 \text{ MPa}$$

③强度校核。

$$\sigma_{max} > [\sigma] = 120 \text{ MPa},但 \frac{\sigma_{max} - [\sigma]}{[\sigma]} = \frac{121.48 \text{ MPa} - 120 \text{ MPa}}{120 \text{ MPa}} = 1.2\% < 5\%$$

由于梁 AB 的最大应力未超过许用应力的 5%,在实际工程中仍然可以认为满足强度要求。

▶9.3.2 偏心力作用

所谓的**偏心力**,是指作用线与杆件轴线平行但不重合的外力。外力作用线与轴线间的垂直距离称为**偏心距**,用 e 表示。杆件在偏心力作用下将会产生偏心拉伸或偏心压缩现象,如图 9.1(b)所示钻床的立柱为偏心拉伸。如图 9.10(a)所示,偏心压力 F 作用在横截面某一形心轴上,称为单向偏心压缩,杆件将产生轴向压缩和平面弯曲组合变形。如图 9.10(b)所示,当偏心压力 F 的作

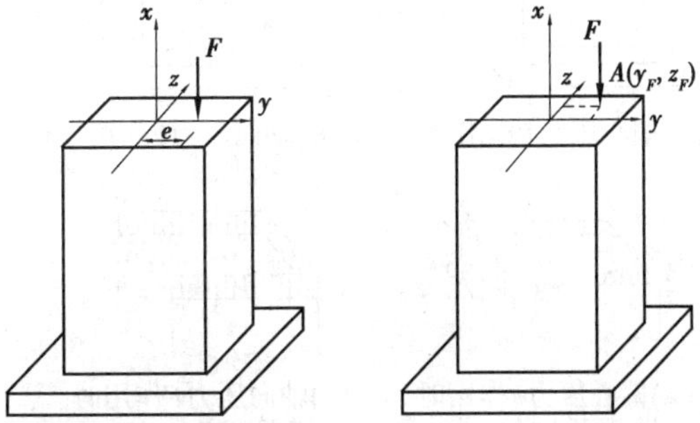

(a)单向偏心压缩   (b)双向偏心压缩

图 9.10 偏心压缩

用点不在截面形心轴上,称为双向偏心压缩,杆件将产生轴向压缩与斜弯曲组合变形。

下面以图 9.10(b)所示的双向偏心压缩矩形截面杆为例来说明受偏心力作用的杆件的强度计算问题。

1)外力简化

设偏心压力 F 作用在杆端截面上 $A(y_F,z_F)$ 点,A 点的坐标值 y_F,z_F 即为 F 的偏心距,坐标轴 y、z 为截面的两条对称轴,即形心主惯性轴。将偏心压力 F 用符合基本变形外力作用条件的静力等效力系来代替。为此,将力 F 向截面形心 O 点简化,得到轴向力 F 和两个纵向对称面内的力偶 M_{ey},M_{ez}。力偶矩 $M_{ey}=Fz_F,M_{ez}=Fy_F$,简化过程如图 9.11 所示。

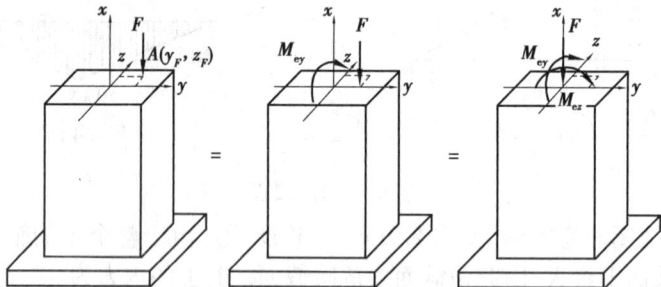

图 9.11　偏心压力向截面形心简化

2)内力和应力分析

偏心压力 F 对杆件的作用等效于轴向压力 F、力偶 M_{ey},M_{ez} 的共同作用。在杆件的弯曲刚度较大时,同样可以按叠加原理求解。因此,杆件在偏心压力 F 作用下的内力、应力,可以按图 9.12(b),(c),(d)所示在轴向压力 F、力偶 M_{ey}、M_{ez} 单独作用下产生的内力、应力的叠加。在上述力系作用下,杆件任一横截面上的内力 F_N,M_y,M_z 都相同,且 $F_N=F,M_y=M_{ey},M_z=M_{ez}$,对应的应力分布规律如图 9.12(e)—(h)所示,应力计算方法与杆件在轴向力和横向力作用下应力计算方法相同。

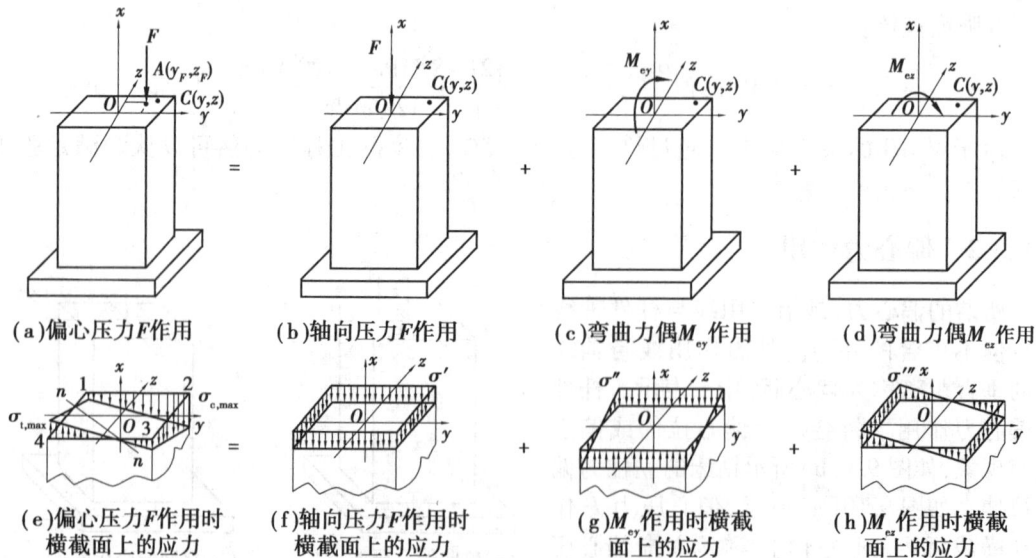

(a)偏心压力F作用　(b)轴向压力F作用　(c)弯曲力偶M_{ey}作用　(d)弯曲力偶M_{ez}作用

(e)偏心压力F作用时横截面上的应力　(f)轴向压力F作用时横截面上的应力　(g)M_{ey}作用时横截面上的应力　(h)M_{ez}作用时横截面上的应力

图 9.12　叠加法计算应力

横截面上坐标为 y,z 的 C 点[图 9.12(a)]与 F_N,M_y,M_z 相应的应力分别为

$$\sigma' = -\frac{F_N}{A}$$

$$\sigma'' = -\frac{M_y z}{I_y} = -\frac{F z_F}{I_y}z$$

$$\sigma''' = -\frac{M_z y}{I_z} = -\frac{F y_F}{I_z}y$$

式中负号表示压应力。根据叠加原理,叠加以上三种应力,得 C 点的应力为

$$\sigma = -\frac{F}{A} - \frac{M_z y}{I_z} - \frac{M_y z}{I_y} = -\frac{F}{A} - \frac{F y_F}{I_z}y - \frac{F z_F}{I_y}z \qquad (9.11)$$

矩形截面最大拉、压正应力在截面棱角处,分别为

$$\sigma_{t,max} = -\frac{F}{A} + \frac{M_y}{W_y} + \frac{M_z}{W_z}$$

$$\sigma_{c,max} = -\frac{F}{A} - \frac{M_y}{W_y} - \frac{M_z}{W_z}$$

3)强度条件

由于杆件任一横截面的内力都相同,所以,每一横截面都可能是危险截面。危险点处于单向应力状态,其强度条件仍可表示为

$$\sigma_{max} \leq [\sigma]$$

如果材料的许用拉应力和许用压应力不相等时,杆件的最大拉应力和最大压应力还应分别满足拉、压强度条件。

▶9.3.3　偏心压缩的中性轴和截面核心

1)中性轴

因为中性轴上的应力为零,所以由式(9.11)可得

$$\sigma = -\frac{F}{A} - \frac{F z_F}{I_y}z - \frac{F y_F}{I_z}y = 0$$

将 $I_y = A i_y^2$,$I_z = A i_z^2$ 代入上式,得中性轴方程

$$1 + \frac{z_F}{i_y^2}z + \frac{y_F}{i_z^2}y = 0 \qquad (9.12)$$

可见中性轴是一条不通过截面形心的直线。中性轴只与截面形状大小和外力作用位置有关,与外力大小等其他因素无关。

2)截面核心

设中性轴在 y、z 坐标轴上的截距分别为 a_y、a_z,将 $z=0$ 或 $y=0$ 分别代入式(9.12)可得

$$a_y = -\frac{i_z^2}{y_F}, \qquad a_z = -\frac{i_y^2}{z_F} \qquad (9.13)$$

上式表明,a_y 与 y_F、a_z 与 z_F 的正负号相反,所以中性轴与偏心压力 F 作用点 A,分别在坐

标原点的两侧。式(9.13)还表明,当外力偏心距 y_F、z_F 越小时,中性轴的截距 a_y、a_z 就越大,中性轴离截面形心就越远,甚至会移到截面以外去。这样,对于偏心压缩而言,其横截面上就只会产生压应力而没有拉应力。所以,当偏心压力作用在截面形心附近的某个区域内时,中性轴将与截面边缘相切或在截面以外,从而使整个截面不出现拉应力,这个区域称为该截面的**截面核心**。

截面核心在土木工程中具有十分重要的意义。由于土木工程中常用的砖、石、混凝土等建筑材料的抗拉强度远低于抗压强度,在对这类构件进行强度设计时,为安全起见,最好不使截面上出现拉应力,以免出现拉裂破坏,这就需要确定截面核心的位置和范围。

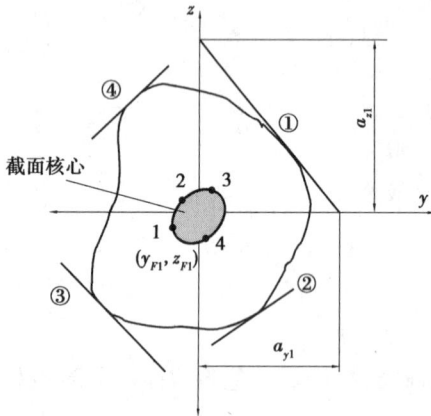

图 9.13　截面核心的确定

为确定任意形状截面的截面核心边界,可将图 9.13 中的与截面周边相切的任一条切线①看成中性轴,它在 y、z 两个形心主轴上的截距为 a_{y1} 和 a_{z1}。根据式(9.13)便可确定与该中性轴对应的外力作用点 1(即截面核心边界一点)的坐标(y_{F1},z_{F1}):

$$y_{F1} = -\frac{i_z^2}{a_{y1}}, \quad z_{F1} = -\frac{i_y^2}{a_{z1}} \qquad (9.14)$$

用同样方法分别可求与截面周边相切的中性轴②,③,…所对应的截面核心边界点 2,3,…等的坐标。连接这些点便可得到一条封闭曲线,即为截面核心的边界线,它所围起来的面积就是截面核心。

如图 9.10(a)所示,对于单向偏心受压杆,设偏心压力 F 作用在形心主轴 y 上,偏心距为 e,则 $M_y=0$,$M_z=Fe$,截面上最大拉应力为

$$\sigma_{t,\max} = -\frac{F}{A} + \frac{M_z}{W_z} = -\frac{F}{A} + \frac{Fe}{W_z}$$

若要使截面上不出现拉应力,则应满足 $\sigma_{t,\max} \leqslant 0$,即

$$\sigma_{t,\max} = -\frac{F}{A} + \frac{Fe}{W_z} \leqslant 0$$

得
$$e \leqslant \frac{W_z}{A} \qquad (9.15)$$

对于直径为 d 的圆截面,$W_z = \dfrac{\pi d^3}{32}$,$A = \dfrac{\pi d^2}{4}$,代入式(9.15)得

$$e \leqslant \frac{d}{8}$$

上式表明,当偏心压力 F 作用点距圆心距离不超过 $\dfrac{d}{8}$ 时,杆件横截面上将不会出现拉应力。如图 9.14 所示,当偏心压力作用在坐标为 $\left(\dfrac{d}{8},0\right)$ 的 1 点时,中性轴为与圆周相切于 A 点的直线。根据圆截面的对称性,可以推出其截面核心为直径 $\leqslant \dfrac{d}{8}$ 的同心圆。

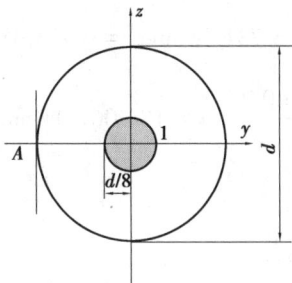

图 9.14 圆截面的截面核心

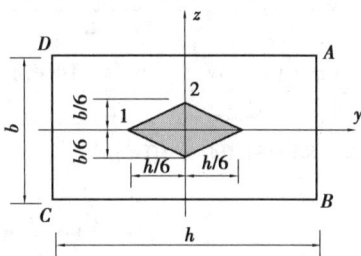

图 9.15 矩形截面的截面核心

对于矩形截面,如图 9.15 所示,当偏心压力 F 作用在形心 y 轴上 1 点时,中性轴正好是其 AB 边。将 $W_z = \dfrac{bh^2}{6}$,$A = bh$ 代入式(9.15)得 $e \le \dfrac{h}{6}$;同样,若 F 作用在形心 z 轴上 2 点时,中性轴正好是其 BC 边。将 $W_y = \dfrac{hb^2}{6}$,$A = bh$ 代入式(9.15)得 $e \le \dfrac{b}{6}$。当 F 沿 1、2 两点连线从 1 点移动到 2 点时,中性轴则由 AB 旋转至 BC,由此得出矩形截面的截面核心为如图 9.15 所示的菱形区域,其对角线长度分别为 $\dfrac{b}{3}$ 和 $\dfrac{h}{3}$。

【例 9.3】钻床立柱为空心铸铁管,管的外径为 $D = 140$ mm,内径 $d = 0.75 D$,铸铁的许用拉应力 $[\sigma_t] = 35$ MPa,许用压应力 $[\sigma_c] = 90$ MPa。钻孔时钻头和工作台面的受力情况如图 9.16(a)所示,力 F 作用线与立柱轴线之间的距离为 $e = 400$ mm,试计算满足立柱强度的最大压力 F。

(a) (b)

图 9.16 例 9.3 图

【解】①确定立柱横截面上的内力分量,判断其变形。

利用截面法,沿立柱任一截面 m—m 将钻床截开成两部分,取上部分作为研究对象,其受力图如图 9.16(b)所示。根据平衡条件求得立柱横截面上的轴力和弯矩分别为

$$F_N = F, \quad M = F \cdot e = 0.4F$$

立柱将产生拉伸与弯曲组合变形。

②确定危险截面和危险点。

由于立柱每一横截面上的轴力和弯矩都是相同的,因此,任一横截面都可以看成是危险截面。任一截面上的最大拉应力和压应力分别为

$$\sigma_{t,max} = \frac{M}{W} + \frac{F_N}{A}, \quad \sigma_{c,max} = -\frac{M}{W} + \frac{F_N}{A}$$

显然有 $\sigma_{t,max} > |\sigma_{c,max}|$,危险截面上的最大应力 $\sigma_{max} = \sigma_{t,max}$。由于铸铁的 $[\sigma_t] < [\sigma_c]$,因此只要满足 $\sigma_{t,max} \le [\sigma_t]$,强度条件 $\sigma_{c,max} \le [\sigma_c]$ 自然就能得到满足。所以只需要根据 $\sigma_{t,max} \le [\sigma_t]$ 强度条件确定许用压力 F 即可。

③计算最大压力 F。

横截面的面积 A、抗弯截面系数 W 分别为

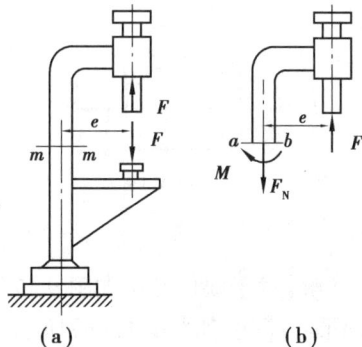

$$A = \frac{\pi(D^2 - d^2)}{4} = \frac{\pi \times (140 \text{ mm})^2 \times (1 - 0.75^2)}{4} = 6\ 731.38 \text{ mm}^2 = 6\ 731.38 \times 10^{-6} \text{m}^2$$

$$W = \frac{\pi D^3(1 - \alpha^4)}{32} = \frac{\pi \times (140 \text{ mm})^3 \times (1 - 0.75^4)}{32} = 184\ 061.04 \text{ mm}^3$$

$$= 184\ 061.04 \times 10^{-9} \text{m}^3$$

由

$$\sigma_{t,max} = \frac{M}{W} + \frac{F_N}{A} \leqslant [\sigma_t]$$

$$\frac{0.4F}{184\ 061.04 \times 10^{-9} \text{ m}^3} + \frac{F}{6\ 731.38 \times 10^{-6} \text{ m}^3} \leqslant 35 \times 10^6 \text{ Pa}$$

解得

$$F \leqslant 15.07 \times 10^3 \text{ N}$$

为了使立柱满足强度条件，最大压力 $F = 15.07$ kN。

【例9.4】如图9.17(a)所示，带有一缺口的钢板，已知板宽 $b = 90$ mm，厚度 $\delta = 18$ mm，缺口深 $t = 16$ mm，钢板受拉力 $F = 138$ kN 作用，其许用应力 $[\sigma] = 150$ MPa。不考虑应力集中的影响，试校核钢板的强度。

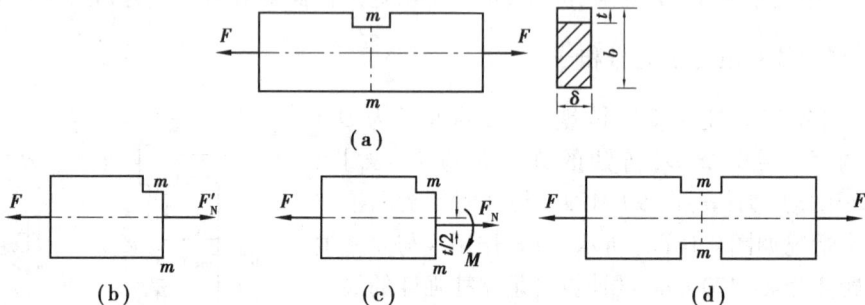

图 9.17 例 9.4 图

【解】对于缺口部位如图9.17(b)所示，其总内力 F'_N 并不通过截面形心，因而需将 F'_N 向截面形心简化，如图9.17(c)所示。简化后得到一个轴力 F_N 和一个弯矩 M，其数值分别为

$$F_N = F = 138 \text{ kN}, M = F \times \frac{t}{2} = 138 \text{ kN} \times \frac{16 \times 10^{-3} \text{ m}}{2} = 1.104 \text{ kN} \cdot \text{m}$$

在缺口部位产生拉伸和弯曲组合变形，截面 $m—m$ 上边缘将产生最大拉应力，为

$$\sigma_{t,max} = \frac{M}{W} + \frac{F_N}{A} = \frac{6M}{\delta(b-t)^2} + \frac{F_N}{\delta(b-t)}$$

$$= \frac{6 \times 1.104 \times 10^6 \text{ N} \cdot \text{mm}}{18 \text{ mm} \times (90 \text{ mm} - 16 \text{ mm})^2} + \frac{138 \times 10^3 \text{ N}}{18 \text{ mm} \times (90 \text{ mm} - 16\text{mm})}$$

$$= 67.20 \text{ MPa} + 103.60 \text{ MPa} = 170.8 \text{ MPa} > [\sigma]$$

可见，钢板强度不够，在缺口处会先发生破坏。

若在钢板下边对称挖去与上边缺口完全一致的缺口，如图9.17(d)所示，外力 F 作用线与缺口部位的轴线重合，不会产生偏心，钢板整体只产生轴向拉伸变形，缺口处因截面面积减小，该处的拉应力最大，为

$$\sigma_{t,max} = \frac{F_N}{A} = \frac{F_N}{\delta(b-2t)} = \frac{138 \times 10^3 \text{ N}}{18 \text{ mm} \times (90 - 2 \times 16) \text{ mm}} = 132.18 \text{ MPa} < [\sigma]$$

可见,钢板强度足够,在缺口处不会破坏。本例说明,避免偏心载荷是提高杆件承载能力的有效措施。

9.4 弯曲与扭转的组合变形

如图9.18所示的传动轴,在不通过截面形心的横向力 F_1、F_2 作用下,将产生弯曲与扭转组合变形。如图9.19所示的房屋建筑中的雨篷梁,在墙压力和雨篷板的载荷作用下,除发生弯曲变形外,还会发生扭转变形。

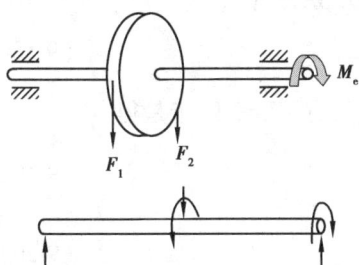

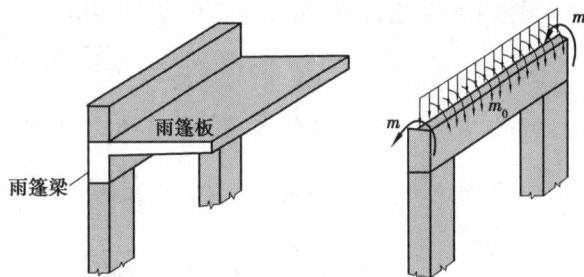

图9.18 轴的弯扭组合变形   图9.19 雨篷梁的弯扭组合变形

工程中发生弯扭组合变形的杆件大多是机械中的传动轴,而传动轴的截面通常都是圆形,因此本节主要讨论圆截面杆件发生弯曲与扭转组合变形时的强度计算。

1)内力和应力分析

在弯曲和扭转组合变形的计算中,杆件扭转变形时内力有扭矩,故横截面上有切应力;弯曲变形时内力有剪力和弯矩,故横截面上有弯曲切应力和弯曲正应力。工程实际中,因为作用在实心圆轴上的弯曲切应力与扭转切应力相比要小得多,可忽略不计。这样一来,弯扭组合变形构件的内力只考虑弯矩 M 和扭矩 T,相应的应力只考虑弯曲正应力 σ 和扭转切应力 τ。

2)危险点的应力状态

弯扭组合变形圆轴的危险截面在弯矩和扭矩都较大的截面。危险截面上切应力和正应力分布规律如图9.20(a)、(b)所示。对于扭转变形而言,危险截面边缘圆周上任一点都是危险点;对于弯曲变形而言,在圆周上距中性轴最远的点才是危险点,该点的弯曲正应力最大。故危险点位于危险截面边缘上,且必定是弯曲正应力最大的点,该点处既有正应力,又有切应力,处于平面应力状态。图9.20(c)所表示的是危险点 C_1 的应力单元体。

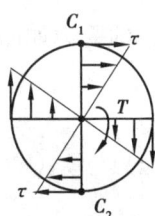

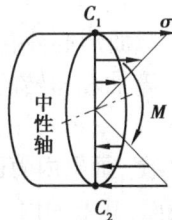

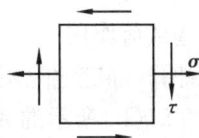

(a)切应力分布   (b)正应力分布   (c)危险点应力单元体

图9.20 危险截面上的应力分布

危险点的弯曲正应力 σ 和扭转切应力 τ 分别为

$$\sigma = \frac{M}{W}, \quad \tau = \frac{T}{W_t} \tag{9.16}$$

3)弯曲与扭转组合变形的强度条件

弯扭组合变形的圆轴危险点应力状态如图 9.20(c)所示,处于平面应力状态。由于传动轴所用材料一般都是钢材等塑性材料,在强度设计时选用第三强度理论或第四强度理论。根据第三强度理论,由式(8.38)得弯扭组合变形构件的强度条件为

$$\sigma_{r3} = \sqrt{\sigma^2 + 4\,\tau^2} \leqslant [\,\sigma\,] \tag{9.17}$$

根据第四强度理论,由式(8.39)得弯扭组合变形构件的强度条件为

$$\sigma_{r4} = \sqrt{\sigma^2 + 3\,\tau^2} \leqslant [\,\sigma\,] \tag{9.18}$$

将式(9.16)中的 σ、τ 代入式(9.17)和式(9.18),对于圆截面有 $W_t = 2W$,于是得

$$\sigma_{r3} = \frac{1}{W}\sqrt{M^2 + T^2} \leqslant [\,\sigma\,] \tag{9.19}$$

$$\sigma_{r4} = \frac{1}{W}\sqrt{M^2 + 0.75T^2} \leqslant [\,\sigma\,] \tag{9.20}$$

式中,W 为圆截面杆的抗弯截面系数,M、T 分别为危险截面的弯矩和扭矩。以上两式只适用于弯扭组合变形下的圆截面杆。

【例 9.5】曲拐受力如图 9.21(a)所示,已知 AB 段是直径 $d = 20$ mm 的实心圆杆,$l = 300$ mm,$a = 200$ mm,材料的许用应力$[\,\sigma\,] = 130$ MPa,试按第四强度理论校核 AB 段的强度。

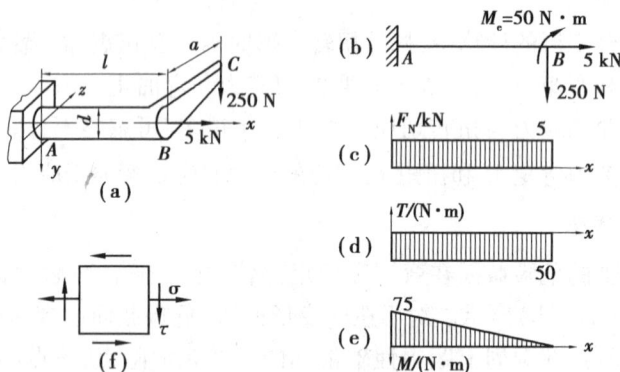

图 9.21 例 9.5 图

【解】①AB 杆的变形分析。

将作用在 C 端的 250 N 的竖向力向 B 截面形心简化,简化后 AB 杆的受力如图 9.21(b)所示。在这些载荷作用下,AB 杆产生拉伸、弯曲和扭转的组合变形。

②内力计算,确定危险截面。

根据图 9.21(b)所示的 AB 杆的计算简图,画出内力图,如图 9.21(c)、(d)、(e)所示。根据内力图可以确定固定端截面 A 是危险截面,其上的内力有

轴力 $F_N = 5$ kN

弯矩 $M = 250$ N×0.3 m = 75 N·m

扭矩　$T = 250\ \text{N} \times 0.2\ \text{m} = 50\ \text{N} \cdot \text{m}$

③计算危险点的应力。

危险点上既有正应力,又有切应力,处于平面应力状态,如图 9.21(f)所示。正应力 σ 为轴向拉伸应力与弯曲应力的叠加,因此有

$$\sigma = \frac{F_N}{A} + \frac{M}{W} = \frac{5 \times 10^3\ \text{N}}{\dfrac{\pi \times (20\ \text{mm})^2}{4}} + \frac{75 \times 10^3\ \text{N} \cdot \text{mm}}{\dfrac{\pi \times (20\ \text{mm})^3}{32}} = 111.46\ \text{MPa}$$

扭转切应力 τ 为

$$\tau = \frac{T}{W_t} = \frac{50 \times 10^3\ \text{N} \cdot \text{mm}}{\dfrac{\pi \times (20\ \text{mm})^3}{16}} = 31.85\ \text{MPa}$$

④强度校核。

按第四强度理论,由式(9.18)得

$$\sigma_{r4} = \sqrt{\sigma^2 + 3\tau^2} = \sqrt{(111.46\ \text{MPa})^2 + 3 \times (31.85\ \text{MPa})^2} = 124.36\ \text{MPa} < [\sigma] = 130\ \text{MPa}$$

可见该曲拐强度是安全的。

【例 9.6】图 9.22(a)所示传动轴,传递功率 $P = 7.5\ \text{kW}$,转速 $n = 100\ \text{r/min}$,皮带轮 A 的皮带为水平的,皮带轮 B 的皮带为铅直的。两轮直径均为 $D = 600\ \text{mm}$,张力 $F_1 > F_2$,$F_2 = 1.5\ \text{kN}$,轴的许用应力 $[\sigma] = 80\ \text{MPa}$,根据第三强度理论设计传动轴的直径 d。

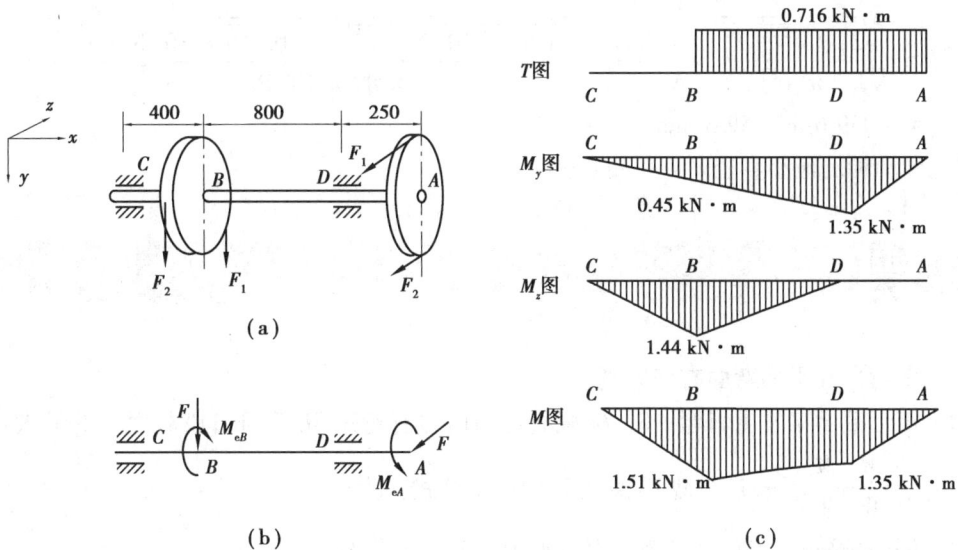

图 9.22　例 9.6 图

【解】①传动轴的受力分析。

作用在皮带轮上的力都是横向力,且不通过轴截面形心。将皮带张力向轴线处简化,简化后轴的受力简图如图 9.22(b)所示。其中,作用在轴上的扭转外力偶矩 M_{eA},M_{eB} 为

$$M_{eA} = M_{eB} = 9.549 \times \frac{P}{n} = 9.549 \times \frac{7.5\ \text{kW}}{100\ \text{r/min}} = 0.716\ \text{kN} \cdot \text{m}$$

而
$$M_{eA} = F_1 \frac{D}{2} - F_2 \frac{D}{2}$$

将 $F_2 = 1.5$ kN, $D = 0.6$ m 代入上式, 得
$$F_1 = 3.9 \text{ kN}, \qquad F = F_1 + F_2 = 5.4 \text{ kN}$$

传动轴在水平方向和竖直方向的横向力 F 作用下, 将在 xOz 平面和 xOy 平面产生弯曲变形, 在扭转力偶矩 M_{eA} 和 M_{eB} 作用下产生扭转变形, 因此传动轴产生弯曲和扭转组合变形。

②画内力图, 确定危险截面。

根据图 9.22(b) 所示的计算简图, 分别作出扭矩 T 图、弯矩 M_z、M_y 图, 并且由 $M = \sqrt{M_y^2 + M_z^2}$ 作出合弯矩 M 图, 如图 9.22(c) 所示。由轴 AB 的内力图可见, B 截面上的合弯矩最大, 而扭矩在 AB 段等值, 在 CB 段为零。因此可以确定 B 截面为危险截面, 其合弯矩为
$$M = \sqrt{M_y^2 + M_z^2} = \sqrt{(1.44 \text{ kN} \cdot \text{m})^2 + (0.45 \text{ kN} \cdot \text{m})^2} = 1.51 \text{ kN} \cdot \text{m}$$
扭矩为
$$T = 0.716 \text{ kN} \cdot \text{m}$$

③按第三强度条件设计轴直径 d。
$$\sigma_{r3} = \frac{1}{W}\sqrt{M^2 + T^2} \leqslant [\sigma]$$

将 $W = \dfrac{\pi d^3}{32}$ 代入上式, 得

$$d \geqslant \sqrt[3]{\frac{32\sqrt{M^2 + T^2}}{\pi[\sigma]}} = \sqrt[3]{\frac{32 \times \sqrt{(1.51 \times 10^3 \text{ N} \cdot \text{m})^2 + (0.716 \times 10^3 \text{ N} \cdot \text{m})^2}}{3.14 \times 80 \times 10^6 \text{ Pa}}}$$
$$= 0.059\,6 \text{ m} = 59.6 \text{ mm}$$

因此传动轴的最小直径 $d = 60$ mm。

思考题

9.1 斜弯曲和平面弯曲有何区别?

9.2 矩形截面梁发生斜弯曲时, 横截面上的内力有弯矩 M_y 和 M_z, 该截面上的最大弯曲正应力 $\sigma_{\max} = \dfrac{M_z}{W_z} + \dfrac{M_y}{W_y}$。若是圆截面梁, 可否用这个公式? 为什么?

9.3 偏心压缩时, 为什么横截面上各点为单向应力状态?

9.4 在建立组合变形下的强度条件时, 是否都须用强度理论来建立? 在什么情况下可用强度理论进行强度计算? 试对所介绍的各种组合变形进行分析讨论。

9.5 图 9.23 所示结构中各构件将发生哪些基本变形?

9.6 如图 9.24 所示, 带有一缺口的矩形截面杆件, 杆端受三角形分布载荷作用, 在 A、B 两截面上的正应力分布规律是否都相同? 是均匀分布的吗?

9.7 工人师傅在维修设备时, 发现一矩形截面拉杆的一侧出现小裂纹。为了防止裂纹扩展, 有人建议在裂纹尖端处钻一光滑的小圆孔即可 [图 9.25(a)], 还有人认为除在上述位

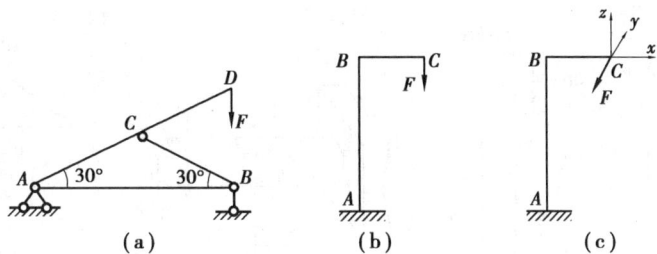

图 9.23 　思考题 9.5 图

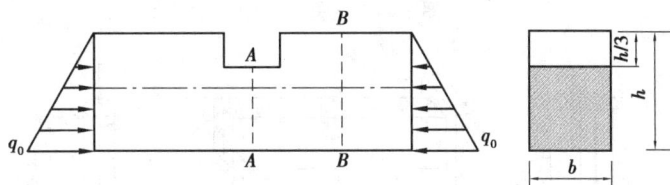

图 9.24 　思考题 9.6 图

置钻孔外,还应当在其对称位置再钻一个同样大小的圆孔[图 9.25(b)]。试问哪一种方法更好? 为什么?

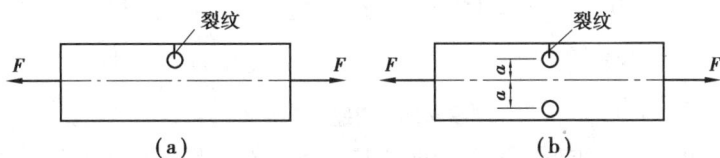

图 9.25 　思考题 9.7 图

9.8 　圆柱在切向力 F_1 和 $F_2(F_1 \neq F_2)$ 作用下,其 M 点的应力状态用图 9.26 中 A、B、C、D 四种应力单元体表示。哪一种表示是正确的?

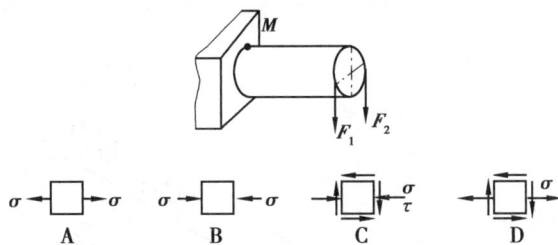

图 9.26 　思考题 9.8 图

习 　题

9.1 　试求图 9.27 所示各构件在指定截面 m—m 上的内力分量。

9.2 　构件受力如图 9.28 所示,图(a)中 r 为杆件的容重。

①确定危险点的位置。

②用单元体表示危险点的应力状态。

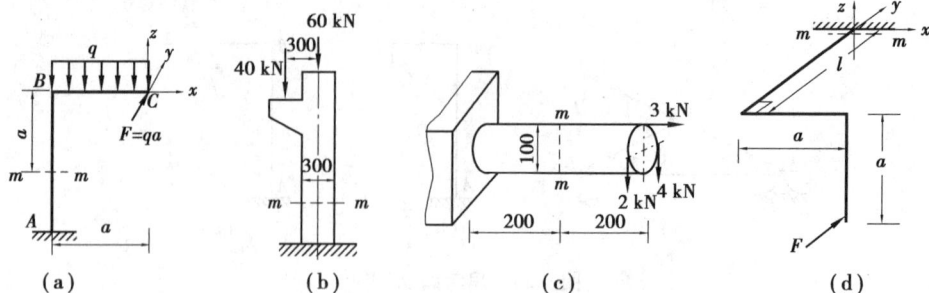

图 9.27 习题 9.1 图

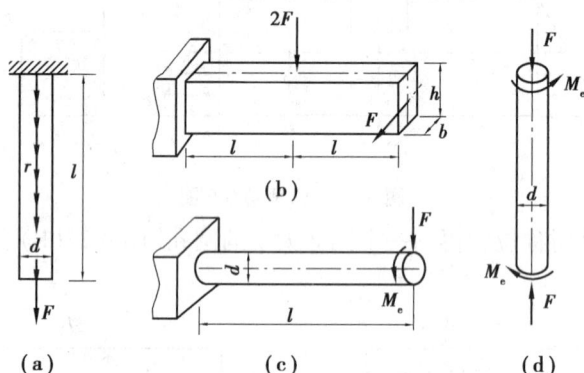

图 9.28 习题 9.2 图

9.3 如图 9.29 所示为矩形截面斜弯曲梁某一横截面。若已知 A 点的正应力为 20 MPa，B 点的正应力为 0，试求 C 点的正应力。

9.4 如图 9.30 所示一楼梯木斜梁的长度 $l=3$ m，矩形截面，$b=80$ mm，$h=160$ mm，受均布载荷 $q=1.8$ kN/m 的作用，试作梁的轴力图和弯矩图，并求横截面上的最大拉应力和最大压应力。

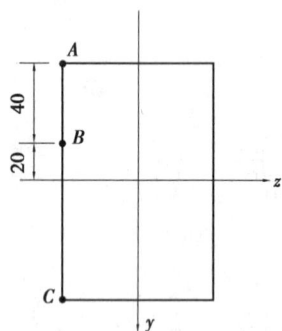

图 9.29 习题 9.3 图

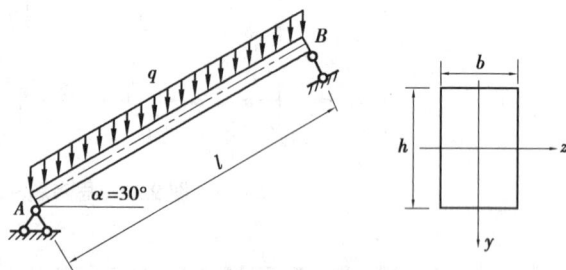

图 9.30 习题 9.4 图

9.5 如图 9.31 所示矩形截面悬臂梁，自由端截面 z 轴上的水平载荷 $F_1=1.6$ kN，沿纵向对称面的载荷 $q=0.8$ kN/m，材料的许用应力 $[\sigma]=10$ MPa。若 $h:b=3:2$，试确定该梁的截面尺寸。

9.6 如图 9.32 所示的 N0.18 工字钢悬臂梁,已知 $l=0.8$ m,$F_1=2.5$ kN,$F_2=2$ kN,F_1,F_2 都作用在对称平面内,梁的许用应力$[\sigma]=150$ MPa,试校核梁的强度。

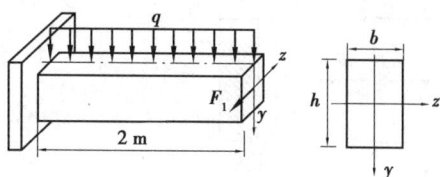

图 9.31 习题 9.5 图   图 9.32 习题 9.6

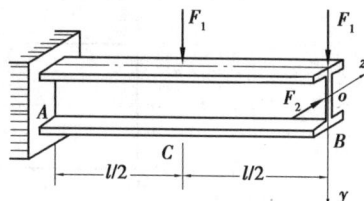

9.7 如图 9.33 所示,矩形截面上边缘应变是下边缘应变的 2 倍,则载荷的偏心距 e 为多少?

9.8 直径 $d=80$ mm 的立柱受力如图 9.34 所示。已知 $F_1=320$ N,$F_2=400$ N,立柱自重 $q=360$ N/m。立柱高度 $l=5$ m,$e_2=1$ m,$e_1=2.6$ m。试求立柱的最大拉应力和最大压应力。

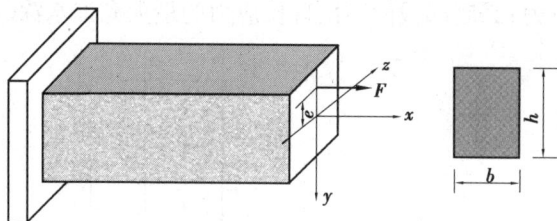

图 9.33 习题 9.7 图   图 9.34 习题 9.8 图

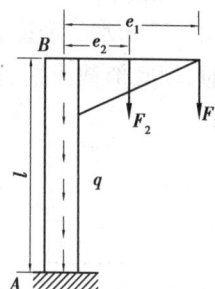

9.9 松木矩形截面柱受力如图 9.35 所示,已知 $F_1=50$ kN,$F_2=5$ kN,$e=2$ cm,$[\sigma_c]=12$ MPa,$[\sigma_t]=10$ MPa。试校核柱的强度。

9.10 图 9.36 所示起重架的最大起吊重力(包括行走小车等)为 $W=40$ kN,横梁 AC 由两根槽钢组成,材料为 Q235 钢,许用应力$[\sigma]=120$ MPa。试根据横梁的强度选择槽钢的型号。

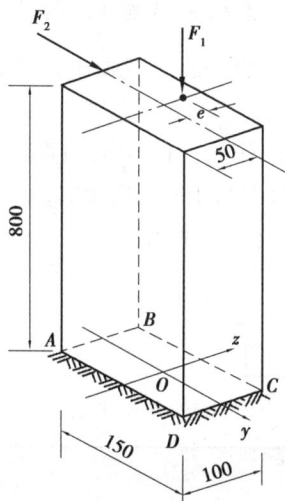

图 9.35 习题 9.9 图   图 9.36 习题 9.10 图

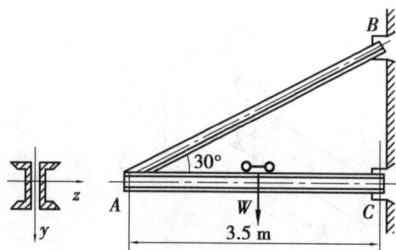

9.11 如图 9.37 所示,钢板上侧有一半径 $r = 10$ mm 的半圆槽,钢板宽度 $b = 80$ mm,厚度 $t = 10$ mm,$F = 80$ kN,许用应力 $[\sigma] = 140$ MPa,试校核钢板的强度。

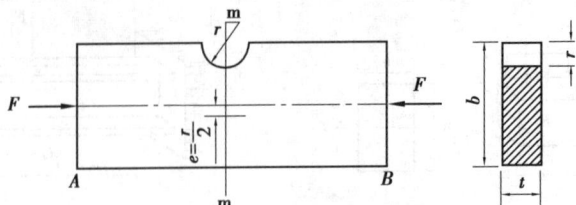

图 9.37　习题 9.11 图

9.12 图 9.38 所示为一厂房的牛腿柱,由房顶传来的压力 $F_1 = 100$ kN,由吊车梁传来压力 $F_2 = 30$ kN。已知 $e = 0.2$ m,$b = 0.18$ m,问截面边长 h 为多少时,截面不出现拉应力? 求出这时的最大压应力。

9.13 如图 9.39 所示高 $H = 1.2$ m,厚 $b = 0.3$ m 的钢筋混凝土墙,浇筑于牢固的基础上,作挡水坝用。已知水的密度 $\rho_0 = 1\,000$ kg/m³,混凝土的密度 $\rho_1 = 2\,450$ kg/m³,试求:①当水位达到坝顶时,坝底部截面处的最大拉、压应力;②底部截面不出现拉应力的最大允许水深。

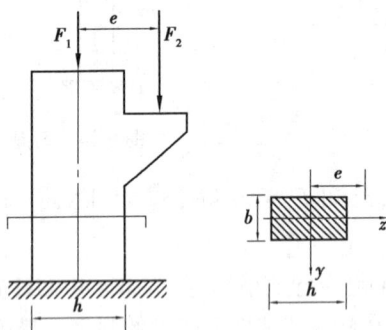

图 9.38　习题 9.12 图

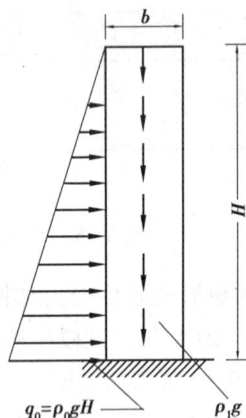

图 9.39　习题 9.13 图

9.14 曲拐受力如图 9.40 所示,其圆杆部分的直径 $d = 50$ mm。试画出顶部 A 点处的应力单元体,并求其主应力及最大切应力。

9.15 图 9.41 所示实心圆轴受轴向拉力 F 和力偶 M_e 作用。已知圆轴直径 $d = 10$ mm,$M_e = Fd/10$,材料为铸铁,许用应力 $[\sigma_t] = 30$ MPa。试计算圆轴的许可载荷 F。若 $F = 1.8$ kN、$E = 100$ GPa,$\mu = 0.25$,试计算圆轴表面上与轴线成 30°方位上的正应变。

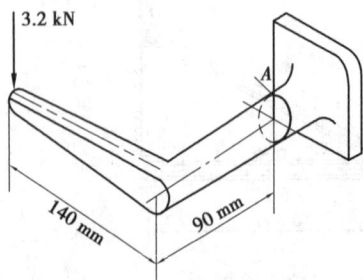

图 9.40　习题 9.14 图

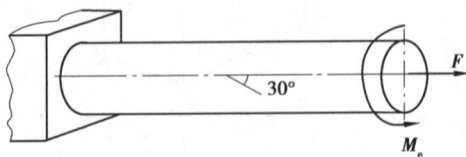

图 9.41　习题 9.15 图

9.16 图 9.42 所示钢制圆截面折杆 ABC,其直径 $d=100$ mm,AB 杆长 2 m,材料的许用应力 $[\sigma]=135$ MPa。不计杆横截面上的剪力影响,试按第三强度理论校核 AB 杆的强度。

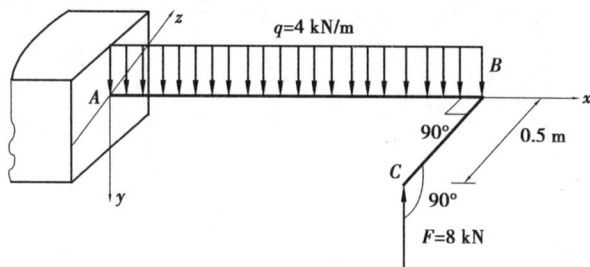

图 9.42 习题 9.16 图

9.17 如图 9.43 所示电动机的功率为 9 kW,转速为 715 r/min,带轮直径 $D=250$ mm,主轴外伸部分长度 $l=120$ mm,主轴直径 $d=40$ mm。若 $[\sigma]=60$ MPa,试用第四强度理论校核轴的强度。

9.18 一手摇绞车如图 9.44 所示。已知轴的直径 $d=25$ mm,材料为 Q235 钢,其许用应力 $[\sigma]=80$ MPa.试按第三强度理论求绞车的最大起吊重力 P。

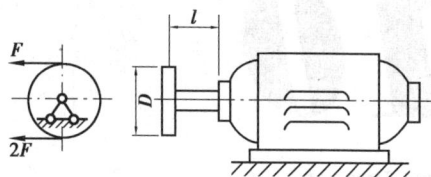

图 9.43 习题 9.17 图

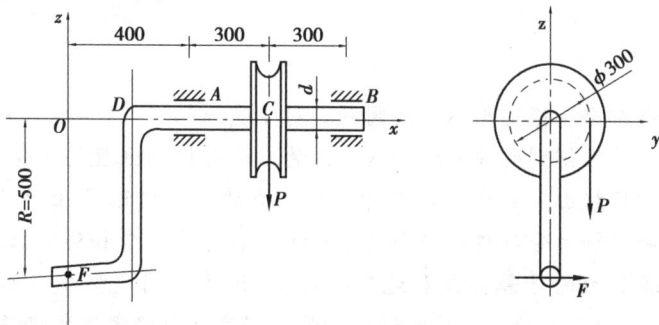

图 9.44 习题 9.18 图

9.19 如图 9.45 所示,铁道路标圆信号板,装在外径 $D=60$ mm 的空心圆柱上,所受的最大风载为 2 kN/m²,$[\sigma]=60$ MPa。试按第四强度理论选定空心柱的厚度 t。

9.20 传动轴如图 9.46 所示。在 A 处作用一个外力偶矩 $M_e=1$ kN·m,皮带轮直径 $D=400$ mm,皮带轮紧边拉力为 F_1,松边拉力为 F_2,且 $F_1=2F_2$,$l=300$ mm,轴的许用应力 $[\sigma]=160$ MPa,试用第三强度理论设计轴的直径 d。

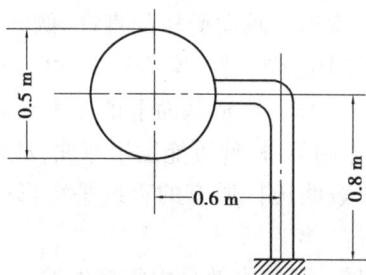

图 9.45 习题 9.19 图

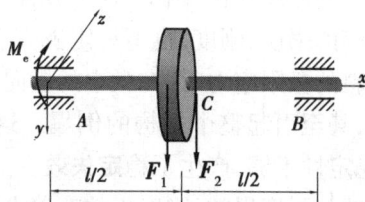

图 9.46 习题 9.20 图

10

压杆稳定

[本章导读]

　　物体的平衡状态都存在稳定与不稳定问题。对于受压的杆件,其承载能力可能远远小于按照拉压杆强度条件计算得到的许可值。这是因为在载荷达到强度许可值之前,压杆就被压弯而失去承载能力。压杆由直变弯的现象称为压杆失稳。压杆稳定性研究是材料力学重要任务之一。本章介绍了轴向受压杆件平衡状态稳定性的基本概念和影响压杆稳定性的因素,着重阐述了欧拉临界压力的计算公式和适用条件,讨论了不同类型压杆的临界压力计算方法,最后还介绍了工程中常用的压杆稳定设计方法和提高压杆稳定性的措施。

10.1　工程中的稳定问题

　　构件正常工作必须满足平衡稳定性要求。所谓**平衡稳定性**,就是指构件应有足够的保持原有平衡状态的能力。第 2 章讨论了压杆的强度失效问题,当横截面上的应力达到材料的极限应力时,压杆就会发生强度破坏。然而,工程中经常遇到轴向受压的直杆,例如图 10.1(a)所示翻斗货车的液压顶杆,图 10.1(b)所示房屋桁架中的受压杆,这些承受轴向压力的杆件,即使具有足够的强度、刚度,也不一定能安全可靠地工作。当横截面上的应力还未达到甚至远未达到材料的极限应力时,在微小的横向扰动力作用下,杆件可能发生弯曲,从而丧失正常的工作能力,甚至引起整个结构的倒塌。这种现象表明压杆原有的直线平衡形式是不稳定的,压杆的稳定性不够,产生了**稳定失效**。

　　稳定失效与强度失效、刚度失效有着本质的差异。强度失效是由于构件的应力达到或超过材料的极限应力而造成构件破坏,破坏是从局部开始,逐步产生的;刚度失效是指构件产生

(a)翻斗货车的液压顶杆 　　　　(b)房屋桁架

图 10.1　轴向受压的杆件

过大的弹性变形,使其不能正常工作;稳定失效则是指受压的杆件在微小的横向干扰力作用下,由直线平衡状态变为弯曲状态,从而使压杆丧失承载能力。压杆失稳的临界应力远低于强度极限应力。压杆失稳现象往往是突发性、整体性的,常造成灾难性后果。例如,19 世纪末,当一辆客车通过瑞士的一座铁路桥时,桥梁桁架压杆失稳,致使桥体坍塌,大约有 200 人遇难;1907 年,北美的圣劳伦斯河上一座 548 m 的钢桥在施工中突然倒塌,就是由于桥下弦压杆失稳造成的,而该杆的强度却是足够的。虽然人们对这类灾害进行了大量研究,采取了许多预防措施,但直到现在还不能完全阻止这种灾害的发生。例如,2010 年 1 月 3 日下午14:20,昆明新机场的配套引桥工程在混凝土浇筑施工中突然发生了支架垮塌事故,造成多人伤亡。其原因是桥下支撑体系突然失稳,8 m 高的桥面随即垮塌下来。工程上出现的较大工程事故中,有相当一部分是因受压构件失稳所致。因此,对受压杆件平衡状态的稳定性研究不容忽视。

失稳现象并不局限于受压杆件,其他构件也存在稳定失效问题。例如,狭长的矩形截面梁在最大抗弯刚度平面内弯曲时,会因载荷达到临界值而发生侧向弯曲和扭转;薄壳在轴向压力或扭转力偶作用下,会出现局部褶皱。这些都是稳定性问题。本章只讨论压杆的稳定性问题。

10.2　压杆稳定性的概念

▶10.2.1　理想压杆的概念

实际的压杆,在制造时其轴线不可避免地会存在初曲率;施加的压力的合力作用线也不可能与杆轴线完全重合,会存在一定的偏心;压杆材料本身也难以保证完全均匀。所有的这些因素都将导致压杆在压力作用下除了发生轴向压缩变形外,还将发生弯曲变形。但在对压杆的承载能力(即强度、刚度及稳定性)进行理论分析时,通常将压杆视为理想的压杆。所谓**理想压杆**,就是指由均质材料构成的、所受压力的作用线与杆的轴线完全重合的直杆。对于理想压杆,就不存在使压杆产生弯曲变形的初始因素,因此,在轴向压力作用下就不会发生弯曲现象。本章所讨论的压杆稳定性问题都是针对理想压杆而言的。

▶10.2.2　压杆的稳定平衡与不稳定平衡

为了说明压杆平衡状态的稳定性,取两端铰支的细长杆件,先施加轴向压力 F,再施加一

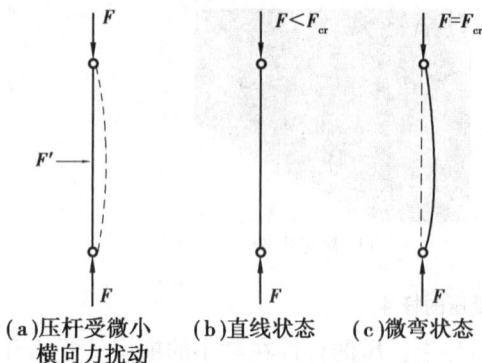

(a)压杆受微小 (b)直线状态 (c)微弯状态
 横向力扰动

图 10.2 压杆的平衡形式

微小的横向力 F',使杆发生弯曲变形,然后撤去横向力。试验表明,压杆的平衡形式将随着轴向压力 F 发生变化,如图 10.2 所示。

①当轴向压力 F 小于某一特定数值 F_{cr} 时,撤去横向干扰力以后,杆件便会来回摆动,最后恢复到原来的直线位置而稳定下来,如图 10.2(b) 所示。这说明在较小的压力 F 作用时,杆件原有的直线平衡状态是稳定的平衡状态。

②当轴向压力 F 增大到某一特定数值 F_{cr} 时,将横向干扰力撤去后,压杆不能恢复到原来的直线平衡状态,而保持微弯的平衡状态,如图 10.2(c)所示。这说明压杆原有的直线平衡状态是不稳定的平衡状态。

③当 F 大于 F_{cr} 时,将横向干扰力拆去后,随着压力 F 的增加,杆件的弯曲会继续发展以致最后折断。

压杆从直线平衡形式转变为弯曲平衡形式,称为**失稳**或**屈曲**。使压杆保持微弯平衡状态的最小压力 F_{cr} 称为**临界压力**,简称临界力。压杆原有的直线平衡状态是否稳定,取决于轴向压力 F 的大小。当轴向压力 F 小于临界压力 F_{cr} 时,直线平衡状态是稳定的。当轴向压力 F 大于或等于临界压力 F_{cr} 时,直线平衡状态是不稳定的,即会发生失稳现象。可见,解决压杆稳定问题的关键是确定其临界压力 F_{cr} 的大小。如果将压杆的工作压力控制在由临界压力所确定的许可范围内,压杆就不会失稳。工程上要求压杆在外力作用下始终保持其原有的直线平衡状态,否则,将会导致构件或结构的破坏。

10.3 细长压杆临界压力的欧拉公式

▶10.3.1 两端铰支细长压杆临界压力的欧拉公式

下面以两端用球铰支座支承、长度为 l 的等截面细长压杆为例来推导其临界压力的计算公式。假设压杆在临界压力 F_{cr} 作用下处于微弯平衡状态,如图 10.3(a)所示。

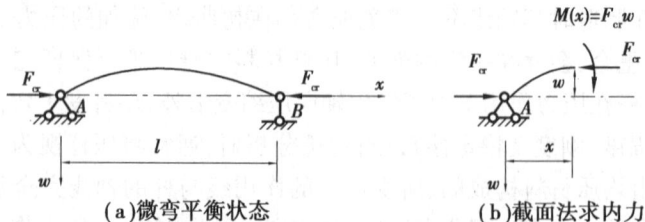

(a)微弯平衡状态   (b)截面法求内力

图 10.3 两端铰支细长压杆的临界状态

在图 10.3 所示坐标系中,设距坐标原点为 x 的横截面上的挠度为 w,该截面的弯矩为

$$M(x) = F_{cr}w \tag{a}$$

式中临界压力 F_{cr} 取正值,挠度 w 以沿坐标轴正向为正,则弯矩 $M(x)$ 的正负与挠度 w 一致。将式(a)代入挠曲线近似微分方程,得

$$\frac{\mathrm{d}^2 w}{\mathrm{d}x^2} = -\frac{M(x)}{EI} = -\frac{F_{cr}w}{EI} \qquad (b)$$

令

$$k^2 = \frac{F_{cr}}{EI} \qquad (c)$$

则式(b)可写为

$$\frac{\mathrm{d}^2 w}{\mathrm{d}x^2} + k^2 w = 0 \qquad (d)$$

上式微分方程的通解为

$$w = A\sin kx + B\cos kx \qquad (e)$$

式中,A、B 为常数,与压杆的边界条件有关。两端铰支的边界条件为

$$w(0) = w(l) = 0$$

将其代入式(e)得

$$\left. \begin{array}{l} A \times 0 + B = 0 \\ A\sin kl + B\cos kl \end{array} \right\} \qquad (f)$$

A、B 不全为零的条件是

$$\begin{vmatrix} 0 & 1 \\ \sin kl & \cos kl \end{vmatrix} = 0$$

即

$$\sin kl = 0$$

解得

$$kl = n\pi \quad (n = 1,2,3\cdots) \qquad (g)$$

所以

$$k = \frac{n\pi}{l} \qquad (h)$$

将式(h)代入式(c),得

$$k = \frac{n\pi}{l} = \sqrt{\frac{F_{cr}}{EI}}$$

临界压力 F_{cr} 是压杆在微弯下的最小有效压力,故只能取 $n=1$,且杆将绕惯性矩 I 最小的轴弯曲,于是得

$$F_{cr} = \frac{\pi^2 EI_{min}}{l^2} \qquad (10.1)$$

式(10.1)就是两端铰支细长压杆临界压力的计算公式。这个公式最早由欧拉提出,因而也称为欧拉临界压力公式。此式表明,临界压力 F_{cr} 与抗弯刚度 EI 成正比,与杆长度的平方 l^2 成反比。

▶**10.3.2　其他支承条件下细长压杆临界压力的欧拉公式**

细长压杆的临界压力随两端支承条件的不同而不同。对于各种不同支承情况下细长压杆临界压力的计算公式,都可以采取与上述相同的方法推导出来。为简化起见,通常将各种不同支承条件下的细长压杆在临界状态时的微弯变形曲线,与两端铰支压杆的临界微弯变形

曲线(一个正弦半波)相比较,确定这些压杆微弯时与一个正弦半波相当部分的长度,并用 μl 表示,然后用 μl 代替式(10.1)中的 l,便得到计算各种不同支承条件下细长压杆临界压力的通用公式:

$$F_{cr} = \frac{\pi^2 EI}{(\mu l)^2} \tag{10.2}$$

式中,μ 为长度因数,反映了两端约束条件对细长压杆临界压力的影响。两端铰链约束时 $\mu = 1$;一端固定、另一端自由时,$\mu = 2$;一端固定另一端铰支时,$\mu = 0.7$;两端都固定时,$\mu = 0.5$。μl 为相当长度;l 为压杆的实际长度;I 为弯曲时截面对中性轴的惯性矩。

将 4 种常见支承情况下细长压杆的临界压力计算公式列于表 10.1 中。

表 10.1 常见四种支承条件下细长压杆临界压力的欧拉公式

支承情况	两端铰支	一端自由 一端固定	两端固定	一端铰支 一端固定
挠曲线形状	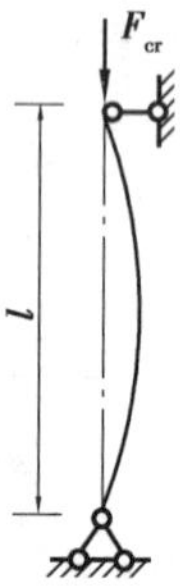	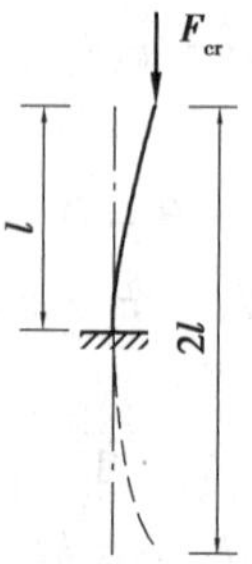	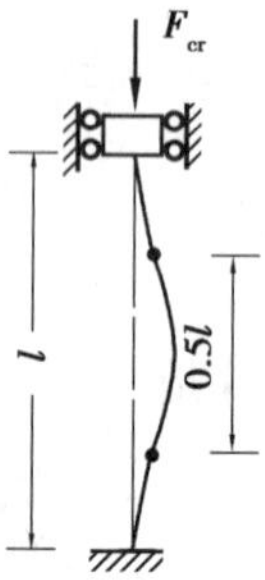	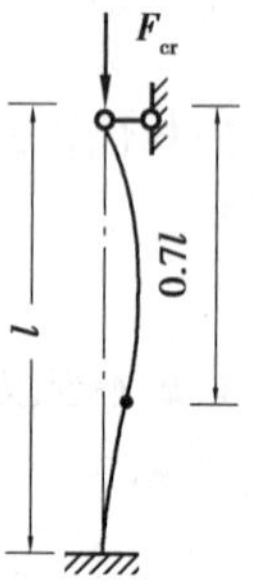
临界压力公式	$F_{cr} = \dfrac{\pi^2 EI}{l^2}$	$F_{cr} = \dfrac{\pi^2 EI}{(2l)^2}$	$F_{cr} = \dfrac{\pi^2 EI}{(0.5l)^2}$	$F_{cr} = \dfrac{\pi^2 EI}{(0.7l)^2}$
相当长度	l	$2l$	$0.5l$	$0.7l$
长度因数	$\mu = 1$	$\mu = 2$	$\mu = 0.5$	$\mu = 0.7$

表 10.1 列出的只是几种典型的支承情况,工程实际问题的支承情况是比较复杂的,因此,必须根据细长压杆的实际支承情况,将其简化为上述 4 种典型形式,或参照有关设计规范确定长度因数 μ 的取值。

应用式(10.2)时,应注意以下两点:

①欧拉公式只适用于弹性范围,即只适用于弹性稳定问题;

②公式中的 I 为细长压杆失稳发生弯曲时,截面对其中性轴的惯性矩。若杆端在各个方向的约束情况相同(如球铰约束),I 取其最小惯性矩 I_{min};若杆端在不同方向的约束情况不同(如柱铰),则应首先判断失稳时的弯曲方向,从而确定截面的中性轴以及相应的惯性矩 I。

10.4 压杆的临界应力

▶10.4.1 临界应力与柔度

压杆处于临界状态时横截面上的平均应力称为**临界应力**,用 σ_{cr} 表示。由式(10.2)得

$$\sigma_{cr} = \frac{F_{cr}}{A} = \frac{\pi^2 EI}{(\mu l)^2 A}$$

惯性矩 I 可用截面的惯性半径 i 和压杆横截面面积 A 表示,即 $I = i^2 A$,代入上式得

$$\sigma_{cr} = \frac{\pi^2 E}{\left(\dfrac{\mu l}{i}\right)^2}$$

引入记号

$$\lambda = \frac{\mu l}{i} \tag{10.3}$$

于是临界应力公式可表示为

$$\sigma_{cr} = \frac{\pi^2 E}{\lambda^2} \tag{10.4}$$

欧拉临界压力公式(10.2)也可写为

$$F_{cr} = \frac{\pi^2 EA}{\lambda^2} \tag{10.5}$$

式(10.4)就是欧拉临界应力的计算公式,是欧拉公式的另一种表现形式。λ 称为压杆的**柔度**或**长细比**,它集中反映了压杆的长度 l 和杆端约束条件、截面尺寸和形状等因素对临界应力的影响。λ 越大,相应的临界应力 σ_{cr} 就越小,压杆就越容易失稳。柔度 λ 是压杆抵抗失稳的能力的特征量,是压杆稳定性计算中的一个重要参数。应该注意的是,当在最小刚度平面与最大刚度平面内支承情况不同时,压杆在这两个平面内的柔度是不同的。因此,压杆不一定在最小刚度平面内失稳。这时应分别计算压杆在各平面内的柔度 λ,压杆必然在柔度大的平面内失稳,并按较大的 λ 计算压杆的临界应力。

▶10.4.2 欧拉公式的适用范围

推导欧拉临界压力公式时,利用了挠曲线近似微分方程,而挠曲线近似微分方程是假设材料在小变形、线弹性的条件下导出的。因此,只有在 $\sigma_{cr} \leqslant \sigma_p$ 的线弹性范围内,欧拉公式(10.2)或(10.4)才是正确的。即

$$\sigma_{cr} = \frac{\pi^2 E}{\lambda^2} \leqslant \sigma_P$$

由此可得

$$\lambda \geqslant \sqrt{\frac{\pi^2 E}{\sigma_P}}$$

令

$$\lambda_{p} = \sqrt{\frac{\pi^2 E}{\sigma_{p}}} \tag{10.6}$$

则有

$$\lambda \geqslant \lambda_{p} \tag{10.7}$$

式(10.7)从压杆柔度方面表明了欧拉公式(10.2)或(10.4)的适用条件。只有柔度满足 $\lambda \geqslant \lambda_{p}$ 的压杆才可以用欧拉公式。λ_{p} 是压杆可应用欧拉公式的最小柔度值,称为**柔度界限值**,它与材料力学性能(E、σ_{p})有关。材料不同,λ_{p} 的数值也不同。λ_{p} 是材料本身所具有的物理性质。

▶10.4.3 三类压杆的临界应力

根据压杆柔度 λ 的大小,将压杆分为三类。

1)大柔度杆

满足 $\lambda \geqslant \lambda_{p}$ 的压杆称为**大柔度杆**或**细长杆**。这类压杆容易发生弹性失稳,临界压力或临界应力由欧拉公式(10.2)或(10.4)确定。

2)中柔度杆

满足 $\lambda_{s} \leqslant \lambda < \lambda_{p}$ 的压杆称为**中柔度杆**,也称为**中长杆**。其中,λ_{s} 也与材料种类有关,是压杆在临界应力 $\sigma_{cr} = \sigma_{s}$(对于脆性材料 $\sigma_{cr} = \sigma_{b}$)时的柔度。

这类压杆的柔度 $\lambda < \lambda_{p}$,临界应力 $\sigma_{cr} > \sigma_{p}$,属于超过比例极限的压杆稳定问题,所以欧拉公式已不适用。中柔度压杆失稳时局部呈塑性,属于弹塑性失稳,临界应力一般按经验公式确定,其中有在机械工程中常用的直线形经验公式和在钢结构中常用的抛物线形经验公式。

（1）直线形经验公式

$$\sigma_{cr} = a - b\lambda \tag{10.8}$$

式中,a、b 为与材料有关的常数,表10.2中列出了常用材料的 a、b 值。式(10.8)表明,临界应力 σ_{cr} 随着柔度 λ 的减小而增大,但小柔度的粗短杆受压时不会出现稳定性失效,而会出现强度失效。因此,在使用公式(10.8)时,其柔度也有最小值 λ_{s} 的限制。对于塑性材料制成的压杆,令 $\sigma_{cr} = \sigma_{s}$,由式(10.8)得到

表 10.2　常用工程材料的 a、b 值

材　　料	σ_{s}/MPa	σ_{b}/MPa	a/MPa	b/MPa
Q235 钢	235	≥372	304	1.12
优质碳钢	306	≥471	461	2.568
硅钢	353	≥510	578	3.744
铬钼钢			9 807	5.296
硬铝			373	2.15
铸铁			332	1.454
松木			28.7	0.19

$$\lambda_s = \frac{a - \sigma_s}{b} \tag{10.9}$$

对于脆性材料,将式(10.9)中的 σ_s 换成 σ_b 即可。

(2)抛物线形经验公式

$$\sigma_{cr} = a_1 - b_1\lambda^2 \tag{10.10}$$

式中,a_1、b_1 也是与材料有关的常数,可查相关手册。

3)小柔度杆

柔度 $\lambda < \lambda_s$ 的压杆称为**小柔度杆**或**粗短杆**。这类压杆不会发生失稳,但会发生屈服或断裂,属于强度问题,其临界应力为

$$\sigma_{cr} = \begin{cases} \sigma_s(塑性材料) \\ \sigma_b(脆性材料) \end{cases} \tag{10.11}$$

▶10.4.4 临界应力总图

根据柔度将压杆分为三类,并按不同公式确定其临界应力。大柔度压杆和中柔度压杆的临界应力均为柔度 λ 的函数。小柔度压杆是属于强度问题而非稳定性问题,其失效的临界应力恒为屈服极限 σ_s 或强度极限 σ_b,与柔度无关。图 10.4 表示了塑性材料压杆的临界应力 σ_{cr} 随柔度 λ 的变化情况,称为临界应力总图。显然,随着柔度的增大,压杆的临界应力减小,压杆的破坏性质由强度破坏逐渐向稳定性破坏转化。

在压杆稳定性计算中考虑的是杆件的整体变形,局部削弱(如销钉孔等)对杆件整体变形影响很小,所以在计算临界压力时无论是用欧拉公式还是用经验公式,都可采用未经削弱时的横截面面积 A 和惯性矩 I。

【例 10.1】图 10.5 所示的 3 根圆截面压杆,其直径、长度和材料均相同。已知长度 $l = 2.5$ m,直径 $d = 125$ mm,材料的 $\lambda_p = 101$,$\lambda_s = 57$,$\sigma_s = 240$ MPa,$E = 200$ GPa,$a = 304$ MPa,$b = 1.12$ MPa,试判断哪根压杆稳定性最好、哪根最差,并求各杆的临界压力。

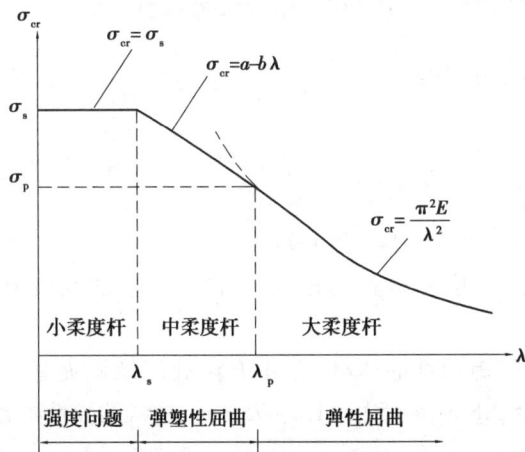

图 10.4 临界应力总图

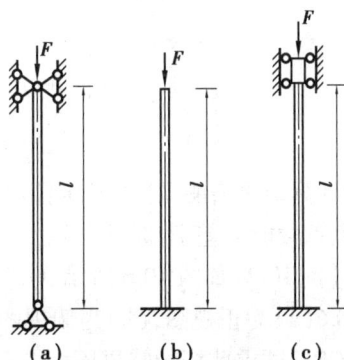

图 10.5 例 10.1 图

【解】①稳定性判断。

题中各根压杆的材料、长度、直径均相同,只是杆端约束不同。因此,要判断它们的稳定性,只需计算出各杆的柔度,然后将柔度进行比较,柔度大的压杆稳定性差。

对于圆杆,$\lambda = \dfrac{\mu l}{i} = \dfrac{4\mu l}{d}$

a 杆:两端铰链约束,$\mu = 1$,其柔度

$$\lambda_a = \frac{4\mu l}{d} = \frac{4 \times 1 \times 2\ 500\ \text{mm}}{125\ \text{mm}} = 80$$

b 杆:一端固定、一端自由,$\mu = 2$,其柔度

$$\lambda_b = \frac{4\mu l}{d} = \frac{4 \times 2 \times 2\ 500\ \text{mm}}{125\ \text{mm}} = 160$$

c 杆:两端均固定,$\mu = 0.5$,其柔度

$$\lambda_c = \frac{4\mu l}{d} = \frac{4 \times 0.5 \times 2\ 500\ \text{mm}}{125\ \text{mm}} = 40$$

可见,$\lambda_b > \lambda_a > \lambda_c$,故 b 杆稳定性最差,最易失稳,c 杆稳定性最好,最不易失稳。

②计算各杆的临界压力。

首先要判断每根压杆的类型,然后根据相应的公式计算临界压力。

a 杆:满足 $\lambda_s < \lambda_a < \lambda_p$,属中柔度杆,临界应力按直线经验公式(10.8)计算。

$$\sigma_{cr} = a - b\lambda_a = 304\ \text{MPa} - 1.12\ \text{MPa} \times 80 = 214.4\ \text{MPa}$$

$$F_{cr} = \sigma_{cr} A = \sigma_{cr} \times \frac{\pi d^2}{4} = 214.4 \times 10^6\ \text{Pa} \times \frac{\pi \times (0.125\ \text{m})^2}{4} = 2\ 629.75 \times 10^3\ \text{N} = 2\ 629.75\ \text{kN}$$

b 杆:由于 $\lambda_b > \lambda_p$,属大柔度杆,由欧拉公式(10.5)计算临界压力 F_{cr}。

$$F_{cr} = \frac{\pi^2 EA}{\lambda_b^2} = \frac{\pi^2 E}{\lambda_b^2} \times \frac{\pi d^2}{4}$$

$$= \frac{\pi^3 \times (200 \times 10^9\ \text{Pa}) \times (0.125\ \text{m})^2}{4 \times 160^2} = 944.79 \times 10^3\ \text{N} = 944.79\ \text{kN}$$

c 杆:由于 $\lambda_c < \lambda_s$,属小柔度杆,$\sigma_{cr} = \sigma_s = 240\ \text{MPa}$

$$F_{cr} = \sigma_{cr} A = \sigma_s \times \frac{\pi d^2}{4} = 240 \times 10^6\ \text{Pa} \times \frac{\pi \times (0.125\ 4)^2}{4}$$

$$= 2\ 943.75 \times 10^3\ \text{N} = 2\ 943.75\ \text{kN}$$

计算结果表明,这 3 根压杆尽管其直径、长度和材料均相同,但由于杆端的约束情况不同,其承载能力差别却很明显。

【例10.2】如图 10.6 所示,Q235 钢制成的矩形截面压杆,在 A、B 两处用螺栓夹紧。其中图 10.6(a)为正视图,(b)为俯视图。已知 $l = 2.8$ m,$b = 50$ mm,$h = 75$ mm,材料的弹性模量 $E = 200$ GPa,试求此杆的临界压力。

【解】压杆在 A、B 两端用螺栓连接,这种约束不同于球铰。在正视图所在的 xOy 平面内失稳时,AB 杆绕 z 轴弯曲,A、B 两处可以转动,相当于铰链约束,$\mu = 1$。在俯视图所在的 xOz 平面内失稳时,AB 杆绕 y 轴弯曲,A、B 两处不能转动,相当于固定端约束,$\mu = 0.5$。因此,压杆

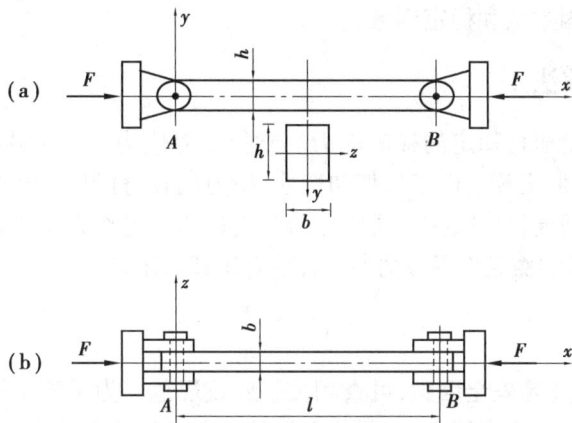

图 10.6 例 10.2 图

在这两个平面内失稳时,两端的约束性质不同,其柔度也不同。为了确定其临界压力,需先计算压杆在这两个平面内的柔度并加以比较,判定压杆在哪一个平面内更容易失稳,取柔度大的值来计算临界压力。

①计算压杆在 xOy 平面内的柔度。

压杆若在 xOy 平面内失稳,将绕 z 轴弯曲,A、B 两端相当于铰链约束,$\mu=1$。

惯性半径:$\quad i_z = \sqrt{\dfrac{I_z}{A}} = \dfrac{h}{\sqrt{12}} = \dfrac{75 \text{ mm}}{\sqrt{12}} = 21.65 \text{ mm}$

柔度:$\quad \lambda_z = \dfrac{\mu l}{i_z} = \dfrac{1 \times 2\,800 \text{ mm}}{21.65 \text{ mm}} = 129.33$

②计算压杆在 xOz 平面内的柔度。

压杆若在 xOz 平面内失稳,将绕 y 轴弯曲,A、B 两端相当于固定端约束,$\mu=0.5$。

惯性半径:$\quad i_y = \sqrt{\dfrac{I_y}{A}} = \dfrac{b}{\sqrt{12}} = \dfrac{50 \text{ mm}}{\sqrt{12}} = 14.43 \text{ mm}$

柔度:$\quad \lambda_y = \dfrac{\mu l}{i_y} = \dfrac{0.5 \times 2\,800 \text{ mm}}{14.43 \text{ mm}} = 97.02$

③计算临界压力 F_{cr}。

由于 $\lambda_z > \lambda_y$,因此压杆将在 xOy 平面内失稳。对于 Q235 钢,$\lambda_p = 100 < \lambda_z = 129.33$,属于大柔度杆,用欧拉公式(10.5)计算临界压力,为

$$F_{cr} = \frac{\pi^2 EA}{\lambda^2} = \frac{\pi^2 \times (200 \times 10^9 \text{ Pa}) \times (0.05 \text{ m} \times 0.075 \text{ m})}{129.33^2}$$

$$= 442.1 \times 10^3 \text{ N} = 442.1 \text{ kN}$$

10.5 压杆的稳定性计算

为了保证压杆能够正常工作而不出现稳定性问题,必须进行稳定性计算。目前常用的稳

定性计算方法有安全因数法和稳定因数法。

▶10.5.1　安全因数法

压杆的临界应力是压杆稳定的极限应力。欧拉临界应力计算公式是在等直杆中心受压的理想条件下导出的,但实际上由于压杆初弯曲、压力偏心、材料不均匀等内部缺陷对临界压力影响非常大,所以,需要将由欧拉公式或经验公式计算出的临界应力 σ_{cr} 除以一个大于 1 的安全因数 n_{st},得到压杆的**稳定许用应力** $[\sigma]_{st}$,建立压杆稳定条件。

$$[\sigma]_{st} = \frac{\sigma_{cr}}{n_{st}} \tag{10.12}$$

式中,n_{st} 为**规定的稳定安全因数**,可查相关手册或规范。为了防止压杆失稳,必须使压杆的工作应力小于或等于稳定许用应力,因此压杆的稳定条件可表示为

$$\sigma = \frac{F}{A} \leqslant [\sigma]_{st} \tag{10.13}$$

由上式得

$$F \leqslant A[\sigma]_{st} = A \times \frac{F_{cr}}{An_{st}} = \frac{F_{cr}}{n_{st}}$$

若令

$$n = \frac{F_{cr}}{F} \tag{10.14}$$

则压杆稳定条件可表示为

$$n = \frac{F_{cr}}{F} \geqslant n_{st} \tag{10.15}$$

临界压力 F_{cr} 与压杆工作压力 F 的比值 n,表示压杆工作时的实际稳定性储备,称为压杆的**工作安全因数**。式(10.15)是用安全因数表示的压杆稳定条件,即压杆的工作安全因数 n 应大于或等于规定的稳定安全因数 n_{st}。

稳定安全因数 n_{st} 一般大于强度计算时的安全因数。这是因为压杆的初弯曲、压力偏心、材料不均匀等缺陷,都会严重影响压杆的稳定性,降低临界压力,而这些因素对强度的影响不像对稳定性影响那样严重。

▶10.5.2　稳定因数法

在压杆的设计中,为了计算方便和形式统一,将压杆的稳定许用应力 $[\sigma]_{st}$ 用强度许用应力 $[\sigma]$ 来表示,即

$$[\sigma]_{st} = \varphi[\sigma] \tag{10.16}$$

式中 φ 称为压杆的**稳定因数**,$\varphi = \varphi(\lambda)$,是柔度 λ 的函数。由临界应力总图可知,临界应力随柔度而变,柔度越大,临界应力越小,φ 也就越小,一般 $\varphi<1$。

用稳定因数 φ 表示的压杆稳定条件为

$$\sigma = \frac{F}{A} \leqslant \varphi[\sigma] \tag{10.17}$$

强度许用应力[σ]与稳定许用应力[σ]$_{st}$之间有很大的区别。[σ]只与材料有关,而[σ]$_{st}$与材料和柔度有关。用式(10.17)进行稳定性计算时,只需根据压杆的柔度 λ 确定与它对应的稳定因数 φ,而不必判断压杆的种类,也不需要用欧拉公式或经验公式计算临界压力。

我国钢结构设计规范采用的方法是以初弯曲为 l/1 000,选用不同的截面形式、尺寸、不同的加工条件、不同的残余应力分布和大小,用数值分析方法计算出近 200 条压杆的 φ-λ 曲线,然后根据数理统计原理将这些曲线分成 a、b、c、d 四条曲线。应用时,根据压杆截面形状、尺寸和绕哪一轴弯曲失稳,可从现行钢结构设计规范中查出其类型。木结构设计规范也列出了各种树种的 φ 值。表 10.3 中只列出部分常用材料的稳定因数 φ 值以供查用。介于表列相邻 λ 值之间的压杆,其稳定因数可按内插法求得。需要说明的是,不同行业对于不同的杆件所采用的 φ 值不完全相同,应以相应的设计规范为依据。

表 10.3 压杆的稳定因数 φ 值

柔度 λ	φ 值				
	Q235 钢		Q345 钢		木材 TC$_{15}$、TC$_{17}$
	a 类	b 类	a 类	b 类	
0	1.000	1.000	1.000	1.000	1.000
10	0.995	0.992	0.993	0.989	0.985
20	0.981	0.970	0.973	0.956	0.941
30	0.963	0.936	0.950	0.913	0.877
40	0.941	0.899	0.920	0.863	0.800
50	0.916	0.856	0.881	0.804	0.719
60	0.883	0.807	0.825	0.734	0.640
70	0.839	0.751	0.751	0.656	0.566
80	0.783	0.688	0.661	0.575	0.469
90	0.714	0.621	0.570	0.499	0.370
100	0.638	0.555	0.487	0.431	0.300
110	0.563	0.493	0.416	0.373	0.248
120	0.494	0.437	0.358	0.324	0.208
130	0.434	0.387	0.310	0.283	0.178
140	0.383	0.345	0.271	0.249	0.153
150	0.339	0.308	0.239	0.221	0.133
160	0.302	0.276	0.212	0.197	0.177
170	0.270	0.249	0.189	0.176	0.104
180	0.243	0.225	0.169	0.159	0.093
190	0.220	0.204	0.153	0.144	0.083
200	0.199	0.186	0.138	0.131	0.075

表中 Q235 钢和 Q345 钢 a 类数据,适用于轧制圆钢管截面、轧制工字钢截面当 b/h≤0.8 时,对水平轴 z—z 轴而言。b 类截面适用的类型较多,如工字钢(对垂直轴 y—y 轴而言)、角钢、槽钢等截面类型的压杆,具体见钢结构设计规范。

▶10.5.3 压杆稳定条件的应用

与强度条件的计算方法类似,应用稳定条件可以解决下列常见三类问题:

①校核压杆的稳定性。

②确定许可载荷。

③设计截面尺寸。

【例 10.3】如图 10.7(a)所示的油管托架,杆 AB 的直径 $d=15$ mm,长度 $l=400$ mm,材料为 Q235 钢,$\sigma_p=200$ MPa,$E=200$ GPa。如果取稳定安全因数 $n_{st}=3$,试根据 AB 杆的稳定性确定托架的许可载荷 F。

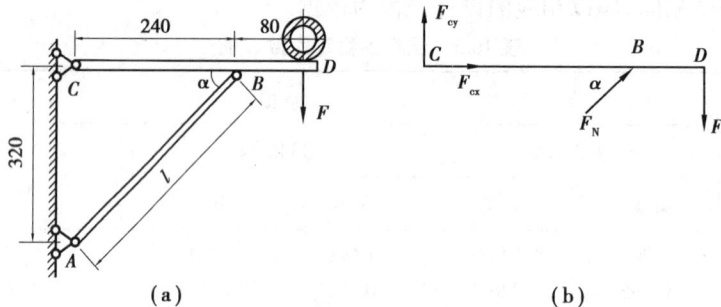

图 10.7 例 10.3 图

【解】①计算 AB 杆的轴向压力 F_N。

杆 AB 两端可简化为铰支座,忽略其自重,则可视为二力杆,受轴向压力 F_N 作用。由图中几何关系得

$$\sin \alpha = \frac{320 \text{ mm}}{\sqrt{(320 \text{ mm})^2 + (240 \text{ mm})^2}} = \frac{4}{5}$$

以梁 CD 为研究对象,其受力图如图 10.7(b)所示,列平衡方程

$$\sum M_C = 0, \quad F \times (240 + 80) \text{ mm} - F_N \times 240 \text{ mm} \times \sin \alpha = 0$$

得 $\qquad F_N = \frac{5}{3}F$

②计算 AB 杆的柔度 λ 和 λ_p。

两端铰支压杆,$\mu=1$,由式(10.3)得

$$\lambda = \frac{\mu l}{i} = \frac{4\mu l}{d} = \frac{4 \times 1 \times 400 \text{ mm}}{15 \text{ mm}} = 106.7$$

由式(10.6)得

$$\lambda_p = \sqrt{\frac{\pi^2 E}{\sigma_p}} = \sqrt{\frac{\pi^2 \times 200 \times 10^9 \text{ Pa}}{200 \times 10^6 \text{ Pa}}} = 99.3$$

③计算临界压力和许可载荷。

由于 $\lambda > \lambda_p$,故 AB 杆为大柔度杆,由欧拉公式(10.5)计算临界压力:

$$F_{cr} = \frac{\pi^2 EA}{\lambda^2} = \frac{\pi^2 \times (200 \times 10^9 \text{ Pa})}{106.7^2} \times \frac{\pi \times (15 \times 10^{-3} \text{ m})^2}{4} = 30.59 \times 10^3 \text{ N} = 30.59 \text{ kN}$$

根据稳定条件

$$n = \frac{F_{cr}}{F_N} \geqslant n_{st}$$

得

$$F_N \leqslant \frac{F_{cr}}{n_{st}}$$

即

$$\frac{5F}{3} \leqslant \frac{30.59 \text{ kN}}{3}$$

所以

$$F \leqslant 6.12 \text{ kN}$$

可见托架的许可载荷为 6.12 kN。

【例 10.4】图 10.8 所示桁架中,上弦杆 AB 由 Q235 工字钢制成,工字钢的型号为 25b,材料的许用应力[σ] = 170 MPa,已知该杆受到的轴向压力 F = 220 kN,试校核其稳定性。

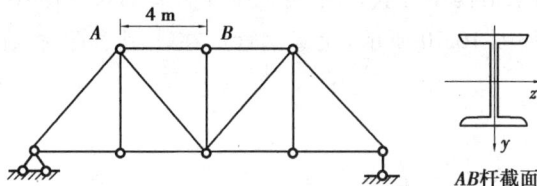

图 10.8 例 10.4 图

【解】由于本例给出的是强度许用应力[σ],所以应用稳定因数法来校核压杆 AB 的稳定性。

①计算 AB 杆柔度 λ。

杆件两端为铰链约束,长度因数 μ = 1,由型钢表查得工字钢 25b 的横截面面积 A = 53.541 cm²,最小惯性半径为 i_y = 2.40 cm,其柔度为

$$\lambda = \frac{\mu l}{i_y} = \frac{1 \times 400 \text{ cm}}{2.40 \text{ cm}} = 166.67$$

②确定稳定因数 φ。

由表 10.3 查 Q235 钢 b 类,并用内插法求得杆的稳定因数 φ 为

$$\varphi = 0.276 - \frac{0.276 - 0.249}{170 - 160}(166.67 - 160) = 0.258$$

③校核 AB 杆的稳定性。

$$\sigma = \frac{F}{A} = \frac{220 \times 10^3 \text{ N}}{53.541 \times 10^{-4} \text{ m}^2} = 41.09 \times 10^6 \text{ Pa} = 41.09 \text{ MPa}$$

而

$$\varphi[\sigma] = 0.258 \times 170 = 43.86 \text{ MPa}$$

可见 σ < φ[σ],压杆稳定性满足要求。

10.6 提高压杆稳定性的措施

提高压杆稳定性,就是要提高压杆的临界压力或临界应力。由于压杆的柔度越大,临界应力越小,稳定性越差,因此,提高压杆稳定性关键是要减小其柔度。而压杆柔度与其长度、横截面形状和大小以及杆端约束有关。此外,由欧拉公式可以看出,临界压力 F_{cr} 还与弹性模量 E 成正比,表明压杆的临界压力还与材料有关。因此,可以从压杆长度、杆端约束、截面形状和大小以及材料这几个方面采取相应措施来提高其稳定性。

1)尽量减小压杆长度

对于细长杆,其临界压力与杆长度的平方成反比。因此,减小压杆长度,可以显著提高压杆的承载能力。在某些情况下,由于受客观条件限制,压杆的长度不能减小,而稳定性又达不到要求时,则可考虑在杆件中部增加支座,以达到减小压杆长度、提高承载能力的目的。例如,图 10.9 所示的两种桁架结构中,图(b)中由于压杆 1、2 的长度减小,其承载能力要远远大于图(a)中的压杆 1、2。如图 10.10 所示,无缝钢管厂在轧制钢管时,在顶杆中部增加抱辊装置,以提高其稳定性。

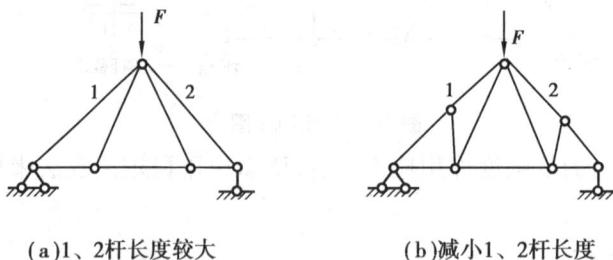

(a)1、2杆长度较大   (b)减小1、2杆长度

图 10.9 减小压杆长度以提高承载能力

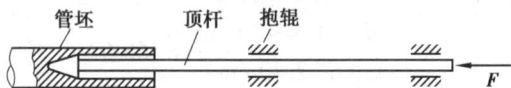

图 10.10 在顶杆中部增加抱辊装置

2)增强约束以减小长度因数 μ

支承的约束性质对压杆临界压力的影响具体反映在压杆的长度因数 μ 值上。μ 越低,临界压力也就越大。因此,可以通过增强约束来减小长度因数 μ,达到提高压杆稳定性的目的。例如图 10.11 中,将细长杆两端的铰支约束变成两端固定约束,其长度因数 μ 由 1 减小为0.5,则临界压力提高到原来的 4 倍。

3)合理选择截面形状,增大截面惯性矩

压杆的稳定性与截面惯性矩成正比,与柔度的平方成

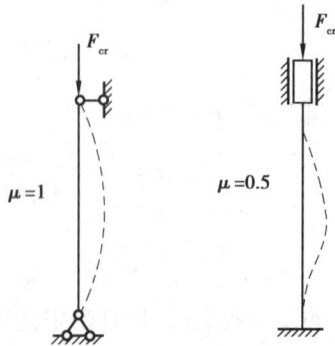

图 10.11 改变杆端约束以提高压杆承载能力

反比,而柔度又与截面惯性半径成反比。因此,在压杆横截面面积 A 一定的情况下,应尽可能使材料远离截面形心,以增大截面惯性矩 I 和惯性半径 i。由于压杆总是在柔度较大的平面内失稳,所以,理想的截面形状是使压杆在任一纵向平面内的柔度相等或接近相等,以使压杆在各个纵向平面内的稳定性相同或接近相同。为了使压杆在任一纵向平面内有相等或接近相等的稳定性,对于各个方向杆端约束条件相同的压杆,应选用对两个形心主惯性轴的惯性半径相等($i_y=i_z$)的截面;对于各个方向杆端约束条件不相同的压杆,应选用对两形心主惯性轴的柔度相等($\lambda_y=\lambda_z$)或接近相等的截面。例如,在图10.12所示的截面图形中,在横截面面积 A 相同时,方形比矩形的 i_y 大,故方形截面比矩形截面合理,空心圆环截面的惯性矩 I 和惯性半径 i 比实心圆截面大得多,因此空心圆环截面比实心圆截面合理。但需要注意的是,空心圆截面要有一定的壁厚,因为薄壁构件容易产生局部褶皱而导致失稳。由型钢组成的压杆,将型钢分开放置比集中放置合理。图 10.13 中,由两根槽钢组成的工字形截面,两个形心主惯性矩相差较大。由同样两根槽钢组成的框形截面,材料都远离形心,两个形心主惯性矩比较接近,其值都较大。对于型钢组合的压杆,周边要用缀条或缀板将分开放置的型钢连成一个整体,否则各条型钢将变为分散、单独的受压杆件,达不到预期的稳定性。

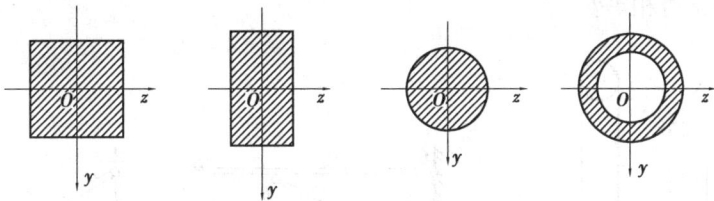

图 10.12　压杆的不同截面形状

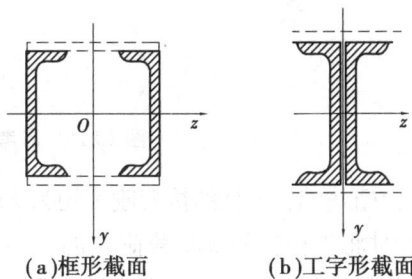

(a)框形截面　　　(b)工字形截面

图 10.13　由槽钢组合的截面

4)合理选用材料

在其他条件均相同的情形下,选用弹性模量 E 大的材料,可以提高大柔度压杆的承载能力,例如钢杆的临界压力大于铜、铸铁或铝制压杆的临界压力。但是,普通碳素钢、合金钢以及高强度钢的弹性模量均为 200~240 GPa,数值相差不大。因此,对于细长钢制压杆,用高强度钢代替普通钢,对提高稳定性意义不大,反而会造成材料的浪费。但是,对于粗短杆或中长杆,其临界压力与材料的强度有关,选用高强度钢会使临界压力有所提高,有利于提高压杆的稳定性。

为了提高压杆的承载能力,防止失稳,必须综合考虑压杆长度、支承性质、合理的截面形状以及材料性能等因素对压杆稳定性的影响。

思考题

10.1 压杆的强度失效和稳定失效有何区别与联系？

10.2 压杆因失稳产生的弯曲变形与梁在横向力作用下产生的弯曲变形在性质上有何区别？

10.3 一张纸片,很难将它竖立在桌上,但若把它折成图 10.14(b)所示的形状,则很容易把它竖立起来。若将它卷成圆筒,不仅容易竖立,甚至还能承受一定的压力。这是为什么？

10.4 为什么梁通常采用矩形、工字形截面,压杆则采用方形或圆形截面？

10.5 在其他条件不变的情况下,若将细长压杆的长度增加一倍,其临界压力和临界应力将有何变化？若将圆截面压杆的直径增加一倍,其临界压力和临界应力又有何变化？

10.6 由 1、2 两根杆件按照两种不同的方式组成的结构分别如图 10.15(a)、(b)所示,试问它们的承载力是否相等？

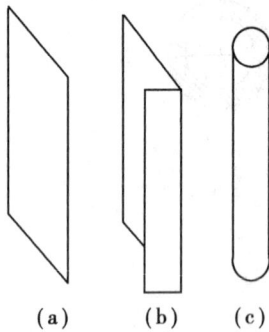

图 10.14 思考题 10.3 图

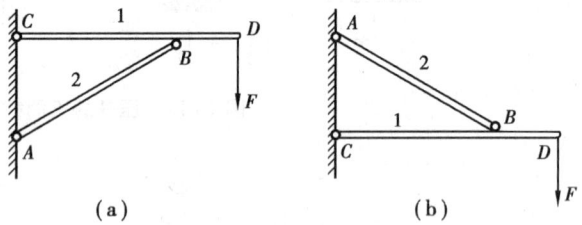

图 10.15 思考题 10.6 图

10.7 如图 10.16 所示的正方形桁架,各杆的抗弯刚度均为 EI,且均为细长杆。试问当载荷 F 为何值时,结构中的哪些杆件将失稳？如果将载荷 F 的方向反向,则使杆件失稳的载荷 F 又为何值？

10.8 两端为球铰的细长压杆,有面积相同的 4 种截面可供选择,如图 10.17 所示。从稳定性方面考虑,最佳截面为哪种？为什么？

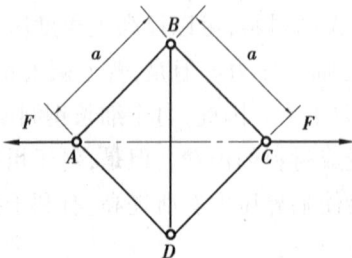

图 10.16 思考题 10.7 图

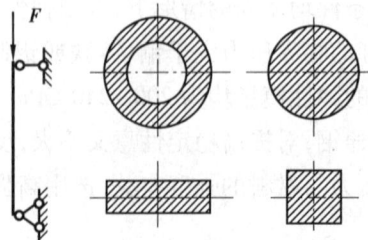

图 10.17 思考题 10.8 图

习 题

10.1 如图 10.18 所示各细长压杆的材料和截面均相同,试问哪根杆能承受的压力最大,哪一根最小?

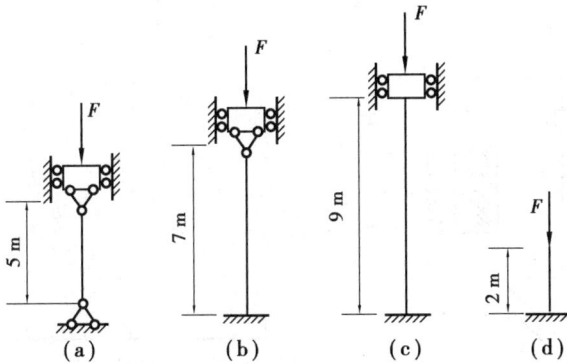

图 10.18 习题 10.1 图

10.2 试用欧拉公式计算下列细长压杆的临界压力。压杆两端均为球铰支座,弹性模量均为 $E = 200$ GPa。

①圆截面,$d = 40$ mm,$l = 2.0$ m。

②矩形截面,$h = 2b = 40$ mm,$l = 1.0$ m。

③NO.20a 工字钢,$l = 2.0$ m。

10.3 如图 10.19 所示,移动式起重机的起重臂 AB 长 $l = 5.6$ m,截面外径 $D = 115$ mm,内径 $d = 105$ mm,材料为 Q235 钢,弹性模量 $E = 206$ GPa,试求起重臂能承受的最大压力。

10.4 为了提高图 10.20 所示压杆 AB 的承载能力,欲增加一支座 C,则支座 C 最合适的位置 x 为多少?增加支座 C 后,假如 AC、BC 仍为细长杆,则此时的承载能力是不加支座 C 时的多少倍?

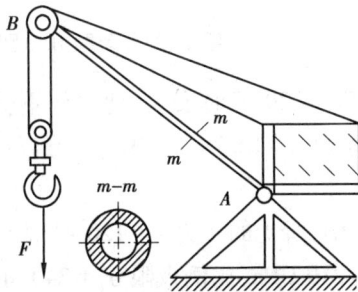

图 10.19 习题 10.3 图

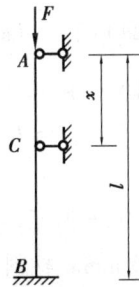

图 10.20 习题 10.4 图

10.5 截面为 100 mm×150 mm 的矩形木柱,一端固定,另一端铰支,杆长度 $l = 5.0$ m,材料的弹性模量 $E = 10$ GPa,$\lambda_p = 110$。试求此木柱的临界压力。

10.6 如图 10.21 所示的矩形截面立柱,下端固定,上端承受通过销轴传递的压力 F。上端在垂直于销轴的平面内可绕销轴转动,在与销轴平行的平面内由于上部刚性约束不能转动。若要求立柱具有最合理的抵抗失稳的能力,试确定立柱横截面 h 和 b 的比值。

10.7 如图 10.22 所示为某型飞机起落架中承受轴向压力的斜撑杆。杆为空心圆管,外径 $D = 52$ mm,内径 $d = 44$ mm,$\sigma_b = 1\ 600$ MPa,$\sigma_p = 1\ 200$ MPa,$E = 210$ GPa。试求斜撑杆的临界压力 F。

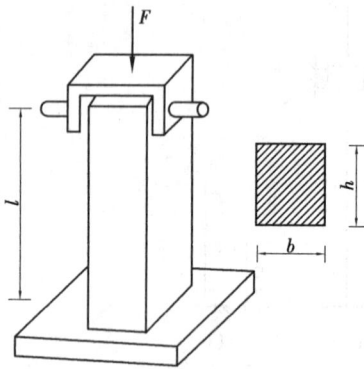

图 10.21 习题 10.6 图

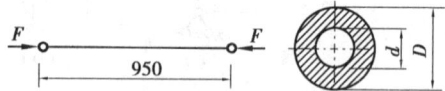

图 10.22 习题 10.7 图

10.8 如图 10.23 所示的结构中,刚性梁 $ABCD$ 由两根材料相同,半径分别为 r、$2r$ 的大柔度圆杆支承,材料的弹性模量为 E,试计算载荷 F 的临界值。

10.9 如图 10.24 所示两端固定的钢管,外径 $D = 10$ cm,内径 $d = 8$ cm,弹性模量 $E = 210$ GPa,$\sigma_p = 200$ MPa,热膨胀系数 $\alpha = 12.5 \times 10^{-6}\ ℃^{-1}$,钢管长度 $l = 7$ m,求钢管不失稳所允许的升温。

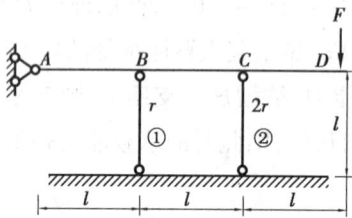

图 10.23 习题 10.8 图

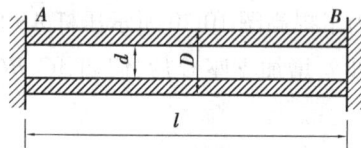

图 10.24 习题 10.9 图

10.10 如图 10.25 所示工字钢直杆在温度 $t = 20\ ℃$ 时安装,此时杆不受力。已知杆长度 $l = 8$ m,材料为 Q235 钢,$E = 200$ GPa,线膨胀系数 $\alpha = 12.5 \times 10^{-6}\ ℃^{-1}$。当温度升高到多少摄氏度时,杆件将失稳?

10.11 如图 10.26 所示蒸汽机的活塞杆 AB,所受的压力 $F = 120$ kN,$l = 1\ 800$ mm,横截面为圆形,直径 $d = 75$ mm。材料的弹性模量 $E = 210$ GPa,比例极限 $\sigma_p = 240$ MPa,要求稳定安全因数 $n_{st} = 8$,试校核活塞杆的稳定性。

10.12 平面磨床工作台的液压驱动装置如图 10.27 所示。油缸活塞直径 $D = 65$ mm,油压 $p = 1.2$ MPa,活塞杆长度 $l = 1\ 250$ mm,材料的弹性模量 $E = 210$ GPa,$\sigma_p = 220$ MPa,$n_{st} = 6$。活塞杆可简化为两端铰支的压杆,试确定活塞杆的直径。

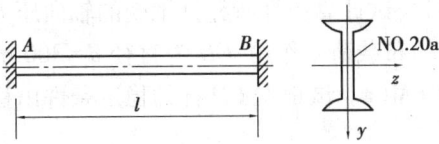

图 10.25 习题 10.10 图

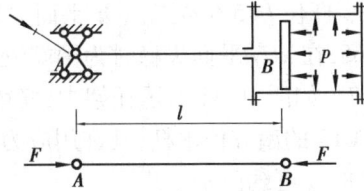

图 10.26 习题 10.11 图

10.13 如图 10.28 所示的螺旋千斤顶,丝杠的最大承载 $F = 150$ kN,直径 $d = 52$ mm,最大升高长度 $l = 500$ mm,材料为 Q235 钢。可以认为丝杠下端是固定的,上端是自由的,试计算丝杠的工作安全因数。

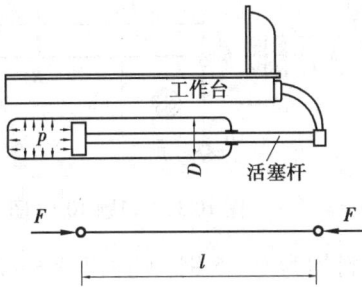

图 10.27 习题 10.12 图

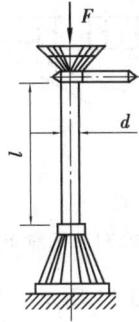

图 10.28 习题 10.13 图

10.14 如图 10.29 所示结构,BC 为圆截面杆,其直径 $d = 80$ mm,AC 为边长 $a = 70$ mm 的正方形截面杆。A 端固定,B、C 为球铰,两杆均为 Q235 钢,弹性模量 $E = 210$ GPa,$\sigma_p = 200$ MPa,可各自独立发生弯曲互不影响。若结构的稳定安全因数 $n_{st} = 2.5$,求结构的许可压力 F。

10.15 一圆木柱高 $l = 6$ m,直径 $d = 200$ mm,两端铰支,承受轴向压力 $F = 50$ kN,试校核其稳定性。已知木材为南方松木 TC15,其许用应力 $[\sigma] = 10$ MPa。

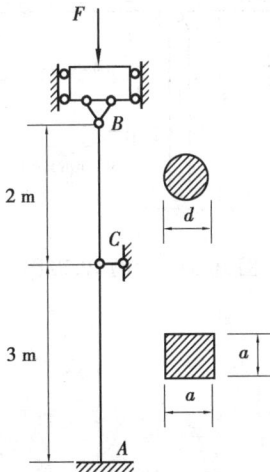

图 10.29 习题 10.14 图

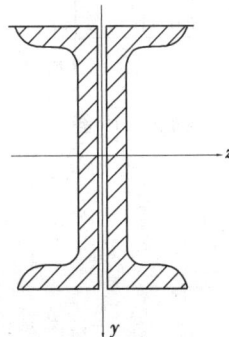

图 10.30 习题 10.16 图

10.16 截面为图 10.30 所示工字形 NO.40a 的压杆,材料为 Q345 钢,许用应力 $[\sigma] =$

230 MPa。杆长 $l=5.6$ m,在 xOz 平面失稳时杆端约束情况接近于两端固定,故长度因数可取为 $\mu_y=0.65$;在 xOy 平面失稳时为两端铰支,$\mu_z=1$。试计算压杆所允许承受的轴向压力 F。

10.17 如图 10.31 所示托架中,横梁 AB 受均布载荷 q 作用,CD 为直径 $d=300$ mm、强度等级为 TC15 的南方松木杆,其许用应力 $[\sigma]=10$ MPa。试根据 CD 杆的稳定条件由稳定因数法求托架的许可载荷 q。

10.18 如图 10.32 所示结构,AC 为矩形截面杆,CD 为圆截面杆,材料均为 Q235 钢,C、D 两处为球铰。已知 $d=20$ mm,$b=100$ mm,$h=180$ mm,$E=200$ GPa,$\sigma_p=200$ MPa,$\sigma_s=235$ MPa,强度安全因数 $n=2.0$,稳定安全因数 $n_{st}=3.3$,试确定该结构的许可载荷 F。

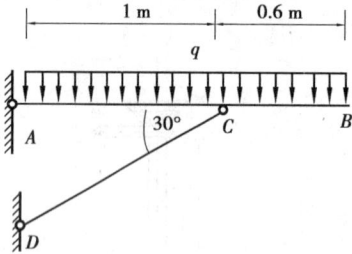

图 10.31 习题 10.17 图

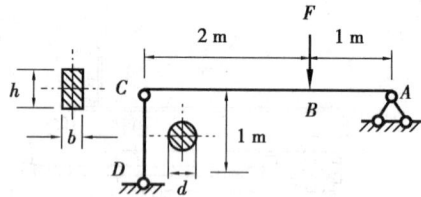

图 10.32 习题 10.18 图

10.19 图 10.33 所示三角形桁架,两杆材料均为 Q235 钢,弹性模量 $E=200$ GPa,比例极限 $\sigma_p=200$ MPa,屈服极限 $\sigma_s=240$ MPa。已知 AB 杆的直径 $d_1=40$ mm,BC 杆的直径 $d_2=20$ mm,$F=20$ kN,强度安全因数 $n=2.0$,稳定安全因数 $n_{st}=3$,试校核结构的安全性。

10.20 如图 10.34 所示结构中,横梁 AB 采用 NO.16 工字钢,立柱 CD 由两根 63 mm× 63 mm×5 mm 等边角钢连接而成,材料均为 Q235 钢,$E=200$ GPa,$\sigma_s=240$ MPa,均布载荷集度 $q=40$ kN/m。试确定梁与立柱的工作安全因数。

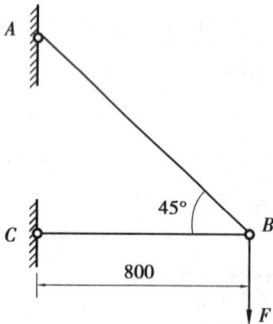

图 10.33 习题 10.19 图

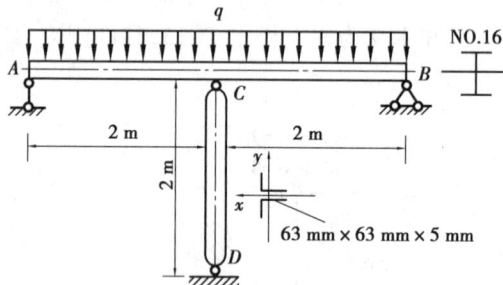

图 10.34 习题 10.20 图

11

能量法

[本章导读]

　　弹性体在外力作用下发生变形的同时,外力所做的功以应变能的形式储存于弹性体内。外力撤除后,弹性体所积蓄的应变能能完全转换成其他形式的能量释放出来。应用功、能的概念和能量守恒定律,推出的一系列求解变形固体的位移、变形等的方法,统称为能量法。本章围绕能量法求结构位移这一内容,着重介绍了变形能的概念及杆件在轴向拉压、扭转、弯曲这些基本变形条件下的应变能的计算、莫尔定理及其应用。同时,也介绍了变形体的虚功原理、卡氏定理、互等定理,以及用能量法求解超静定问题。

11.1　杆件的应变能

　　任何变形固体在受到外力作用时都会发生变形,使外力作用点产生位移。因此,在固体变形过程中,外力将会沿其作用线方向做功,把这种功称为**外力功**,用 W 表示。当弹性固体的变形在弹性范围内时,外力从零开始缓慢增加,变形中的每一瞬间固体都处于平衡状态,动能和其他能量变化可以忽略不计,那么外力功将以能量的形式储存在弹性固体内部,通常称为**应变能**或**变形能**,用 V_ε 表示。

　　根据能量守恒定律,固体内的变形能在数值上等于外力做功,即

$$V_\varepsilon = W \tag{11.1}$$

　　弹性固体的应变能是可逆的,也就是当外力逐渐减小时,可在其恢复变形中释放出全部应变能而做功。如果超出弹性范围,塑性变形将消耗一部分能量,应变能不能全部转化为功。

　　根据这一原理,求解构件变形和超静定问题的方法称为**能量法**。

下面将讨论不同基本变形下杆件应变能的计算。

▶11.1.1　轴向拉伸或压缩的杆件应变能

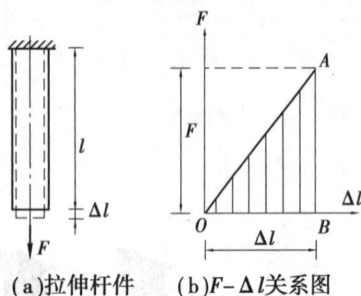

(a)拉伸杆件　(b)F-Δl关系图

图11.1　轴向拉伸杆外力的功

如图 11.1(a)所示的受拉直杆,在线弹性范围内,当拉力 F 从零开始缓慢增加到最终值时,杆件伸长 Δl,与拉力 F 之间的关系为线性关系,如图 11.1(b)所示。外力 F 所做的功的大小可用三角形 OAB 面积表示

$$W = \frac{1}{2}F\Delta l \qquad (11.2)$$

由式(11.1)可知,受拉杆的弹性应变能为

$$V_\varepsilon = W = \frac{1}{2}F\Delta l$$

由胡克定律 $\Delta l = \dfrac{Fl}{EA}$,上式可写为

$$V_\varepsilon = W = \frac{F^2 l}{2EA} \qquad (11.3)$$

当杆件轴力沿杆轴变化时,可利用上式求出长为 dx 的微段内应变能,设微段两端所受轴力为 $F_N(x)$,于是

$$dV_\varepsilon = \frac{F_N^2(x)\,dx}{2EA}$$

再积分求出整根杆件的应变能

$$V_\varepsilon = \int_l \frac{F_N^2(x)\,dx}{2EA} \qquad (11.4)$$

▶11.1.2　扭转圆轴的应变能

如图 11.2(a)所示圆轴发生扭转变形时,弹性范围内,外力偶矩从零开始缓慢增加到最终值 M_e 时,左右端截面相对扭转角 φ 与外力偶矩 M_e 之间的关系为线性关系,如图 11.2(b)所示。与拉伸变形情况一样,外力 M_e 所做的功的大小可用三角形 OAB 面积表示

$$W = \frac{1}{2}M_e\varphi \qquad (11.5)$$

其中 $\varphi = \dfrac{M_e l}{GI_P}$,所以圆轴内储存的应变能为

$$V_\varepsilon = W = \frac{1}{2}M_e\varphi = \frac{M_e^2 l}{2GI_P} \qquad (11.6)$$

当杆件扭矩 T 沿轴线有变化时,可利用上式求出微段 dx 内的应变能,再积分求出整根杆件内应变能

$$V_\varepsilon = \int_l \frac{T^2(x)\,dx}{2GI_P} \qquad (11.7)$$

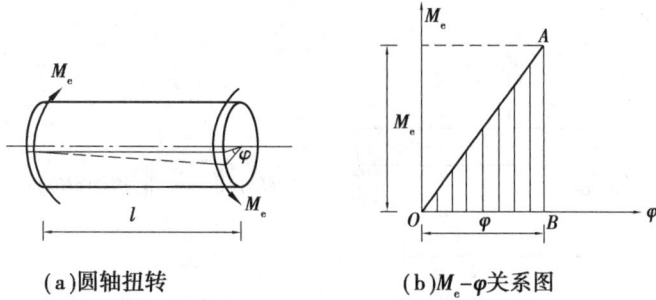

(a)圆轴扭转　　　　(b)M_e-φ关系图

图 11.2　圆轴扭转外力偶做功

▶11.1.3　弯曲变形杆件的应变能

1)纯弯曲情况

如图 11.3(a)所示为一悬臂梁,自由端截面 B 受外力偶 M_e 作用,发生纯弯曲变形。由弯曲变形一章的方法可知 B 端截面的转角在线弹性范围内为

$$\theta = \frac{M_e l}{EI}$$

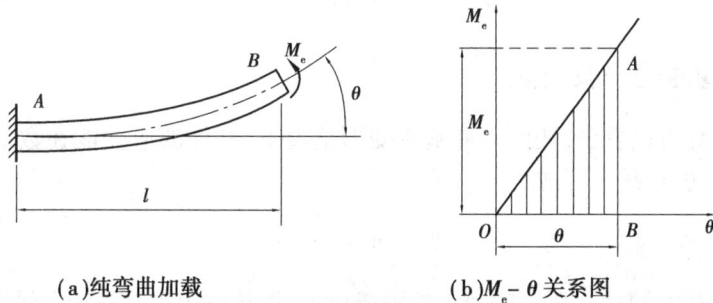

(a)纯弯曲加载　　　　(b)M_e-θ关系图

图 11.3　纯弯曲变形梁

当外力偶由零缓慢增加到最终值 M_e 时,外力偶矩与 θ 的关系为线性关系[图 11.3(b)],可得外力偶所做的功用三角形 OAB 面积表示为

$$W = \frac{1}{2}M_e\theta \tag{11.8}$$

故纯弯曲梁的应变能为

$$V_\varepsilon = W = \frac{1}{2}M_e\theta = \frac{M_e^2 l}{2EI} \tag{11.9}$$

2)横力弯曲情况

横力弯曲时[图 11.4(a)],梁的横截面上既有弯矩又有剪力,且弯矩和剪力都随截面位置不同而变化,均为 x 的函数。弯矩和剪力产生的位移分别是独立的,因此可以分别计算弯矩和剪力对应的应变能。对于细长梁,剪切变形的应变能与弯曲应变能相比很小,常常忽略不计,所以只需要计算弯曲变形的应变能即可。

从梁内取出长为 $\mathrm{d}x$ 的微段[图 11.4(b)],左右截面上的弯矩分别为 $M(x)$ 和 $M(x)+\mathrm{d}M(x)$。计算应变能时,忽略弯矩增量 $\mathrm{d}M(x)$,可把微段看成纯弯曲情况。应用公式可计算出微段内的

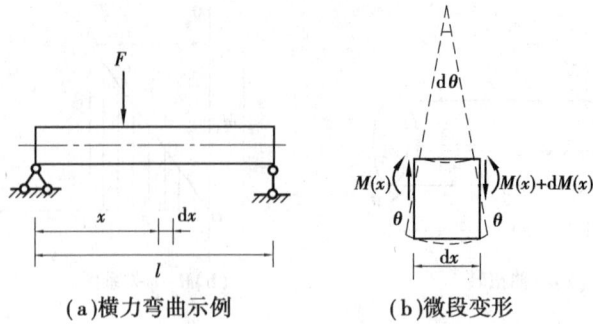

(a)横力弯曲示例   (b)微段变形

图 11.4 横力弯曲梁的变形

弯曲应变能为

$$dV_\varepsilon = \frac{M^2(x)\,dx}{2EI}$$

于是全梁的应变能对上式积分可得

$$V_\varepsilon = \int_l \frac{M^2(x)\,dx}{2EI} \qquad (11.10)$$

如果弯矩在梁的各段为不同的函数表示,则上述积分应分段进行,最后求和可得全梁的应变能。

▶11.1.4 应变能的一般公式

从上面的推导可以看出,任何一种基本变形情况下,杆件的应变能在数值上等于变形过程中载荷所做的功,可统一写成为

$$V_\varepsilon = W = \frac{1}{2}F\delta \qquad (11.11)$$

式中 F——**广义力**,拉伸或压缩时表示拉力或压力,扭转或弯曲时表示力偶矩;

     δ——与 F 对应的位移,拉伸(压缩)时是与拉力(压力)对应的线位移 Δl,扭转时是与扭转力偶对应的角位移 φ,弯曲时是与外力偶对应的截面转角 θ,称为**广义位移**。

    在线弹性范围内,广义力和广义位移是线性关系,上式还可以写成

$$V_\varepsilon = \frac{F^2 l}{2C} = \frac{C\delta^2}{2l} \qquad (11.12)$$

式中,C 是与杆件变形对应的刚度。可以看出,杆件应变能是广义力或广义位移的二次函数。

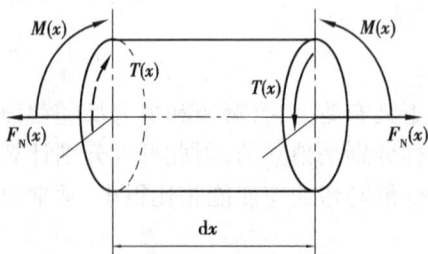

图 11.5 组合变形杆件的微段

组合变形的杆件同样不考虑对应剪切变形的应变能,一般内力仅考虑轴力 $F_N(x)$、扭矩 $T(x)$ 和弯矩 $M(x)$(如图 11.5 所示的长度为 dx 的杆件微段)。对微段来说,这些都是外力。设微段两个端截面相对轴向位移为 $d(\Delta l)$,相对扭转角为 $d\varphi$,两横截面绕中性轴的相对转角 $d\theta$,结合上述分析,微段内的应变能为

$$dV_\varepsilon = \frac{1}{2}F_N(x)\Delta l + \frac{1}{2}T(x)d\varphi + \frac{1}{2}M(x)d\theta$$

$$= \frac{F_N^2(x)dx}{2EA} + \frac{T^2(x)dx}{2GI_P} + \frac{M^2(x)dx}{2EI}$$

对上式积分,就可求出整根杆件的总应变能

$$V_\varepsilon = \int_l \frac{F_N^2(x)dx}{2EA} + \int_l \frac{T^2(x)dx}{2GI_P} + \int_l \frac{M^2(x)dx}{2EI} \tag{11.13}$$

【例 11.1】分别计算图 11.6 所示 3 根梁的应变能。

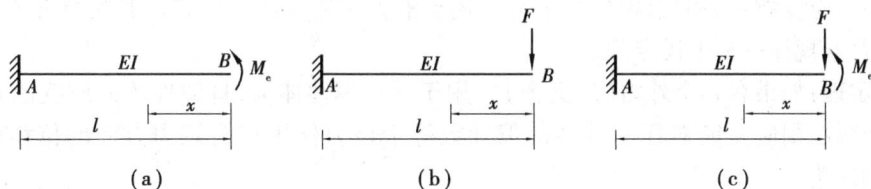

图 11.6　例 11.1 图

【解】由内力分析可知,图 11.6(a)中的悬臂梁处于纯弯曲状态,图 11.6(b)和(c)处于横力弯曲状态,在不计剪力影响下可以应用式(11.10)进行计算。

各梁应变能分别为

$$V_{\varepsilon 1} = \int_l \frac{M^2(x)dx}{2EI} = \int_0^l \frac{M_e^2 dx}{2EI} = \frac{M_e^2 l}{2EI}$$

$$V_{\varepsilon 2} = \int_l \frac{M^2(x)dx}{2EI} = \int_0^l \frac{(-Fx)^2 dx}{2EI} = \frac{F^2 l^3}{6EI}$$

$$V_{\varepsilon 3} = \int_l \frac{M^2(x)dx}{2EI} = \int_0^l \frac{(M_e - Fx)^2 dx}{2EI} = \frac{1}{2EI}\int_0^l (M_e^2 - 2M_e Fx + F^2 x^2)dx$$

$$= \frac{M_e^2 l}{2EI} + \frac{F^2 l^3}{6EI} - \frac{M_e Fl^2}{2EI}$$

从上面的结果可以看出,尽管图 11.6(c)的梁受载可以看成是(a)和(b)的载荷叠加而来,但 $V_{\varepsilon 3} \neq V_{\varepsilon 1} + V_{\varepsilon 2}$。这是因为应变能是力的二次函数,求内力时可以应用叠加原理,$M(x) = M_e + M_F$,但求应变能时却不能应用叠加原理。其中,$V_{\varepsilon 3}$ 中的 $\left(-\dfrac{M_e Fl^2}{2EI}\right)$ 为 F 和 M_e 共同作用时相互影响下所做的功。

11.2　卡氏定理

利用 11.1 节的弹性应变能公式,可以计算杆件或结构的位移,但仅限于单一载荷作用,而且是载荷作用点沿载荷作用方向的位移。例如图 11.3(a)中,假设杆长 l,杆件刚度 EI 已知,则可计算 B 截面的转角。这是因为 $V_\varepsilon = \dfrac{M^2 l}{2EI}$,外力偶 M 做功为 $W = \dfrac{1}{2}M\theta_B$,由 $W = V_\varepsilon$ 可得

$$\frac{1}{2}M\theta_B = \frac{M^2l}{2EI}$$

$$\theta_B = \frac{Ml}{EI}$$

这个结果和梁的弯曲变形一章结果相同。将应变能 V_ε 看作外力偶 M 的函数,然后对 M 求偏导数,则有

$$\frac{\partial V_\varepsilon}{\partial M} = \frac{\partial}{\partial M}\left(\frac{M^2l}{2EI}\right) = \frac{Ml}{EI} = \theta_B$$

这说明,应变能对力的偏导数等于力作用点沿力作用方向的位移。其实这并不是巧合,而是一个普遍规律——卡氏定理。

卡氏定理:如果有 n 个外力(广义力)作用于同一弹性体上,将弹性体的应变能表示为 n 个外力的函数,则应变能对任一外力的偏导数等于该力作用点沿该力方向的位移(广义位移)。表达式为

$$\delta_i = \frac{\partial V_\varepsilon}{\partial F_i}(i = 1, 2, \cdots, n) \tag{11.14}$$

下面给出证明:

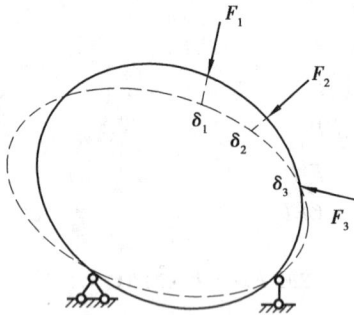

图 11.7 弹性体受力

设弹性体在支座约束下没有任何刚性位移,F_1,F_2,$\cdots$,F_n 为作用于其上的外力,沿各力作用方向的位移分别为 δ_1,δ_2,$\cdots$,δ_n,如图 11.7 所示。变形过程中,外力所做的功等于弹性体的应变能,所以应变能 V_ε 为 F_1,F_2,$\cdots$,F_n 的函数

$$V_\varepsilon = f(F_1, F_2, \cdots, F_n) \tag{a}$$

若给任一外力 F_i 一个增量 $\mathrm{d}F_i$,则应变能 V_ε 的相应增量为 $\Delta V_\varepsilon = \frac{\partial V_\varepsilon}{\partial F_i}\mathrm{d}F_i$,于是弹性体应变能为

$$V_\varepsilon + \frac{\partial V_\varepsilon}{\partial F_i}\mathrm{d}F_i \tag{b}$$

由于应变能与外力加载顺序无关,如果将外力的加载顺序改为先作用 $\mathrm{d}F_i$,其作用点沿 $\mathrm{d}F_i$ 方向的位移为 $\mathrm{d}\delta_i$,应变能为 $\frac{1}{2}\mathrm{d}F_i\mathrm{d}\delta_i$。然后作用 F_1,F_2,$\cdots$,F_n,虽然其上已有 $\mathrm{d}F_i$ 作用,但对弹性体来说,F_1,F_2,$\cdots$,F_n 引起的位移与未作用 $\mathrm{d}F_i$ 时的一样,因此这些力做的功也就是应变能,仍然与公式(b)相同。但在 F_1,F_2,$\cdots$,F_n 作用时,在 F_i 的方向(即 $\mathrm{d}F_i$ 的方向)发生了位移 δ_i,于是 $\mathrm{d}F_i$ 在位移 δ_i 上完成的功为 $\delta_i\mathrm{d}F_i$。由此,改变加载顺序后的应变能为

$$\frac{1}{2}\mathrm{d}F_i\mathrm{d}\delta_i + V_\varepsilon + \delta_i\mathrm{d}F_i \tag{c}$$

应变能与加载顺序无关,公式(b)和(c)应相等

$$V_\varepsilon + \frac{\partial V_\varepsilon}{\partial F_i}\mathrm{d}F_i = \frac{1}{2}\mathrm{d}F_i\mathrm{d}\delta_i + V_\varepsilon + \delta_i\mathrm{d}F_i$$

略去二阶微量,得证

$$\delta_i = \frac{\partial V_\varepsilon}{\partial F_i}$$

应用卡氏定理时,需注意力和位移都是广义的,只适用于线弹性结构。而当材料处于线弹性范围,满足胡克定律时,各外力引起的变形位移很小,可忽略相互影响,这样应变能对外力的偏导数都是以各内力分量对外力的偏导数形式出现。具体如下:

轴向拉压情况:

$$\delta_i = \frac{\partial V_\varepsilon}{\partial F_i} = \frac{\partial}{\partial F_i}\left(\int_l \frac{F_N^2(x)\,dx}{2EA}\right) = \int_l \frac{F_N(x)}{EA}\frac{\partial F_N(x)}{\partial F_i}dx \qquad (11.15)$$

扭转情况:

$$\delta_i = \frac{\partial V_\varepsilon}{\partial F_i} = \frac{\partial}{\partial F_i}\left(\int_l \frac{T^2(x)\,dx}{2GI_P}\right) = \int_l \frac{T(x)}{GI_P}\frac{\partial T(x)}{\partial F_i}dx \qquad (11.16)$$

弯曲情况:

$$\delta_i = \frac{\partial V_\varepsilon}{\partial F_i} = \frac{\partial}{\partial F_i}\left(\int_l \frac{M^2(x)\,dx}{2EI}\right) = \int_l \frac{M(x)}{EI}\frac{\partial M(x)}{\partial F_i}dx \qquad (11.17)$$

用卡氏定理求结构某处位移时,该处应该存在与所求位移相应的载荷。但如果要计算的位移方向没有相应的载荷作用时,可先在该点沿欲求位移的方向施加一假想的载荷 F_a,求出原有载荷和 F_a 共同作用下的应变能,然后对 F_a 求偏导数,代入卡氏定理公式中令 $F_a = 0$ 化简后再进行积分运算,这样可以简化计算过程。最后的结果为正,表示位移发生方向与 F_a 一致,否则相反。

$$\delta_0 = \left(\frac{\partial V_\varepsilon}{\partial F_a}\right)_{F_a = 0}$$

【例 11.2】图 11.8 所示静定外伸梁,已知其抗弯刚度 EI 为常数,试求 C 截面的竖向位移 δ_C 和 D 截面的转角 θ_D。

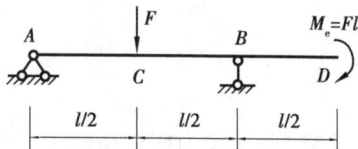

图 11.8 例 11.2 图

【解】①计算支座反力。根据平衡方程计算支座反力

$$F_A = \frac{F}{2} - \frac{M_e}{l}\,(\uparrow), \quad F_B = \frac{F}{2} + \frac{M_e}{l}\,(\uparrow)$$

②分段列出梁的弯矩方程,并根据卡氏定理需要将弯矩方程分别对 F 和 M_e 求偏导数,然后再代入。

AC 段:

$$M_1(x) = \left(\frac{F}{2} - \frac{M_e}{l}\right)x, \quad \frac{\partial M_1(x)}{\partial F} = \frac{x}{2}, \quad \frac{\partial M_1(x)}{\partial M_e} = -\frac{x}{l}$$

CB 段:

$$M_2(x) = \frac{F}{2}(l - x) - \frac{M_e x}{l}, \quad \frac{\partial M_2(x)}{\partial F} = \frac{l - x}{2}, \quad \frac{\partial M_2(x)}{\partial M_e} = -\frac{x}{l}$$

BD 段:

$$M_3(x) = -M_e, \quad \frac{\partial M_3(x)}{\partial F} = 0, \quad \frac{\partial M_3(x)}{\partial M_e} = -1$$

③由卡氏定理求 C 截面的竖向位移 δ_C。

$$\delta_C = \frac{\partial V_\varepsilon}{\partial F} = \int_0^{\frac{l}{2}} \frac{M_1(x)}{EI} \frac{\partial M_1(x)}{\partial F} dx + \int_{\frac{l}{2}}^{l} \frac{M_2(x)}{EI} \frac{\partial M_2(x)}{\partial F} dx + \int_l^{\frac{3l}{2}} \frac{M_3(x)}{EI} \frac{\partial M_3(x)}{\partial F} dx$$

$$= \frac{1}{EI} \left[\int_0^{\frac{l}{2}} \left(\frac{F}{2} - \frac{M_e}{l} \right) x \cdot \frac{x}{2} dx + \int_{\frac{l}{2}}^{l} \left(\frac{F}{2}(l-x) - \frac{M_e x}{l} \right) \frac{l-x}{2} dx + \int_l^{\frac{3l}{2}} (-M_e) \times 0 \times dx \right]$$

这里可以将 $M_e = Fl$ 代入化简后再进行积分运算，最后结果为

$$\delta_C = -\frac{Fl^3}{24EI}(\uparrow)$$

负号表示所求位移与 F 作用方向相反。

同理，D 截面的转角 θ_D 为

$$\theta_D = \frac{\partial V_\varepsilon}{\partial M_e} = \int_0^{\frac{l}{2}} \frac{M_1(x)}{EI} \frac{\partial M_1(x)}{\partial M_e} dx + \int_{\frac{l}{2}}^{l} \frac{M_2(x)}{EI} \frac{\partial M_2(x)}{\partial M_e} dx + \int_l^{\frac{3l}{2}} \frac{M_3(x)}{EI} \frac{\partial M_3(x)}{\partial M_e} dx$$

$$= \frac{1}{EI} \left[\int_0^{\frac{l}{2}} \left(\frac{F}{2} - \frac{M_e}{l} \right) x \cdot \left(-\frac{x}{l} \right) dx + \int_{\frac{l}{2}}^{l} \left(\frac{F}{2}(l-x) - \frac{M_e x}{l} \right) \left(-\frac{x}{l} \right) dx + \right.$$

$$\left. \int_l^{\frac{3l}{2}} (-M_e) \times (-1) \times dx \right]$$

$$= \frac{37Fl^2}{48EI}(\curvearrowright)$$

【例 11.3】求图 11.9(a)所示简支梁 A 截面的转角 θ_A，已知 EI 为常数。

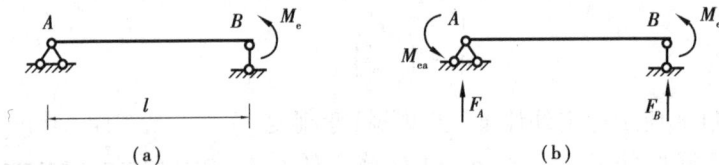

图 11.9　例 11.3 图

【解】此问题中所求位移方向没有相应的载荷，为了应用卡氏定理进行求解，在所求截面处加上一个相应的外载，即 A 截面施加一个虚拟力偶 M_{ea}，如图 11.9(b)所示。计算出卡氏定理需要的 $\dfrac{\partial M(x)}{\partial M_{ea}}$ 后，代入公式，然后取 $M_{ea}=0$，再进行积分，即可求得结果。

①计算原载荷和虚拟载荷共同作用下的支座反力[图 11.9(b)]：

$$F_A = \frac{M_e + M_{ea}}{l}, \quad F_B = -\frac{M_e + M_{ea}}{l}$$

②列弯矩方程并求偏导数 $\dfrac{\partial M(x)}{\partial M_{ea}}$，分别为

$$M(x) = \frac{M_e x}{l} + \frac{M_{ea}(x-l)}{l}, \quad \frac{\partial M(x)}{\partial M_{ea}} = \frac{x-l}{l}$$

③应用卡氏定理求指定位移。由式得

$$\theta_A = \int_0^l \frac{M(x)}{EI} \frac{\partial M(x)}{\partial M_{ea}} dx = \frac{1}{EI} \left\{ \int_0^l \left[\left(\frac{M_e x}{l} + \frac{M_{ea}(x-l)}{l} \right) \frac{x-l}{l} \right] \right|_{M_{ea}=0} dx \right\}$$

$$= \frac{1}{EI}\left(\int_0^l \frac{M_e x}{l} \cdot \frac{x-l}{l} \mathrm{d}x\right) = -\frac{M_e l}{6EI}(\curvearrowright)$$

负号表示所求转角与虚拟 M_{ea} 方向相反。

【例 11.4】用卡氏定理求图 11.10(a)中外伸梁的 C 截面挠度。EI 为常数。

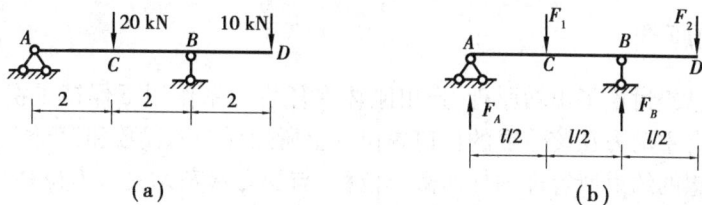

图 11.10 例 11.4 图

【解】本例中的梁所受载荷及长度为具体数值,列出弯矩方程后,不能对具体的载荷数值求偏导数,也不能对具体的长度大小进行积分。为了应用卡氏定理进行求解,将载荷及梁长度用符号表示,如图 11.10(b)所示。求出各段弯矩方程和对应的偏导数后,利用卡氏定理进行计算得到最终结果表达式,再将载荷和长度的数值代入。

①支座反力计算,受力如图 11.10(b)所示。

$$F_A = \frac{F_1 - F_2}{2}, \quad F_B = \frac{F_1 + 3F_2}{2}$$

②分段列出弯矩方程,并对 F_1 求偏导数。

AC 段:

$$M_1(x) = \frac{(F_1 - F_2)x}{2}, \qquad \frac{\partial M_1(x)}{\partial F_1} = \frac{x}{2}$$

CB 段:

$$M_2(x) = \frac{F_1(l-x)}{2} - \frac{F_2 x}{2}, \qquad \frac{\partial M_2(x)}{\partial F_1} = \frac{l-x}{2}$$

CD 段:

$$M_3(x) = \frac{F_2(x-l)}{2}, \qquad \frac{\partial M_3(x)}{\partial F_1} = 0$$

③应用卡氏定理,求 C 点挠度。

$$\delta_C = \frac{\partial V_\varepsilon}{\partial F} = \int_0^{\frac{l}{2}} \frac{M_1(x)}{EI}\frac{\partial M_1(x)}{\partial F_1}\mathrm{d}x + \int_{\frac{l}{2}}^{l} \frac{M_2(x)}{EI}\frac{\partial M_2(x)}{\partial F_1}\mathrm{d}x + \int_l^{\frac{3l}{2}} \frac{M_3(x)}{EI}\frac{\partial M_3(x)}{\partial F_1}\mathrm{d}x$$

$$= \frac{1}{EI}\left[\int_0^{\frac{l}{2}} \frac{(F_1 - F_2)x}{2} \cdot \frac{x}{2}\mathrm{d}x + \int_{\frac{l}{2}}^{l}\left(\frac{F_1(l-x)}{2} - \frac{F_2 x}{2}\right)\frac{l-x}{2}\mathrm{d}x\right]$$

$$= \frac{1}{EI}\left(\frac{F_1 l^3}{48} - \frac{F_2 l^3}{32}\right)\bigg|_{\substack{F_1 = 20\,\text{kN} \\ F_2 = 10\,\text{kN} \\ l = 4\,\text{m}}} = \frac{20}{3EI}$$

结果为正,表示所求位移与 F_1 方向一致,向下。

11.3 莫尔定理

▶11.3.1 虚功原理

理论力学中已经讨论了虚功原理,指出刚体在任意力系作用下保持平衡的充要条件是:作用于刚体的所有主动力在该位置的任何虚位移上所做元功的代数和等于零。

虚位移为假想的约束所容许的任何微小位移,与受力状态无关。虚位移是在平衡位置上再增加的微小位移,它并不改变研究对象的原有外力、内力及其作用性质。作用力沿虚位移所做的功称为**虚功**。

对于变形体而言,由于其形状可以发生改变,所以当变形体有虚位移时,就会有虚变形,这样外力虚功就不再为零。在研究杆件时,虚位移是指满足约束条件和变形连续条件的可能位移,并符合小变形条件。变形体的虚位移和外力产生的实际位移间有相同之处,如它们都是符合约束的微小位移,各对应着一条变形曲线。但也有本质上的差别,即虚位移大小是虚设的,与外力无关,而实际位移却是外力的函数。

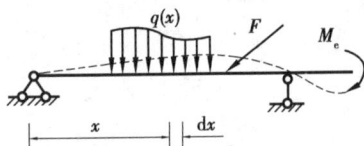

图 11.11　虚位移

虚功原理可以推广到变形体,常称为**变形体的虚功原理**。现以图 11.11 所示的梁为例推导变形体的虚功原理。

设梁在任意载荷作用下保持平衡,发生虚位移后的梁曲线如图 11.11 中的虚线所示。因为载荷作用下的实际挠曲线与目前推导无关,图中并未画出。在梁的 x 截面处取出一微段,受力如图 11.12 所示。梁发生虚位移时,微段由平衡位置移动到虚线位置,包含两部分:刚体虚位移——线位移(图中 $u(x)$ 和 $w(x)$),角位移(微段的偏转角度 $\alpha(x)$);虚变形——拉压变形 $d(\Delta l)$,弯曲变形 $d\theta$ 和剪切变形 $d\lambda$。下面采用两种途径来计算虚位移过程中外力和内力所做的虚功。

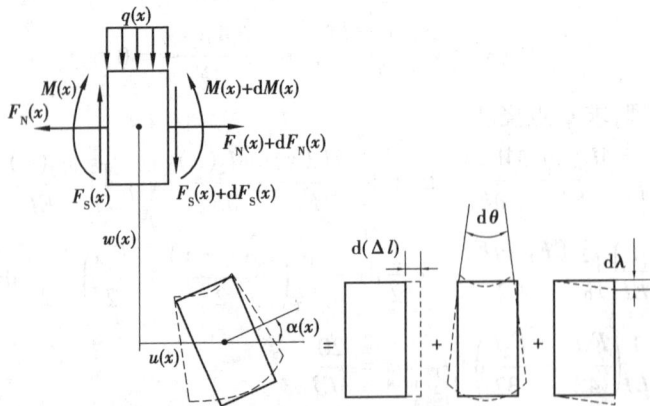

图 11.12　微段的虚位移和虚变形

第一种途径,当微段发生虚位移时,微段上所有的外力和内力都做了虚功,分别用 $dW_外$ 和 $dW_内$ 表示,则微段上的虚功 $dW=dW_外+dW_内$。所有微段的虚功之和即为整个梁的总虚功

$$\int dW = \int dW_{\text{外}} + \int dW_{\text{内}}$$

或简写为

$$W = W_{\text{外}} + W_{\text{内}} \tag{a}$$

因为虚位移是连续的,两个相邻微段的公共截面具有相同的位移和转角,而其上的内力是大小相等、方向相反的,因此内力所做的虚功相互抵消,为零。这样,整个梁的总虚功就只剩下外力在虚位移中所做的虚功,即

$$W = W_{\text{外}} \tag{b}$$

第二种计算虚功的途径是将微段发生虚位移的过程分为两步。第一步,微段发生刚体虚位移 $u(x)$、$w(x)$ 和 $\alpha(x)$,微段上所有外力和内力做虚功,记为 $dW_{\text{刚}}$;第二步,微段发生虚变形 $d(\Delta l)$、$d\theta$ 和 $d\lambda$,微段上所有外力和内力做虚功,记为 $dW_{\text{变}}$。则微段上的虚功为 $dW = dW_{\text{刚}} + dW_{\text{变}}$。微段作刚体虚位移时,所受的所有外力和内力为一平衡力系,由刚体虚位移原理可知这一平衡力系在刚体虚位移上所做虚功为零,即 $dW_{\text{刚}} = 0$。微段发生虚变形时,外力不做功,只有内力做虚功,即

$$dW_{\text{变}} = F_N d(\Delta l) + M d\theta + F_S d\lambda \tag{c}$$

于是微段上的虚功为

$$dW = dW_{\text{变}} = F_N d(\Delta l) + M d\theta + F_S d\lambda \tag{d}$$

所有微段上的虚功之和

$$\int dW = \int dW_{\text{变}} = \int F_N d(\Delta l) + \int M d\theta + \int F_S d\lambda \tag{e}$$

或简写为

$$W = W_{\text{变}} \tag{f}$$

按两种途径计算的杆件总虚功(b)和(e)式应相等,也就是

$$W_{\text{外}} = W_{\text{变}} = \int F_N d(\Delta l) + \int M d\theta + \int F_S d\lambda \tag{g}$$

上式表明:外力在虚位移上所做的虚功等于内力在相应虚变形上所做的虚功。这就是**变形体的虚功原理**。

一般的受力杆件,微段的截面内力还可能有扭矩 T,与其相应的虚变形(如图 11.13 所示的扭转角 $d\varphi$),因此杆件内力虚功的一般表达式为

$$W_{\text{外}} = W_{\text{变}} = \int F_N d(\Delta l) + \int M d\theta + \int F_S d\lambda + \int T d\varphi \tag{11.18}$$

上述推导出虚功原理时,并未使用应力-应变关系,故虚功原理与材料性能无关,它可应用于所有结构,不论其材料行为是线性还是非线性的,是弹性还是非弹性的。

虚功方程式中包含两个状态下的 4 个物理量:外力以及由外力引起的内力,虚位移以及与其对应的虚变形。这两组物理量互不相关,但每一组中的两个物理量是互相依赖的。由外力可求出各截面内力,由虚位移可求出

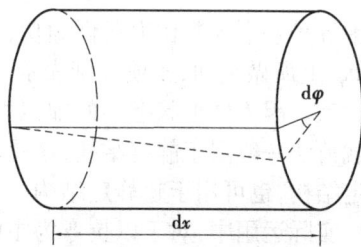

图 11.13 扭转的虚变形

虚变形和应变。利用虚功方程,只需要给出其中一组物理量,就可求出另一组物理量。例如,给出虚位移,可求解未知的约束力,此时虚功方程实质上是受力状态下的平衡方程,这种方法称为**虚位移法**;给出虚设载荷求解未知的位移,此时虚

功方程代表位移状态的几何方程(或变形协调方程),这种方法称为**虚力法**。下面介绍的单位载荷法就是虚力法的拓展。

▶11.3.2 单位载荷法

利用虚功原理中的虚力法可以推导出计算结构一点位移的单位载荷法。图 11.14(a) 所示的静定平面刚架,受图示载荷作用后,产生了虚线所示的变形曲线,这一状态称为**位移状态**或**实际状态**。现要求计算位移状态下任一指定截面 K 在任一指定 k—k 方向的位移 δ(即 K 截面的位移 $\overrightarrow{KK'}$ 沿 k—k 方向的分量,如图 11.14(a) 所示)。

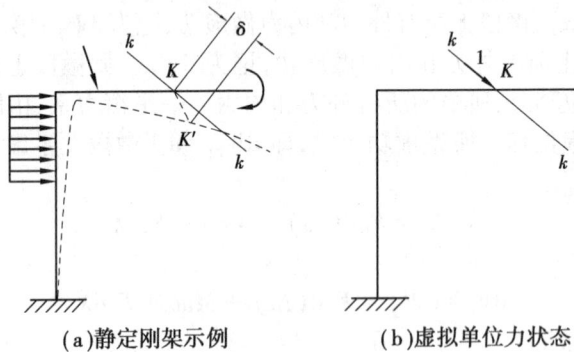

(a)静定刚架示例   (b)虚拟单位力状态

图 11.14 静定平面刚架

为了利用变形体的虚功原理求解这一位移状态的位移,需要建立一个力状态。由于位移状态和力状态彼此独立,因此可根据计算需要假设合适的力状态。为了使外力虚功中包含有待求的位移 δ,在刚架 K 点沿待求位移 k—k 方向作用一假想的集中力,此力的大小可任意假设,为计算方便,取单位力。这样建立的状态就是力状态,如图 11.14(b) 所示。这样的力状态是根据计算需要假设的,也称为虚拟状态。

设实际位移状态中由载荷引起的轴力、弯矩、剪力和扭矩分别用 F_N、M、F_S 和 T 表示,杆件任一微段与之相对应的位移分别用 $\mathrm{d}(\Delta l)$、$\mathrm{d}\theta$、$\mathrm{d}\lambda$ 和 $\mathrm{d}\varphi$ 表示,可以看作虚功原理中的虚位移;虚拟状态中由虚拟单位力引起的轴力、弯矩、剪力和扭矩分别用 $\overline{F}_N$、$\overline{M}$、$\overline{F}_S$ 和 $\overline{T}$ 表示,看作虚功原理中的外力及对应的内力。应用变形体的虚功方程式,则有

$$1 \cdot \delta = \int \overline{F}_N(x)\mathrm{d}(\Delta l) + \int \overline{M}(x)\mathrm{d}\theta + \int \overline{F}_S(x)\mathrm{d}\lambda + \int \overline{T}(x)\mathrm{d}\varphi \tag{11.19}$$

式中等号左端为单位力所做虚功,右端为对应于单位力作用下的内力在虚变形 $\mathrm{d}(\Delta l)$、$\mathrm{d}\theta$、$\mathrm{d}\lambda$ 和 $\mathrm{d}\varphi$ 上所做虚功,各项分别表示结构轴向变形、弯曲变形、剪切变形和扭转变形对所求位移的贡献。因为虚拟状态中的虚拟力是单位载荷,故此方法称为**单位载荷法**。实际使用中,单位载荷法一般限于静定结构,这是因为需要知道整个结构的内力,但理论上此方法既可用于静定结构,也可用于超静定结构。

实际运用中,对于以抗弯为主的杆件,比如梁和平面刚架,轴力和剪力的影响较小,通常忽略不计。于是有

$$\delta = \int \overline{M}(x)\mathrm{d}\theta \tag{11.20}$$

对于只有轴力的拉压杆件,则只保留第一项

$$\delta = \int \overline{F}_N(x)\, d(\Delta l)$$

如果轴力沿杆件轴线无变化,则

$$\delta = \overline{F}_N \int d(\Delta l) = \overline{F}_N \Delta l$$

特殊地,比如含有 n 根杆的桁架结构,则可进一步写成

$$\delta = \sum_{i=1}^{n} \overline{F}_{Ni} \Delta l_i \qquad (11.21)$$

对于只有扭转变形的杆件,则为

$$\delta = \int \overline{T}(x)\, d\varphi \qquad (11.22)$$

　　单位载荷法适用于求各种类型的位移,包括结构中某点的线位移、截面转角、两点之间的相对位移等,所以应理解为广义位移。根据所求位移,相应的虚设单位力也是广义力。最后求出的 δ 结果如为正,表示 δ 的方向与单位力的方向一致,否则相反。

　　下面通过图 11.15(a)所示的平面刚架为例说明虚拟状态中单位力的施加方法。如果要计算 K 点的水平位移和竖直位移,则在结构虚拟状态中于 K 点分别施加一水平单位力和竖直单位力,如图 11.15(b)和(c)所示,注意不能同时施加。如果要计算 K 截面的转角,则于 K 截面处施加一单位力偶,图 11.15(d)所示。如果要计算 J、K 两点之间的相对线位移,则于 J、K 两点且沿该两点连线方向施加一对方向相反的单位力,图 11.15(e)所示。如果要计算 J、K 两个截面的相对转动角度,则于 J、K 两个截面处施加一对转向相反的单位力偶,图 11.15(f)所示。其他形式的结构位移求解,单位力的施加可依此类推。

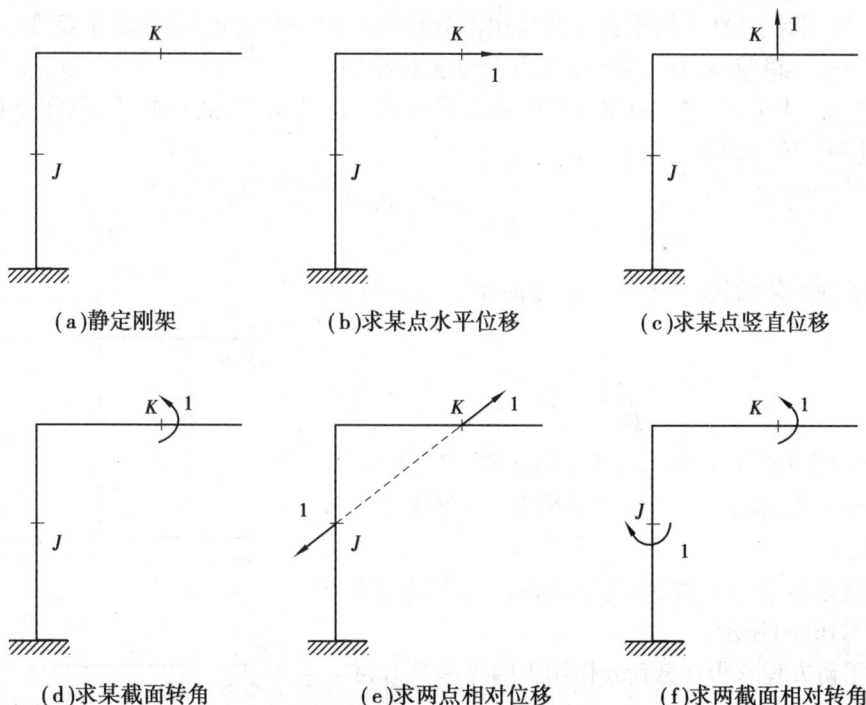

(a)静定刚架　　　　(b)求某点水平位移　　　　(c)求某点竖直位移

(d)求某截面转角　　　(e)求两点相对位移　　　(f)求两截面相对转角

图 11.15　单位力的施加

▶11.3.3 莫尔定理

单位载荷法是非常通用的,不受材料或结构的线性性质的任何限制,换句话说,不要求叠加原理成立。然而,实际工程中常见的情况通常发生在结构材料服从胡克定律的前提下。在此情况下,可以很容易求得作用在结构上的真实载荷所引起的位移状态中微段轴向拉压变形 $\mathrm{d}(\Delta l)$、弯曲变形 $\mathrm{d}\theta$ 和扭转变形 $\mathrm{d}\varphi$ 的表达式,分别为

$$\mathrm{d}(\Delta l) = \frac{F_\mathrm{N}}{EA}\mathrm{d}x$$

$$\mathrm{d}\theta = \frac{M(x)}{EI}\mathrm{d}x$$

$$\mathrm{d}\varphi = \frac{T(x)}{GI_\mathrm{P}}\mathrm{d}x$$

特别地,对于桁架结构,每根杆件的拉压变形可写为

$$\Delta l = \frac{F_\mathrm{N}l}{EA}$$

这些表达式均在以往章节中已经推出过。考虑到剪切变形对大多数结构的位移影响很小,一般忽略不计。将上述表达式代入单位载荷法方程式,则有

$$\delta = \int \frac{\overline{F}_\mathrm{N}(x)F_\mathrm{N}(x)}{EA}\mathrm{d}x + \int \frac{\overline{M}(x)M(x)}{EI}\mathrm{d}x + \int \frac{\overline{T}(x)T(x)}{GI_\mathrm{P}}\mathrm{d}x \qquad (11.23)$$

这就是计算线弹性结构受到载荷作用下计算位移的一般公式,称为**莫尔定理**,式中积分称为**莫尔积分**。很明显,莫尔定理只适用于线弹性结构。

特别地,对于桁架结构,每根杆件的内力只有轴力且为常量,式(11.23)只需要保留右端第一项,进一步可写为

$$\delta = \sum \frac{\overline{F}_\mathrm{N}F_\mathrm{N}l}{EA} \qquad (11.24)$$

对于梁或平面刚架结构,一般只考虑弯曲变形的影响,则可简化为

$$\delta = \int \frac{\overline{M}(x)M(x)}{EI}\mathrm{d}x \qquad (11.25)$$

【例 11.5】计算图 11.16(a)所示简支梁 AB 跨中 C 截面的挠度和 A 截面的转角。已知梁长 $2a$,均布载荷 q,抗弯刚度 EI。

【解】①求解支座反力,列出原载荷作用下的弯矩方程,如图 11.16(a)所示。

根据平衡方程求得在载荷 q 作用下的支座反力为

$$F_A = \frac{qa}{4}(\uparrow), \quad F_B = \frac{3qa}{4}(\uparrow)$$

AC 段和 BC 段的弯矩方程分别为

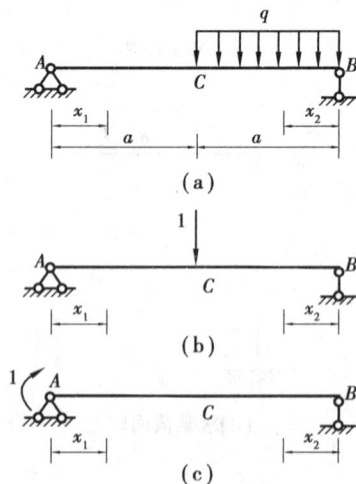

图 11.16　例 11.5 图

$$M_1(x_1) = \frac{qa}{4}x_1 \qquad\qquad (0 \le x_1 \le a)$$

$$M_2(x_2) = \frac{3qa}{4}x_2 - \frac{q}{2}x_2^2 \qquad\qquad (0 \le x_2 \le a)$$

②求 C 点挠度。

根据待求位移,在截面 C 施加竖直方向的单位力,如图 11.16(b)所示。列单位力作用下的弯矩方程。

AC、BC 段的弯矩方程分别为

$$\overline{M}_1(x_1) = \frac{1}{2}x_1 \qquad\qquad (0 \le x_1 \le a)$$

$$\overline{M}_2(x_2) = \frac{1}{2}x_2 \qquad\qquad (0 \le x_2 \le a)$$

C 点挠度为

$$\begin{aligned}
\delta_{Cy} &= \int \frac{\overline{M}(x)M(x)}{EI}\mathrm{d}x \\
&= \frac{1}{EI}\Big[\int_0^a \overline{M}_1(x_1)M_1(x_1)\,\mathrm{d}x_1 + \int_0^a \overline{M}_2(x_2)M_2(x_2)\,\mathrm{d}x_2\Big] \\
&= \frac{1}{EI}\Big[\int_0^a \frac{qa}{8}x_1^2\mathrm{d}x_1 + \int_0^a \frac{1}{2}x_2\Big(\frac{3qa}{4}x_2 - \frac{q}{2}x_2^2\Big)\mathrm{d}x_2\Big] \\
&= \frac{5qa^4}{48EI}
\end{aligned}$$

③求 A 截面转角。

在 A 点施加单位力偶,如图 11.16(c)所示。列单位力偶作用下的弯矩方程,分别为

$$\overline{M}'_1(x_1) = 1 - \frac{x_1}{2a} \qquad\qquad (0 \le x_1 \le a)$$

$$\overline{M}'_2(x_2) = \frac{x_2}{2a} \qquad\qquad (0 \le x_2 \le a)$$

所示

$$\begin{aligned}
\theta_A &= \int \frac{\overline{M}(x)M(x)}{EI}\mathrm{d}x = \frac{1}{EI}\Big[\int_0^a \overline{M}'_1(x_1)M_1(x_1)\,\mathrm{d}x_1 + \int_0^a \overline{M}'_2(x_2)M_2(x_2)\,\mathrm{d}x_2\Big] \\
&= \frac{1}{EI}\Big[\int_0^a \frac{qa}{4}x_1\Big(1 - \frac{x_1}{2a}\Big)\mathrm{d}x_1 + \int_0^a \frac{x_2}{2a}\Big(\frac{3qa}{4}x_2 - \frac{q}{2}x_2^2\Big)\mathrm{d}x\Big] \\
&= \frac{7qa^3}{48EI}
\end{aligned}$$

待求位移计算结果均为正值,表示位移方向与所施加单位力方向相同。

【例 11.6】如图 11.17(a)所示的平面刚架,3 段杆长度均为 l,EI 均相同,试分析 F_1 与 F_2 应具备什么关系才能保证 A 和 D 点之间无相对线位移。

【解】此题中结构和载荷均对称,可只研究结构的一半,即 AB 和 BE 杆段。应用莫尔定理时,积分结果取 2 倍即可。

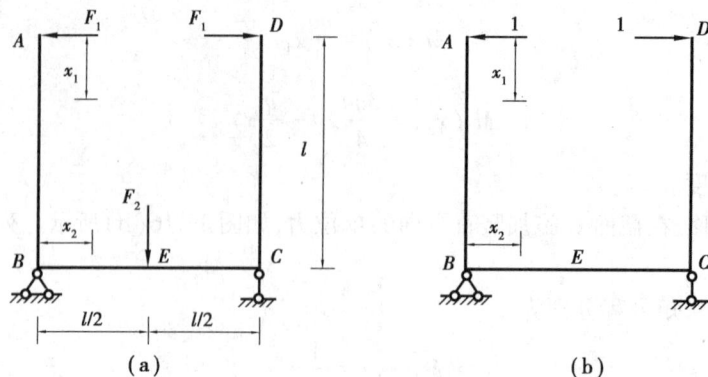

图 11.17　例 11.6 图

①图 11.17(a)所示,由于结构和载荷作用的对称性,支座反力 $F_B = F_C = \dfrac{F_2}{2}(\uparrow)$。列出 AB、BE 杆段的弯矩方程。

AB 段$(0 \leqslant x_1 \leqslant l)$：　　$M_1(x_1) = F_1 x_1$

BE 段$(0 \leqslant x_2 \leqslant l/2)$：　　$M_2(x_2) = F_1 l - \dfrac{F_2 x_2}{2}$

②根据待求位移,在结构上 A、D 两点沿 AD 方向施加一对方向相反的单位力,如图 11.17(b)所示,列弯矩方程。

AB 段$(0 \leqslant x_1 \leqslant l)$：　　$\overline{M}_1(x_1) = x_1$

BE 段$(0 \leqslant x_2 \leqslant l/2)$：　　$\overline{M}_2(x_2) = l$

③A、D 两点的相对线位移为

$$\delta_{AD} = \int \frac{\overline{M}(x) M(x)}{EI} \mathrm{d}x = \frac{2}{EI}\left[\int_0^l \overline{M}_1(x_1) M_1(x_1) \mathrm{d}x_1 + \int_0^{\frac{l}{2}} \overline{M}_2(x_2) M_2(x_2) \mathrm{d}x_2 \right]$$

$$= \frac{2}{EI}\left[\int_0^l F_1 x_1^2 \mathrm{d}x_1 + \int_0^{\frac{l}{2}} l\left(F_1 l - \frac{F_2 x_2}{2} \right) \mathrm{d}x_2 \right]$$

$$= \frac{5F_1 l^3}{3EI} - \frac{F_2 l^3}{8EI}$$

要求 A、D 两点无相对线位移 $\delta_{AD} = 0$,即要求,易得

$$\frac{5F_1 l^3}{3EI} = \frac{F_2 l^3}{8EI}$$

$$F_1 = \frac{3F_2}{40}$$

11.4　互等定理

本节将应用能量守恒原理和叠加原理,并利用应变能的概念导出功的互等定理和位移互

等定理。

为了方便起见,下面以一根简支梁为例进行推导,对其他任一线弹性结构都是适宜的。假设简支梁承受两种载荷状态,第一种加载状态为力 F_1 作用于结构上任一点 A 处(图 11.18(a)),引起 A 点和 B 点的挠度位移分别记为 δ_{A1} 和 δ_{B1};第二种状态为力 F_2 作用于结构上其他任一点 B 处(图 11.18(b)),引起 A 点和 B 点的挠度分别记为 δ_{A2} 和 δ_{B2}。

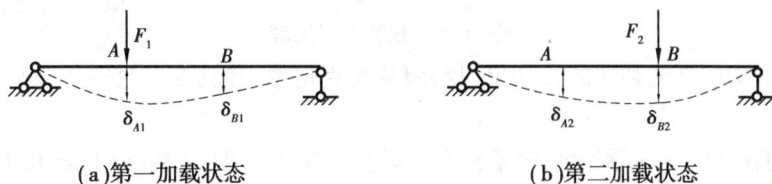

(a)第一加载状态　　　　　　　　(b)第二加载状态

图 11.18　功的互等定理

考察两种加载过程,一种是 F_1 先作用于 A 点,F_2 再作用于 B 点。F_1 作用的过程中,此载荷方向的挠度为 δ_{A1},于是梁的应变能为 $\frac{1}{2}F_1\delta_{A1}$。当 F_2 作用时,此载荷方向的挠度为 δ_{B2},显然 F_2 做功为 $\frac{1}{2}F_2\delta_{B2}$,即梁的应变能增加了 $\frac{1}{2}F_2\delta_{B2}$。要注意的是,当 B 点作用 F_2 时,已作用 A 点的载荷 F_1 作为一个常力,其方向上将有一个挠度 δ_{A2} 出现,所以 F_1 将做功 $F_1\delta_{A2}$,附加到梁的应变能。因此梁的总应变能为

$$\frac{1}{2}F_1\delta_{A1} + \frac{1}{2}F_2\delta_{B2} + F_1\delta_{A2} \qquad\qquad (a)$$

第二种加载先作用 F_2 于 B 点,再作用 F_1 于 A 点。同理可推出梁的应变能为

$$\frac{1}{2}F_2\delta_{B2} + \frac{1}{2}F_1\delta_{A1} + F_2\delta_{B1} \qquad\qquad (b)$$

对于线弹性结构,由叠加原理易知最终变形状态于加载顺序无关,因此两种加载过程所引起的应变能应该相等。比较(a)(b)两式,则有

$$F_1\delta_{A2} = F_2\delta_{B1}$$

以上推导过程显然可以推广到更多力的情形(将载荷分成两组,同理推导)。也就是第一组力在第二组力引起的位移上所做的功,等于第二组力在第一组力引起的位移上所做的功。这就是**功的互等定理**。

特别地,对于本节所用示例中每组力仅有一个力的情况,如果有 $F_1 = F_2$,则

$$\delta_{A2} = \delta_{B1}$$

这就是**位移互等定理**。可表述为:作用于 B 处的载荷在 A 处引起的位移,等于作用于 A 处的载荷在 B 处引起的位移。

互等定理中的力和位移应该理解为广义力和广义位移。例如,上例中一个载荷为力偶,对应的位移将是角位移(图 11.19),可以参考弯曲变形一章中梁受简单载荷下的变形表格(表6.1),容易验证互等定理仍然成立。

上述互等定理的推导均以一根简支梁为例,已经进行过说明,这只是为了说明推导思路。使用任何一种其他类型的结构,如桁架、刚架,甚至是块体,都是可行的,因为推导仅建立在应变能和叠加原理的基础上。因此,互等定理是相当通用的,唯一的前提就是叠加原理必须成

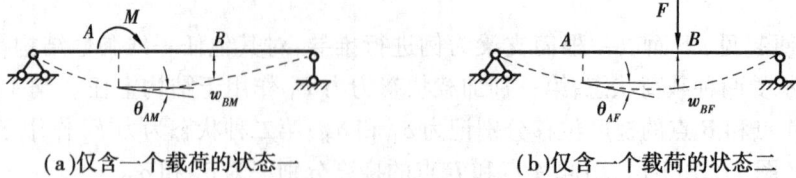

(a)仅含一个载荷的状态一　　　　　　　　(b)仅含一个载荷的状态二

图 11.19　位移互等定理

立,这就要求结构应是线弹性的。如果材料服从胡克定律,并且变形足够小,那么上述条件就得以满足。

【例 11.7】图 11.20(a)所示悬臂梁在自由端作用集中力偶 $M_e = Fl$ 时,若知 B 点向上的挠度为 $\delta_{By} = \dfrac{M_e l^2}{18EI}$,试求该梁在 B 点作用集中力 F 时,C 截面的转角,如图 11.20(b)所示。

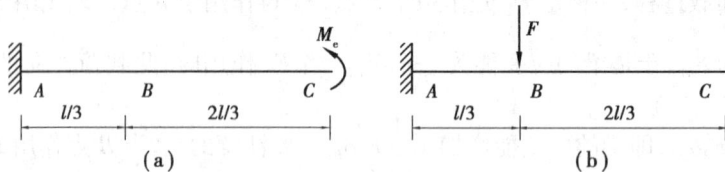

图 11.20　例 11.7 图

【解】将图 11.20(a)和(b)中的 M_e 和 F 分别考虑为作用在同一结构上的两组载荷,根据功的互等定理有

$$F\delta_{By} = M_e \theta_C$$

于是

$$\theta_C = \frac{F\delta_{By}}{M_e} = \frac{F}{M_e}\left(-\frac{M_e l^2}{18EI}\right) = -\frac{Fl^2}{18EI}(\circlearrowright)$$

结果中的负号表示在 F 作用下 C 截面的转角与外力偶 M_e 的转向相反。

11.5　用能量法解超静定结构

从前几节内容可以看出,基于应变能的理论和方法是计算结构变形非常有效的途径。本节将讨论应变能方法在求解超静定问题中的应用。

求解超静定结构的思路,一般是综合运用静力平衡方程、变形协调方程和物理关系三方面的条件进行求解。这里面寻求正确的变形协调关系和相应变形量的计算是关键一步,能量法可以在此提供一种更有效的计算手段。下面举例说明其应用。

【例 11.8】试求图 11.21(a)所示的超静定梁。梁受均布载荷 q 作用,梁的抗弯刚度为 EI。

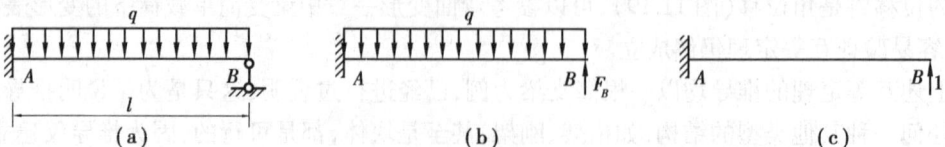

图 11.21　例 11.8 图

【解】该梁为一次超静定梁,解除 B 端的多余约束,在基本静定梁受均布载荷 q 以及多余约束力 F_B 的作用,即相当系统[图 11.21(b)]。根据超静定问题一章的变形比较法,比较图 11.21(a)和(b),可确定相当系统变形协调条件为 B 处的挠度应为零,即

$$w_B = 0$$

下面分别用卡氏定理和莫尔定理两种思路求出相当系统[图 11.21(b)]中 B 点的挠度。

①利用卡氏定理求解。

列出弯矩方程,以及根据所求位移还需确定弯矩对 F_B 的偏导数

$$M(x) = F_B x - \frac{qx^2}{2} \qquad (0 \leqslant x \leqslant l)$$

$$\frac{\partial M(x)}{\partial F_B} = x$$

应用卡氏定理,有

$$\begin{aligned}
w_B &= \frac{\partial V_\varepsilon}{\partial F} = \int_0^l \frac{M(x)}{EI} \frac{\partial M(x)}{\partial F_B} \mathrm{d}x \\
&= \frac{1}{EI} \int_0^l \left(F_B x - \frac{qx^2}{2} \right) x \mathrm{d}x \\
&= \frac{1}{EI} \left(\frac{F_B l^3}{3} - \frac{ql^4}{8} \right)
\end{aligned}$$

结合变形协调条件,即

$$\frac{1}{EI} \left(\frac{F_B l^3}{3} - \frac{ql^4}{8} \right) = 0$$

$$F_B = \frac{3ql}{8}$$

②利用莫尔定理求解。

为了求解相当系统 B 处的挠度,在 B 处施加一竖直方向单位力[图 11.21(c)],分别列出相当系统和虚拟力作用两种状态的弯矩方程

$$M(x) = F_B x - \frac{qx^2}{2} \qquad (0 \leqslant x \leqslant l)$$

$$\overline{M}(x) = x \qquad (0 \leqslant x \leqslant l)$$

借助莫尔定理,B 处挠度为

$$\begin{aligned}
w_B &= \int \frac{\overline{M}(x) M(x)}{EI} \mathrm{d}x = \frac{1}{EI} \int_0^l \left(F_B x - \frac{qx^2}{2} \right) x \mathrm{d}x \\
&= \frac{1}{EI} \left(\frac{F_B l^3}{3} - \frac{ql^4}{8} \right)
\end{aligned}$$

结合变形协调条件,可求得

$$F_B = \frac{3ql}{8}$$

其余支座反力以及后续的内力应力计算可自行分析,在此不再详述。

从上例可以看出,应用卡氏定理和莫尔定理所得结果完全一致。

思考题

11.1 计算构件的应变能,什么情况下能叠加,什么情况下不能叠加? 请举例说明。

11.2 如何理解应变能不可简单叠加? 在计算杆件组合变形时,为什么应变能是各基本应变能的叠加?

11.3 线弹性结构在 F 力作用下发生位移 δ 时,外力之功即结构应变能一定等于 $\frac{1}{2}F\delta$ 吗?

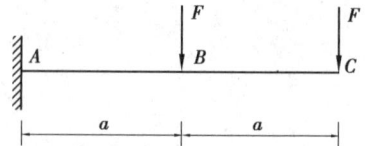

11.4 梁 ABC 受力如图 11.22 所示,问是否可以用 $\frac{\partial V_\varepsilon}{\partial F}$ 来求 B 点的挠度?

图 11.22 思考题 11.4 图

11.5 总结单位载荷法计算构件上某一截面位移的一般步骤,并指出此方法的应用范围及特点。

11.6 莫尔积分中的单元力是什么作用? 它的单位是什么? 用其他任意力是否可以代替?

11.7 莫尔定理的推导过程中用了哪些原理和条件?

11.8 莫尔定理和卡氏定理的异同有哪些?

习 题

本章习题中,凡是梁的位移求解时不考虑剪力对位移的影响,刚架和小曲率曲杆的位移求解不考虑剪力和轴力对位移的影响。位移求解的题目,均可考虑运用卡氏定理和单位载荷法分别求解。

11.1 两根圆截面直杆的材料相同,作用的载荷相同,尺寸如图 11.23 所示。其中一根为等截面杆,另一根为变截面杆。试比较两杆的应变能。

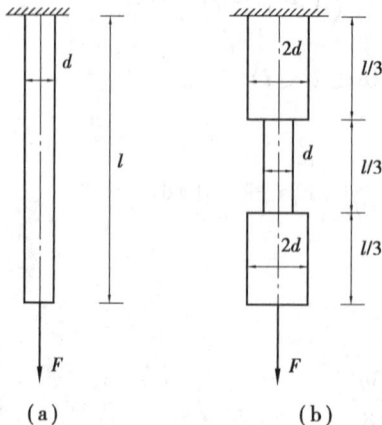

图 11.23 习题 11.1 图

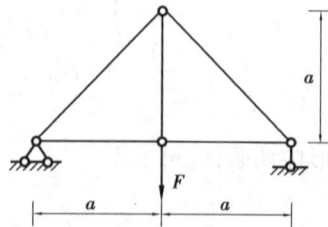

图 11.24 习题 11.2 图

11.2 图 11.24 所示桁架各杆的材料相同,横截面面积相等。试计算力 F 作用下,桁架的应变能。

11.3 计算图 11.25 中各构件的应变能。设 EI、GI_P 等均已知。

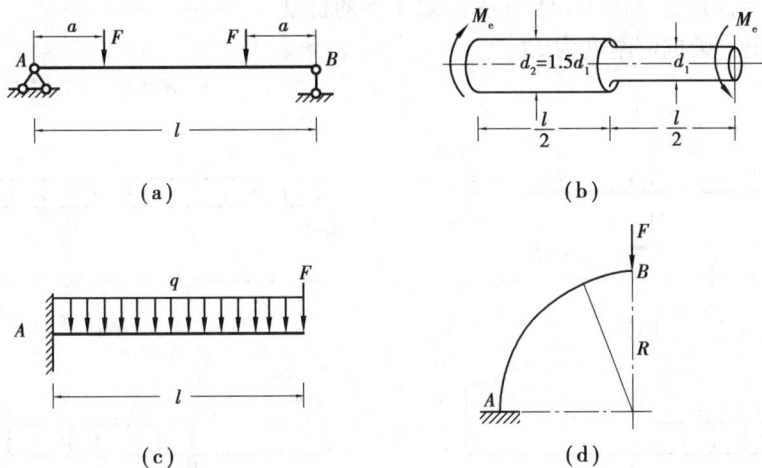

（a）

（b）

（c）

（d）

图 11.25 习题 11.3 图

11.4 传动轴受力情况如图 11.26 所示。轴的直径为 40 mm，材料的 $E=210$ GPa，$G=80$ GPa。试计算轴的应变能。

11.5 计算图 11.27 所示结构的应变能。设 EA、EI 均已知。

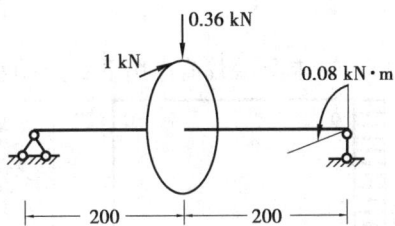

图 11.26 习题 11.4 图

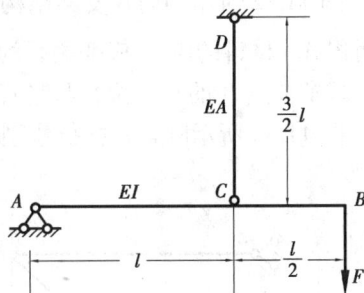

图 11.27 习题 11.5 图

11.6 试用卡氏定理计算图 11.28 所示变截面梁自由端的挠度和转角。

11.7 试用互等定理求解图 11.29 所示的超静定梁支座反力。

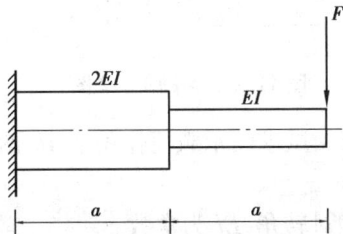

图 11.28 习题 11.6 图

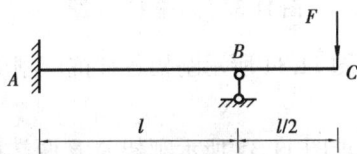

图 11.29 习题 11.7 图

11.8 图 11.30 所示悬臂梁 AB 部分长度上作用均布载荷 q。设抗弯刚度为 EI，试求自由端 B 处的挠度和转角。

11.9 试计算习题 11.2 中右端支座的水平位移。设各杆 EA 为常数。

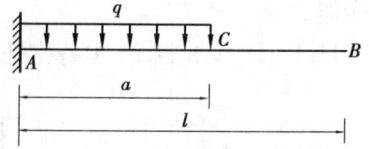

图 11.30 习题 11.8 图

11.10 用卡氏定理求图 11.31 所示各梁 A 点的挠度和 B 截面的转角。梁抗弯刚度为 EI。

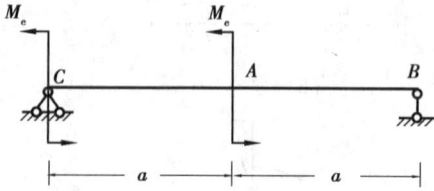

（a）

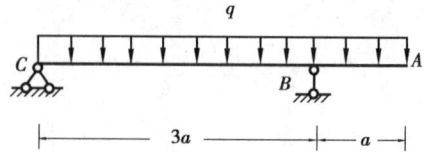

（b）

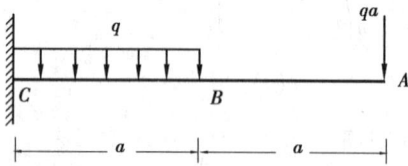

（c）

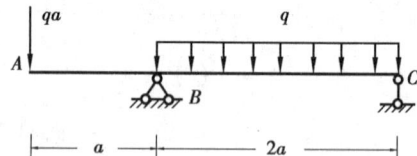

（d）

图 11.31 习题 11.10 图

11.11 图 11.32 所示的简易支架结构 ABC 在节点 B 受一竖直载荷 F。杆 AB 和 BC 均具有等截面面积 A。材料的应力-应变关系为 $\sigma = \omega\sqrt{\varepsilon}$（$\omega$ 为一常数），且这一关系对拉伸和压缩是相同的。试求节点 B 的水平位移和竖直位移。

11.12 图 11.33 所示刚架各杆抗弯刚度均为 EI。试求图示载荷作用下 C 点的水平位移。

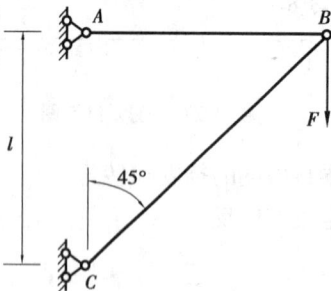

图 11.32 习题 11.11 图

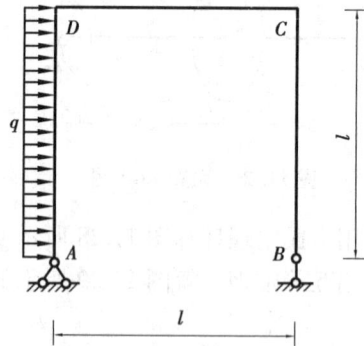

图 11.33 习题 11.12 图

11.13 图 11.34 所示刚架各杆抗弯刚度均为 EI。试求图示载荷作用下 AB 两截面的相对转角。

11.14 求图 11.35 所示刚架 A、B 两端截面的相对转角，EI 为常数。

11.15 试求图 11.36 所示半圆拱的支座反力及跨中 C 点沿力 F 方向的位移。轴线曲率半径为 r，抗弯刚度为 EI。

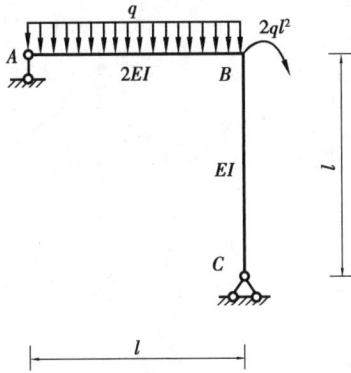

图 11.34 习题 11.13 图

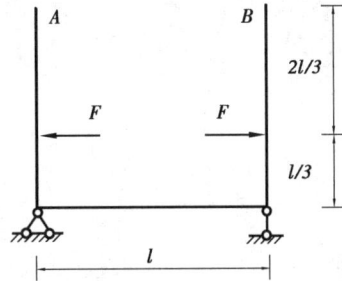

图 11.35 习题 11.14 图

11.16 圆弧形小曲率杆,EI 为常数,截面 A、B 间有一微小缺口夹角 $\Delta\theta$,如图 11.37 所示。试问在截面 A、B 上需加什么样的外力,才能使这两断面恰好密合?

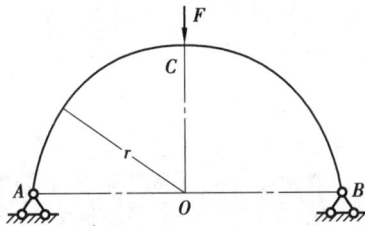

图 11.36 习题 11.15 图

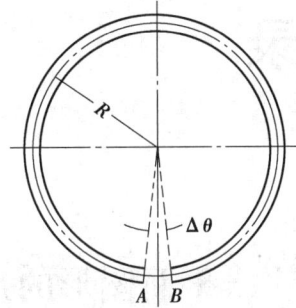

图 11.37 习题 11.16 图

11.17 应用能量法求解图 11.38 所示超静定梁,并绘出各梁的弯矩图。设梁抗弯刚度为 EI。

11.18 试计算图 11.39 所示各超静定刚架,并作出内力图。

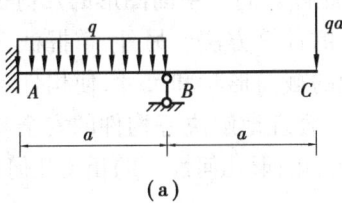

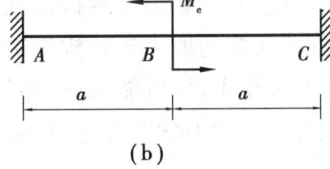

(a)

(b)

图 11.38 习题 11.17 图

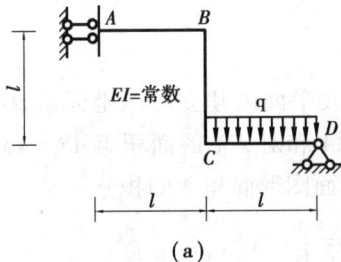

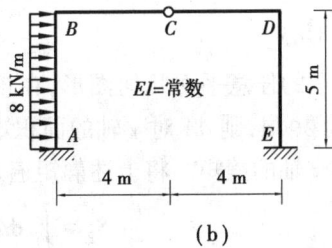

(a)

(b)

图 11.39 习题 11.18 图

附　录

附录 I　平面图形的几何性质

　　杆件的应力和变形不仅与材料的性能、荷载的大小和方式有关,还与构件截面的几何尺寸和形状有关。如轴向拉压杆应力以及变形计算时用到的截面面积 A,圆轴扭转变形计算时用到的横截面的极惯性矩 I_p,以及计算弯曲应力和弯曲变形时用到的横截面的惯性矩 I_z 等。这些几何量从不同角度反映了截面的几何特性,因此称它们为**平面图形的几何性质**。要研究构件的承载能力和应力,就必须掌握截面几何性质的计算方法。另外,掌握截面的几何性质的变化规律,就能灵活机动地为各种构件选取合理的截面形状和尺寸,使构件各部分的材料能够比较充分地发挥作用,尽可能做到"物尽其用",合理地解决好构件的安全与经济这一对矛盾。本章分别讨论材料力学中常用的一些反映截面图形几何性质的相关几何量。

▶ I.1　平面图形的静矩与形心

1)静矩与形心

　　图 I.1 所示的任意平面几何图形,在该图形所在平面内建立图示坐标系 zOy,在坐标点 (z,y) 取一微面积 dA,则 dA 对 y 轴的面积矩 $dS_y = zdA$ 和对 z 轴的面积矩 $dS_z = ydA$,分别称为 dA 对 y 轴和对 z 轴的静矩。将上述静矩遍及整个平面图形面积 A 的积分

$$S_y = \int_A zdA, \qquad S_z = \int_A ydA \tag{I.1}$$

则分别定义为平面图形对 y 轴和 z 轴的**静矩**。

从式（Ⅰ.1）可见,平面图形的静矩是对一定的坐标而言的,同一平面图形对不同的坐标轴,其静矩显然不同。静矩的数值可能为正,可能为负,也可能等于零。静矩又称为图形对 y 轴和 z 轴的一次矩,其量纲为[长度]³,它常用单位是 m³ 或 mm³。

形心即是平面图形几何形状的中心。对于等厚均质的薄板,重心的位置即是形心的位置。因此,可以借助于求均质薄板重心的方法求平面图形的形心。设一均质薄板,厚度为 t,单位体积重力为 γ,zOy 平面为水平面(图Ⅰ.2)。设形心为 C,y_c、z_c 为形心坐标,根据合力矩定理,有 $\int_A z\gamma t\mathrm{d}A = A\gamma tz_c$,$\int_A y\gamma t\mathrm{d}A = A\gamma ty_c$,简化可得

$$z_c = \frac{\int_A z\mathrm{d}A}{A} = \frac{S_y}{A}, \qquad y_c = \frac{\int_A y\mathrm{d}A}{A} = \frac{S_z}{A} \qquad (\text{Ⅰ.2})$$

这就是确定平面图形几何形心坐标的公式。

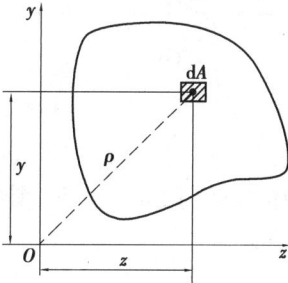

图Ⅰ.1　平面图形的静矩坐标系　　　　图Ⅰ.2　平面图形的形心坐标

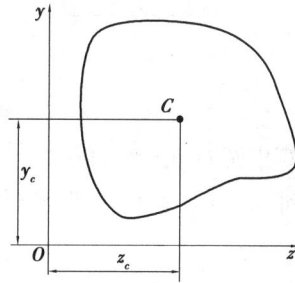

由公式Ⅰ.2可知,图形形心坐标与静矩之间的关系还可以改写为下列形式:

$$S_y = z_cA, \qquad S_z = y_cA \qquad (\text{Ⅰ.3})$$

根据公式（Ⅰ.2）和（Ⅰ.3）可知:对通过形心的坐标轴,静矩为零;反之,若平面图形对某一轴的静矩为零,则该轴必然通过图形的形心。通过平面图形形心的轴称为**形心轴**。已知静矩可得形心位置,已知形心在某一坐标系中的位置可计算图形对于该坐标轴的静矩。

对于简单规则的几何图形,其形心的确定方法如下:
①图形具有一根对称轴,则形心在此对称轴上;
②图形有两根对称轴,则形心在两对称轴的交点;
③三角形平面图形,其形心在三角形的三根中线的交点上,距各边相应高度的1/3处。

2)组合图形的静矩和形心

实际应用中,图形千变万化。对于简单规则的图形(如矩形、正方形、圆形等),其形心位置可以直接判断,这些规则图形的形心位置在其几何中心。对于由简单规则的几何图形组合而成的复杂图形即**组合图形**,其形心位置的确定需要将该图形分解为若干简单图形。

根据公式Ⅰ.3可知,组合图形对某一轴的静矩,等于各组成部分(简单图形)对同一轴静矩的代数和,即

$$S_z = \sum_i^n A_iy_{ci}, \qquad S_y = \sum_i^n A_iz_{ci} \qquad (\text{Ⅰ.4})$$

式中,A_i 为第 i 个简单规则图形的面积;y_{ci},z_{ci} 为第 i 个简单规则图形的形心坐标(在 zOy 坐标系中)。

将式(Ⅰ.4)代入式(Ⅰ.3)可得组合图形的形心坐标公式

$$z_c = \frac{\sum\limits_i^n A_i z_{ci}}{\sum\limits_i^n A_i}, \qquad y_c = \frac{\sum\limits_i^n A_i y_{ci}}{\sum\limits_i^n A_i} \qquad (Ⅰ.5)$$

【例Ⅰ.1】求图Ⅰ.3(a)所示半径为 R 的半圆形的静矩 S_z,S_y 及形心位置。

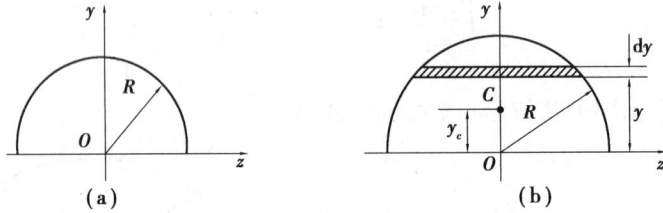

图Ⅰ.3 例Ⅰ.1图

【解】①计算半圆对 y,z 轴的静矩。

由对称性知,$z_c=0,S_y=0$。现取平行于 z 轴的狭长条,如图Ⅰ.3(b)所示,其微面积

$$dA = zdy = 2\sqrt{R^2 - y^2}dy$$

所以

$$S_z = \int_A ydA = \int_0^R y \cdot 2\sqrt{R^2 - y^2}dy = \frac{2}{3}R^3$$

②计算形心位置 y_c。

由于对称性,形心必在对称轴 y 轴上,故有 $z_c=0$,由式(Ⅰ.3)得

$$y_c = \frac{S_z}{A} = \frac{\dfrac{2R^3}{3}}{\dfrac{\pi R^2}{2}} = \frac{4R}{3\pi}$$

【例Ⅰ.2】试确定图Ⅰ.4(a)所示组合图形的形心位置。(单位:mm)

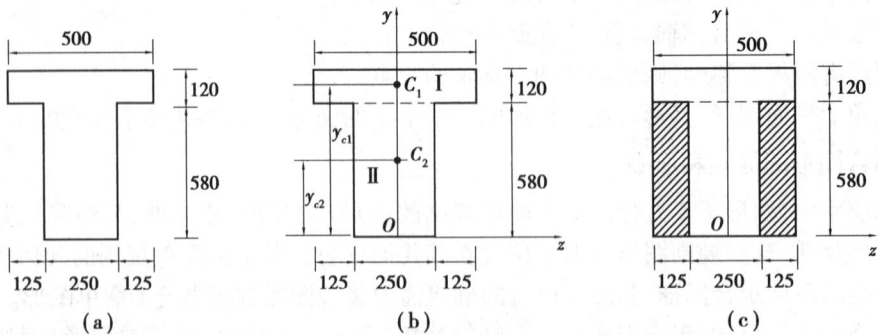

图Ⅰ.4 例Ⅰ.2图

【解】将 T 形截面分解为如图Ⅰ.4(b)所示的两个矩形Ⅰ和Ⅱ。建立图示的坐标系 zOy。
①确定各简单图形的面积及形心坐标。

每一矩形的面积及形心坐标分别为

矩形 I：$A_1 = 120 \text{ mm} \times 500 \text{ mm} = 60\ 000 \text{ mm}^2$，$z_{c1} = 0$，$y_{c1} = 580 \text{ mm} + 60 \text{ mm} = 640 \text{ mm}$

矩形 II：$A_2 = 580 \text{ mm} \times 250 \text{ mm} = 145\ 000 \text{ mm}^2$，$z_{c2} = 0 \text{ mm}$，$y_{c2} = 290 \text{ mm}$

②计算组合图形的形心坐标。

应用式（I.5）求出组合截面形心 C 的坐标为

$$z_c = 0$$

$$y_c = \frac{A_1 y_{c1} + A_2 y_{c2}}{A_1 + A_2}$$

$$= \frac{60\ 000 \text{ mm}^2 \times 640 \text{ mm} + 145\ 000 \text{ mm}^2 \times 290 \text{ mm}}{60\ 000 \text{ mm}^2 + 145\ 000 \text{ mm}^2} = 392.43 \text{ mm}$$

以上的解法也称为**正面积法**。对于这类问题还可采用所谓的**负面积法**。即将 T 形截面看成由一个大矩形（500 mm×700 mm）减去两个小矩形（125 mm×580 mm）形成，如图 I.4（c）所示，图中阴影部分为减掉的两个小矩形。计算时，将被减去的两个小矩形的面积设为负值。具体计算过程如下：

大矩形：$A_1 = 500 \text{ mm} \times 700 \text{ mm} = 350\ 000 \text{ mm}^2$，　　　$z_{c1} = 0$，　　　$y_{c1} = 350 \text{ mm}$

小矩形：$A_2 = -125 \text{ mm} \times 580 \text{ mm} = -72\ 500 \text{ mm}^2$，　　　$z_{c2} = 0 \text{ mm}$，　　　$y_{c2} = 290 \text{ mm}$

由于 z 轴为对称轴，所以 $z_c = 0$，由式（I.5）得

$$y_c = \frac{\sum A_i y_{ic}}{\sum A_i} = \frac{350\ 000 \text{ mm}^2 \times 350 \text{ mm} + 2 \times (-72\ 500 \text{ mm}^2) \times 290 \text{ mm}}{350\ 000 \text{ mm}^2 + 2 \times (-72\ 500 \text{ mm}^2)}$$

$$= 392.43 \text{ mm}$$

▶ I.2　平面图形的极惯性矩、惯性矩和惯性积

1）极惯性矩

对任一平面图形，如图 I.1 所示，其面积为 A，坐标轴分别为 z 轴、y 轴。在坐标点 (z, y) 取微面积 dA，该微面积 dA 到坐标原点 O 距离用 ρ 表示，定义在整个平面图形 A 上的积分

$$I_p = \int_A \rho^2 dA \tag{I.6}$$

称为图形对于坐标原点 O 的**极惯性矩**或对 O 点的二次极矩。

从式（I.6）可以看出，平面图形的极惯性矩是对某一坐标原点而言的，同一平面图形对不同的点，其极惯性矩不同。极惯性矩的数值恒为正，其量纲是 [长度]^4，常用单位为 m^4 或 mm^4。

2）惯性矩和惯性半径

对任一平面，如图 I.1 所示，其面积为 A，坐标轴分别为 z 轴、y 轴。取该平面上任一微面积 dA，它到 z 轴、y 轴的距离分别为 y, z，则积分

$$I_z = \int_A y^2 dA, \qquad I_y = \int_A z^2 dA \tag{I.7}$$

I_z 称为平面图形对 z 轴的**惯性矩**，I_y 称为平面图形对 y 轴的惯性矩。惯性矩也称为图形对 y 轴或对 z 轴的二次矩。

由公式(Ⅰ.7)可知,平面图形的惯性矩是对某一坐标轴而言的,同一平面图形对不同的坐标轴,其惯性矩不同。惯性矩的数值恒为正,其量纲是$[长度]^4$,常用单位为 m^4 或 mm^4。

由于$\rho^2 = y^2 + z^2$,根据平面图形二次矩的定义可知,图形极惯性矩和惯性矩之间存在如下关系

$$I_p = \int_A \rho^2 \mathrm{d}A = \int_A (y^2 + z^2) \mathrm{d}A = I_z + I_y$$

所以

$$I_p = I_z + I_y \tag{Ⅰ.8}$$

式(Ⅰ.8)说明图形对任一对正交轴的惯性矩之和恒等于它对该两轴交点的极惯性矩。

极惯性矩、惯性矩的值与截面大小、形状、原点和坐标轴的位置有关,其中 I_p,I_y,I_z 恒为正值。

在工程应用中,常将惯性矩表示成截面面积与某一长度平方的乘积,即

$$I_z = Ai_z^2, \qquad I_y = Ai_y^2$$

或为

$$i_z = \sqrt{\frac{I_z}{A}}, \qquad i_y = \sqrt{\frac{I_y}{A}} \tag{Ⅰ.9}$$

式中,i_y,i_z 分别为截面图形对 y 轴和 z 轴的**惯性半径**,其量纲是$[长度]$,常用单位为 m 或 mm。

3)惯性积

在任一截面图形中,在坐标点(z,y)处取微面积 $\mathrm{d}A$,它到 z、y 轴距离分别为 y、z,则积分

$$I_{zy} = \int_A zy\mathrm{d}A \tag{Ⅰ.10}$$

I_{zy} 称为平面图形对于相互垂直的一对坐标轴 z、y 的**惯性积**。由公式(Ⅰ.10)可知惯性积是对相互垂直的一对坐标轴而言的,图形相对于坐标轴的位置不同则惯性积的值不同。惯性积可正、可负,也可为零,其量纲是$[长度]^4$,常用单位为 m^4 或 mm^4。如图Ⅰ.5 所示,当 z、y 坐标轴中任意一个为对称轴时,$I_{zy} = 0$。

4)常见截面图形的惯性矩、惯性半径和极惯性矩

(1)矩形截面

矩形截面的尺寸为 b,h,z、y 轴分别为矩形的对称轴。取平行于 y 轴的狭长带,该微元带的高度为 $\mathrm{d}y$,如图Ⅰ.6 所示,则其微面积 $\mathrm{d}A = b\mathrm{d}y$。

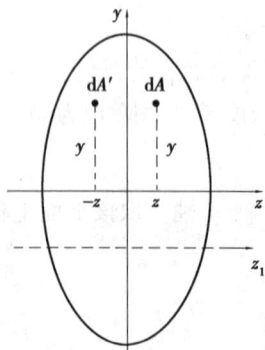

图Ⅰ.5　有对称轴的平面图形极惯性矩的计算

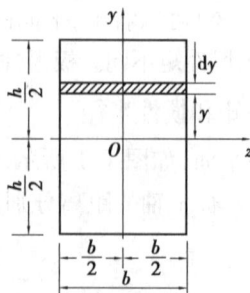

图Ⅰ.6　矩形截面惯性矩的计算

矩形截面对 z 轴的惯性矩为

$$I_z = \int_A y^2 \mathrm{d}A = \int_{-\frac{h}{2}}^{+\frac{h}{2}} y^2 b \mathrm{d}y = \frac{bh^3}{12}$$

同理,对 y 轴的惯性矩为

$$I_y = \int_A z^2 \mathrm{d}A = \int_{-\frac{b}{2}}^{+\frac{b}{2}} z^2 h \mathrm{d}z = \frac{hb^3}{12}$$

按式(Ⅰ.9)可计算矩形截面对 z 轴和 y 轴的惯性半径分别为

$$i_z = \sqrt{\frac{I_z}{A}} = \frac{h}{\sqrt{12}}, \quad i_y = \sqrt{\frac{I_y}{A}} = \frac{b}{\sqrt{12}}$$

(2)圆截面

如图 Ⅰ.7 所示圆形截面,其直径为 d,z,y 轴分别为其对称轴,取微面积 $\mathrm{d}A = \rho \mathrm{d}\varphi \mathrm{d}\rho$,$z^2 = \rho^2 \sin^2\varphi$,对 y 轴的惯性矩 I_y 为

$$I_y = \int_A z^2 \mathrm{d}A = \int_0^{d/2} \rho^3 \mathrm{d}\rho \int_0^{2\pi} \sin^2\varphi \mathrm{d}\varphi = \frac{\pi d^4}{64}$$

根据圆截面的轴对称性,可得对 z 轴的惯性矩 I_z 为

$$I_z = I_y = \frac{\pi d^4}{64}$$

惯性半径为

$$i_z = i_y = \sqrt{\frac{I_y}{A}} = \sqrt{\frac{\frac{\pi d^4}{64}}{\frac{\pi d^2}{4}}} = \frac{d}{4}$$

利用式(Ⅰ.8),可计算圆截面对圆心的极惯性矩 I_p 为

$$I_p = I_y + I_z = 2I_y = 2I_z = \frac{\pi d^4}{32}$$

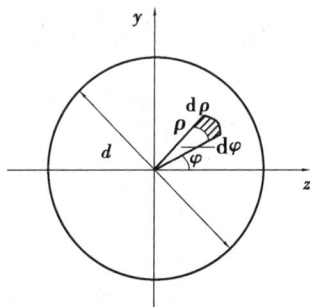

图 Ⅰ.7　圆截面惯性矩的计算　　　　　图 Ⅰ.8　圆环截面

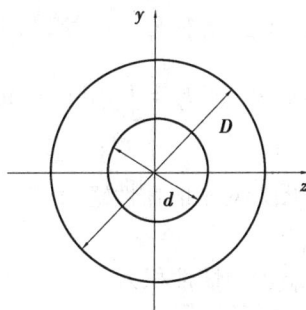

(3)圆环截面

圆环截面如图 Ⅰ.8 所示,其外直径为 D,内直径为 d,z,y 轴分别为其对称轴,由积分的几何意义,可得圆环形截面的惯性矩为

$$I_z = I_y = \frac{\pi}{64}(D^4 - d^4) = \frac{\pi D^4}{64}(1 - \alpha^4)$$

其中, $\alpha = \dfrac{d}{D}$。

惯性半径为

$$i_z = i_y = \sqrt{\frac{I_y}{A}} = \sqrt{\frac{\frac{\pi D^4}{64}(1 - \alpha^4)}{\frac{\pi D^2(1 - \alpha^2)}{4}}} = \frac{D}{4}\sqrt{1 + \alpha^2}$$

对于圆截面和圆环截面惯性矩,惯性半径还可以用半径 R 表示,这留给读者去完成。

▶ Ⅰ.3 平行移轴公式·组合平面图形的惯性矩和惯性积

1)平行移轴定理

同一平面图形对于不同坐标轴的惯性矩和惯性积不相同。如图 Ⅰ.9 所示任意平面图形,C 为其形心,z_c、y_c 轴为一对相互垂直的形心轴,z、y 坐标轴与 z_c、y_c 轴分别平行且两平行轴之间的间距分别为 b,a。

在图形上任取一微面积 $\mathrm{d}A$,在 z_cOy_c 坐标系中的坐标为 (z_c, y_c),由图可知有如下关系:

$$z = z_c + a, \qquad y = y_c + b$$

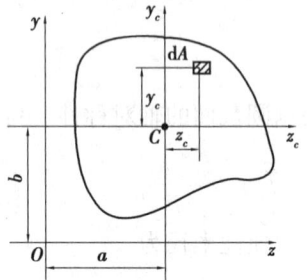

图 Ⅰ.9 平行移轴公式的定义

根据惯性矩的定义,图形对 z 的惯性矩为

$$I_z = \int_A y^2 \mathrm{d}A = \int_A (y_c + b)^2 \mathrm{d}A$$

$$= \int_A y_c^2 \mathrm{d}A + \int_A 2by_c \mathrm{d}A + \int_A b^2 \mathrm{d}A$$

由于 z_c 是形心轴,有 $S_{z_c} = 0$,所以,上式中 $\int_A 2by_c \mathrm{d}A = 2b\int_A y_c \mathrm{d}A = 0$。另外, $\int_A y_c^2 \mathrm{d}A$ 是图形对形心轴 z_c 的惯性矩,即 $I_{z_c} = \int_A y_c^2 \mathrm{d}A$,于是上式可表示为

$$I_z = I_{z_c} + b^2 A \tag{a}$$

同理可得图形对 y 的惯性矩为

$$I_y = I_{y_c} + a^2 A \tag{b}$$

截面对 z,y 轴的惯性积为

$$I_{zy} = \int_A zy \mathrm{d}A = \int_A (z_c + a)(y_c + b)\mathrm{d}A$$

$$= \int_A z_c y_c \mathrm{d}A + a\int_A y_c \mathrm{d}A + b\int_A z_c \mathrm{d}A + ab\int_A \mathrm{d}A$$

$$= I_{z_c y_c} + aS_{z_c} + bS_{y_c} + abA$$

式中,由于 z_c,y_c 为形心轴,因此,$S_{z_c} = 0$,$S_{y_c} = 0$,所以有

$$I_{zy} = I_{z_c y_c} + abA \qquad (c)$$

将式(a)、(b)和(c)归纳在一起,得公式(Ⅰ.11),即为惯性矩、惯性积的平行移轴公式

$$\begin{cases} I_z = I_{z_c} + b^2 A \\ I_y = I_{y_c} + a^2 A \\ I_{zy} = I_{z_c y_c} + abA \end{cases} \qquad (Ⅰ.11)$$

式中　a,b——图形的形心 C 在 zOy 坐标系中的坐标,其值可正、可负、可为零;

　　　$I_{z_c},I_{y_c},I_{z_c y_c}$——分别为图形对形心轴 z_c、y_c 的惯性矩、惯性积。

该公式表明:平面图形对平行于形心轴的任意坐标轴的惯性矩等于该图形对本身形心轴的惯性矩加上这两个平行坐标轴之间距离的平方再乘上图形的面积;平面图形对平行于其形心轴的任意坐标的惯性积等于该图形对本身形心轴的惯性积加上两对相互平行坐标轴之间距离乘积再乘上图形的面积。由公式可以看出,在所有相互平行的坐标轴中,平面图形对形心轴的惯性矩为最小。惯性积 I_{zy} 可正、可负、可为零。

2)组合图形的惯性矩和惯性积

对于复杂的组合图形可将其分解为若干规则的简单图形求其惯性矩和惯性积。根据惯性矩和惯性积的定义可知,组合图形对任一轴的惯性矩(或惯性积),等于组成组合图形的各简单图形对同一轴的惯性矩(或惯性积)之和。因此,组合图形的惯性矩和惯性积可用下面公式来计算:

$$\begin{cases} I_z = I_{z1} + I_{z2} + \cdots + I_{zn} = \sum_{i=1}^{n} I_{zi} \\ I_y = I_{y1} + I_{y2} + \cdots + I_{yn} = \sum_{i=1}^{n} I_{yi} \\ I_{zy} = I_{z_1 y_1} + I_{z_2 y_2} + \cdots + I_{z_n y_n} = \sum_{i=1}^{n} I_{z_i y_i} \end{cases} \qquad (Ⅰ.12)$$

【例Ⅰ.3】求图示Ⅰ.10(a)工字形截面对其对称轴 z,y 的惯性矩 I_y 和 I_z。

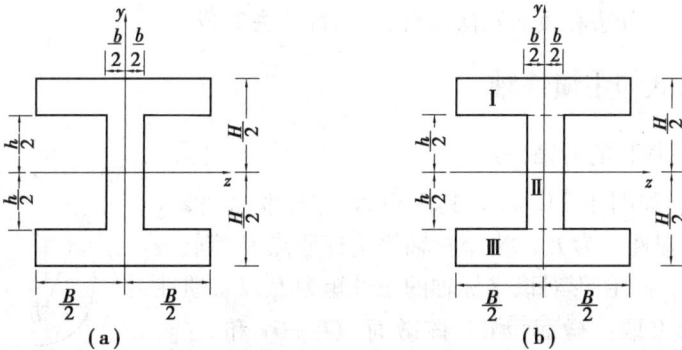

图Ⅰ.10　例Ⅰ.3图

【解】将工字形截面分为图Ⅰ.11(b)所示的 3 个矩形Ⅰ、Ⅱ和Ⅲ,它们对其自身形心轴的惯性矩已知。其中,y 轴为矩形Ⅰ,Ⅱ,Ⅲ的形心轴;矩形Ⅱ的另一根形心轴为 z 轴,矩形Ⅰ和

Ⅲ的另一根形心轴与 z 轴平行。根据对称性,它们对 z 轴的惯性矩相同。

①求工字形截面对 y 轴的惯性矩 I_y。

矩形Ⅰ和Ⅲ对 y 轴的惯性矩为

$$I_{y\text{I}} = I_{y\text{Ⅲ}} = \frac{B^3(H-h)/2}{12}$$

矩形Ⅱ对 y 轴的惯性矩为

$$I_{y\text{Ⅱ}} = \frac{hb^3}{12}$$

由式(Ⅰ.12)得工字形截面对 y 轴的惯性矩

$$I_y = I_{y\text{I}} + I_{y\text{Ⅱ}} + I_{y\text{Ⅲ}}$$

$$= \frac{B^3(H-h)/2}{12} + \frac{hb^3}{12} + \frac{B^3(H-h)/2}{12}$$

$$= \frac{(H-h)B^3}{12} + \frac{hb^3}{12}$$

②求工字形截面对 z 轴的惯性矩 I_z。

先求各部分对 z 的惯性矩。根据平行移轴定理,矩形Ⅰ和Ⅲ对 z 轴的惯性矩为

$$I_{z\text{I}} = I_{z\text{Ⅲ}} = \frac{B[(H-h)/2]^3}{12} + B\left(\frac{H-h}{2}\right)\left(\frac{h}{2} + \frac{H-h}{4}\right)^2$$

矩形Ⅱ对 z 轴的惯性矩为

$$I_{z\text{Ⅱ}} = \frac{bh^3}{12}$$

则工字形截面对 z 轴的惯性矩为

$$I_z = I_{z\text{I}} + I_{z\text{Ⅱ}} + I_{z\text{Ⅲ}}$$

$$= 2\left[\frac{B[(H-h)/2]^3}{12} + B\left(\frac{H-h}{2}\right)\left(\frac{h}{2} + \frac{H-h}{4}\right)^2\right] + \frac{bh^3}{12}$$

$$= \frac{BH^3}{12} - \frac{(B-b)h^3}{12}$$

该题还可采用积分法和负面积法求解,留给读者去完成。

▶Ⅰ.4 转轴公式与主惯性轴

1)惯性矩和惯性积的转轴公式

任意平面图形如图Ⅰ.11所示,其面积为 A,对坐标轴 z、y 的惯性矩为 I_z、I_y,惯性积为 I_{zy}。当坐标轴绕坐标原点 O 旋转 α 角后的坐标轴为 z_1、y_1,图形对该坐标轴的惯性矩为 I_{z_1}、I_{y_1},惯性积为 $I_{z_1y_1}$。在图形上取一微面积 dA,该微面积在 zOy 和 z_1Oy_1 坐标系中的坐标分别为 (z,y) 和 (z_1,y_1)。由图可以看出新旧坐标之间满足如下关系:

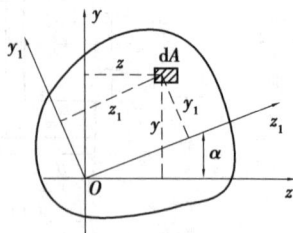

图Ⅰ.11 转轴公式定义

$$z_1 = z\cos\alpha + y\sin\alpha$$

$$y_1 = y \cos \alpha - z \sin \alpha$$

将上式代入惯性矩的定义,得

$$I_{z_1} = \int_A y_1^2 \mathrm{d}A = \cos^2\alpha \int_A y^2 \mathrm{d}A + \sin^2\alpha \int_A z^2 \mathrm{d}A - 2\sin\alpha\cos\alpha \int_A zy\mathrm{d}A$$

$$= I_z \cos^2\alpha + I_y \sin^2\alpha - 2I_{zy}\sin\alpha\cos\alpha$$

利用三角函数关系,上式可简化为

$$I_{z_1} = \frac{I_z + I_y}{2} + \frac{I_z - I_y}{2}\cos 2\alpha - I_{zy}\sin 2\alpha \qquad (\text{I}.13a)$$

同理可得

$$I_{y_1} = \frac{I_z + I_y}{2} - \frac{I_z - I_y}{2}\cos 2\alpha + I_{zy}\sin 2\alpha \qquad (\text{I}.13b)$$

$$I_{z_1 y_1} = \frac{I_z - I_y}{2}\sin 2\alpha + I_{zy}\cos 2\alpha \qquad (\text{I}.13c)$$

式(I.13)即为惯性矩和惯性积的转轴公式。公式表明,当坐标轴绕坐标原点转动时,图形的惯性矩、惯性积为 α 的函数。α 的符号规定为从 z 轴至 z_1 轴逆时针转为正,顺时针转为负。将转轴公式中(I.13a),(I.13b)相加可得:

$$I_{z_1} + I_{y_1} = I_z + I_y \qquad (\text{I}.14)$$

式(I.14)表明,图形对于通过同一点的任意一对相互垂直的坐标轴的惯性矩之和为常数,并等于图形对该坐标原点的极惯性矩[见式(I.8)]。

2)主惯性轴和主惯性矩

由式(I.13c)可见,当坐标轴旋转时,随着 α 的变化,惯性积 $I_{z_1 y_1}$ 将随之变化,且有正有负。因此,必定存在一个特殊的角度 α_0,使平面图形对新坐标轴 z_0,y_0 的惯性积 $I_{z_0 y_0}$ 等于零。图形对其惯性积等于零的这对坐标轴称为**主惯性轴**,简称**主轴**。图形对主惯性轴的惯性矩,称为**主惯性矩**。如果主惯性轴通过形心,则称该坐标轴为**形心主惯性轴**,对应的主惯性矩称为**形心主惯性矩**,简称为**形心主矩**。工程计算中有意义的是形心主惯性轴和形心主惯性矩。

为了确定主惯性轴的位置,将 α_0 代入惯性积的转轴公式(I.13c),并令其等于零,即

$$I_{z_0 y_0} = \frac{I_z - I_y}{2}\sin 2\alpha_0 + I_{zy}\cos 2\alpha_0 = 0$$

得

$$\tan 2\alpha_0 = \frac{2I_{zy}}{I_y - I_z} \qquad (\text{I}.15)$$

由式(I.15)可求得 α_0 和 $\alpha_0+90°$,从而确定一对正交的主惯性轴 z_0,y_0 的位置。将由式(I.15)求得的 α_0 值代入式(I.13a)和(I.13b),即可求得相应的主惯性矩。由式(I.15)求出 $\cos 2\alpha_0$ 和 $\sin 2\alpha_0$,再代入式(I.13a)和(I.13b),经过整理便得到主惯性矩的计算公式

$$\begin{cases} I_{y_0} = \dfrac{I_y + I_z}{2} + \dfrac{1}{2}\sqrt{(I_y - I_z)^2 + 4I_{zy}^2} \\ I_{z_0} = \dfrac{I_y + I_z}{2} - \dfrac{1}{2}\sqrt{(I_y - I_z)^2 + 4I_{zy}^2} \end{cases} \qquad (\text{I}.16)$$

此外,由式(Ⅰ.13a)和(Ⅰ.13b)可以看出,I_{z_1},I_{y_1}也随着 α 的变化而变化,也存在极值。令 β_0 为惯性矩取极值时对应的坐标轴位置,即由 $\dfrac{\mathrm{d}I_{y_1}}{\mathrm{d}\alpha}=0$,$\dfrac{\mathrm{d}I_{z_1}}{\mathrm{d}\alpha}=0$,可得

$$\tan 2\beta_0 = \frac{2I_{zy}}{I_y - I_z}$$

显然,上式与式(Ⅰ.15)完全相同。表明 $\beta_0=\alpha_0$,即是说平面图形对主惯性轴的惯性矩是对通过该点所有坐标轴的惯性矩中的最大值 $I_{\max}$ 和最小值 $I_{\min}$。从式(Ⅰ.16)可知

$$\begin{cases} I_{\max} = I_{y_0} = \dfrac{I_y + I_z}{2} + \dfrac{1}{2}\sqrt{(I_y - I_z)^2 + 4I_{zy}^2} \\[3mm] I_{\min} = I_{z_0} = \dfrac{I_y + I_z}{2} - \dfrac{1}{2}\sqrt{(I_y - I_z)^2 + 4I_{zy}^2} \end{cases}$$

确定形心主惯性轴的位置和计算形心主惯性矩,同样可以利用式(Ⅰ.15)和式(Ⅰ.13a)、(Ⅰ.13b),但式中的 I_z,I_y 和 I_{zy} 应为图形对于通过形心的某一对轴的惯性矩和惯性积。

在通过平面图形形心的一对坐标轴中,若其中一根轴为对称轴(如 T 形截面),则该对称轴就是形心主轴,另一根形心主轴必与之垂直。对于矩形、工字形等具有两根对称轴的截面图形,这两根对称轴就是形心主轴。对于具有两根以上的对称轴,如圆形、正多边形,则任一根对称轴都是形心主轴,且图形对任一形心主轴的惯性矩都相等。当然,形心主矩也具有极大值和极小值的特征。

3)组合图形的形心主惯性矩的计算

在计算组合图形对其形心轴的惯性矩时,应首先确定组合图形的形心位置,然后通过形心选择一对便于计算惯性矩和惯性积的坐标轴,计算出组合图形对这对坐标轴的惯性矩和惯性积,再将计算结果代入式(Ⅰ.15)确定出形心主轴的位置 α_0,然后将 α_0 代入式(Ⅰ.13a)和(Ⅰ.13b)便可求出形心主惯性矩。

如果组合图形具有对称轴,那么该对称轴和与之垂直的另一根形心轴就是形心主轴。此时,只需利用平行移轴公式(Ⅰ.11)和组合图形惯性矩的计算公式(Ⅰ.12),就可计算出组合图形的形心主惯性矩。其计算步骤一般为:

①确定组合图形的形心位置 (z_c, y_c);

②求得各简单规则图形对自身形心轴的惯性矩;

③利用平行移轴公式,计算各简单图形对组合图形形心轴的惯性矩 $I_{z_{ci}}$,$I_{y_{ci}}$;

④将各简单图形的 $I_{z_{ci}}$,$I_{y_{ci}}$ 分别进行求和就可计算出组合图形对其形心轴的惯性矩。

下面以 T 形截面为例,来说明组合图形形心主惯性矩的计算。

【例Ⅰ.4】 如图Ⅰ.12(a)所示,z,y 坐标轴为 T 形截面的形心主轴,试计算该 T 形截面的形心主惯性矩 I_z 和 I_y。

【解】 ①求 T 形截面的形心位置。

为求 T 形截面的形心位置,建立图Ⅰ.12(b)所示的参考坐标系 $z'Oy$,将 T 形截面分为两个矩形 A_1 和 A_2,由式(Ⅰ.5)求形心坐标 y_c,z_c。

$$y_c = \frac{\sum\limits_{i=1}^{n} A_i y_{c_i}}{\sum\limits_{i=1}^{n} A_i} = \frac{A_1 y_{c1} + A_2 y_{c2}}{A_1 + A_2} = \frac{Bh(H + h/2) + bH \times H/2}{Bh + bH} \tag{a}$$

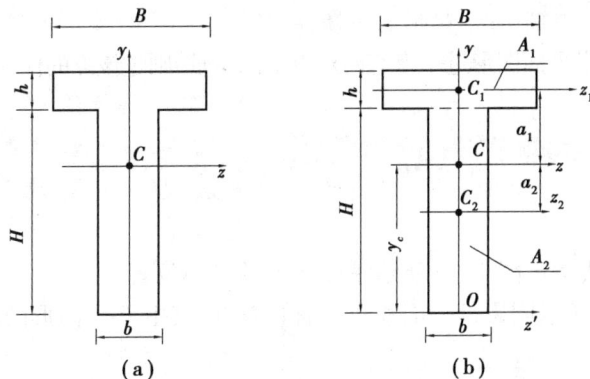

图 I.12　例 I.4 图

$$z_c = 0$$

②计算该 T 形截面的形心主惯性矩 I_z。

根据组合图形惯性矩的计算公式（I.12），得

$$I_z = I_{z1} + I_{z2} \tag{b}$$

两矩形 A_1 和 A_2 的形心轴 z_1、z_2 与 z 轴平行，由图 I.12(b)可求出 z_1、z_2 与 z 轴的距离分别为 $a_1 = H - y_c + h/2$，$a_2 = y_c - H/2$。式(b)中的 I_{z1}，I_{z2} 可利用平行移轴公式（I.11）计算，得

$$I_{z1} = \frac{Bh^3}{12} + Bh \cdot (H - y_c + h/2)^2 \tag{c}$$

$$I_{z2} = \frac{bH^3}{12} + bH \cdot (y_c - H/2)^2 \tag{d}$$

将式(c)、(d)代入式(b)得 T 形截面的形心主惯性矩 I_z：

$$I_z = \frac{Bh^3}{12} + Bh \cdot (H - y_c + h/2)^2 + \frac{bH^3}{12} + bH \cdot (y_c - H/2)^2$$

③计算该 T 形截面的形心主惯性矩 I_y。

由于 y 轴是 T 形截面的对称轴，同时也是 A_1 和 A_2 两个矩形的对称轴，因此根据组合图形惯性矩的计算公式（I.12）得

$$I_y = I_{y1} + I_{y2} = \frac{hB^3}{12} + \frac{Hb^3}{12}$$

思考题

I.1　静矩与形心坐标的关系是什么？怎么求解组合图形的静矩？试写出组合图形静矩的求解公式。

I.2　对同一直径为 d 的圆形截面的几何图形，其惯性矩和极惯性矩有什么关系？试写出它们的表达式。

I.3　对同一图形的不同轴而言，最小的惯性矩必定经过那个位置？最小惯性积是否也通过上述位置？

I.4 什么是形心主轴,什么是形心主惯性矩?

I.5 试证明:如果平面图形过一点有两对以上的主轴,则过该点的任一对正交轴都是主轴。

习 题

I.1 试用积分法确定图 I.13 所示平面图形的形心位置。

I.2 求图 I.14 所示阴影部分面积对 z 轴的静矩(其中 C 为图形的形心)。

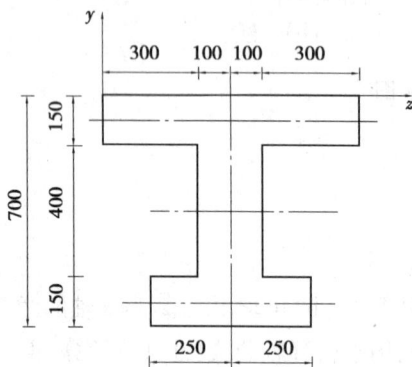

图 I.13 习题 I.1 图

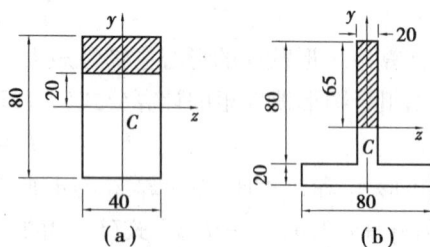

图 I.14 习题 I.2 图

I.3 求图 I.15 所示图形的形心坐标。

I.4 在矩形内挖去一与边内切的圆,求图形对形心的惯性矩。如图 I.16 所示,其中 $h=2d$,$b=1.5d$。

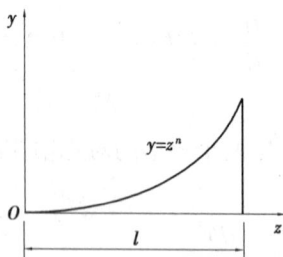

图 I.15 习题 I.3 图

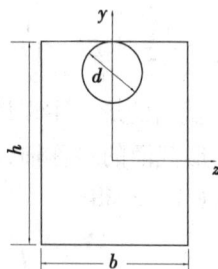

图 I.16 习题 I.4 图

I.5 求如图 I.17 所示 L 形截面对过形心的坐标轴 z 的惯性矩。

I.6 求图 I.18 所示图形对对称轴 z 的惯性矩。

I.7 用平行移轴公式求图 I.19 所示各对称图形对形心坐标轴 z_c 轴的惯性矩。

I.8 求图 I.20 所示图形对其形心轴的惯性矩。

I.9 确定图 I.21 所示 Z 字形图形的形心主惯性轴的位置,并计算形心主惯性矩。

I.10 确定图 I.22 所示平面图形的形心主惯性轴的位置,并计算形心主惯性矩。

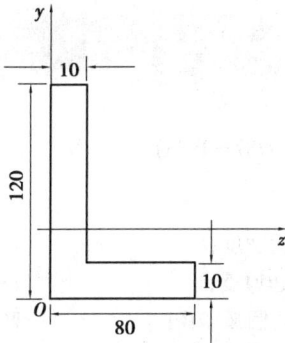

图Ⅰ.17　习题Ⅰ.5图

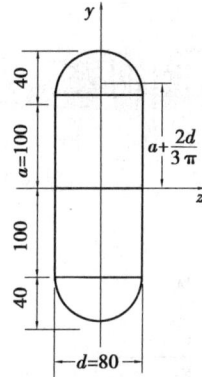

图Ⅰ.18　习题Ⅰ.6图

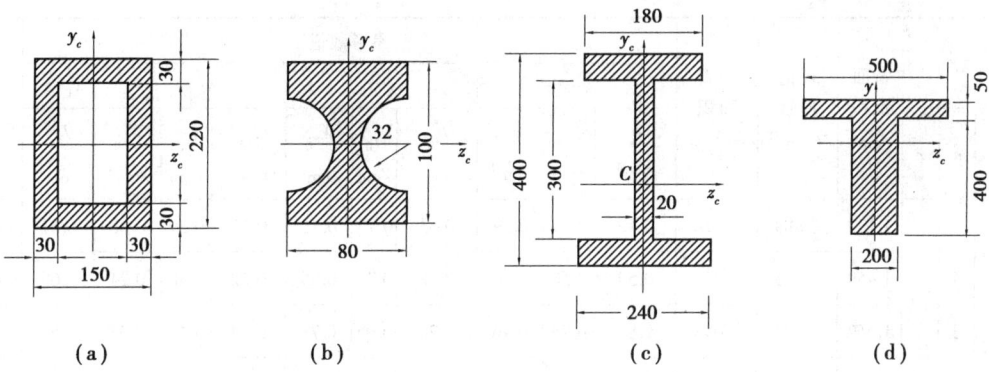

（a）　　　　　（b）　　　　　（c）　　　　　（d）

图Ⅰ.19　习题Ⅰ.7图

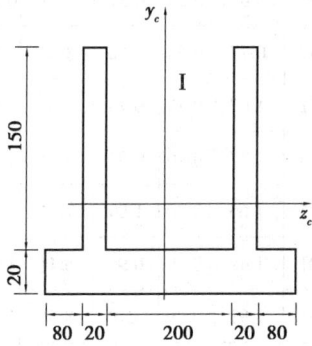

图Ⅰ.20　习题Ⅰ.8图

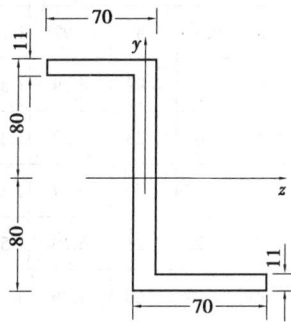

图Ⅰ.21　习题Ⅰ.9图

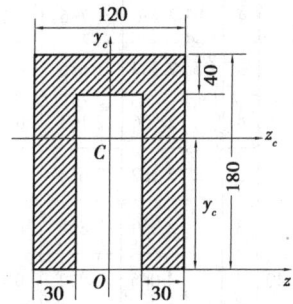

图Ⅰ.22　习题Ⅰ.10图

附录Ⅱ 型钢表

附表1 热轧等边角钢(GB 9787—1988)

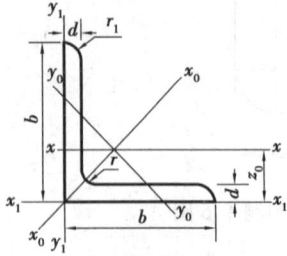

符号意义:b—边宽度;　　　　　　　　　I—惯性矩;
　　　　　d—边厚度;　　　　　　　　　i—惯性半径;
　　　　　r—内圆弧半径;　　　　　　　W—抗弯截面系数;
　　　　　r_1—边端内圆弧半径;　　　　z_0—重心距离。

| 角钢号数 | 尺寸/mm | | | 截面面积/cm² | 理论质量/(kg·m⁻¹) | 外表面积/(m²·m⁻¹) | 参考数值 | | | | | | | | | | z₀/cm |
| | | | | | | | x−x | | | x₀−x₀ | | | y₀−y₀ | | | x₁−x₁ | |
	b	d	r				I_x/cm⁴	i_x/cm	W_x/cm³	I_{x_0}/cm⁴	i_{x_0}/cm	W_{x_0}/cm³	I_{y_0}/cm⁴	i_{y_0}/cm	W_{y_0}/cm³	I_{x_1}/cm⁴	
2	20	3	3.5	1.132	0.889	0.078	0.40	0.59	0.29	0.63	0.75	0.45	0.17	0.39	0.20	0.81	0.60
		4		1.459	1.145	0.077	0.50	0.58	0.36	0.78	0.73	0.55	0.22	0.38	0.24	1.09	0.64
2.5	25	3		1.432	1.124	0.098	0.82	0.76	0.46	1.29	0.95	0.73	0.34	0.49	0.33	1.57	0.73
		4		1.859	1.459	0.097	1.03	0.74	0.59	1.62	0.93	0.92	0.43	0.48	0.40	2.11	0.76
3.0	30	3		1.749	1.373	0.117	1.46	0.91	0.68	2.31	1.15	1.09	0.61	0.59	0.51	2.71	0.85
		4		2.276	1.786	0.117	1.84	0.90	0.87	2.92	1.13	1.37	0.77	0.58	0.62	3.63	0.89
3.6	36	3	4.5	2.109	1.656	0.141	2.58	1.11	0.99	4.09	1.39	1.61	1.07	0.71	0.76	4.68	1.00
		4		2.756	2.163	0.141	3.29	1.09	1.28	5.22	1.38	2.05	1.37	0.70	0.93	6.25	1.04
		5		3.382	2.654	0.141	3.95	1.08	1.56	6.24	1.36	2.45	1.65	0.70	1.09	7.84	1.07
4.0	40	3		2.359	1.852	0.157	3.59	1.23	1.23	5.69	1.55	2.01	1.49	0.79	0.96	6.41	1.09
		4		3.086	2.422	0.157	4.60	1.22	1.60	7.29	1.54	2.58	1.91	0.79	1.19	8.56	1.13
		5		3.791	2.976	0.156	5.53	1.21	1.96	8.76	1.52	3.10	2.30	0.78	1.39	10.74	1.17
4.5	45	3	5	2.659	2.088	0.177	5.17	1.40	1.58	8.20	1.76	2.58	2.14	0.89	1.24	9.12	1.22
		4		3.486	2.736	0.177	6.65	1.38	2.05	10.56	1.74	3.32	2.75	0.89	1.54	12.18	1.26
		5		4.292	3.369	0.176	8.04	1.37	2.51	12.74	1.72	4.00	3.33	0.88	1.81	15.25	1.30
		6		5.076	3.985	0.176	9.33	1.36	2.95	14.76	1.70	4.64	3.89	0.88	2.06	18.36	1.33

续表

角钢号数	尺寸/mm			截面面积/cm²	理论质量/(kg·m⁻¹)	外表面积/(m²·m⁻¹)	参考数值										z_0/cm
							$x-x$			x_0-x_0			y_0-y_0			x_1-x_1	
	b	d	r				I_x/cm⁴	i_x/cm	W_x/cm³	I_{x_0}/cm⁴	i_{x_0}/cm	W_{x_0}/cm³	I_{y_0}/cm⁴	i_{y_0}/cm	W_{y_0}/cm³	I_{x_1}/cm⁴	
5	50	3	5.5	2.971	2.332	0.197	7.18	1.55	1.96	11.37	1.96	3.22	2.98	1.00	1.57	12.50	1.34
		4		3.897	3.059	0.197	9.26	1.54	2.56	14.70	1.94	4.16	3.82	0.99	1.96	16.69	1.38
		5		4.803	3.770	0.196	11.21	1.53	3.13	17.79	1.92	5.03	4.64	0.98	2.31	20.90	1.42
		6		5.688	4.465	0.196	13.05	1.52	3.68	20.68	1.91	5.85	5.42	0.98	2.63	25.14	1.46
5.6	56	3	6	3.343	2.624	0.221	10.19	1.75	2.48	16.14	2.20	4.08	4.24	1.13	2.02	17.56	1.48
		4		4.390	3.446	0.220	13.18	1.73	3.24	20.92	2.18	5.28	5.46	1.11	2.52	23.43	1.53
		5		5.415	4.251	0.220	16.02	1.72	3.97	25.42	2.17	6.42	6.61	1.10	2.98	29.33	1.57
		8		8.367	6.568	0.219	23.63	1.68	6.03	37.37	2.11	9.44	9.89	1.09	4.16	47.24	1.68
6.3	63	4	7	4.978	3.907	0.248	19.03	1.96	4.13	30.17	2.46	6.78	7.89	1.26	3.29	33.35	1.70
		5		6.143	4.822	0.248	23.17	1.94	5.08	36.77	2.45	8.25	9.57	1.25	3.90	41.73	1.74
		6		7.288	5.721	0.247	27.12	1.93	6.00	43.03	2.43	9.66	11.20	1.24	4.46	50.14	1.78
		8		9.515	7.469	0.247	34.46	1.90	7.75	54.56	2.40	12.25	14.33	1.23	5.47	67.11	1.85
		10		11.657	9.151	0.246	41.09	1.88	9.39	64.85	2.36	14.56	17.33	1.22	6.36	84.31	1.93
7	70	4	8	5.570	4.372	0.275	26.39	2.18	5.14	41.80	2.74	8.44	10.99	1.40	4.17	45.74	1.86
		5		6.875	5.397	0.275	32.21	2.16	6.32	51.08	2.73	10.32	13.34	1.39	4.95	57.21	1.91
		6		8.160	6.406	0.275	37.77	2.15	7.48	59.93	2.71	12.11	15.61	1.38	5.67	68.73	1.95
		7		9.424	7.398	0.275	43.09	2.14	8.59	68.35	2.69	13.81	17.82	1.38	6.34	80.29	1.99
		8		10.667	8.373	0.274	48.17	2.12	9.68	76.37	2.68	15.43	19.98	1.37	6.98	91.92	2.03
7.5	75	5	9	7.412	5.818	0.295	39.97	2.33	7.32	63.30	2.92	11.94	16.63	1.50	5.77	70.56	2.04
		6		8.797	6.905	0.294	46.95	2.31	8.64	74.38	2.90	14.02	19.51	1.49	6.67	84.55	2.07
		7		10.160	7.976	0.294	53.57	2.30	9.93	84.96	2.89	16.02	22.18	1.48	7.44	98.71	2.11
		8		11.503	9.030	0.294	59.96	2.28	11.20	95.07	2.88	17.93	24.86	1.47	8.19	112.97	2.15
		10		14.126	11.089	0.293	71.98	2.26	13.64	113.92	2.84	21.48	30.05	1.46	9.56	141.71	2.22

续表

角钢号数	尺寸/mm			截面面积 /cm²	理论质量 /(kg·m⁻¹)	外表面积 /(m²·m⁻¹)	参考数值											z_0 /cm
							$x-x$			x_0-x_0			y_0-y_0			x_1-x_1	
	b	d	r				I_x /cm⁴	i_x /cm	W_x /cm³	I_{x_0} /cm⁴	i_{x_0} /cm	W_{x_0} /cm³	I_{y_0} /cm⁴	i_{y_0} /cm	W_{y_0} /cm³	I_{x_1} /cm⁴	
8	80	5	9	7.912	6.211	0.315	48.79	2.48	8.34	77.33	3.13	13.67	20.25	1.60	6.66	85.36	2.15
		6		9.397	7.376	0.314	57.35	2.47	9.87	90.98	3.11	16.08	23.72	1.59	7.65	102.50	2.19
		7		10.860	8.525	0.314	65.58	2.46	11.37	104.07	3.10	18.40	27.09	1.58	8.58	119.70	2.23
		8		12.303	9.658	0.314	73.49	2.44	12.83	116.60	3.08	20.61	30.39	1.57	9.46	136.97	2.27
		10		15.126	11.874	0.313	88.43	2.42	15.64	140.09	3.04	24.76	36.77	1.56	11.08	171.74	2.35
9	90	6	10	10.637	8.350	0.354	82.77	2.79	12.61	131.26	3.51	20.63	34.28	1.80	9.95	145.87	2.44
		7		12.301	9.656	0.354	94.83	2.78	14.54	150.47	3.50	23.64	39.18	1.78	11.19	170.30	2.48
		8		13.944	10.946	0.353	106.47	2.76	16.42	168.97	3.48	26.55	43.97	1.78	12.35	194.80	2.52
		10		17.167	13.476	0.353	128.58	2.74	20.07	203.90	3.45	32.04	53.26	1.76	14.52	244.07	2.59
		12		20.306	15.940	0.352	149.22	2.71	23.57	236.21	3.41	37.12	62.22	1.75	16.49	293.76	2.67
10	100	6	12	11.932	9.366	0.393	114.95	3.10	15.68	181.98	3.90	25.74	47.92	2.00	12.69	200.07	2.67
		7		13.796	10.830	0.393	131.86	3.09	18.10	208.97	3.89	29.55	54.74	1.99	14.26	233.54	2.71
		8		15.638	12.276	0.393	148.24	3.08	20.47	235.07	3.88	33.24	61.41	1.98	15.75	267.09	2.76
		10		19.261	15.120	0.392	179.51	3.05	25.06	284.68	3.84	40.26	74.35	1.96	18.54	334.48	2.84
		12		22.800	17.898	0.391	208.90	3.03	29.48	330.95	3.81	46.80	86.84	1.95	21.08	402.34	2.91
		14		26.256	20.611	0.391	236.53	3.00	33.73	374.06	3.77	52.90	99.00	1.94	23.44	470.75	2.99
		16		29.627	23.257	0.390	262.53	2.98	37.82	414.16	3.74	58.57	110.89	1.94	25.63	539.80	3.06
11	110	7	12	15.196	11.928	0.433	177.16	3.41	22.05	280.94	4.30	36.12	73.38	2.20	17.51	310.64	2.96
		8		17.238	13.532	0.433	199.46	3.40	24.95	316.49	4.28	40.69	82.42	2.19	19.39	355.20	3.01
		10		21.261	16.690	0.432	242.19	3.38	30.60	384.39	4.25	49.42	99.98	2.17	22.91	444.65	3.09
		12		25.200	19.782	0.431	282.55	3.35	36.05	448.17	4.22	57.62	116.93	2.15	26.15	534.60	3.16
		14		29.056	22.809	0.431	320.71	3.32	41.31	508.01	4.18	65.31	133.40	2.14	29.14	625.16	3.24

续表

角钢号数	尺寸/mm			截面面积 /cm²	理论质量 /(kg·m⁻¹)	外表面积 /(m²·m⁻¹)	参考数值										z_0 /cm
							$x-x$			x_0-x_0			y_0-y_0			x_1-x_1	
	b	d	r				I_x /cm⁴	i_x /cm	W_x /cm³	I_{x_0} /cm⁴	i_{x_0} /cm	W_{x_0} /cm³	I_{y_0} /cm⁴	i_{y_0} /cm	W_{y_0} /cm³	I_{x_1} /cm⁴	
12.5	125	8	14	19.750	15.504	0.492	297.03	3.88	32.52	470.89	4.88	53.28	123.16	2.50	25.86	521.01	3.37
		10		24.373	19.133	0.491	361.67	3.85	39.97	573.89	4.85	64.93	149.46	2.48	30.62	651.93	3.45
		12		28.912	22.696	0.491	423.16	3.83	41.17	671.44	4.82	75.96	174.88	2.46	35.03	783.42	3.53
		14		33.367	26.193	0.490	481.65	3.80	54.16	763.73	4.78	86.41	199.57	2.45	39.13	915.61	3.61
14	140	10	14	27.373	21.488	0.551	514.65	4.34	50.58	817.27	5.46	82.56	212.04	2.78	39.20	915.11	3.82
		12		32.512	25.522	0.551	603.68	4.31	59.80	958.79	5.43	96.85	248.57	2.76	45.02	1 099.28	3.90
		14		37.567	29.490	0.550	688.81	4.28	68.75	1 093.56	5.40	110.47	284.06	2.75	50.45	1 284.22	3.98
		16		42.539	33.393	0.549	770.24	4.26	77.46	1 221.81	5.36	123.42	318.67	2.74	55.55	1 470.07	4.06
16	160	10	16	31.502	24.729	0.630	779.53	4.98	66.70	1 237.30	6.27	109.36	321.76	3.20	52.76	1 365.33	4.31
		12		37.441	29.391	0.630	916.58	4.95	78.98	1 455.68	6.24	128.67	377.49	3.18	60.74	1 639.57	4.39
		14		43.296	33.987	0.629	1 048.36	4.92	90.95	1 665.02	6.20	147.17	431.70	3.16	68.24	1 914.68	4.47
		16		49.067	38.518	0.629	1 175.08	4.89	102.63	1 865.57	6.17	164.89	484.59	3.14	75.31	2 190.82	4.55
18	180	12	16	42.241	33.159	0.710	1 321.35	5.59	100.82	2 100.10	7.05	165.00	542.61	3.58	78.41	2 332.80	4.89
		14		48.896	38.383	0.709	1 514.48	5.56	116.25	2 407.42	7.02	189.14	625.53	3.56	88.38	2 723.48	4.97
		16		55.467	43.542	0.709	1 700.99	5.54	131.13	2 703.37	6.98	212.40	698.60	3.55	97.83	3 115.29	5.05
		18		61.955	48.634	0.708	1 875.12	5.50	145.64	2 988.24	6.94	234.78	762.01	3.51	105.14	3 502.43	5.13
20	200	14	18	54.642	42.894	0.788	2 103.55	6.20	144.70	3 343.26	7.82	236.40	863.83	3.98	111.82	3 734.10	5.46
		16		62.013	48.680	0.788	2 366.15	6.18	163.65	3 760.89	7.79	265.93	971.41	3.96	123.96	4 270.39	5.54
		18		69.301	54.401	0.787	2 620.64	6.15	182.22	4 164.54	7.75	294.48	1 076.74	3.94	135.52	4 808.13	5.62
		20		76.505	60.056	0.787	2 867.30	6.12	200.42	4 554.55	7.72	322.06	1 180.04	3.93	146.55	5 347.51	5.69
		24		90.661	71.168	0.785	3 338.25	6.07	236.17	5 294.97	7.64	374.41	1 381.53	3.90	166.65	6 457.16	5.87

注:截面图中的 $r_1 = 1/3d$ 及表中 r 值的数据用于孔型设计,不作为交货条件。

附表2 热轧不等边角钢(GB 9788—1988)

符号意义: B—长边宽度; b—短边宽度;
d—边厚度; r—内圆弧半径;
r1—边端内圆弧半径; x0—形心坐标;
y0—形心坐标; I—惯性矩;
i—惯性半径; W—抗弯截面系数。

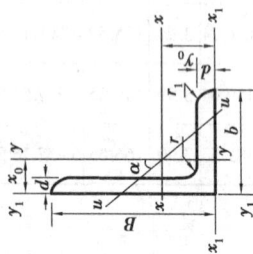

角钢号数	尺寸/mm				截面面积/cm²	理论质量/(kg·m⁻¹)	外表面积/(m²·m⁻¹)	参考数值														
	B	b	d	r				x－x			y－y			x1－x1		y1－y1		u－u			
								I_x/cm⁴	i_x/cm	W_x/cm³	I_y/cm⁴	i_y/cm	W_y/cm³	I_{x1}/cm⁴	y_0/cm	I_{y1}/cm⁴	x_0/cm	I_u/cm⁴	i_u/cm	W_u/cm³	$\tan\alpha$
2.5/1.6	25	16	3	3.5	1.162	0.912	0.080	0.70	0.78	0.43	0.22	0.44	0.19	1.56	0.86	0.43	0.42	0.14	0.34	0.16	0.392
			4		1.499	1.176	0.079	0.88	0.77	0.55	0.27	0.43	0.24	2.09	0.90	0.59	0.46	0.17	0.34	0.20	0.381
3.2/2	32	20	3		1.492	1.717	0.102	1.53	1.01	0.72	0.46	0.55	0.30	3.27	1.08	0.82	0.49	0.28	0.43	0.25	0.382
			4		1.939	1.522	0.101	1.93	1.00	0.93	0.57	0.54	0.39	4.37	1.12	1.12	0.53	0.35	0.42	0.32	0.374
4/2.5	40	25	3	4	1.890	1.484	0.127	3.08	1.28	1.15	0.93	0.70	0.49	5.39	1.32	1.59	0.59	0.56	0.54	0.40	0.385
			4		2.467	1.936	0.127	3.93	1.26	1.49	1.18	0.69	0.63	8.53	1.37	2.14	0.63	0.71	0.54	0.52	0.381
4.5/2.8	45	28	3	5	2.149	1.687	0.143	4.45	1.44	1.47	1.34	0.79	0.62	9.10	1.47	2.23	0.64	0.80	0.61	0.51	0.383
			4		2.806	2.203	0.143	5.69	1.42	1.91	1.70	0.78	0.80	12.13	1.51	3.00	0.68	1.02	0.60	0.66	0.380
5/3.2	50	32	3	5.5	2.431	1.908	0.161	6.24	1.60	1.84	2.02	0.91	0.82	12.49	1.60	3.31	0.73	1.20	0.70	0.68	0.404
			4		3.177	2.494	0.160	8.02	1.59	2.39	2.58	0.90	1.06	16.65	1.65	4.45	0.77	1.53	0.69	0.87	0.402
5.6/3.6	56	36	3	6	2.743	2.153	0.181	8.88	1.80	2.32	2.92	1.03	1.05	17.54	1.78	4.70	0.80	1.73	0.79	0.87	0.408
			4		3.590	2.818	0.180	11.45	1.79	3.03	3.76	1.02	1.37	23.39	1.82	6.33	0.85	2.23	0.79	1.13	0.408
			5		4.415	3.466	0.180	13.86	1.77	3.71	4.49	1.01	1.65	29.25	1.87	7.94	0.88	2.67	0.78	1.36	0.404

型号	B	b	d	r																	
6.3/4	63	40	4	7	4.058	3.185	0.202	16.49	2.02	3.87	5.23	1.14	1.70	33.30	2.04	8.63	0.92	3.12	1.40	0.88	0.398
			5		4.993	3.920	0.202	20.02	2.00	4.74	6.31	1.12	2.71	41.63	2.08	10.86	0.95	3.76	1.71	0.87	0.396
			6		5.908	4.638	0.201	23.36	1.93	5.59	7.29	1.11	2.43	49.98	2.12	13.12	0.99	4.34	1.99	0.86	0.393
			7		6.802	5.339	0.201	26.53	1.98	6.40	8.24	1.10	2.78	58.07	2.15	15.47	1.03	4.97	2.29	0.86	0.389
7/4.5	70	45	4	7.5	4.547	3.570	0.226	23.17	2.26	4.86	7.55	1.29	2.17	45.92	2.24	12.26	1.02	4.40	1.77	0.98	0.410
			5		5.609	4.403	0.225	27.95	2.23	5.92	9.13	1.28	2.65	57.10	2.28	15.39	1.06	5.40	2.19	0.98	0.407
			6		6.647	5.218	0.225	32.54	2.21	6.95	10.62	1.26	3.12	68.35	2.32	18.58	1.09	6.35	2.59	0.93	0.404
			7		7.657	6.011	0.225	37.22	2.20	8.03	12.01	1.25	3.57	79.99	2.36	21.84	1.13	7.16	2.94	0.97	0.402
7.5/5	75	50	5	8	6.125	4.808	0.245	34.86	2.39	6.83	12.61	1.44	3.30	70.00	2.40	21.04	1.17	7.41	2.74	1.10	0.435
			6		7.260	5.699	0.245	41.12	2.38	8.12	14.70	1.42	3.88	84.30	2.44	25.37	1.21	8.54	3.19	1.08	0.435
			8		9.467	7.431	0.244	52.39	2.35	10.52	18.53	1.40	4.99	112.50	2.52	34.23	1.29	10.87	4.10	1.07	0.429
			10		11.590	9.098	0.244	62.71	2.33	12.79	21.96	1.38	6.04	140.80	2.60	43.43	1.36	13.10	4.99	1.06	0.423
8/5	80	50	5	8	6.375	5.005	0.255	41.96	2.56	7.78	12.82	1.42	3.32	85.21	2.60	21.06	1.14	7.66	2.74	1.10	0.388
			6		7.560	5.935	0.255	49.49	2.56	9.25	14.95	1.41	3.91	102.53	2.65	25.41	1.18	8.85	3.20	1.08	0.387
			7		8.724	6.848	0.255	56.16	2.54	10.58	16.96	1.39	4.48	119.33	2.69	29.82	1.21	10.18	3.70	1.08	0.384
			8		9.867	7.745	0.254	62.83	2.52	11.92	18.85	1.38	5.03	136.41	2.73	34.32	1.25	11.38	4.16	1.07	0.381
9/5.6	90	56	5	9	7.212	5.661	0.287	60.45	2.90	9.92	18.32	1.59	4.21	121.32	2.91	29.53	1.25	10.98	3.49	1.23	0.385
			6		8.557	6.717	0.286	71.03	2.88	11.74	21.42	1.58	4.96	145.59	2.95	35.58	1.29	12.90	4.18	1.23	0.384
			7		9.880	7.756	0.286	81.01	2.86	13.49	24.36	1.57	5.70	169.66	3.00	41.71	1.33	14.67	4.72	1.22	0.382
			8		11.183	8.779	0.286	91.03	2.85	15.27	27.15	1.56	6.41	194.17	3.04	47.93	1.36	16.34	5.29	1.21	0.380

续表

角钢号数	尺寸/mm B	b	d	r	截面面积/cm²	理论质量/(kg·m⁻¹)	外表面积/(m²·m⁻¹)	x−x I_x/cm⁴	i_x/cm	W_x/cm³	y−y I_y/cm⁴	i_y/cm	W_y/cm³	x₁−x₁ I_{x1}/cm⁴	y_0/cm	y₁−y₁ I_{y1}/cm⁴	x_0/cm	u−u I_u/cm⁴	i_u/cm	W_u/cm³	$\tan\alpha$
10/6.3	100	63	6		9.617	7.550	0.320	99.06	3.21	14.64	30.94	1.79	6.35	199.71	3.24	50.50	1.43	18.42	1.38	5.25	0.394
			7		11.111	8.722	0.320	113.45	3.20	16.88	35.26	1.78	7.29	233.00	3.28	59.14	1.47	21.00	1.38	6.02	0.394
			8		12.584	9.878	0.319	127.37	3.18	19.08	39.39	1.77	8.21	266.32	3.32	67.88	1.50	23.50	1.37	6.78	0.391
			10		15.467	12.142	0.319	153.81	3.15	23.32	47.12	1.74	9.98	333.06	3.40	85.73	1.58	28.33	1.35	8.24	0.387
10/8	100	80	6	10	10.637	8.350	0.354	107.04	3.17	15.19	61.24	2.40	10.16	199.83	2.95	102.68	1.97	31.65	1.72	8.37	0.627
			7		12.301	9.656	0.354	122.73	3.16	17.52	70.08	2.39	11.71	233.20	3.00	119.98	2.01	36.17	1.72	9.60	0.626
			8		13.944	10.946	0.353	137.92	3.14	19.81	78.58	2.37	13.21	266.61	3.04	137.37	2.05	40.58	1.71	10.80	0.625
			10		17.167	13.476	0.353	166.87	3.12	24.24	94.65	2.35	16.12	333.63	3.12	172.48	2.13	49.10	1.69	13.12	0.622
11/7	110	70	6		10.637	8.350	0.354	133.37	3.54	17.85	42.92	2.01	7.90	265.78	3.53	69.08	1.57	25.36	1.54	6.53	0.403
			7		12.301	9.656	0.354	153.00	3.53	20.60	49.01	2.00	9.09	310.07	3.57	80.82	1.61	28.95	1.53	7.50	0.402
			8		13.944	10.946	0.353	172.04	3.51	23.30	54.87	1.98	10.25	354.39	3.62	92.70	1.65	32.45	1.53	8.45	0.401
			10		17.167	13.476	0.353	208.39	3.48	28.54	65.88	1.96	12.48	443.13	3.70	116.83	1.72	39.20	1.51	10.29	0.397
12.5/8	125	80	7	11	14.096	11.066	0.403	227.98	4.02	26.86	74.42	2.30	12.01	454.99	4.01	120.32	1.80	43.81	1.76	9.92	0.408
			8		15.989	12.551	0.403	256.77	4.01	30.41	83.49	2.28	13.56	519.99	4.06	137.85	1.84	49.15	1.75	11.18	0.407
			10		19.712	15.474	0.402	312.04	3.98	37.33	100.67	2.26	16.56	650.09	4.14	173.40	1.92	59.45	1.74	13.64	0.404
			12		23.351	18.330	0.402	364.41	3.95	44.01	116.67	2.24	19.43	780.39	4.22	209.67	2.00	69.35	1.72	16.01	0.400

参考数值

型号	B	b	d	r	A (cm²)	理论重量	外表面积															tanα
14/9	140	90	8	12	18.038	14.160	0.453	365.64	4.50	38.48	120.69	2.59	17.34	730.53	4.50	195.79	2.04	70.83	1.98	14.31	0.411
			10		22.261	17.475	0.452	445.50	4.47	47.31	146.03	2.56	21.22	913.20	4.58	245.92	2.12	85.82	1.96	17.48	0.409
			12		26.400	20.724	0.451	521.59	4.44	55.87	169.79	2.54	24.95	1 096.09	4.66	296.89	2.19	100.21	1.95	20.54	0.406
			14		30.456	23.908	0.451	594.10	4.42	64.18	192.10	2.51	28.54	1 279.26	4.74	348.82	2.27	114.13	1.94	23.52	0.403
16/10	160	100	10	13	25.315	19.872	0.512	668.69	5.14	62.13	205.03	2.85	26.56	1 362.89	5.24	336.59	2.28	121.74	2.19	21.92	0.390
			12		30.054	23.592	0.511	784.91	5.11	73.49	239.06	2.82	31.28	1 635.56	5.32	405.94	2.36	142.33	2.17	25.79	0.388
			14		34.709	27.247	0.510	896.30	5.08	84.56	271.20	2.80	35.83	1 908.50	5.40	476.42	2.43	162.23	2.16	29.56	0.385
			16		39.281	30.835	0.510	1 003.04	5.05	95.33	301.60	2.77	40.24	2 181.79	5.48	548.22	2.51	182.57	2.16	33.44	0.382
18/11	180	110	10	14	28.373	22.273	0.571	956.25	5.80	78.96	278.11	3.13	32.49	1 940.40	5.89	447.22	2.44	166.50	2.42	26.88	0.376
			12		33.712	26.464	0.571	1 124.72	5.78	93.53	325.03	3.10	38.32	2 328.38	5.98	538.94	2.52	194.87	2.40	31.66	0.374
			14		38.967	30.589	0.570	1 286.91	5.75	107.76	369.55	3.08	43.97	2 716.60	6.06	631.95	2.59	222.30	2.39	36.32	0.372
			16		44.139	34.649	0.569	1 443.06	5.72	121.64	411.85	3.06	49.44	3 105.15	6.14	726.46	2.67	248.94	2.38	40.87	0.369
20/12.5	200	125	12	14	37.912	29.761	0.641	1 570.90	6.44	116.73	483.16	3.57	49.99	3 193.85	6.54	787.74	2.83	285.79	2.74	41.23	0.392
			14		43.867	34.436	0.640	1 800.97	6.41	134.65	550.83	3.54	57.44	3 726.17	6.02	922.47	2.91	326.58	2.73	47.34	0.390
			16		49.739	39.045	0.639	2 023.35	6.38	152.18	615.44	3.52	64.69	4 258.86	6.70	1 058.86	2.99	366.21	2.71	53.32	0.388
			18		55.526	43.588	0.639	2 238.30	6.35	169.33	677.19	3.49	71.74	4 792.00	6.78	1 197.13	3.06	404.83	2.70	59.18	0.385

注:1. 括号内型号不推荐使用。
2. 截面图中 $r_1 = d/3$ 的及表中 r 的数据用于孔型设计,不作为交货条件。

附表3 热轧槽钢(GB 707—1988)

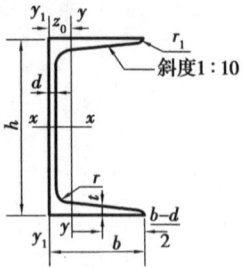

符号意义: h—高度; r_1—腿端圆弧半径;
b—腿宽度; I—惯性矩;
d—腰厚度; W—抗弯截面系数;
t—平均腿厚度; i—惯性半径;
r—内圆弧半径; z_0—y-y轴与y_1-y_1轴间距。

型号	尺寸/mm						截面面积 /cm²	理论质量 /(kg·m⁻¹)	参考数值							
									x-x			y-y			y_1-y_1	z_0 /cm
	h	b	d	t	r	r_1			W_x /cm³	I_x /cm⁴	i_x /cm	W_y /cm³	I_y /cm⁴	i_y /cm	I_{y_1} /cm⁴	
5	50	37	4.5	7	7.0	3.5	6.928	5.438	10.4	26.0	1.94	3.55	8.30	1.10	20.9	1.35
6.3	63	40	4.8	7.5	7.5	3.8	8.451	6.634	16.1	50.8	2.45	4.50	11.9	1.19	28.4	1.36
8	80	43	5.0	8	8.0	4.0	10.248	8.045	25.3	101	3.15	5.79	16.6	1.27	37.4	1.43
10	100	48	5.3	8.5	8.5	4.2	12.748	10.007	39.7	198	3.95	7.8	25.6	1.41	54.9	1.52
12.6	126	53	5.5	9	9.0	4.5	15.692	12.318	62.1	391	4.95	10.2	38.0	1.57	77.1	1.59
14 a b	140	58	6.0	9.5	9.5	4.8	18.516	14.535	80.5	564	5.52	13.0	53.2	1.70	107.1	1.71
	140	60	8.0	9.5	9.5	4.8	21.316	16.733	87.1	609	5.35	14.1	61.1	1.69	120.6	1.67
16a	160	63	6.5	10	10.0	5.0	21.962	17.240	108	866	6.28	16.3	73.3	1.83	144.1	1.80
16	160	65	8.5	10	10.0	5.0	25.162	19.752	117	935	6.10	17.6	83.4	1.82	160.8	1.75
18a	180	68	7.0	10.5	10.5	5.2	25.699	20.174	141	1 270	7.04	20.0	98.6	1.96	189.7	1.88
18	180	70	9.0	10.5	10.5	5.2	29.299	23.000	152	1 370	6.84	21.5	111	1.95	210.1	1.84
20a	200	73	7.0	11	11.0	5.5	28.837	22.637	178	1 780	7.86	24.2	128	2.11	244	2.01
20	200	75	9.0	11	11.0	5.5	32.837	25.777	191	1 910	7.64	25.9	144	2.09	268.4	1.95
22a	220	77	7.0	11.5	11.5	5.8	31.846	24.999	218	2 390	8.67	28.2	158	2.23	298.2	2.10
22	220	79	9.0	11.5	11.5	5.8	36.246	28.453	234	2 570	8.42	30.1	176	2.21	326.3	2.03
a	250	78	7.0	12	12.0	6.0	34.917	27.410	270	3 370	9.82	30.6	176	2.24	322.3	2.07
25b	250	80	9.0	12	12.0	6.0	39.917	31.335	282	3 530	9.41	32.7	196	2.22	353.2	1.98
c	250	82	11.0	12	12.0	6.0	44.917	35.260	295	3 690	9.07	35.9	218	2.21	384.1	1.92
a	280	82	7.5	12.5	12.5	6.2	40.034	31.427	340	4 760	10.9	35.7	218	2.33	387.6	2.10
28b	280	84	9.5	12.5	12.5	6.2	45.634	35.823	366	5 130	10.6	37.9	242	2.30	427.6	2.02
c	280	86	11.5	12.5	12.5	6.2	51.234	40.219	393	5 500	10.4	40.3	268	2.29	426.6	1.95
a	320	88	8.0	14	14.0	7.0	48.513	38.083	475	7 600	12.5	46.5	305	2.50	552.3	2.24
32b	320	90	10.0	14	14.0	7.0	54.913	43.107	509	8 140	12.2	49.2	336	2.47	592.9	2.16
c	320	92	12.0	14	14.0	7.0	61.313	48.131	543	8 690	11.9	52.6	374	2.47	643.3	2.09

型号	尺寸/mm						截面面积/cm²	理论质量/(kg·m⁻¹)	参考数值							
									x-x			y-y			y₁-y₁	
	h	b	d	t	r	r_1			W_x/cm³	I_x/cm⁴	i_x/cm	W_y/cm³	I_y/cm⁴	i_y/cm	I_{y_1}/cm⁴	z_0/cm
a	360	96	9.0	16	16.0	8.0	60.910	47.814	660	11 900	14.0	63.5	455	2.73	818.4	2.44
36b	360	98	11.0	16	16.0	8.0	68.110	53.466	703	12 700	13.6	66.9	497	2.70	880.4	2.37
c	360	100	13.0	16	16.0	8.0	75.310	59.118	746	13 400	13.4	70.0	536	2.67	947.9	2.34
a	400	100	10.5	18	18.0	9.0	75.068	58.928	879	17 600	15.3	78.8	592	2.81	1 067.7	2.49
40b	400	102	12.5	18	18.0	9.0	83.068	65.208	932	18 600	15.0	82.5	640	2.78	1 135.6	2.44
c	400	104	14.5	18	18.0	9.0	91.068	71.488	986	19 700	14.7	86.2	688	2.75	1 220.7	2.42

注:截面图和表中标注的圆弧半径 r、r_1 的数据用于孔型设计,不作为交货条件。

附表4 热轧工字钢(GB 706—1988)

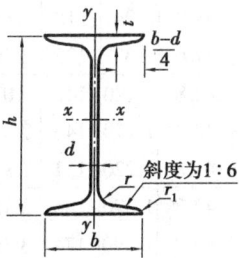

符号意义:h—高度;　　　　　　r_1—腿端圆弧半径;

b—腿宽度;　　　　　　I—惯性矩;

d—腰厚度;　　　　　　W—抗弯截面系数;

t—平均腿厚度;　　　　i—惯性半径;

r—内圆弧半径;　　　　S—半截面的静矩。

型号	尺寸/mm						截面面积/cm²	理论质量/(kg·m⁻¹)	参考数值						
									x-x				y-y		
	h	b	d	t	r	r_1			I_x/cm⁴	W_x/cm³	i_x/cm	$I_x:S_x$/cm	I_y/cm⁴	W_y/cm³	i_y/cm
10	100	68	4.5	7.6	6.5	3.3	14.345	11.261	245	49.0	4.14	8.59	33.0	9.72	1.52
12.6	126	74	5.0	8.4	7.0	3.5	18.118	14.223	488	77.5	5.20	10.8	46.9	12.7	1.61
14	140	80	5.5	9.1	7.5	3.8	21.516	16.890	712	102	5.76	12.0	64.4	16.1	1.73
16	160	88	6.0	9.9	8.0	4.0	26.131	20.513	1 130	141	6.58	13.8	93.1	21.2	1.89
18	180	94	6.5	10.7	8.5	4.3	30.756	24.143	1 660	185	7.36	15.4	122	26.0	2.00
20a	200	100	7.0	11.4	9.0	4.5	35.578	27.929	2 370	237	8.15	17.2	158	31.5	2.12
20b	200	102	9.0	11.4	9.0	4.5	39.578	31.069	2 500	250	7.96	16.9	169	33.1	2.06
22a	220	110	7.5	12.3	9.5	4.8	42.128	33.070	3 400	309	8.99	18.9	225	40.9	2.31
22b	220	112	9.5	12.3	9.5	4.8	46.528	36.524	3 570	325	8.78	18.7	239	42.7	2.27
25a	250	116	8.0	13.0	10.0	5.0	48.541	38.105	5 020	402	10.2	21.6	280	48.3	2.40
25b	250	118	10.0	13.0	10.0	5.0	53.541	42.030	5 280	423	9.94	21.3	309	52.4	2.40
28a	280	122	8.5	13.7	10.5	5.3	55.404	43.492	7 110	508	11.3	24.6	345	56.6	2.50
28b	280	124	10.5	13.7	10.5	5.3	61.004	47.888	7 480	534	11.1	24.2	379	61.2	2.49

续表

型号	尺寸/mm						截面面积 /cm²	理论质量 /(kg·m⁻¹)	参考数值						
									$x-x$				$y-y$		
	h	b	d	t	r	r_1			I_x /cm⁴	W_x /cm³	i_x /cm	$I_x:S_x$ /cm	I_y /cm⁴	W_y /cm³	i_y /cm
32a	320	130	9.5	15.0	11.5	5.8	67.156	52.717	11 100	692	12.8	27.5	460	70.8	2.62
32b	320	132	11.5	15.0	11.5	5.8	73.556	57.741	11 600	726	12.6	27.1	502	76.0	2.61
32c	320	134	13.5	15.0	11.5	5.8	79.956	62.765	12 200	760	12.3	26.8	544	81.2	2.61
36a	360	136	10.0	15.8	12.0	6.0	76.480	60.037	15 800	875	14.4	30.7	552	81.2	2.69
36b	360	138	12.0	15.8	12.0	6.0	83.680	65.689	16 500	919	14.1	30.3	582	84.3	2.64
36c	360	140	14.0	15.8	12.0	6.0	90.880	71.341	17 300	962	13.8	29.9	612	87.4	2.60
40a	400	142	10.5	16.5	12.5	6.3	86.112	67.598	21 700	1 090	15.9	34.1	660	93.2	2.77
40b	400	144	12.5	16.5	12.5	6.3	94.112	73.878	22 800	1 140	15.6	33.6	692	96.2	2.71
40c	400	146	14.5	16.5	12.5	6.3	102.112	80.158	23 900	1 190	15.2	33.2	727	99.6	2.65
45a	450	150	11.5	18.0	13.5	6.8	102.446	80.420	32 200	1 430	17.7	38.6	855	114	2.89
45b	450	152	13.5	18.0	13.5	6.8	111.446	87.485	33 800	1 500	17.4	38.0	894	118	2.84
45c	450	154	15.5	18.0	13.5	6.8	120.446	94.550	35 300	1 570	17.1	37.6	938	122	2.79
50a	500	158	12.0	20.0	14.0	7.0	119.304	93.654	46 500	1 860	19.7	42.8	1 120	142	3.07
50b	500	160	14.0	20.0	14.0	7.0	129.304	101.504	48 600	1 940	19.4	42.4	1 170	146	3.01
50c	500	162	16.0	20.0	14.0	7.0	139.304	109.354	50 600	2 080	19.0	41.8	1 220	151	2.96
56a	560	166	12.5	21.0	14.5	7.3	135.435	106.316	65 600	2 340	22.0	47.7	1 370	165	3.18
56b	560	168	14.5	21.0	14.5	7.3	146.635	115.108	68 500	2 450	21.6	47.2	1 490	174	3.16
56c	560	170	16.5	21.0	14.5	7.3	157.835	123.900	71 400	2 550	21.3	46.7	1 560	183	3.16
63a	630	176	13.0	22.0	15.0	7.5	154.658	121.407	93 900	2 980	24.5	54.2	1 700	193	3.31
63b	630	178	15.0	22.0	15.0	7.5	167.258	131.298	98 100	3 160	24.2	53.5	1 810	204	3.29
63c	630	180	17.0	22.0	15.0	7.5	179.858	141.189	102 000	3 300	23.8	52.9	1 920	214	3.27

注:截面图和表中标注的圆弧半径 r、r_1 的数据用于孔型设计,不作为交货条件。

参考文献

[1] 刘鸿文.材料力学[M].5 版.北京:高等教育出版社,2011.

[2] 孙训方,方孝淑,关来泰.材料力学[M].5 版.北京:高等教育出版社,2009.

[3] 范钦珊,殷雅俊,唐靖林.材料力学[M].3 版.北京:清华大学出版社,2014.

[4] 金康宁,谢群丹.材料力学[M].北京:北京大学出版社,2006.

[5] 罗迎社.工程力学[M].北京:北京大学出版社,2006.

[6] 周国瑾. 建筑力学[M].3 版.上海:同济大学出版社,2006.

[7] 李东平.材料力学[M].武汉:武汉大学出版社,2015.

[8] 袁海庆.材料力学[M].武汉:武汉理工大学出版社,2004.

[9] 蒋平. 工程力学基础[M].北京:高等教育出版社,2006.

[10] 许本安,李秀治.材料力学[M].上海:上海交通大学出版社,1988.

[11] S. 铁木辛柯.材料力学[M].北京:科学出版社,1978.

[12] 侯作富,胡述龙,张新红. 材料力学[M].武汉:武汉理工大学出版社,2010.

[13] 陈茹仪,马丹,孙洪军,等.材料力学学习指导[M].沈阳:东北大学出版社,2005.

[14] 梁枢平,邓训,薛根生.材料力学题解[M].武汉:华中科技大学出版社,2002.

[15] 王世斌,亢一澜.材料力学[M].北京:高等教育出版社, 2008.

[16] 许德刚.材料力学[M]. 郑州:郑州大学出版社,2007.

[17] 赵诒枢,吴胜军,尹长城.材料力学习题详解[M].武汉:华中科技大学出版社,2004.

[18] 刘德华,黄超. 材料力学I[M]. 重庆:重庆大学出版社. 2011.

[19] 秦世伦. 材料力学[M]. 成都:四川大学出版社,2011.

[20] 章宝华,龚良贵. 材料力学[M].北京:北京大学出版社. 2011.

[21] 戴宏亮. 材料力学[M]. 长沙:湖南大学出版社. 2014.

[22] 单辉祖. 材料力学教程[M].2 版. 北京:国防工业出版社,1997.

[23] S.P. Timoshenko.材料力学[M]. 王枞,等,译. 科技图书股份有限公司. 1961.